刘振春教授近照

刘振春教授指导浮选机试验

刘振春教授讲解粗颗粒矿物浮选动力学理论

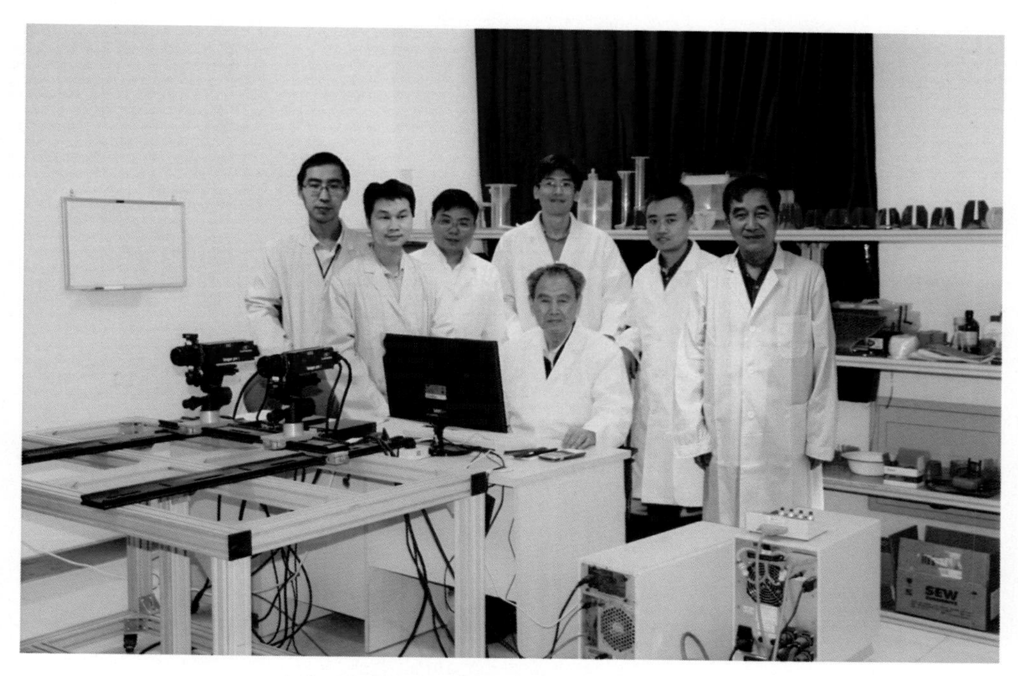

刘振春教授指导浮选机流场 PIV 测试

刘振春教授指导浮选机叶轮设计

刘振春教授指导浮选机内两相流测试

刘振春教授在吉林珲春留影

KYF−160 浮选机

KYF−200 浮选机

KYF-320 浮选机

江西铜业德兴铜矿泗洲选厂 KYZ-4315/3612/3009 浮选柱使用现场

中国黄金乌努格吐山铜钼矿项目 KYF-160 浮选机使用现场

昆钢大红山铁矿项目 KYF-200 浮选机使用现场

中铝秘鲁 TOROMOCHO 项目 KYZ-4314 浮选柱使用现场

中铁资源伊春鹿鸣项目 KYF-320 浮选机使用现场

浮选设备研究与应用

沈政昌　史帅星　陈　东　张跃军　等著

北　京
冶金工业出版社
2017

内 容 提 要

本书是作者及其研究团队多年发表论文的汇编。本论文集以浮选设备历史发展为主线，总结了我国浮选设备的重要研究成果，内容共分四个方面，分别介绍了自吸气浮选机、外充气浮选机、专用浮选机及浮选柱的研究与应用等。本书明确了浮选设备的发展方向，意在与技术人员分享我国现有浮选技术理论及成功应用经验，促进浮选设备发展和走在世界前列，以为其相关应用领域创造更大的价值。

本书技术内容丰富，可供相关专业的科技工作者与高等院校师生参考。

图书在版编目(CIP)数据

浮选设备研究与应用/沈政昌等著.—北京：冶金工业出版社，2017.7

ISBN 978-7-5024-7528-4

Ⅰ.①浮…　Ⅱ.①沈…　Ⅲ.①浮选设备—研究　Ⅳ.①TD456

中国版本图书馆 CIP 数据核字(2017) 第 120128 号

出 版 人　谭学余
地　　址　北京市东城区嵩祝院北巷 39 号　邮编　100009　电话　(010)64027926
网　　址　www.cnmip.com.cn　电子信箱　yjcbs@cnmip.com.cn
责任编辑　徐银河　美术编辑　彭子赫　版式设计　孙跃红
责任校对　李　娜　责任印制　牛晓波
ISBN 978-7-5024-7528-4
冶金工业出版社出版发行；各地新华书店经销；固安华明印业有限公司印刷
2017 年 7 月第 1 版，2017 年 7 月第 1 次印刷
169mm×239mm；24.75 印张；4 彩页；494 千字；390 页
96.00 元

冶金工业出版社　投稿电话　(010)64027932　投稿信箱　tougao@cnmip.com.cn
冶金工业出版社营销中心　电话　(010)64044283　传真　(010)64027893
冶金书店　地址　北京市东四西大街 46 号(100010)　电话　(010)65289081(兼传真)
冶金工业出版社天猫旗舰店　yjgycbs.tmall.com
(本书如有印装质量问题，本社营销中心负责退换)

前　言

我国从20世纪60年代才开始对浮选装备理论、技术和应用进行研究，半个多世纪以来，在几代科研人员的努力下，自吸气浮选机、外充气浮选机、专用浮选机和浮选柱的研究和应用取得了显著的进步，设备综合性能及技术经济指标均达到国际领先水平，使我国成为世界上掌握大型浮选机关键技术的三个国家之一。这些成就的取得是几代科研人员共同努力和拼搏的结果。在第一代科研人员中，刘振春、谢百之、邱广泰、张鸿甲、韩寿林、邹介斧等作出了卓越的贡献，他们不仅为浮选装备的发展奠定了基础、指明了方向，为我国在该领域取得领先地位打下了坚实基础，并带出了一支敢于拼搏、勇于创新的浮选装备研究团队。

为了感谢以刘振春教授为代表的第一代科研人员为我国浮选装备研究所作出的贡献，在刘振春教授从事科技工作60周年之际，本书作者将研究团队30多年来在国内外发表的论文进行了归纳与梳理，精选出40余篇优秀论文正式出版，意在与相关科技人员分享我国现有浮选装备研究的成果，促使浮选装备及其相关领域更加健康地发展。

在此，对浮选装备研究团队为本书的出版作出的努力表示衷心的感谢，特别要感谢刘振春、邹介斧、谢百之、张鸿甲、邱广泰、韩寿林、蒋承基、刘桂芝、夏晓鸥、刘惠林、卢世杰、赖茂河、董干国、杨丽君、韩登峰、周宏喜、刘承帅、杨文旺、武涛、谭明、张明、吴峰、陈强、韩志彬、樊学赛等对本书出版的贡献。

由于各论文发表时间跨度大，随着科技的发展，早期某些论文的观点不尽正确，加之作者水平所限，不妥之处，恳请读者及同行不吝指教。

作　者

2017年5月

目 录

浮选设备历史、现状及发展趋势 ………… 沈政昌 史帅星 陈 东 张跃军 1
JJF 型浮选机的设计及工业实践 ……………………………… 刘振春 沈政昌 44
SFⅡ型浮选机的研制 ……………………………………………… 刘桂芝 54
SF 和 JJF 型浮选机联合机组 …………………… 张鸿甲 谢百之 刘桂芝 62
GF 型机械搅拌式浮选机研究 …………………… 卢世杰 沈政昌 宋晓明 68
大型浮选机的发展概况及评述 …………………… 谢百之 刘振春 邹介斧 75
JJF-130 大型机械搅拌式浮选机研究与设计
……………………………… 沈政昌 卢世杰 陈 东 杨丽君 史帅星 84
KYF-16 浮选机 ……………………………… 刘振春 邹介斧 谢百之 90
KYF-38 浮选机 ……………………………… 邹介斧 刘振春 沈政昌 100
XCF 自吸浆充气机械搅拌式浮选机 ………………………… 沈政昌 刘振春 109
大型 XCF/KYF-24 充气机械搅拌式浮选机联合机组的研制
……………………………………………………………… 刘惠林 刘振春 117
CHF-X3.5 充气机械搅拌式浮选机工业试验 ……………………………… 123
CHF-X14 充气机械搅拌式浮选机工业试验 ……………………………… 133
LCH-X5 浮选机的研制 ……………………………………… 邱广泰 沈政昌 148
XJZ 系列机械搅拌式浮选机的研制与应用 …………………………… 韩寿林 159
KYF-50 充气机械搅拌式浮选机研制 … 沈政昌 刘振春 卢世杰 张晓智 163
160m³ 浮选机浮选动力学研究 ……………………………………… 沈政昌 172
200m³ 超大型充气机械搅拌式浮选机设计与研究 …………………… 沈政昌 178
320m³ 充气机械搅拌式浮选机研究 ……………… 杨丽君 陈 东 沈政昌 185
Experimental and Computational Analysis of the Impeller Angle in a Flotation Cell
by PIV and CFD ……… Shi Shuaixing Zhang Ming Fan Xuesai Chen Dong 194
Flow Field Test and Analysis of KYF Flotation Cell by PIV
……………………… Zhang Yuejun Tan Ming Wu Tao Feng Tianran 210
Analysis of Flow Field in the KYF Flotation Cell by CFD
……………………… Dong Ganguo Zhang Ming Yang Lijun Wu Feng 217
闪速浮选的理论与实践 ……………………………………………… 夏晓鸥 225

CLF 粗粒浮选机的研制 …………………… 刘振春 沈政昌 刘惠林 242
粗粒浮选机设计原则 …………………… 沈政昌 刘振春 吴亦瑞 252
适用于粗颗粒选别的浮选机叶轮动力学研究
…………………… 史帅星 赖茂河 冯天然 周宏喜 260
Recover Phosphorite from Coarse Particle Magnetic Ore by Flotation
…………………… Shi Shuaixing Zhang Ming Tan Ming Lai Maohe 268
冶炼炉渣及粗颗粒浮选机的工业试验及应用研究
…………………… 陈 东 杨丽君 赖茂河 张跃军 282
Study on Flotation Technique to Recycle Copper from Tailings
…………………… Chen Dong Yu Yue 289
CLF 浮选机对粗颗粒钛铁浮选工艺适应性研究
…………………… 张跃军 韩登峰 冯天然 陈 东 298
Numerical Simulation of Flotation Circuit for Kakoxene Ore Processing
…………………… Zhang Yuejun Tan Ming Wu Tao Feng Tianran 305
浮选柱的研究 …………………… 蒋承基 韩寿林 刘振春 邱广泰 邹介斧 312
浮选柱旋流式充气器工业试验 …………………… 韩寿林 曾永华 张鸿甲 324
水气喷射充气器的研究及应用 …………………… 张鸿甲 331
KYZ-B 浮选柱气液两相流数值模拟与试验研究
…………………… 沈政昌 卢世杰 张跃军 337
KYZ-B 型浮选柱系统的设计研究 …………………… 沈政昌 史帅星 卢世杰 344
KYZ4380B 型浮选柱系统研究与应用
…………………… 卢世杰 史帅星 周宏喜 刘承帅 353
KYZE 型浮选柱的发展和应用
…………………… 赖茂河 史帅星 武 涛 周宏喜 付和生 361
超声波对浮选柱选钼过程中细粒尾矿再选的试验研究
…………………… 杨丽君 梁殿印 韩登峰 沈政昌 368
基于给矿速率的 KYZ-B 型浮选柱试验选型数学模型的建立与分析
…………………… 韩登峰 378
后记 …………………… 385

浮选设备历史、现状及发展趋势

沈政昌　史帅星　陈　东　张跃军

（北京矿冶研究总院，北京，100160）

摘　要：本文在总结国内外文献的基础上，从设备研究和应用两个主要方面阐述了浮选机和浮选柱的发展历史、现状及趋势。

关键词：浮选机；浮选柱；研究与应用；发展历史及趋势

Flotation Equipment History，Current Situation and Development Trend

Shen Zhengchang　Shi Shuaixing　Chen Dong　Zhang Yuejun

（Beijing General Research Institute of Mining and Metallurgy，Beijing，100160）

Abstract：On the basis of summarizing the domestic and foreign literatures，flotation equipment history，current situation and development trend is demonstrated in this paper from two aspects of research and application.

Keywords：flotation cell；flotation column；research and application；history and development trend

浮选是一种根据矿物颗粒表面物理化学性质的不同，从矿石中分离有用矿物的选矿方法。世界上有90%的有色金属和50%以上的黑色金属采用浮选法处理。早在我国古代，浮选法就已经被用于金银淘洗加工过程中，直到19世纪末，浮选法才被正式提出。从1904年浮选设备在澳大利亚首次获得工业应用[1]至今已有100多年的历史，浮选设备在多样化、大型化和自动化方面取得了显著的技术进步，目前已广泛应用于冶金、造纸、农业、食品、医药、微生物、环保等领域。

1　浮选机历史及现状

1.1　历史概述

1.1.1　古代浮选

早在我国明朝，浮选就被应用于医药和冶金行业。在医药方面，利用矿物表面的天然疏水性来净化朱砂、滑石等矿质药物，使矿物细粉漂浮于水面之上，而与下沉的脉石分开[2]。在冶金方面，在金银淘洗加工过程中，利用金粉的天然疏水性及亲油性，将鹅毛蘸上油去刮取浮在水面的金粉，使其与尘土等亲水性的杂质分离。18 世纪人们已知道气体黏附固体粒子上升至水面的现象；19 世纪时人们就曾用气化或加酸与碳酸盐矿物反应产生的气泡浮选石墨。当时并没有专门的浮选设备。

1.1.2　近代浮选

19 世纪末期，由于对金属的需求量不断增加，能用重选处理的粗粒铅、锌、铜硫化矿的资源逐渐减少，为了选别细粒矿石，浮选作为一种选矿方法被明确提出。1903 年埃尔默提出混合油浮选法，该法被认为是现代浮选的起点。随后，浮选工艺取得了快速的发展，浮选设备的研制工作也相继展开。1909 年，Goover T 制造了用于泡沫浮选的第一台多槽叶轮搅拌装置。1913 年，John Callow 发明充气式浮选机，Robert Towne 和 Frederick Flinn 发明了充气式浮选柱。1914 年，Callow G 获得从槽子多孔假底喷入空气的浮选设备专利。1915 年，Durrel 制造出喷射式浮选机的样机[3]。20 世纪 20 年代，为了满足当时蓬勃发展的电力行业用铜的需求，国外制造商开发出各类型机械搅拌式浮选机和充气式机械搅拌浮选机。从 1930 年开始，随着市场对铜金属的需求一落千丈，新型浮选机研制一度停滞。到 1945 年二战结束时，虽然充气式浮选机还在使用，但机械搅拌式浮选机已经成为当时运用最广泛的浮选机类型。当时，一个大型选矿厂要采用数百台的 $2m^3$左右的浮选槽，建设、管理和运行成本很高。

根据浮选设备的发展历史，本文以 1960 年浮选机再度繁荣为界，分两个阶段来叙述国内外浮选机的特点。

1.1.3　1960 年以前

从 1903 年浮选概念的提出到 1960 年，各种浮选设备不断涌现，由于当时对浮选工艺和浮选设备的认识还不够深入，很多浮选设备很快被市场淘汰。该时期的浮选设备多为小型机械搅拌式浮选机和充气式浮选机，当时使用最广泛的浮选机是 Minerals Separation 浮选机、Callow 浮选机、Fahrenwald Denver 浮选机、Fagergren Wemco 浮选机、Agitair 浮选机和米哈诺布尔浮选机等。

（1）Minerals Separation 浮选机。Minerals Separation 公司是最早的浮选设备制造商，1910 年，该公司已成为浮选行业的技术引领者。Minerals Separation 公司生产了三种浮选机[4]分别是：基于由 1913 年 Hebbard 申请专利的最早的浮选机（见图 1）；1926 年由 Wilkinson 和 Littleford 申请了专利的 Sub-A 型浮选机（见图 2），该浮选机槽体的设计成为此后浮选机槽体的设计标准；由 Taggart 发明的 countercurrent 浮选机（见图 3），该浮选机设计与丹佛浮选机大致类似，不同之处在于泡沫槽之间由上部敞口的挡板间隔开，这易于矿浆在该点实现对流，顺流矿浆能通过假底上的豁口实现循环。Minerals Separation 浮选机直到 19 世纪 60 年代依然应用于各大矿山，如 1963 年 Bancroft Mines' Konkola 选矿厂用于除硫[5]，1966 年在北爱德华州的 Silver Summit 选矿厂用于精选[6]。这足以证明该浮选机在当时的优越性。

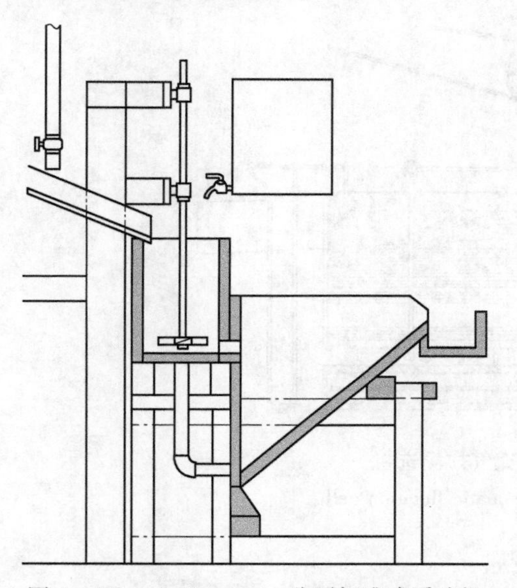

图 1　Minerals Separation 公司标准式浮选机

Fig. 1　Minerals Separation standard flotation cell

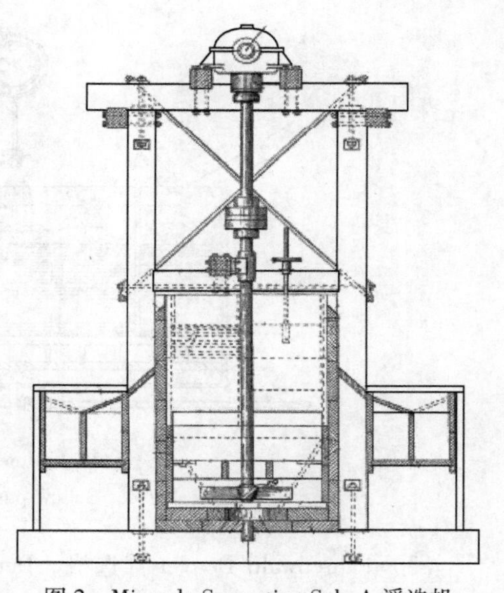

图 2　Minerals Separation Sub-A 浮选机

Fig. 2　Minerals Separation Sub-A flotation cell

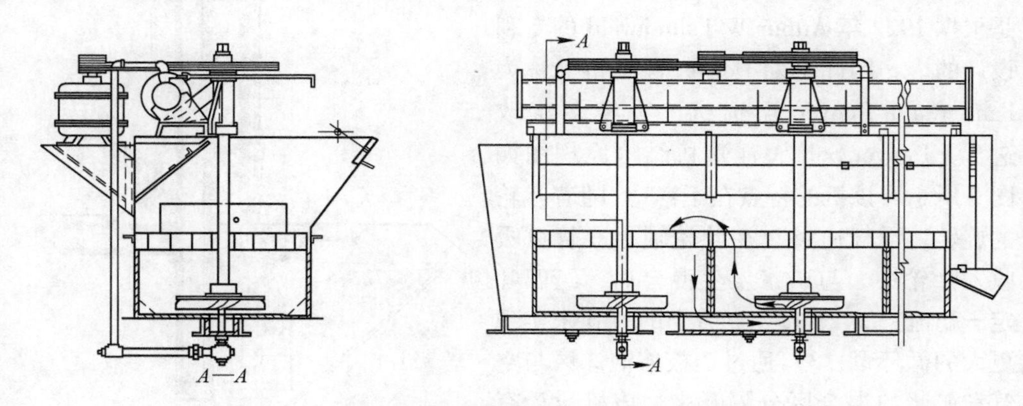

图 3　Minerals Separation 对流式浮选机

Fig. 3　Minerals Separation countercurrent flotation cell

（2）Callow 浮选机。Callow 浮选机是由 John Callow 发明的一种充气式浮选机，1915 年获得专利，其原型图如图 4 所示[7]。该槽体底部有一个多孔分配器，通过该装置产生压力空气。多孔分配器的材质不受限制，可以是多孔的砖，甚至可以是椰壳纤维席纹布。给矿速度必须足够使固体颗粒在槽体中保持悬浮状态。该机的缺点在于底部多孔分配器容易堵塞，导致 Callow 浮选机的操作和维护十分复杂。有趣的是该专利描述了一个有锥阀的尾矿箱和一个液位控制机构，这与现代浮选机的特点惊人的一致。

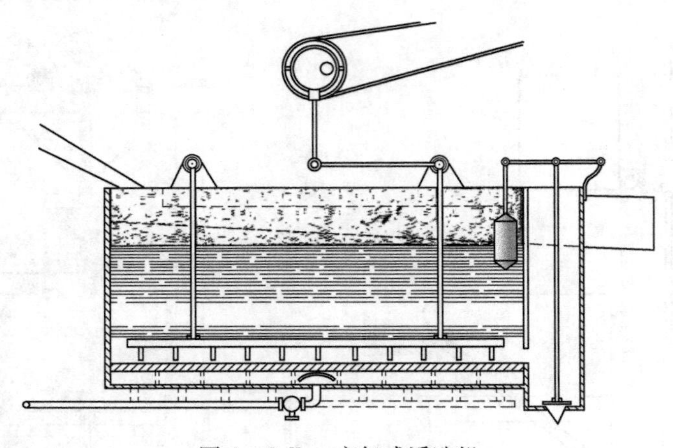

图 4　Callow 充气式浮选机

Fig. 4　Callow pneumatic flotation cell

（3）Fahrenwald Denver 浮选机。Denver 设备有限公司于 1927 年成立，该公司生产的第一台浮选机是 Sub-A 浮选机。该设备是根据 1922 年 Arthur W Fahrenwald 的专利设计的[8]，因此早期 Denver 浮选机又称为 Fahrenwald Denver 浮选机，后经多次改进[9]，Denver Sub-A 浮选机结构原理图如图 5 所示。该机的特点在于：1）随着叶轮的旋转，空气通过套在叶轮轴上立管被吸收入叶轮中，与矿浆发生混合后，经四叶定子稳流；2）通过在立管上的打孔来实现更大的循环量；3）通过挡板将泡沫区与空气和矿浆的混合区分隔开来。该机设计有三种不同形式的叶轮：圆锥盘形叶轮、退缩盘形叶轮和多翼盘形叶轮，分别适用于处理粗粒高浓度矿浆、通用和粗扫选作业。

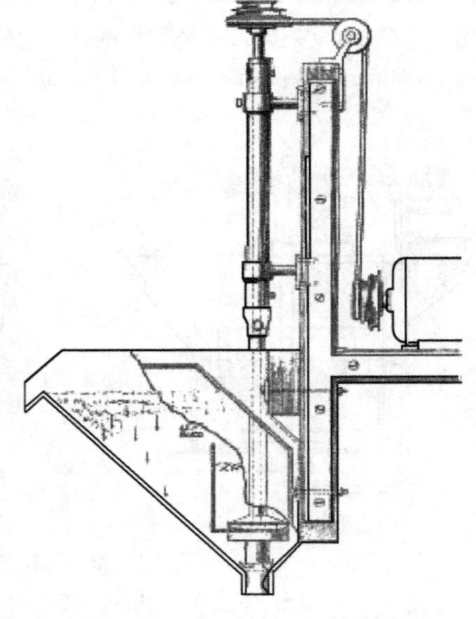

图 5　Fahrenwald Denver 浮选机

Fig. 5　Fahrenwald Denver flotation cell

（4）Fagergren Wemco 浮选机。Fagergren Wemco 浮选机是一种自吸气机械搅拌式浮选机，于 1920 年发明，当时该浮选机的搅拌机构是横向的，其结构图如图 6 所示。该机采用一个转速达 200r/min 的卧式旋转机构，通过搅拌机构上叶轮的转动，经供气管道将空气吸入到主轴机构的内部，并迫使它通过横隔板之间的空间，同时矿浆进入进料管，与空气在主轴机构内部相混合，矿化泡沫上浮到槽面并溢流到泡沫槽中[10]。

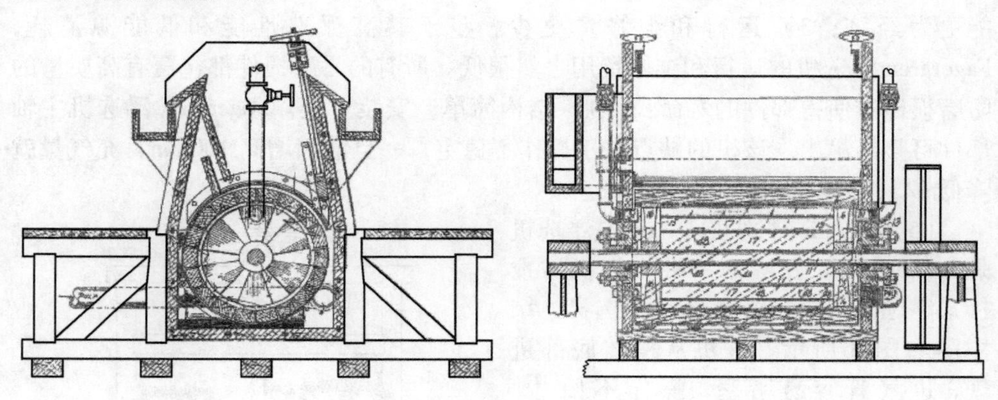

图 6　1920 年 Fagergren 浮选机
Fig. 6　The 1920 Fagergren flotation cell

1934 年，该机改为竖直的搅拌结构，其结构图如图 7 所示。采用金属制转子和定子，转子上下两端有环形圆盘，两盘之间的边缘装有垂直的圆棒或圆管，其粗细对浮选机的性能影响较大；定子周围也围以圆棒或圆管；转子上圆盘叶片的弯曲方向应能保证转子旋转时吸入空气，而下圆盘叶片能将矿浆由槽底中心孔吸

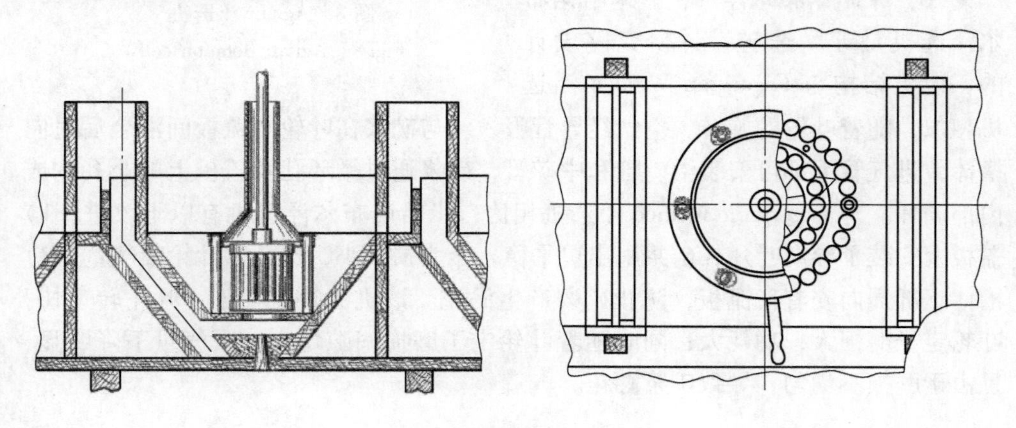

图 7　1934 年 Fagergren 浮选机
Fig. 7　The 1934 Fagergren flotation cell

入转子。空气与矿浆在转子中混合后，经定子圆棒间隙稳流后，使矿化气泡分散到槽体中。该设计也被称为“松鼠笼子”[11]。

该机的特点在于：1）由于定子和转子的特殊设计，气泡矿化率高和矿浆循环明显，提高了浮选机的浮选率。相对于其他同样容积的浮选机，Fagergren 浮选机浮选速度更高而且处理量更大；2）能源消耗更低。Fagergren 浮选机的高浮选性能使得处理每吨矿石的能源消耗量更低。浮选机的泡沫槽较浅也使得浮选机耗能更为经济；3）运行和维修费更少。鉴于其高浮选性能和低能源消耗，Fagergren 浮选机的运行和维修费用自然很低。所有的易磨损件都包覆有高质量的防磨损橡胶使得部件的寿命长；4）结构简单，安装方便。Fagergren 浮选机主轴部件可整体吊出。该机的缺点在于操作不稳定，一旦液面增高 100mm，充气量就降低 2/3，短时间内很难稳定。

（5）Agitair 浮选机。Agitair 浮选机是 Lionel Booth 发明的一种充气机械搅拌式浮选机。最初版 Agitair 浮选机，结构图如图 8 所示。该机从槽体底部进气，进气管容易堵塞，操作不便[12]。20 世纪 40 年代初，在叶轮机构上添加一根空心轴，改成从浮选机上部进气。与当时其他类型浮选机相比：每个槽体单独进气，单独出泡，槽与槽间相互影响小，能够适应各种不同矿石的选别，回收率高，电耗少。

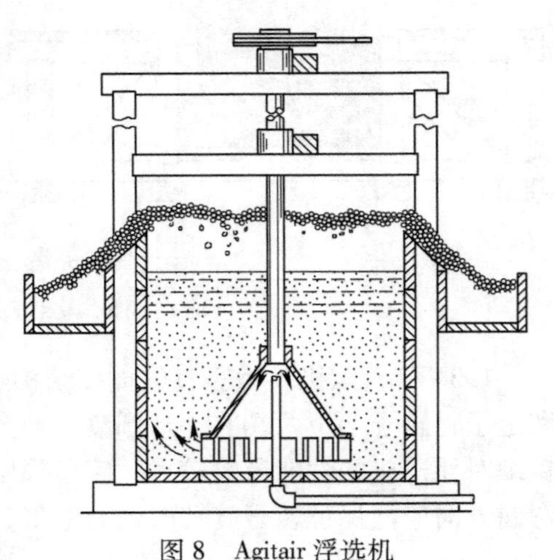

图 8　Agitair 浮选机

Fig. 8　Agitair flotation cell

（6）米哈诺布尔浮选机。米哈诺布尔浮选机是苏联选矿设计研究院设计的，该机结构与 Fagergren Wemco 浮选机相似，随着叶轮的旋转，空气经导管吸入，与矿浆在叶轮与盖板间混合后甩向槽体，进气管下部可安装给矿管和中矿管，矿浆通过循环孔及盖板上的小孔构成内部循环。与 Fagergren Wemco 浮选机相比，米哈诺布尔浮选机有以下改进：1）盖板上安装了导向叶片，矿浆甩出更平稳，压头损失小，提高了叶轮吸气量；2）槽体下部周向安有稳流板，防止矿浆产生涡流。该机的缺点在于：叶轮转速快，叶轮定子磨损大，功耗大；同时随着叶轮定子磨损间隙增大，吸气量下降明显，且由于磨损不均匀，导致矿浆翻花。

1.2　技术进展与现状

1960 年，随着铜金属的价格再次攀升和经济萧条、战争带来的阴影渐渐散去，浮选设备研制再度活跃，老牌浮选设备制造商们纷纷开展了浮选机新结构研究，其中具有代表性的有 Denver 公司开发的 Denver DR 浮选机、Wemco 公司开发的 Wemco 1+1 浮选机等；新的浮选设备制造商独特的设计，也逐渐被市场所认可，如 Outukumpum 公司和我国的北京矿冶研究总院（BGRIMM）等。

我国在浮选设备研究方面，起步较晚，直到 20 世纪 50 年代中期，才开始仿造苏联米哈诺布尔型浮选机，由于当时工业条件限制，到 20 世纪 70 年代才开始自主研发，到 80 年代初成功研发了 JJF 型机械搅拌式浮选机，随后相继研发了充气机械搅拌式浮选机、粗颗粒浮选机、闪速浮选机等数十种浮选机，可满足不同选矿厂生产要求。

1980 年以来，随着世界经济及国内经济的持续迅速增长，浮选理论研究和浮选设备技术的不断进步，以及近年来矿石性质的不断恶化，国内外浮选设备在大型化、多样化和自动化研究等方面取得显著的进步。

1.2.1 浮选机研究

1.2.1.1 多样化

根据不同工艺的要求，开发了多样化的浮选设备，既能满足金属的选别，也能满足非金属及污水处理等的选别，既有适用粗选、扫选、精选等各作业的浮选机，也有可用于磨矿回路中的闪速浮选机，既能选别常规粒级矿物，又能满足选别粗粒级矿物的要求。

A Denver 公司

为了使槽体循环量增大和气泡矿化率提高，20 世纪 60 年代早期，Arthur Daman Jr 和 Leland Logue 设计出 Denver DR 浮选机[13]。图 9 为该专利附图。DR 浮选机与之前的 Denver 浮选机最大的不同之处在于矿浆并不是直接流向叶轮区，而是设计了一根从叶轮一直延伸到槽体中上部的矿浆循环管，将矿浆给入该循环管，使矿浆与空气在循环管中混合后再进入叶轮区。该机的特点在于：（1）让矿浆在垂直方向循环，有效防止沉槽发生；（2）气泡和矿浆在垂直方向混合；（3）在低功率电机驱动、低叶轮转速的情况下依然能够保持矿物颗粒高度悬浮、气泡有效矿化。

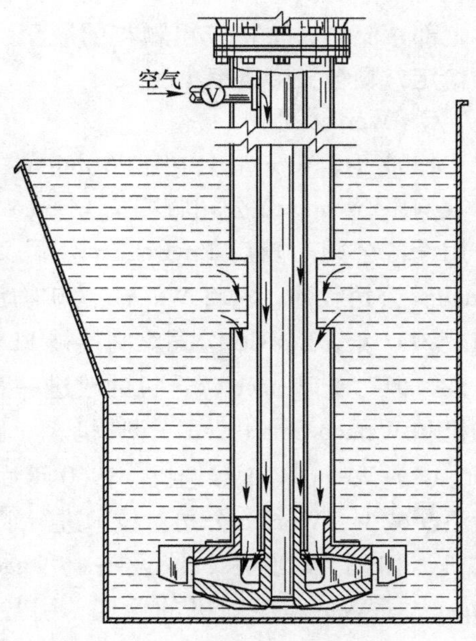

图 9 Denver DR 浮选机

Fig. 9 Denver DR flotation cell

Denver 公司最初设计大型浮选机的方法是将两个较小的槽体连接在一起后去除中间的间隔物。该公司第一版大型浮选机命名为 Denver DR 600（$17m^3$），它由两个 Denver DR 300 的槽体背对背拼接而成，因此一个槽体中有两个主轴机构。Denver 公司作为浮选机生产商获得了业界很高的评价，后来 Denver 公司被 JOY 公司收购，其浮选机生产业务走向衰退。大部分由 Denver 公司研制开发的选矿技术，包括浮选机技术被 Joy 公司卖给了 Sala 公司，该公司后改名为 Svedala 公司。1996 年 Svedala 公司的产品目录中 Sub-A 型浮选机和 DR 浮选机与 Denver 当年的设计几乎没有任何改变。在接下来的一些并购过程中，Svedala 公司将一些技术转让给了 Metso（美卓）公司。目前，Metso 浮选机是 Denver 浮选机的继承者。

B　Metso 公司

Metso 公司 RCS™（Reactor Cell System）浮选机是一种充气搅拌式浮选机，结构示意图如图 10 所示。采用深型叶片机构，产生强力的辐射状泵机作用，将矿浆甩向槽壁，同时产生很强的回流到叶轮的下方，减少沉槽，该浮选机最大容积为 $200m^3$。该机的特点在于：（1）槽体下部区域的固体矿粒悬浮和输送良好，使矿物颗粒与气泡多次接触碰撞，回收率高；（2）槽体上部紊流小，防止较粗颗粒的脱落；（3）液面稳定，颗粒夹带概率小。

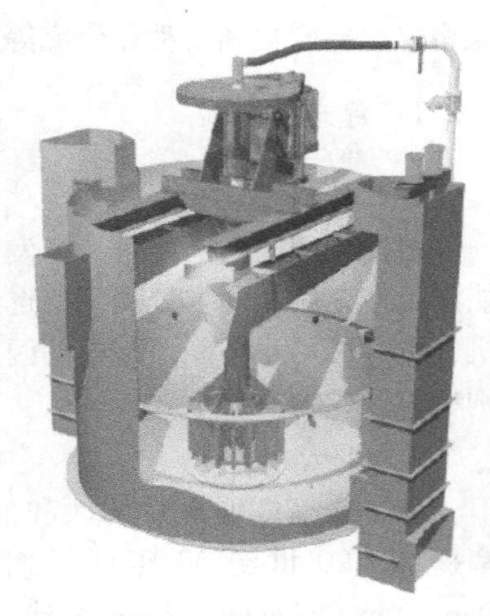

图 10　RCS 型浮选机结构示意图
Fig. 10　RCS DR flotation cell

C　Wemco 公司

1964 年，Wemco 公司被 Arthur G McKee 公司收购；Envirotech 公司收购了 Wemco 和 Eimoco 矿用设备公司。随后 Envirotech 公司又被 Baker Hughes 公司收购，它将 Wemco 的矿物加工设备生产线转移到盐湖城的 EIMCO 公司。2007 年，EIMCO 公司又间接被 FLSmidth 公司收购。虽然 Wemco 公司几度被收购，但对于 Wemco 浮选机的改进一直没有停止，其代表产品为 Wemco1+1 浮选机和 Wemco Smart Cell™浮选机。

（1）Wemco1+1 浮选机。1960 年后，由于 Wemco Fagergren 浮选机市场占有量不断减少，Wemco 公司对技术进行了改进，于 1969 年成功研制 Wemco1+1 浮选机，如图 11 所示。该设备与 Fagergren Wemco 浮选机相比：1）保留了 Fagergren Wemco 浮选机的假底，引导空气流进转子的导流管和斜坡。2）将 Fagergren Wemco 浮选机的鼠笼型转子和定子改成叶片型转子，该转子截面为星形而定子具有椭圆形穿孔。转子和定子的结构都是在一个钢结构表面包覆橡胶或类似的材料。在定子之上是一个防护盖，增强浮选机的矿化泡沫流。

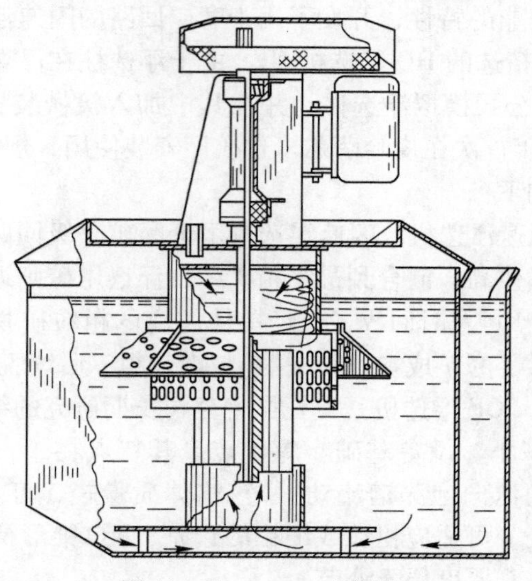

图 11 Wemco 1+1 浮选机

Fig. 11 Wemco 1+1 flotation cell

（2） Wemco Smart Cell™浮选机。Wemco Smart Cell™浮选机是在吸收了 Wemco1+1 浮选机的基础上改进的一种自吸气式浮选机。随着转子的旋转，周围的空气经立管吸入，通过分配器罩分散成细小的气泡，均匀地分布于整个矿浆中。旋转机构位于槽体的中部，减小了转子和分散罩的磨损，而且停车后可以立即启动。转子采用对称式结构，既可以顺时针或反时针运转，也可以上下颠倒运转，使用寿命长[14~18]。

1996 年，Wemco Smart Cell™浮选机在铜矿进行测试，随后 Kennecott 铜业集团购买该浮选机版权。该浮选机的特征在于有一个容积达 125m^3 的圆柱形槽体。其主轴机构的设计为典型的 1+1 型主轴设计，但是主轴机构底部的导流管道被扩大以增大吸入的矿浆量。2003 年 FLSmidth 公司安装了首台 257m^3 的 Smart Cell™浮选机。自 2004 年后，FLSmidth 公司与 CAST 研究中心合作，深入对 CFD 的研究。基于 CFD 模型分析结果，FLSmidth 公司设计了 Super Cell™浮选机，它将大型浮选机的容积范围扩大到 300m^3。2009 年两台 Super Cell™在 Rio Tinto 的铜矿选矿厂进行测试[19]。

D Outokumpu 公司

Outokumpu 公司从事浮选设备研究时间较晚，1958 年才开始研究，1959 年 1.5m^3 和 3m^3 的 OKKO 浮选机首次在 Kolatahti 选矿厂投入使用[20]。浮选一直是 Outokumpu 公司研究重点，该公司技术部门一直在研制能有效混合和充气的搅拌机构以及设计新型槽体和泡沫处理系统。另外，Outokumpu 公司已经把其浮选技术成功地应用于自己在世界各地的矿山中，解决各种矿物加工应用的需要。他们十分注重每个浮选作业的特性，开发了用于磨矿回路的闪速浮选机、用于粗扫选的 OF 浮选机、用于精选的 HG 浮选机[21]。由于浮选柱在浮选作业中越来越多地被使用，Outokumpu 公司模拟浮选柱，并在其中加入机械装置，开发了 TankCell 型浮选机，于 1983 年首次在皮哈萨尔米选矿厂安装使用，规格为 OK-60-TC。其各种浮选机的特点如下：

（1）Skim-air 闪速浮选机。闪速浮选机用于磨矿分级回路，该矿给矿是旋流器沉砂，浮选精矿品位高，混合到最终精矿中，浮选尾矿则返回到球磨机。闪速浮选机的特点在于：1）及时回收了已经单体解离的粗粒矿物，减少了有用矿物过磨现象，同时降低了磨矿成本；2）精矿粒度较粗，后续脱水作业容易。

（2）OF 浮选机。OF 浮选机是奥托昆普公司长期研究的结晶，与常规浮选机相比，具有占地面积小、设备基础小等优点。其特点在于：1）槽体为漏斗形，没有死角，有助于泡沫向泡沫槽流动；2）槽体质量轻，可自行支撑；3）采用不同的叶轮定子系统，可适应粗粒或细粒的选别；4）锥形槽体减小了矿浆表面积，可形成厚泡沫层，厚度便于调节。

（3）HG 浮选机。为了提高精矿的品位，1987 年 Outokumpu 公司研制了 HG 浮选机[22,23]。泡沫直接流入泡沫槽，可迅速收集高品位的泡沫，回收率较高，其特点如下：1）精矿不仅品位高，而且洁净；2）打破絮凝物的有效混合，回收率高；3）循环负荷小，流程简单。

（4）TankCell 型浮选机。由于浮选柱在浮选作业中越来越多地被使用，Outokumpu 公司模拟浮选柱，在其中加入机械装置，开发了 TankCell 型浮选机，TankCell 型浮选机为充气式机械搅拌浮选机，结构如图 12 所示。槽体为圆筒形，空气经空心轴进入叶轮腔，矿浆由槽体下部侧面矿浆流通孔进入槽体，泡沫从槽体上方的溢流堰流出。

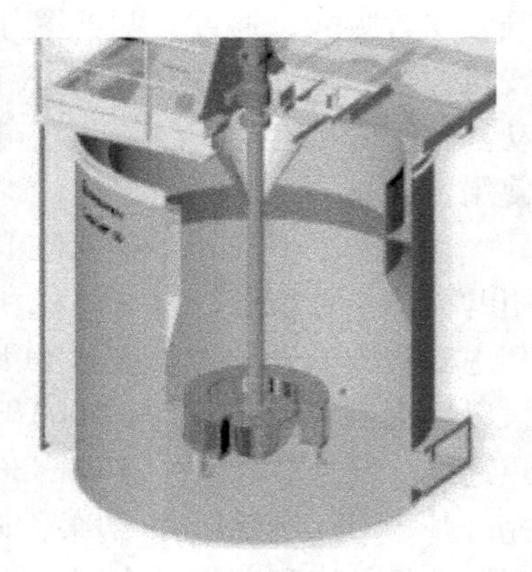

图 12　OK-TankCell 型浮选机

Fig. 12　OK-TankCell flotation cell

TankCell 型浮选机的主要特点是同时具有浮选柱和机械搅拌式浮选机的特点，既可以使粗粒充分悬浮，又可以获得较高品位的精矿。

E　北京矿冶研究总院

北京矿冶研究总院（BGRIMM）自 20 世纪 60 年代以来，致力于 BGRIMM 系列浮选设备技术的研究及推广应用，至今已发展成为一个完善的浮选机体系，目前已开发 CHF-X、JJF、KYF、SF、XJZ、XCF、LCH-X、CLF、YX 和 BF 等十余种型号、近百种规格的浮选机及浮选机联合机组，KYF 浮选机、XCF 浮选机及

XCF/KYF 联合机组、GF 型浮选机、BF 型浮选机、CLF 型浮选机和闪速浮选机为其代表机型[24,25]。

（1）KYF 型浮选机。KYF 型浮选机是一种充气机械搅拌式浮选机，是 BGRIMM 浮选机大型化的典范。2000 年成功研制单槽容积 $50m^3$浮选机[26,27]，在国内外迅速推广使用近千台；2005 年研制成功单槽 $160m^3$浮选机，在中国黄金集团乌努格吐山铜钼矿 34000t/d 工程中使用[28,29]；2008 年初成功研制了 $200m^3$充气机械搅拌式浮选机，并在江西铜业集团公司大山选矿厂 90000t/d 工程中使用。2008 年年底，BGRIMM 最新研制成功了 KYF-320 充气机械搅拌式浮选机，该浮选机是目前世界上单槽容积最大的浮选机之一[30,31]。

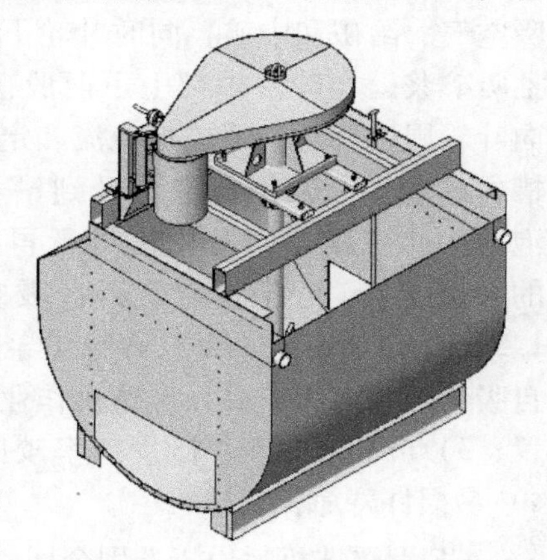

图 13　KYF 型浮选机结构图
Fig. 13　KYF flotation cell

KYF 浮选机结构图如图 13 所示。该机的独特之处是采用后倾叶片倒锥台状叶轮和悬空式定子，并在叶轮腔中间设计有多孔圆筒形空气分配器。

（2）XCF 浮选机及 XCF/KYF 联合机组。XCF 浮选机是针对一般充气机械搅拌式浮选机不具备自吸矿浆的能力、必须阶梯配置、中矿需通过泵返回、造成选矿厂流程复杂、基建投资或改造费用高等问题而研制的，该设备不仅具有一般充气式浮选机的优点，而且能自吸矿浆[32]，其结构如图 14 所示。该机的特点在于：叶轮由上、下叶片和隔离盘组成，上叶片为辐射状叶片，与盖板一起组成吸浆区，其作用是从槽外吸入矿浆；下叶片为后倾叶片，负责循环矿浆和分散空气，是充气区；隔离盘直径大于或等于叶片外圆直径，作用是将充气区和吸浆区分开。随着叶轮的旋转，鼓风机供给低压空气，经空心主轴进入空气分配器，通过分配器侧壁的孔进入叶轮下叶片间，同时叶轮上叶片抽吸外部矿浆进入槽内，而槽内矿浆则从叶轮下端吸入叶轮下叶片间，与空气充分混合后，由安装在叶轮周边的定子稳流定向后进入到槽内矿浆中，矿化气泡上升到槽子表面形成泡沫，矿浆则返回叶轮区进行再循环。XCF 浮选机和 KYF 浮选机可形成联合机组，实现

图 14　XCF 浮选机结构图
Fig. 14　XCF flotation cell

平面配置，目前已广泛应用到有色金属、黑色金属和化工等行业[33]。

（3）GF 型浮选机。GF 型浮选机结构如图15所示，该机也具有自吸矿浆和空气。随着叶轮的旋转，在叶轮上叶片中心区形成负压，抽吸空气、给矿和中矿，同时叶轮下叶片从槽内抽吸矿浆，在叶片中部上下两股矿浆流合并，向叶轮周边流动，经盖板稳流和定向后，进入槽内矿浆中，矿化气泡上升到槽子表面形成泡沫，矿浆则返回叶轮区进行再循环。该机的特点为：1）自吸空气，自吸空气量可达 $1.2m^3/(m^2 \cdot min)$；2）自吸矿浆，能从槽外自吸给矿和泡沫中矿，浮选机作业间可平面配置；3）叶轮直径小，圆周速率较低，功耗低；4）易损件寿命长。

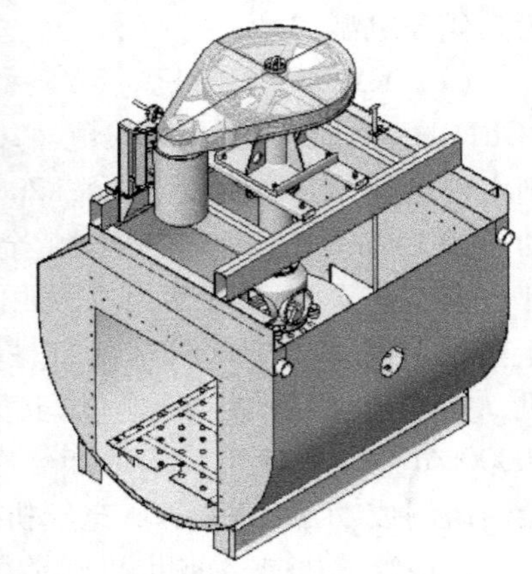

图 15　GF 浮选机结构图

Fig. 15　GF flotation cell

GF 型浮选机适用于选别金属和非金属矿物的中、小型规模企业[34]。

（4）BF 型浮选机。BF 型浮选机是北京矿冶研究总院研制的一种高效分选设备，具有平面配置、自吸空气、自吸矿浆、中矿泡沫可自返等特点，不需要配备任何辅助设备。与 A 型浮选机相比，具有单容功耗节省 15%~25%、吸气量可调、矿浆液面稳定、选别效率高、易损件使用周期长、操作维修管理方便等优点，是一种节能高效的分选设备。

BF 型浮选机如图16所示，主要由电机装置、槽体部件、主轴机构、刮泡装置等部件组成。主轴机构包括大皮带轮、轴承体、中心筒、主轴、吸气管、叶

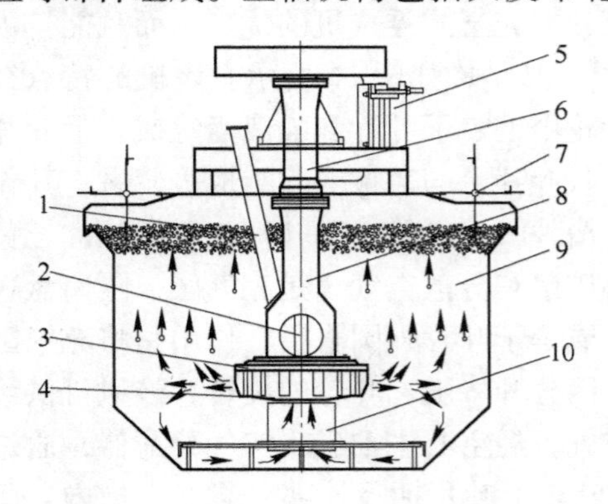

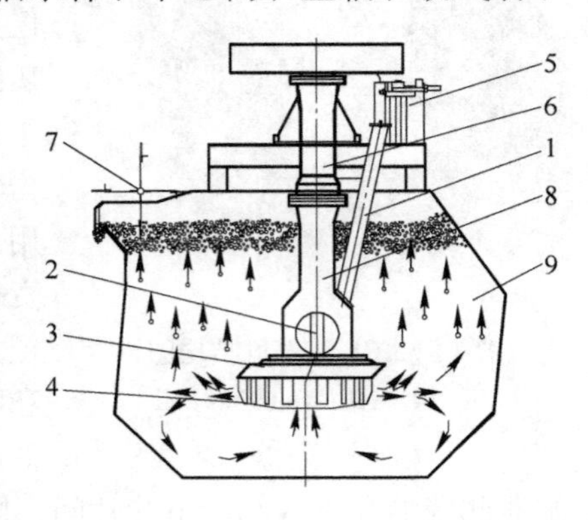

图 16　BF 型浮选机结构简图

1—吸气管；2—主轴；3—盖板；4—叶轮；5—电机装置；6—轴承体；
7—刮泡装置；8—中心筒；9—槽体部件；10—导流管

Fig. 16　BF flotation cell

轮、盖板等零部件，主轴机构固定在槽体主梁上。该机的工作原理与 GF 浮选机相似，可以从槽外自吸矿浆[35]。

（5）CLF 型浮选机。CLF 型浮选机是一种既能选别常规粒级，又能选别较粗粒级、较大密度、较高浓度的全粒级充气机械搅拌式浮选机，特别适用于选别石英砂、冶炼炉渣等含有粗粒级的有色、黑色、非金属矿物的选别[36]。

CLF 型浮选机如图 17 所示，随着叶轮的旋转，来自鼓风机供给的低压空气经空心主轴通过分配器进入叶轮叶片间，同时假底下面的矿浆从叶轮下部吸入到叶轮叶片间，与空气充分混合后，从叶轮上半部排出，经定子稳流后，穿过格子板，进入槽内上部区域。此时，浮选机内部含有大量气泡，而外侧循环通道内不含气泡或者含有极少量气泡，形成压差，并在此压差和叶轮抽吸的作用下，内部矿浆和气泡上升通过格子板，将粗颗粒矿物带到格子板上方，形成悬浮层，矿化气泡和含有较细矿粒的矿浆继续上升，矿化气泡升到液面形成泡沫层，而含有较细矿粒的矿浆则经循环通道，回到叶轮区进行再次选别[37]。该机的特点在于：1）采用了高比转数后倾叶片叶轮，叶片形状与矿浆通过叶轮的流线一致，具有矿浆循环量大、功耗低的特点；2）格子板使粗粒矿物上升距离短，脱落概率低；3）循环通道使细粒矿物多次经过叶轮区，增加了碰撞概率，有利于细粒浮选[38]。

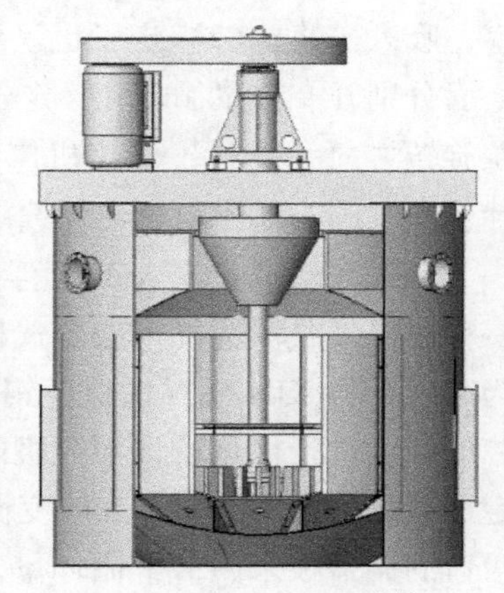

图 17　CLF 型浮选机结构图

Fig. 17　CLF flotation cell

（6）YX 型闪速浮选设备。YX 型闪速浮选机是一种单槽用于磨矿分级回路中的充气式浮选机，如图 18 所示，用于分选螺旋分级机或旋流器沉砂，提前获得已单体解离的粗粒矿物。该机的特点在于：1）叶轮定子下安有矿浆循环筒，用于促进叶轮下矿浆循环和矿粒悬浮，使可浮矿物多次进入叶轮区，增加捕收概率；2）叶轮上部设有上循环通道，产生上循环，增加搅拌力度和均匀性，同时使药剂与矿粒充分接触；3）槽体采用锥形底，消除槽内死角，避免堵塞，同时起浓密作用，使尾矿通过下锥体浓密、均匀地排出[39]。

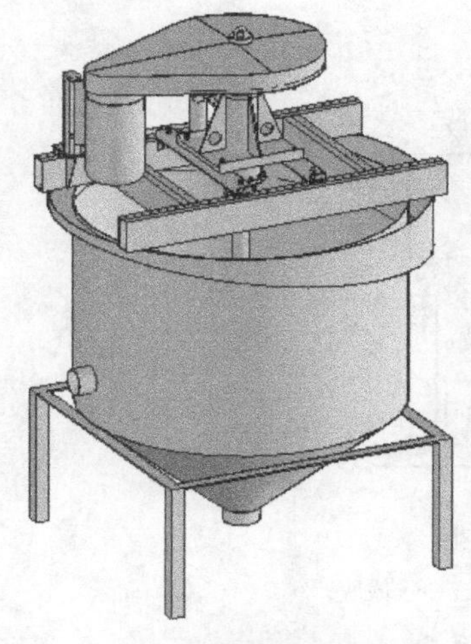

图 18　YX 型闪速浮选机结构图

Fig. 18　YX flotation cell

F　煤炭科学研究院

煤炭科学研究院是我国最早从事浮选机研究

的单位之一，主要研究选煤用浮选机，其代表设备有 XJM 浮选机和 XJM-S 浮选机，如图 19 所示。

XJM 浮选机是一种自吸气式浮选机，该机特点是：（1）采用了三层伞形叶轮。第一层有 6 块直叶片，其作用是抽吸矿浆和空气；第二层为伞形隔板，与第一层形成吸气室；第三层是中心有开口的伞形板，与第二层隔板之间形成吸浆室，吸入矿浆；（2）定子也呈伞形，安装在叶轮上方，由圆柱面和圆锥面组成，上面分别开有矿浆循环孔，定子锥面下端有呈 60°夹角的定子导向片，方向与叶轮旋转方向一致[40,41]。该机广泛用于煤泥的浮选，但对可浮性差的煤泥，选择性较差，同时对粗粒煤泥浮选效果不佳，尾煤中损失较大。

XJM-S 浮选机在 XJM 型浮选机的基础上研制成功，结构如图 19 所示，也是一种自吸气式浮选机。该浮选机与 XJM 型浮选机最大的区别在于叶轮从三层变为两层，将 XJM 型浮选机的第二层伞形隔板用其他机构代替，并对叶片和叶轮腔的高度进行优化设计。该机的特点在于：（1）叶轮上下循环量可调，可通过定子盖板上的调节装置来改变循环流道的截面，从而调节上循环量，通过更换下吸口的调节板来调节下循环量，可适应不同可浮性煤泥的分选；（2）采用混合入料方式，大部分入料通过吸料管吸入叶轮，其余的物料通过假底周边与槽壁的间隙进入搅拌区；（3）定子为定子盖板和导向叶片的分体式结构，使定子上的吸浆管与叶轮下吸口正对，同时叶轮下吸口伸入吸浆管内一定距离，保证吸入足够的新矿浆[42,43]。

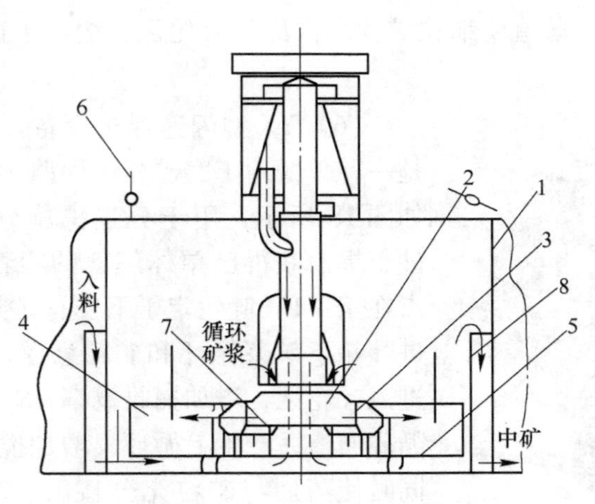

图 19 XJM-S 浮选机示意图

1—槽体；2—叶轮；3—定子；4—稳流板；5—假底；6—刮泡机构；7—吸料管；8—中矿箱

Fig. 19 XJM-S flotation cell

G 其他浮选机

除了上述浮选机外，还有一些浮选机满足了当时一段时间的需求，但随着矿物加工行业的发展，这些浮选机或者与浮选工艺要求不相适应，或者没有成功实现大型化而市场用量较小，或者逐渐退出市场，但这部分浮选机对于浮选设备的发展作出了一定的贡献，这些浮选机主要有：

（1）KHD 洪堡-韦达格浮选机。德国洪堡公司生产的自吸气机械搅拌式浮选机，该机具有圆盘形、单偏摆、双偏摆和多偏摆等多种形式的叶轮，随着偏摆的增加，浮选机吸气量也随之加大，单位容积处理能力随之加强，能耗随之降低。但是该机没有成功实现大型化，逐渐退出了浮选机市场。

（2）克虏伯浮选机。德国克虏伯公司生产的 KR 型和 TR 型浮选机均是自吸气的机械搅拌式浮选机，最小容积为 $0.5m^3$，最大容积为 $5m^3$。该机的特点在于叶轮旋转时，同时从给矿管吸入矿浆和从空心主轴吸入空气。该叶轮有三种形式：1）普通型，叶轮的叶片为封闭式，矿浆入口设在叶轮上端；2）矿浆入口可位于叶轮上端或下端；3）直流式。可以根据流程要求选用。

（3）瓦曼浮选机。澳大利亚瓦曼设备公司生产的瓦曼浮选机是在 Fagergren 浮选机的基础上研制的，该机主要用于澳大利亚、日本、东南亚和南美地区各国。该机最大的特点在于叶轮和导流板：叶轮安装在空心轴的下端，由与叶轮逆转方向呈 45°倾角且向外扩展的圆棒和圆盘组成，圆棒对称于轴等距配置并固定在圆盘上，优点在于停机时不会压死，磨损小。导流板由曲率半径不同的弧形板组成，可在浮选机强烈搅拌的同时，保持上部平稳的分选区。

（4）AS 型浮选机。AS 浮选机是瑞典 Sala International 公司研制的，该浮选机最大容积为 $44m^3$，该机的设计原理与众不同，主要致力于将循环矿浆流减小到最低限度，认为矿浆自然分层有利于浮选。该机将叶轮分为两面均有垂直放射状叶片的平原盘，上叶片用于分散空气，下叶片用于抽吸矿浆。该机适用于细粒分选。

（5）ФЛМ 型浮选机。ФЛМ 型浮选机是苏联生产的充气机械搅拌式浮选机，该机最大容积是 $25m^3$，据报道，该机代替米哈诺布尔浮选机，单位生产能力提高 50%以上，处理单位矿浆的功耗降低 26%以上。

（6）XJN 型浮选机。XJN 型浮选机是我国早期选煤用浮选机，该机由给料箱、搅拌器、槽体、尾矿箱和刮泡装置等组成。给料箱是矿浆准备器，使煤浆平稳进入浮选槽。搅拌器主要由转子、定子、定子盖板和传动装置组成。槽体底部设计有能帮助矿浆循环的假底和抽管，抽管上有调节环可调整抽管中心高度。尾矿箱是排放尾矿的装置，箱体中有手动闸阀，用于控制液位和尾矿排量。刮泡装置位于浮选槽两侧，在电机的带动下将槽体上部的精矿泡沫刮入泡沫槽[44]。

（7）XPM 型喷射式浮选机。XPM 型喷射浮选机也是我国研制的一种选煤用浮选机，该机的工作原理为：煤浆以 15~20m/s 的速度从喷嘴喷出，形成负压，将空气经吸气管吸入，同时在喷射流的“卷裹”和“切割乳化”的作用下，使空气均匀地分散于煤浆中，经喉管和伞形分散器后均匀分布到浮选槽中。矿浆与气泡碰撞时，疏水性的煤粒即黏附于气泡上，形成矿化气泡，上浮形成泡沫层，被刮泡器刮出；没有附着于气泡上的煤粒则经循环泵加压后进入充气搅拌装置。尾煤则从浮选机末端排出。该机的特点在于：1）浮选机有大量微泡析出，能强化煤的浮选。混合室为负压区，溶解于煤中的空气呈过饱和状态而以微泡的形式有选择性地在疏水性的煤粒表面析出，从而强化浮选过程；2）充气搅拌装置是一种乳化装置，为气泡的矿化创造良好的条件。该型浮选机目前已经较少使用，但是影响却比较广泛[45,46]。

此外，还有一些浮选设备，如苏联的沸腾层浮选机、日本的 V-flow 浮选机、中国恩菲（北京有色冶金设计研究总院）的 BS-X 型浮选机和中南大学的环射式浮选机等。

1.2.1.2　大型化

经济的发展对矿石的需求量不断增加，矿产资源逐渐贫杂化，为处理越来越多的贫矿石和难选矿石，必须大幅提高浮选设备的处理能力[47]。大型浮选设备具有安装台数少、占地面积少、易于自动控制、基建投资费用少、单位槽容安装功率小、综合经济效益高等突出优点[48]。从 20 世纪 40 年代开始，浮选机开始朝着大型化发展。20 世纪 60 年代，第一台大型机械搅拌式浮选机在 Bougainville 岛的成功运用，到 20 世纪 90 年代浮选机单槽容积从 $16m^3$ 提高到 $160m^3$，增大了 10 倍；目前最大的浮选机容积已达到 $320m^3$。单槽容积大于 $100m^3$ 的浮选设备已经大量进入工业应用[49]。图 20 所示为大型浮选机的容积。

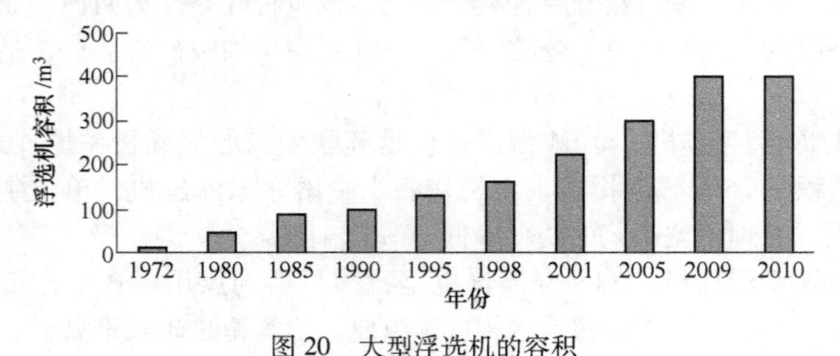

图 20　大型浮选机的容积

Fig. 20　Volume of large-scale flotation cell

浮选设备单槽容积大小从一定程度上代表浮选设备研究的先进水平。目前能够代表国际上浮选设备研究开发和应用水平的国外公司主要有芬兰的 Outotec 公司、丹麦的 FLSmidth 公司、芬兰的 Metso 公司和我国的北京矿冶研究总院（BGRIMM）。其中，具有代表性的产品包括：OK-TankCell 型浮选机、Wemco 浮选机、Dorr-Oliver 浮选机和 XCELL 浮选机、RCS™（Reactor Cell System）浮选机和 KYF 型浮选机等。表 1 为浮选设备开发商成功研制最大容积浮选设备的时间统计。

表 1 不同厂家开发及应用的最大容积浮选设备统计

Table 1 List of the largest scale flotation cell from different manufactures

浮选设备品牌	开发最大容积/m^3	应用最大容积/m^3	充气方式	研发时间	所在国家
KYF 浮选机	500	320	外加充气	2009 年	中国
JJF 浮选机	200	200	自吸空气	2008 年	中国
TankCell 浮选机	300	300	外加充气	2007 年	芬兰
Wemco 浮选机	300	300	自吸空气	2009 年	美国
Dorr-Oliver 浮选机	330	160	外加充气	2009 年	美国
XCELL 浮选机	350	50	外加充气	2009 年	美国

A TankCell 型浮选机

TankCell 型浮选机是 Outotec 公司的代表机型，1983 年，OK-TankCell 型浮选机首次在皮哈萨尔米选矿厂安装使用，规格为 OK-60-TC。此后，Outotec 公司按比例放大了 OK-TankCell 型浮选机，在许多矿山取得了很好的分选效果。1996 年，在美国 Phelps Dodge 公司莫伦西－麦特卡尔夫铜矿选矿厂，6 台 100m^3 OK-TankCell 浮选机以 2-2-2 方式配置在铜粗选浮选回路中。回路设计从空间考虑将这些槽按 U 形排布，获得了优异的分选效果，功率消耗也明显降低。1999 年，TankCell-200 浮选机在昆士兰 Zinifex Century 锌选矿厂和澳大利亚的 Cowal 金选矿厂中被使用。在智利 BHP/RTZ 埃斯康迪达铜矿选矿厂安装了 80 台 100m^3 OK-TankCell 浮选机，与以前所用浮选机相比，TankCell 浮选机成功安装和工业上的应用使 BHP 的铜精矿铜品位和回收率提高幅度很大[50~55]。

2007 年，首台单槽 300m^3容积 TankCell 浮选机在新西兰 Macraes 金矿得到应用，与该选矿厂原有的 TankCell-150 联合使用替代了原有的两条浮选柱和传统浮选机组成的生产线，回收率提高了 4%。

2009 年，奥图泰的 TankCell-300 浮选机（见图 21）在智利 CODELCO 公司丘基卡马塔分部通过测试和被证明获得了预期效果。与两台平行安装的 TankCell-160 相比，回收率提高了 5%，精矿品位提高了 1%，且 TankCell-300 浮选机能耗更低，仅为 0.58kW/m^3。300m^3 OK-TankCell 浮选机是 Outotec 公司已成功研制的世界容积最大的浮选机之一，这种浮选机的空气给入流量为 16~31m^3/min，轴压力为 71kPa。

B Wemco 浮选机

FLSmidth 公司的 Wemco 浮选机是世界上最大的自吸气机械搅拌式浮选机生

图 21　TankCell-300 在智利铜业的测试现场
Fig. 21　TankCell-300 tested in Chilean Copper mine

产厂家之一，其代表性的产品是 Wemco1+1 浮选机和 Wemco Smart Cell 浮选机。近年来已在南美洲安装了 400 多套容积为 $130m^3$ 和 $160m^3$ 的浮选机[56]。

2003 年研制成功的 Smart Cell-250 型浮选机，单槽容积 $257m^3$。该机工业试验在智利的 Minera Los-Pelambres 进行，在硫化铜矿选矿厂粗选回路中用 Smart Cell-250 型浮选机代替 Smart Cell-160 浮选机，结果表明，安装功率降低了 15%，能耗费用减少了 7%，同时还减少了备用零部件费用，缩短了维护时所需的停机时间，试验现场如图 22 所示[57]。试验成功后，Minera Los Pelambres 公司就定购了 10 台 $257m^3$ 的浮选机，使其日处理量由 12 万吨提高到 14 万吨。2004 年，FLSmidth 矿业公司开始接手这一生产线并将其推至一更高级别，开始研发新一代浮选机。在与由美国七所矿业类大学组成的高级分离技术中心合作的基础上，FLSmidth 矿业公司设计出了世界上最大容积为 300～$350m^3$ 的 Super Cells（超级浮选机）。2009 年，两台 Super Cells™-300 在美国的犹他州力拓 Kennecott Copperton 选矿厂进行了工业测试，并成功应用在该选矿厂的铜钼混选流程。现场的试验如图 23 所示。

图 22　Wemco257 的试验现场
Fig. 22　Wemco257 flotation cell in testing site

图 23 Wemco300 的试验现场
Fig. 23 Wemco300 flotation cell in testing site

C 国内浮选机大型化技术

我国浮选机大型化研究起步较晚，直到 20 世纪 90 年代才开始了浮选机大型化的研究，为满足我国对大型浮选机的需求，国内有关科研人员针对浮选机放大过程中的技术难点和要点开展了很多研究工作，逐步形成了具有我国自主知识产权的浮选机相似放大技术。北京矿冶研究总院建立了以相似放大理论为核心的趋势外推法，形成了浮选机专有放大技术。2000 年，成功研制单槽容积 50m^{3}浮选机，在国内外迅速推广使用近千台。2005 年，成功研制单槽 160m^{3}浮选机，2007 年在中国黄金集团乌努格吐山铜钼矿 34000t/d 工程中使用。2008 年年初，成功研制了 200m^3 充气机械搅拌式浮选机，并在江西铜业集团公司大山选矿厂 90000t/d 工程中使用。2008 年年底，北京矿冶研究总院最新研制成功了 KYF-320 充气机械搅拌式浮选机，该浮选机是目前世界上单槽容积最大的浮选机之一，单台浮选机的铜富集比可达 20.62，硫富集比可达 71.44，单机功耗 160kW，图 24 所示为 KYF-320 在德兴铜矿的试验现场（2008 年）。2009 年，中铝秘鲁 Toromoch 项目最终采用了 320m^{3}浮选机 28 台。2011 年，中国黄金集团乌山二期采用了 16 台套 320m^{3}浮选机。

1.2.1.3 自动化

随着浮选机容积的增大和自动控制技术不断革新，为了满足选矿生产过程中安全性、品质量、生产效益、环境保护等要求，浮选过程自动控制程度越来越高。1902 年，控制技术开始在少数矿山选矿厂应用，较成功的如 1915 年 Inspiration 选矿厂。1918~1970 年，一些新型传感器和检测仪表的出现，使浮选

图 24 KYF-320 在德兴铜矿的试验现场

Fig. 24 KYF-320 flotation cell in testing site in Jiangxi Dexing copper mine

过程控制进入了发展阶段，很多国内外选矿厂都安装了控制系统。20 世纪 70 年代，大型集成电路的出现，再次促进了浮选自动化的发展，可分为以下三个阶段。

A 1902~1918 年

1915 年，普林斯顿大学的 Louis Ricketts 教授设计了在亚利桑那州日处理量 15000t 的 Inspiration 选矿厂[58]，已经开始使用大型机械设备，包括给料机、皮带输送机、球磨机、旋流器、取样机等。随着工艺技术的提高，Inspiration 选矿厂中碱的用量被控制在一定范围内时，调整黄药可以调整尾矿中硫化铜的含量。当时的 Inspiration 选矿厂，检测和控制水平所达到的高度五十年后看来都觉得不可思议，这对于浮选自控技术的发展产生了深远的影响。

B 1918~1970 年

1918~1928 年，浮选过程控制系统被安装在很多选矿厂。例如 R&D 项目、化工厂、大学等[59]。这些项目使浮选控制性能从滞后性逐渐向高效、可预测和可控性发展。不过当时在线分析仪还不能快速指示出品位和回收率。1927 年，美国矿山协会、冶金协会和石油协会在盐湖城组织了一次关于浮选发展的会议[60]，1928 年再次召开讨论会。但是，经济危机的到来，使浮选技术停滞不前。对控制来说，当时流量检测技术的不成熟，也是个制约其发展的条件。二战期间，控制技术的发展，也带动了冶金行业发展。一些新型的传感器出现，例如压力传感器，不仅可以探测矿浆的液位，还可以计算出矿浆的密度[61]。电磁流量计和密度压力表可以测量矿浆的流量，它们主要的作用是检测磨机的出矿量，例如应用在亚利桑那州的 Duval Sierrita 选矿厂。取样后能快速分析出原矿或精矿的品位一直是个难点。直到 1956 年，在 Broken 选矿厂发明了一种 X 射线荧光分析仪[62]，减少取样分析时间。由原来化验分析时间为 4h，变为了现在的 0.5h，但对于如今几分钟的载流分析技术来说，这阶段也只是个过渡期。

选矿自动化对于我国来说，也是一个由简单到复杂的过程，从20世纪50年代我国才开始发展。从20世纪50年代末到70年代中期，大部分采用模拟测量仪表实现单回路或多回路的浮选过程控制，例如20世纪60年代，由北京矿冶研究总院在白银选矿厂设计的pH值控制、给矿量控制、溢流浓度控制就是简单的单回路单参数的过程控制[63]。

C　1970年以后

20世纪70年代，大型集成电路的出现，带动了浮选电气设备的发展。特别是载流分析仪，大型集成电路在硬件上给它提供了帮助。OSA系统在研制初期，遇到了一些物理及机械上的难题，但是随着科技的发展，这些问题随之解决[64]。

1970年，对于加拿大的矿山史来说，可能是标志性的一年。精矿在线分析仪、数字电脑控制等现代化设备都出现在选矿厂，并且能很好地控制浮选过程[65]。芬兰的奥托昆普公司在自控领域发展很快，在Keretti矿山开采低品位硫铁矿时，开发了一套载流分析仪[66]。载流分析仪的准确性在奥托昆普其他5个选矿厂都得到了验证，然后开始对外销售。X射线载流分析系统于1970年奥托昆普的实验室研制成功，加速了自动控制系统在浮选工艺中的发展。

20世纪70年代中期，出现了选矿厂集中监控室。监控人员可以在远端获得选矿厂设备的运行信息，并且可以远程指导现场操作工进行操作[67]。那时电脑的配置是很低的，内存只有8kB，但是它足以处理从设备反馈回来的电信号。浮选控制程序的设计者，在编写能满足控制要求代码的同时，也得到了一个意外收获，那就是对浮选工艺流程有了更深刻的认识，这对设计出更高效的代码很有帮助。

在20世纪70年代后期，单板机开始被国内的选矿厂应用。在很多选矿厂，还引进了国外的控制系统，这对于我国的自动化发展起到了积极作用[68]。

20世纪80年代以来，计算机技术的发展，可以算是一次新的科技革命。定向逻辑和基于规则的控制算法已经被用在浮选参数设置上，这样的系统就如同一个有丰富经验的操作工一样，参数设定值一直朝着最优的方向调整，后来被称作专家控制系统。它是由从事人工智能专家发展起来的，可以模拟有经验的专家解决一些问题。2009年，Hales教授等人描述了浮选机专家控制的应用，效果都不错。虽然专家系统已经在选矿厂成功应用，但在国内市场并没有得到推广。

泡沫的速度、大小以及颜色对于浮选控制策略来说是三个很关键的参数。通常，泡沫的移动速度可以表征浮选机的刮泡量；泡沫的大小和纹理可以表征所给药剂量是否合适；泡沫的颜色和亮度可以描述精矿的品位和回收率[69]。1998年，澳大利亚的Nguyen教授利用计算机强大的计算能力，发明了第一台应用在工业上的泡沫图像分析系统[70]。这套系统使用了多个摄像头，然后把拍到的图片通过光纤发送到计算机中。这套系统可以计算泡沫的速度，推断泡沫的面积等。

Nguyen 设计的系统被很多公司采购，这也使 Nguyen 的工作受到了很大鼓舞。图 25 为 Outotec 公司的图像采集设备和 Metso Cisa 公司的泡沫图像分析系统。

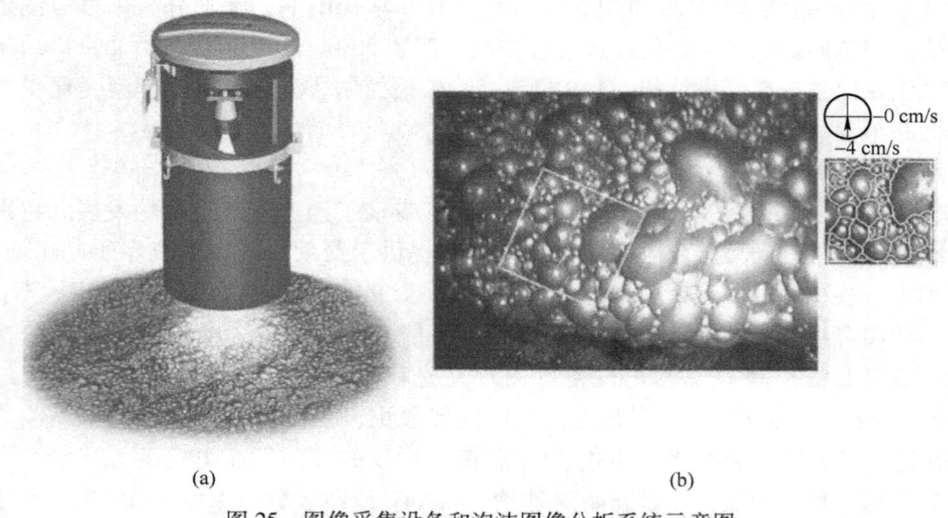

图 25　图像采集设备和泡沫图像分析系统示意图
（a）图像采集设备；（b）泡沫图像分析系统
Fig. 25　Camera device and forth image analysis

图 25（a）部分显示了安装在泡沫层上方的图像采集设备。摄像头每分钟捕捉 25 帧的画面，然后通过光纤或同轴电缆传输给计算机。图 25（b）显示了拍摄泡沫的一个近景，图 25（a）的摄像头可以旋转、拉近和拉远，这样就可以捕捉到对图像分析最有价值的图片。在图 25（b）的右上方有一个记录泡沫在坐标 X 轴和 Y 轴的画面，下面的图片则划定了每个泡沫的轮廓。这个系统对实时性的要求很高，只有这样才能测量出泡沫的速度、大小、黏度和颜色。

泡沫图像分析系统结合矿浆元素在线分析系统，可以更好地监控浮选工艺流程[71]。虽然在控制系统中已经研究成功，但是还没有推广。不远的将来，常规的大型浮选机将会安装泡沫图像检测系统，并凭借矿浆液位和充气量的自动控制，调整浮选泡沫的移动速度。

浮选槽的液位和充气量控制一直是个难题。2000 年以来，浮选槽液位检测多采用浮子式液位检测装置。在南非、加拿大、美国等地多采用超声波测量浮球位移的浮选槽液位计，国内的铜陵冬瓜山选矿厂也有应用[72]。金川有色金属公司在新建立的磨浮系统中，对浮选机液位控制进行了大量研究，包括建模、仿真以及针对线性 PID 和模糊 PID 算法在液位控制效果上进行比较。因为液位控制系统是非线性环节并且控制受限，所以仅采用线性 PID 控制不能将超调量和响应时间同时调节到理想的状态。模糊 PID 控制则是依据模糊规则在线整定 PID 参数，进行非线性 PID 控制，试验结果表明，模糊 PID 算法有效地提高系统的动态性，并且不同特性的阀门均得到较好的控制效果。

充气量在浮选控制中属于灵活敏感的参数，特别是风量检测仪表的选取是个难点。之前检测风量仪表以涡街流量计、电磁流量计等为主，但是其受空气温度、风压影响造成检测精度不高，热式流量的出现给浮选充气量的检测带来了很大帮助。

1.2.2 浮选机应用

浮选机作为实现浮选过程的重要设备，由于其具备较高的可靠性及其较好冶金技术经济指标，在有色金属矿、黑色金属矿、稀贵金属矿和一些非金属矿得到广泛应用。从浮选机的规格来看，根据矿山规模的大小，从容积 0.15m^3 到 320m^{3}都有使用；从浮选机的型号来看，充气机械搅拌式浮选机、自吸气机械搅拌式浮选机都有使用；从选别矿物的粒度来看，既能选别常规粒级矿物，又能满足选别粗粒级矿物的要求。从选别作业来看，有用于粗选、扫选、精选作业的浮选机，还有用于磨矿回路中的预选浮选机；从浮选机配置上看，不仅能阶梯配置，也能平面配置，特别是独创的能平面配置的联合机组更适于老厂设备改造。

1914 年，第一台 Callow 浮选机成功地在 Morning 矿山运行；1964 年，第一台 DR 浮选机安装应用于 Endako 煤矿集团在哥伦比亚和加拿大的选矿厂。1967 年，DR 600s 在哥伦比亚的 Endako 矿区一个新的钼矿安装使用。1972 年，在 Bougainville 岛上安装 108 台 Denver DR 600 浮选机作为粗颗粒精选设备，该浮选生产线日处理量达到 9 万吨。1983 年，Tank Cell 首次在皮哈萨尔米选矿厂安装使用，规格为 OK-60-TC。1995，第一台 100m^{3}浮选机在智利 Escondida 矿的 Los Colorados 选矿厂安装使用。1997 年，160m^{3}浮选机首次应用于智利 Chuquicamada 矿。2002 年，第一台 Tank Cell-200 型浮选机在澳大利亚的 Century 矿山安装使用[73]。2011 年，北京矿冶研究总院研制的 KYF-320 浮选机大规模应用于秘鲁 Toromocho 项目。

现在浮选设备越来越多地应用在不同领域，不仅用于分选矿物，还用于造纸、农业、食品、医药、微生物、环保等行业的许多原料、产品及废弃物的回收、分离、净化。

1.2.2.1 水处理

与选矿中固-固分离相不同，水处理中要分离的是固-液和液-液，而且水处理中的浮选组分一般较小，通常是团聚的胶体而不是分散的胶体，因此水处理中的浮选设备最主要是要实现微气泡浮选。目前，国内外有很多厂家针对水处理浮选的特点研制出了结构形式各异、工作原理不尽相同的浮选设备。主要包括喷嘴浮选、喷射浮选、离心浮选和空穴空气浮选。

1.2.2.2 微生物浮选分离

多年来已证实，细菌很容易被泡沫所富集，很多研究者不仅证实了细菌浮选的可能性，而且证实了藻类和其他微生物浮选的可能性。用浮选法除去藻类成为很多热带国家的选择方案。在热带环境下，藻类生长速度很快，给整个水资源带来问题。并且水塘中藻类繁殖经常会使悬浮固体值超过环保规定的标准，同时使pH值升高。藻类（特别是蓝绿藻）排泄物也可能引起地表水和地下水带上毒素。Yan等人报道了用喷射浮选除去藻类的结果，试验表明，用浮选法可处理含有藻类的市政水。在废水塘中通常会产生藻类细胞（如微胞藻），其尺寸很小（3~7μm），为了使藻类细胞与气泡有效地接触，细胞集合体的尺寸应该大于10μm。试验发现，阳离子聚合物絮凝剂可有效地絮凝藻类细胞，而非离子型或阴离子型絮凝剂效果不好。不同类型的藻类具有相同的表面特性，相同的表面活性剂可有效地絮凝不同类型和不同形状的藻类细胞（如微胞藻和鱼腥藻）。

1.2.2.3 塑料的浮选

现代工业和家庭用的塑料废弃物产生了严重的环境问题，需要对多种不同类型的废塑料进行再生利用。大多数常用的塑料（如聚氯乙烯、聚碳酸酯、聚醛塑料、聚丙烯酯）具有天然疏水性，不添加浮选捕收剂很容易浮选它们。所以，它们的浮选选择性很难保证。但是，应用表面活性剂可以改变塑料的亲水性和它们的临界表面张力。应用适当的抑制剂（如木质素磺酸钠、单宁酸）可以调节塑料的可浮性。

1.2.2.4 废纸脱墨

多年来在废纸再生中用浮选法对纸浆脱墨。大多数研究都是用表面活性剂和含钙盐来脱墨。Finch等人对脱墨浮选机和工艺进行了评述，叙述和讨论了各种浮选法和浮选体系在优化方面的问题[74~76]。

1.2.2.5 土壤清洗

目前正在研究用浮选法除去被污染的土壤中有毒低挥发性的疏水化合物，如重油、多环芳烃和聚氯联苯。研究了主要参数对过程的影响，证明了浮选法的优点。有限的文献报道指出，用浮选法可将相当数量的有毒疏水化合物从被污染的土壤中除去，但是对此未进行系统研究。疏水的非挥发性有机化合物在亲水的土壤颗粒上吸附不牢固，这些污染物主要捕俘到土壤的孔隙中。浮选中的气泡可使被捕俘的化合物转移到土壤-水浆表面上。土壤有机或土壤基质中的疏水的杂质会吸附一些水的污染物。所以，浮选只能除去一部分吸附的污染物。

2 浮选柱历史及现状

2.1 历史概述

1916~1920年，Towne与Flinn等人设计了充气式浮选柱并在Inspiration和其他斑岩铜矿进行了试验。运行稳定时，较厚的泡沫层能得到较高品位的精矿，但是遇到沉槽、跑槽、空气分散器堵塞的问题时，生产就得中断，浮选柱的研究兴趣因此而消退。

20世纪50年代中期，克林顿·林斯沃斯在史密斯-道格拉斯公司开始了浮选机充气研究，以减少浮选机的搅拌强度。1945~1985年，史密斯-道格拉斯公司在佛罗里达地区开采处理磷矿石以生产磷肥，逐渐意识到他们应该对浮选机做出相应改进。1953年Hollingsworth设计的浮选机由一个长而浅的槽体和一个多孔的底部组成，并通过底部的多孔膜对矿浆向上冲水，一年之内，他们采用这种方案对浮选柱进行了设计，保留了浮选机的矿浆冲水装置，同时在浮选柱上增加一系列充气器，这些充气器在竖直方向的三个位置穿过浮选柱壁安装。每个充气器由一个含大量针眼小孔的橡胶管组成，当压缩空气通过充气器时产生气泡。但是充气器产生的大气泡，影响了浮选效果，后将充气器制造成一个文丘里管的形式，使水流诱导足够的空气进入，以产生浮选时所需的小气泡。这就不再需要给入压缩空气，诱导吸入的空气量由水流进入装置收缩区域的角度决定。1964年博登化学公司收购了史密斯-道格拉斯公司，积极地推动了浮选柱的发展。

2.2 技术进展与现状

2.2.1 浮选柱研究

2.2.1.1 多样化

自从20世纪60年代开始，充气式浮选设备设计有顺流碰撞（气泡和颗粒以相同的方向进入，在强烈的混合中发生相互碰撞）和逆流碰撞（气泡和颗粒向着相反的方向流动）。此时，浮选柱泡沫层添加喷淋水去除夹带的脉石，成为提高精矿品位的关键特点。

1961年，加拿大人皮埃尔·布廷（Pierre Butin）[77]申请了带泡沫冲洗水装置的现代意义的浮选柱专利后，浮选柱研究很快传入美国、苏联和澳大利亚等国家。

直至20世纪70年代，大量的设备制造商开始关注浮选柱。Deister选矿厂公司就是其中之一，该公司由从事矿物分选的德国移民Emil Deister创立。Deister选矿厂公司最初以摇床为基础业务，20世纪70年代晚些时候开始拓展浮选柱业务。最初，他们的浮选柱研究工作得到了Clinton Hollingsworth的帮助，对早期博登化学公司的设计进行了一些修改，并在佛罗里达Tenoroc磷选厂进行了直径为2m的样机试验，试验结果很理想。1978年Deister选矿厂公司获得了独家专利权生产和出售Flotaire浮选柱。在Donald Zipperian的经营下，迎来了公司此后20多年的发展。直到1985年，Deister浮选柱采用压缩的空气流来抽吸水和起泡剂进入文丘里管，以产生足够的充气量，并且保证较小水量进入浮选柱。这一方案解决了早期设计的浮选柱内大量的水稀释矿浆的难题。后来，Deister 浮选柱由内部充气器和外部充气器组成并采用浸没冲洗水装置。

70 年代后，由于当时的浮选柱出现了气泡发生器易堵塞，其零部件经常脱落和破裂，充气效果不良造成浮选柱内流态不稳定，停机必须排出机内滞留矿浆以及缺乏按比例放大的正确方法等一系列问题，浮选柱研究进入了低潮。

20 世纪 80 年代以后，浮选柱的研究再次掀起热潮，研究人员主要从气泡发生器[78~80]充填介质、柱体高度、矿浆停留时间、按比例放大、给矿排矿方式、数学模型、自动控制 8 个方面入手开展研究，在这 8 个方面进展的推动下，涌现出多种新型高效的浮选柱，如苏联研制的 ΦΠ 系列浮选柱、英国 Leeds 大学研制的 Leeds 浮选柱、美国犹他大学 Miller 发明的旋流充气式浮选柱等。尽管上述浮选柱在充气性能和运行稳定性方面均有较大的进展，但在第二次浮选柱研究热潮中最有代表性的，当属澳大利亚 Jameson 教授设计的 Jameson 浮选柱和美国 Roe Hoan Yoon 教授设计的微泡浮选柱[81]。

（1）Jameson 浮选柱。这是一种工业上广泛应用的无机械浮选设备。1985 年芒特艾萨矿委托纽卡斯尔大学的 Jameson 教授着手一项改进锌回路精选浮选柱气泡发生器设计的项目研究，最初的想法是为高柱型浮选柱设计一个新的气泡发生器，这种气泡发生器很快在矮柱型浮选柱上实现了同等性能，这就是今天的 Jameson 浮选柱。1989 年，芒特艾萨铅锌选矿厂和 Hilton 铅锌选矿厂各安装了 2 台 $\phi1.9$m 的 Jameson 浮选柱。这一时期 Jameson 浮选柱最重要的应用就是在新西兰选煤厂，1988~1989 年该厂安装了 6 台 $\phi1.5\text{m}\times3.5\text{m}$ 浮选柱并进行了试车。浮选柱分为三个区域，分别是混合区、管道流动区和分离区，其中混合区是气泡和颗粒强烈作用的区域。矿浆由泵送经孔板进入混合区，产生一个高气压喷射流，喷射出的流体气压陡然下降，一部分空气自吸进入。

自从 1986 年发明 Jameson 浮选柱以来，超过 250 台该浮选柱应用于多家选煤厂、选矿厂和工厂。Jameson 浮选柱主要用于回收细粒煤，也广泛用于从溶剂萃取/电解沉积中去除有机物。在金属矿选矿方面，Jameson 浮选柱用来选别浮游速度快的矿物，剩余浮游速度慢的部分用传统浮选机回收。与相似容积大小的机械搅拌浮选机或浮选柱相比，Jameson 浮选柱要小很多。Jameson 浮选柱安装数量增加迅速，到 1994 年用于矿物泡沫浮选的 Jameson 浮选柱占据着无机械浮选机的领导地位，这一地位一直保持到 1999 年，在这 5 年内代替了大约 41%的浮选柱的生产能力。安装业绩包括 Jameson 浮选柱用于菲莱克斯矿业公司和菲律宾 Maricalum 矿的铜精选和粗选作业，与此同时，Jameson 浮选机在澳大利亚煤炭工业几乎占据了主导地位。

（2）微泡浮选柱。美国 Roe Hoan Yoon 教授及其弗吉尼亚理工大学的同事开发了微泡浮选柱，目的是要产生比传统浮选柱更小的气泡。物料从微泡浮选柱泡沫层下方给入，与来自柱底部上升的小气泡流即“微泡”相遇。通过离心泵在浮选柱下部抽吸部分矿浆，矿浆通过分布在柱外壁的静态在线混合器完成充气又返回到柱内，产生微泡。静态混合器的设计能够满足产生微泡所必需的高能量耗散速度。独特的气泡发生装置不仅产生微泡，而且能够在强紊流条件下，允许气泡-颗粒间发生相互作用。泡沫层上添加冲洗水，可以减少脉石夹带。第一台商业运用的微泡浮选柱安装在 Pittston 公司，早期的其他微泡浮选柱安装在美国 Holston 和 Lady Dunn 厂。1995 年，澳大利亚第一台微泡浮选柱安装在 Peak Downs 厂，全世界范围内有超过 100 台微泡浮选柱用于选矿厂和选煤厂。

随着浮选柱浮选技术研究的不断深入，近几年又出现了多种新型高效的浮选柱，如多产品浮选柱、稳流板浮选柱和机械搅拌浮选柱。

（1）多产品浮选柱。多产品浮选柱的设计思路是由俄罗斯 IOTT 研究所的 Rubinstein 提出的，三产品浮选柱——3PC 浮选柱就是在此基础上研制的。与常规浮选柱相比，3PC 浮选柱具有较高的浮选速率和富集比。泡沫中清除的夹带物作为一种产品被选择性地分离出来，这样就避免了颗粒的再循环，不会出现污染精矿的现象，有利于提高精矿品位。

（2）稳流板浮选柱。针对轴向混合和泡沫兼并的问题，密歇根理工大学研制了带有水平稳流板的浮选柱，水平稳流板由一些简单带孔的板组成，能够很好地解决上述问题。美国西弗吉尼亚大学的 Meloy 在柱体内部添加了由充填物分成的若干个小槽，使得浮选柱可以产出一组品位连续变化的产品，类似于多段浮选柱等。

（3）机械搅拌浮选柱。常规浮选柱更适合于细粒级矿物的回收，而对浮选粗粒矿物的能力较低，为改善粗粒浮选效果，针对这个问题，研究人员在浮选柱中添加了机械搅拌机构，研制出了带有叶轮机构的浮选柱。

伴随传统浮选柱气泡发生器及其充气方式的不断改进，我国又在 20 世纪 80 年代中后期掀起浮选柱研究与应用的新高潮，在总结和吸收国外先进浮选柱经验的基础上，我国曾先后研制了多种类型的浮选柱，包括充填介质浮选柱、旋流微泡浮选柱和 KYZ 型浮选柱[82,83]。

（1）充填介质浮选柱。充填介质浮选柱是在普通浮选柱内填充波纹板设计而成，波纹板形成的曲折交叉通道使矿粒与气泡接触的机会更多，而波纹板上的循环孔对夹杂脉石和连生体有“过筛”作用，这些是使充填介质浮选柱指标较优的原因。近几年，我国对充填式浮选柱进行研究和改进应用的实例很多。任慧、丁一刚等人[84]考察了充填式静态浮选柱在低品位胶磷矿浮选应用中各种药剂条件对浮选效果的影响，研究了浮选柱在串联操作的正-反浮选流程中的浮选性能并与传统浮选机进行了比较。得出了充填式静态浮选柱浮选低品位胶磷矿，可以以一段操作代替传统的多段浮选机的浮选操作，得到满足工业生产需要的浮选指标。李冬莲等人[85]对充填式浮选柱的充气效果进行了研究，同时采用照相法观测气泡在浮选柱内的分散状态，最终得出了操作条件影响柱内气泡大小和分散状态的经验模型，确定了波纹填料尺寸、起泡剂浓度和充气速率是影响浮选柱内气泡分散状态的三个主要因素。

（2）旋流微泡浮选柱。旋流微泡浮选柱是由中国矿业的欧泽深教授提出设计思想并获得发明专利的。该类型浮选柱最初主要是用于浮选煤和处理非金属矿物，近年来已经开始向选别金属矿的方向发展。旋流微泡浮选柱的最大特点是旋流力场引入浮选过程中，能够有效提高精矿回收率，柱内添加的稳流板有利于降低柱体高度，外置自吸式微泡发生器可降低能量消耗。高敏等人[86]采用旋流微泡浮选柱对利国铁矿铜、钴分离作业进行了半工业试验研究，试验结果表明：在相同的分选条件下，钴精矿的品位和回收率得到了明显提高，同时保证了原有铜品位和回收率，获得了令人满意的试验结果。张文军等人[87]对旋流微泡浮选柱浮选机理开展了研究，认为旋流力场可提高颗粒惯性碰撞的速度因而能够缩短浮选感应时间、提高黏附概率、加快浮选速度并能降低选别颗粒粒度下限。将旋流力场引入浮选柱浮选过程，使浮选和重选的优点结合起来，是强化分选效果的主要原因。

（3）KYZ 型浮选柱。北京矿冶研究总院在近 40 年技术积累的基础上开发了 KYZ 型浮选柱，该浮选柱的主要特点在于：

1）充入浮选柱内的空气量充足，形成的气泡大小适中，分布均匀，能够保证柱内有足够的气-液分选界面，矿粒与气泡碰撞、接触和黏附的机会大。

2）浮选柱内具有良好的浮选动力学环境，有利于矿物与气泡集合体的形成和顺利上浮，分离区稳定，泡沫层平稳，矿粒的脱落机会小。

3）优化的充气装置分布形式可以有效消除气流余能，形成细微空气泡，有利于液面稳定，防止翻花。

4）采用了耐磨陶瓷衬里的浮选柱气泡发生器使用寿命长，充气量易于调节，可在线更换，维护简单。

5）给矿器的给矿速度合理，不会导致矿化气泡上的矿物颗粒脱落，同时能够保证矿浆均匀地分布于浮选柱的截面上。

6）冲洗水系统的空间位置安排合理，冲洗水量大小易于控制，有利于消除泡沫层的夹带，提高精矿品位。

7）泡沫槽上的推泡锥装置能够缩短泡沫的输送距离，加速泡沫的刮出。

8）尾矿箱阀门大小、尾矿管直径根据不同选矿厂的处理量和选矿工艺进行专门设计，能够保证尾矿管中矿浆流速小于矿化气泡上升速度，避免矿化气泡从尾矿夹带排走，同时又能保证尾矿管中矿浆流速大于尾矿管内矿粒的沉降速度，避免矿物颗粒把尾矿管堵死。

9）可对给气、加药、补水、调节液面等浮选过程进行自动化控制。

2.2.1.2 大型化

浮选柱的大规模应用实践，有力地促进了浮选柱技术的进步。浮选柱种类很多，放大方法不尽相同。可靠的浮选柱按比例放大过程必须重视柱设计的3个重要方面，即浮选柱的几何结构（高度和直径）、气泡发生系统、泡沫喷淋系统。在大多数应用中，所需柱直径由泡沫最大的运载能力来确定。一旦直径被确定，柱高度便可由颗粒平均滞留时间（τ_p）和浮选速率常数（K）决定。空气上升轴向混合、气泡直径等对τ_p和K的影响必须考虑，从而使这些参数对浮选指标的影响能被考察到。确定了要求的浮选柱几何尺寸后，必须选择若干个适当的气泡发生装置。一个有效的气泡发生装置应当能够在最大的充气量条件下产生细小而均衡的气泡。较小的气泡可使滞留时间及充气量降低，因为浮选速率K随气泡直径的减小而增大。维修方面的考虑对设计和选择有效的气泡发生装置也很重要。理想的气泡发生装置应当能够避免阻塞、耐磨损且便于检修。泡沫喷淋系统的设计对浮选柱性能也很重要。最近的研究表明，给料和药剂用量一定时，品位-回收率曲线将在喷淋水流的控制下产生波动。总之，较低的偏流速率不能有效地阻止细粒脉石的夹杂，而会使产品品位下降。相反，过大的偏流却因降低了τ_p，影响泡沫的稳定性，而使回收率降低。过量的偏流还会因为增加了浮选柱中泡沫的轴向混合而使产品品位较低[88,89]。

A 浮选柱的几何结构

柱高和柱径是由浮选柱按比例放大过程确定的两个最重要的参数。柱径通常由要求的精矿质量流量决定，而精矿质量流量又由泡沫最大承载能力确定。承载能力（C）被定义为浮选槽单位面积进入泡沫产品的固体物质流量。在理论上，C应当是气泡表面积（S_b）和通过泡沫相黏附在每单位面积上的颗粒质量（m_p）的乘积，即：

$$C = m_p S_b = \frac{2D_p\rho_p\beta}{3}\left(\frac{6v_g}{D_b}\right) = 4D_p\rho_p\beta v_g / D_b \tag{1}$$

式中，v_g为空气表观速率；β为颗粒堆积系数；D_b为气泡直径；D_p和ρ_p分别为泡沫中颗粒的平均直径和比重。由于对一个给定的浮选体系m_p基本上是常数，因此，这个表达式说明C只能通过提高S_b来增大。如果已知气泡表面积(S_b，max)，则泡沫最大承载能力（C_{max}）可以由方程（1）计算出来。然而，最可靠的方法是通过实验室或半工业浮选试验来测算C_{max}。柱直径D与C_{max}的关系为：

$$C_{max} = \frac{4v_f\gamma}{\pi N D_c^2} \tag{2}$$

式中，v_f为浮选流程的表观给料速率；γ为产品产率；N为浮选柱数目；D_c为柱体直径。v_f与体积给料流量Q_f的关系为：

$$v_f = \frac{Q_f}{\frac{1}{\rho_f} + \frac{1-S}{S}} \tag{3}$$

其中，ρ_f 为给料矿物比重；S 为给料固体含量。由式（2）、式（3）可推导浮选柱按比例放大关系式：

$$D_c = \sqrt{\frac{4\gamma}{\pi C_{max}}\left(\frac{1}{\rho_f} + \frac{1-S}{S}\right)^{-1}\frac{Q_f}{N}} \tag{4}$$

对于理想的 γ 和 C_{max} 值，D_c 是 Q_f 和 N 的函数。柱体直径确定后，所需要的柱长可以从能使工业规模的浮选柱达到理想回收率的滞留时间确定。液体的滞留时间 T_1，可以由柱的液体表观流速确定：

$$\tau_1 = \frac{I_r}{U_t} \tag{5}$$

式中，L_r 为柱的回收区的长度；U_t 为填隙尾矿速度，被定义为：

$$U_t = \frac{v_t}{1-\varepsilon_p} \tag{6}$$

式中，ε_p 为矿浆中的空气含量，表观尾矿速率 v_t 可以表示为：

$$v_t = v_f + \alpha v_w \tag{7}$$

式中，v_f 和 v_w 分别为表观给料速度和冲洗水速度。式（7）中偏流系数 α 代表流入浮选柱尾矿的那部分冲洗水。

B　泡沫冲洗水

浮选柱工作时各矿浆流的情况。偏流量 Q_b 由式（8）给出：

$$Q_b = Q_t - Q_f \tag{8}$$

Q_f 和 Q_t 分别为给矿和尾矿的流量。Q_b 与冲洗水流速 Q_w 之比为偏流系数 α：

$$\alpha = \frac{Q_b}{Q_w} = \frac{Q_t - Q_f}{Q_w} \tag{9}$$

如果冲洗水入口与矿浆之间的浮选柱区域是单向流的话，那么，只要偏流系数为正值就都足以消除夹杂问题。但是，为使泡沫夹带程度最小，α 值应较大。

C　气泡发生器

为了能在同样的或接近相同的 C_{max} 下工作，工业浮选柱的气泡发生器必须能提供与实验室浮选柱相同的 S_b。保持 D_b 和 γ 为常数就可以做到这一点。采用气泡发生器界面产生气泡时，必须满足柱的横断面面积与气泡发生器的表面积之比（R_s）与实验室要求的一致。由于气泡发生器的安装与维护受到几何结构的限制，工业浮选柱的 R_s 在设计时常取较大值。全尺寸浮选柱中的气泡直径常比实验室和半工业试验时的要大。为了补偿由于气泡直径较大造成的回收率损失，工业浮选柱常采用高气速来维持同样的 S_b。由于浮选速率对 D_b 的变化比对 v_f 变化更敏感，工业浮选柱经常在速率极限的条件下工作，此时气泡和颗粒黏附的速率比要达到 C_{max} 要求的小。气泡尺寸可以通过增加剪切速率达到，也可以通过减小表面张力来达到，增大能耗可以增大剪切速率，添加表面活性可以减小表面张力。使用大量起泡剂不够经济，对浮选的选择性也有害。从能耗的观点来看，增加剪切速率也不经济。因此对一个气泡发生器的选择应基于以最小能耗产生小气泡这一原则。计算所需能量时，认识到使用小气泡能减少充气量是相当重要的。空气消耗量较小，可取得明显的节能效果，特别是采用高压空气和氮气进行发泡时。

2.2.1.3 自动化

如前所述，浮选柱发展历史悠久，甚至可以说最初的浮选设备雏形就是浮选柱。因其工艺适应性差于浮选机，浮选柱的开发与应用经历了多个波谷热潮。单就自动控制方面来说，很大程度上是借鉴浮选机的自动控制理论与经验，与其具有相似的发展历史，在此不再赘述。浮选柱生产过程中，液位高度、充气量大小和喷淋水量三个过程参数对于浮选柱的最终精矿品位和回收率有着重要影响。由于浮选柱本身结构的特殊性以及人工调节的滞后性，如果单纯依靠人工手动操作的方式去控制这些参数，不仅会给生产环节带来不确定因素，而且非常容易导致指标波动从而影响经济效益，因此对浮选柱的各个过程参数进行实时检测，并采用科学合理的控制策略进行自动控制是非常有必要的。

A 浮选柱液位控制

浮选柱内矿浆液位的稳定，不仅是浮选设备本身、工艺流程正常运行的重要前提，而且可以有效降低安全隐患，更重要的是它对生产指标的提高也有着直接的影响。目前，国内外的多个浮选柱生产厂家均研发出来了配套的浮选柱液位控制系统。虽然不同厂家的液位控制系统在具体形式和技术细节上略有差别，但基本都是由三个主要单元组成：液位检测单元、执行机构单元以及控制策略单元。

浮选柱液位的波动受多方面影响，矿石性质的变化或外部影响条件不稳定都会给液位系统带来扰动。液位的高低直接影响最终产品的品位和回收率，保持浮选液位的稳定，是提高浮选作业技术经济指标的一个关键因素。

由于浮选柱的设计形式基本是大高径比的筒体结构，相比相同容积的浮选机，其截面积小，因此相同给矿波动量对于浮选柱液位的干扰程度要比浮选机更为显著。以北京矿冶研究总院 KYZ1010 浮选柱和 KYF-8 浮选机举例，见表 2。

表 2 浮选机浮选柱液位变化率对比

Table 2 Liquid level change rate comparison between floation cell and flotation column

设备类型	型号	容积 /m^3	截面积 /m^2	给矿量 /$m^3 \cdot h^{-1}$	给矿波动量	液位变化率 /$mm \cdot h^{-1}$
浮选柱	KYZ1010	8	0.8	30	1%	0.104
浮选机	KYF-8	8	4.8			0.017

可以看出，两种浮选设备容积均为 $8m^3$，相同的1%给矿波动量对于浮选柱液位变化率的影响是浮选机的6倍，因此浮选柱的结构特点决定了其液位控制过程需要使用非常规的控制策略才可以达到泡沫层稳定控制的目的。

荣国强等人通过对控制策略的研究，选用合适的仪表，并进行合理的设计，从而使液位检测控制系统达到安装调试容易、工人操作简单、仪表可靠性高、矿浆液位控制精度高的控制效果，满足选矿工艺对矿浆液位测量和控制的要求[90]。

李玉西针对浮选柱液位这种大滞后、大惯性且难以建立精确数学模型的控制对象，采用模糊与PID的双模复合控制，既具有模糊控制特点，又具有PID控制精度高的优点，可有效抑制系统滞后带来的影响且鲁棒性强，在参数变化较大或有干扰时仍然能够取得较好的控制效果，实现了浮选柱生产过程的稳定控制[91]。

通过球形浮子-超声波探测器测定浮选柱液位的高度，采用在线自调整参数的模糊控制、PID控制和充气量控制相结合的控制方法，控制浮选柱液位高度和产品质量，用金属转子流量计检测空气流量，并根据液位变化对充气量实行串级控制，达到提高精矿产品质量稳定的目的[92]。

用分布式电导传感器检测矿浆液位，通过主调节尾矿的排放量、辅助调节尾矿箱的排放量和变结构PID控制器控制液位高度，同时利用单片机技术，实现了浮选柱生产过程的稳定控制[93]。R. DEL VILLAR等人在拉瓦尔大学在一个高250cm、直径5.25cm的试验用浮选柱上安装一系列电导电极，这些电极位于浮选柱的上部，横跨气液两相，成功测出液位和偏流量大小[94]。Felipe Nunez等人通过在10台扫选浮选柱上使用分层混合模糊控制策略，实现了浮选柱在80%的情况下均处于稳定的泡沫浮选状态，并且可以有效地提高矿物回收率和精矿品位。分层混合模糊控制策略共分为两个层次，一层用于控制浮选柱的选矿性能，一层用于控制各个浮选柱液位等过程变量的动作情况[95]。

B 浮选柱充气量控制

充气量被认为是浮选柱控制中最灵活、最敏感的参数。控制充气量的目的是提高泡沫负载率，使各种不同粒级矿物得到充分回收。充气量过大，使浮选柱中的矿浆翻花，气泡层被破坏，有价矿粒从气泡上脱落下来；充气量过小，泡沫负载速率慢，矿物在不同作业中得不到充分回收。维持浮选柱充气量的稳定性，不仅对浮选的分离过程起到重要作用，而且可以有效改善浮选指标，因此浮选充气量控制是一种最经济有效的控制手段。

浮选柱充气入口压力在0.5MPa左右，高压气体的体积流量对阀门开度的变化更具敏感性，阀门的科学选择以及针对性的控制策略是实现浮选柱充气量稳定控制的先决条件。

(1) 充气量检测装置。目前，工业过程中用于检测浮选柱充气量常用涡街流量计，非常适合检测浮选柱所需高压空气体积流量，特点是压力损失小，量程范围大，精度高，在测量工况体积流量时几乎不受流体密度、压力、温度、黏度等参数的影响，因此可靠性高，维护量小，是一种比较先进、理想的测量仪器。

（2）充气量控制装置。充气量调节阀门通常采用自控 V 形球阀，它的特点是：1）小型轻便，容易拆装及维修，并可在任何位置安装；2）结构简单、紧凑，回转启闭迅速，启闭次数多达数十万次，寿命长；3）流阻小、流通能力大，固有流量特性为近似等百分比特性，调节性能好；4）可以安装多种附件，即可作为开关使用也可以通过安装定位器实现连续调节。

（3）充气量控制策略。一般来讲，浮选充气量自动控制相比浮选的其他过程控制更加容易一些，一个简单的前馈/反馈 PI 控制回路就足以实现对充气量的调节。充气量自动控制的原理图如图 26 所示。充气量自动控制方案是测量浮选柱充气量，将充气量信号送至控制仪表，由控制仪表接受充气量信号，并根据充气量设定值，输出控制信号给充气量调节阀，自动调整阀门的开度，使充气量稳定在设定值。

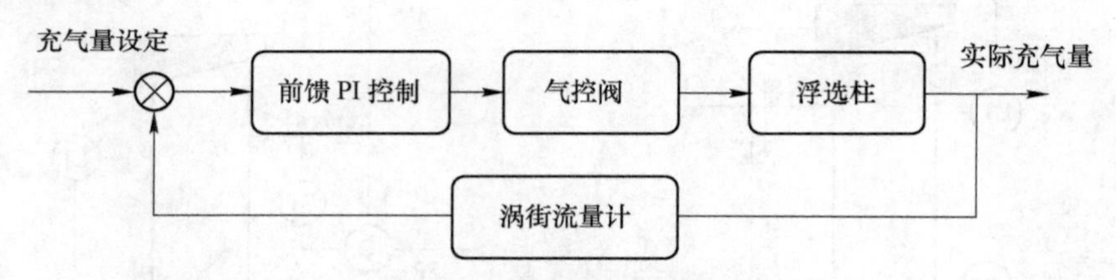

图 26　浮选柱充气量控制系统原理

Fig. 26　Schematic diagram of flotation column aeration rate control system

C　浮选柱喷淋水控制

为了提高精矿的品位，必须添加适量的喷淋水。喷淋水的一部分随泡沫一起溢出，但大部分喷淋水通过泡沫向捕集区流去。尾矿中的单位面积水量与给矿中的单位面积水量之差称为偏流（Bias）。在一定的药剂添加量和气泡表面积通量下，偏流量和精矿品位存在极大的关联性，因此它是泡沫厚度之外的另一个优化柱浮选效果的重要变量。为了有效地进行分选，常常采用正偏流，即尾矿流速大于给矿流速。但偏流过高，则尾矿品位上升，指标反而恶化，一般在 0.1～0.2cm/s。

目前，工业过程中用于检测浮选柱喷淋水常用电磁流量计，是根据法拉第电磁感应定律制造的用来测量管内导电介质体积流量的感应式仪表，特点是测量不受流体密度、黏度、温度、压力和电导率变化的影响，测量管内无阻碍流动部件，无压损，直管段要求较低，对工业回水的适应性较好。喷淋水调节阀门通常采用自控 V 形球阀或气动隔膜阀，控制策略使用单回路 PID 控制技术。

偏流量的控制方式可以归为以下五种方法[96,97]：

第一种方法如图 27 所示，这是一种间接测量偏流量的方法，它使用了两个控制循环，首先是通过调节冲洗水量来调整液位，使之保持在一定的位置，其次通过对入料量检测来调节尾矿排放阀，以维持一定的偏流量，即通过调节冲洗水量维持液位，通过调节尾矿排放阀门的开度来调整偏流量。

第二种方法如图 28 所示，该控制方案也是一种间接控制偏流量的方法，与前一种方法相比，它使用的控制策略有所不同，它也是使用两个控制回路，通过调节尾矿排放量保证液位的稳定，然后通过检测入料量和尾矿排放量来调整冲洗水量，从而达到维持偏流量的目的，这种方案比第一种方案更完善、更可行。

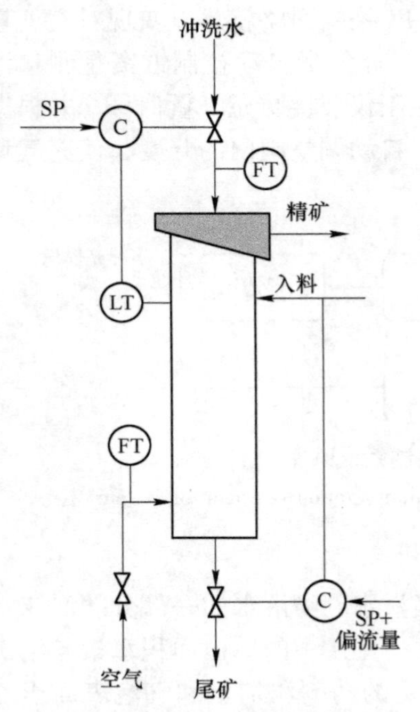

图 27　冲洗水量调节偏流量控制原理

Fig. 27　Schematic diagram of bias rate controlled by flush water regulation

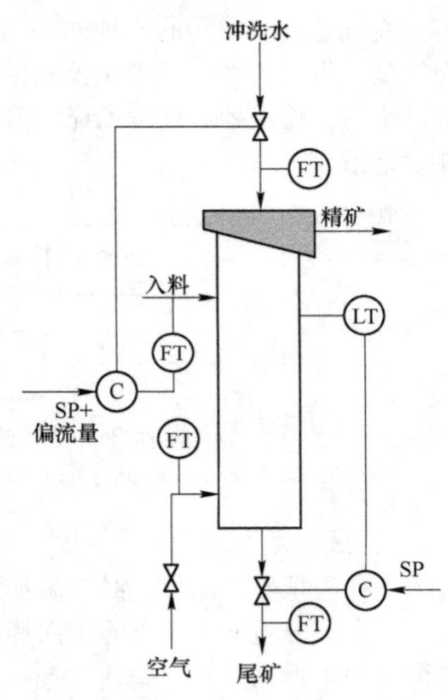

图 28　尾矿排矿调节偏流量控制原理

Fig. 28　Schematic diagram of bias rate controlled by tailing discharge

第三种方法如图 29 所示，该方案是一种直接控制偏流量的方案，它与上一种方案在原理上是一致的，只不过获得偏流量的方式不同，它是利用一种偏流量传感器来检测偏流量的，通过调节尾矿排放量来调节液位，通过调节冲洗水用量来维持偏流量。

第四种方法采用的是基于稳态传导平衡的计算方法，在动态操作环境中单纯使用流量计和密度计很难精确地测量出偏流量，采用基于稳态传导平衡的计算方法可以有效地通过软测量的手段达到目的。

$$J_b = J'_t\left(\frac{k'_f - k'_t}{k'_f - k_w}\right) - J'_c\left(\frac{k'_c - k_w}{k'_f - k_w}\right) \quad (10)$$

式中，J_b为偏流量；J'_t为尾矿中的水流量；J'_c为精矿流量；k_w为冲洗水的电导率；k'_f为给矿矿浆的电导率；k'_t为尾矿电导率；k'_c为精矿电导率。

对于气液固三相浮选系统来讲，使用这种方法就必须离线测量多个电导率，其中精矿由于含有气泡，其电导率的测量难度很大。

第五种方法是基于多线性回归的神经网络建模技术。模型的输入条件是：前两个神经元的电导率、后两个神经元的电导率、给矿和冲洗水的电导率、冲洗水流速和泡沫溢流速度。

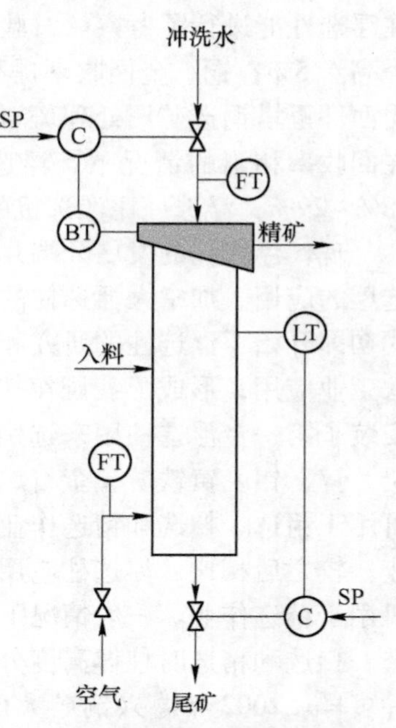

图 29 基于偏流传感器的控制原理

Fig. 29 Schematic diagram of bias rate control with sensors

2.2.2 浮选柱应用

浮选柱作为一种无搅拌的浮选设备，工业实践也有 100 年的历史。Eriez 公司收购加拿大工艺技术公司（CPT）后加大了浮选柱市场的开拓力度。截至 2009 年，已经在世界范围内推广了 600 多台套，钼矿、铜矿、锌矿、铁矿、萤石、石英、磷矿、煤泥等都有应用实践。1978~1984 年，在佛罗里达 8 个磷选矿厂安装了 16 台 Deister Flotaire 浮选柱，包括 1978 年的 Haynesworth 矿，1979 年的 Nichols 矿和 Prairie 矿，1980 年的 Fort Meade 矿以及 1984 年的 Fort Lonesome、Gardiner 和 Hopewell 矿。1986 年，美国也有 16 台 Deister 浮选柱用来选别贱金属。包括 9 台用于铜精选作业、1 台用于煤选别、2 台用于钼精选作业、1 台用于锂精选作业以及 3 台用于金精选和扫选作业。同年，Gaspe 选矿厂安装了加拿大制造的浮选柱，取代了原来的丹佛浮选机，使作业次数大为减少，在精矿品位相当的条件下，精矿回收率从 64.51%提高到了 71.98%[98]。

另外，在瑞典用于硫化锌矿精选作业。在接下来的 10 年内，Deister Flotaire 浮选柱使用数量超过了 50 台。1986~1989 年萨马科公司研究浮选柱的应用，在各种工艺流程中，铁矿石公司开始应用浮选柱、高梯度强磁选机和细筛联合；对于巨大的巴西磷矿工业，应用浮选柱能够减少细粒磷酸盐矿物在细泥中的损失。浮选柱开始广泛地应用起来。目前，世界上很多国家都采用了浮选柱选矿技术以提高精矿的品位。如波里拉斯选矿厂采用浮选柱进行方铅矿选别后，精矿品位从 76%提高到 79.3%。巴布亚新几内亚奥特迪采矿公司通过对比试验对 D3.7 浮选柱浮选性能进行了考察。试验结果表明，与浮选机相比，浮选柱流程铜精矿品位提高4.5%，铜、金回收率提高0.1%、1.8%。美国亚利桑那州塞浦路斯矿业公司西耶里塔铜选矿厂处理斑岩型铜矿石，浮选柱与浮选机的平行试验结果表明：在回收率相当的情况下，浮选机铜精矿品位为26%~27%，浮选柱铜精矿品位28%~29%，浮选柱比浮选机的精矿品位平均提高了2%[99]。

现代浮选柱的发展开端几乎在几个领域同时发生，包括浮选柱在佛罗里达磷选厂的应用、加拿大浮选柱的发展和浮选柱在中国的安装。我国在20世纪60年代初即开始了浮选柱的研究和工业实践，并很快在煤、石墨、铜、铁等选矿厂投入工业应用，形成了我国第一个浮选柱研究和工业应用的高潮。1961年，我国安装了第一台浮选柱用来选别铜矿石。在接下来的10年里，浮选柱应用于选别铅、锌、钼、黄铁矿、萤石、石墨、磷和铁矿石。在铜、铅和锌浮选时，浮选柱可用于粗选、扫选和精选作业。对于煤和铁矿浮选时，浮选柱用于精选和精选作业。较之后相比，浮选柱应用于锡、钨和复杂硫化矿的粗选和扫选作业，而浮选机用于精选作业。一般情况下，浮选柱用于不同选别作业时的柱体高度不同，粗选、扫选和精选时柱体高度分别为7~9m、6~8m、5~7m。这时期浮选柱设计多种多样。2002年德兴铜矿大山选矿厂精选段成功采用了一台2.44m×10m浮选柱；2003年洛阳栾川钼业集团选矿三公司也进行了浮选柱工业试验，推动了国内选矿行业对浮选柱的重新思考。随后国内的有色矿山主要在铜矿和钼矿开始应用浮选柱，大多数安装在精选段。国内某单位采用矮型浮选柱对铜品位1.14%的铜绿山铜铁矿石进行了选别试验，获得了品位为24.99%的铜精矿。该指标相当于普通浮选机经过两次粗选、两次扫选、一次中矿再选和三次精选才能达到的选别指标。某厂采用1台D2.4浮选柱取代了二步铜硫分离一系列精二作业的2台浮选机，并考察了对比指标，考察结果表明：与对比系列精二作业相比，铜精矿品位提高了4.97%，铜、金回收率分别提高了3.89%、4.06%；与对比系列精四作业相比，铜精矿品位提高了0.27%。细粒级矿物选别优势明显，浮选柱精矿中+38μm各粒级产率、铜品位和回收率均比浮选机高，说明浮选柱中矿浆与气泡对流碰撞的矿化方式比浮选机中矿浆与气泡同步旋转的矿化方式更适合于细粒级矿物的选别。2005年，河北丰宁某矿业公司一期工程采用了3台KYZ-B型浮选柱进行钼矿选别，3台浮选柱高度均为12.0m。其中一台直径为1.2m的浮选柱用于精选Ⅰ作业，一台直径为1.2m的浮选柱用于精选Ⅱ作业，一台直径为0.8m的浮选柱用于精选Ⅰ的尾矿扫选作业。近一年的生产指标表明，浮选系统总回收率在88%左右，精矿平均品位在45%以上，该浮选柱选别效果良好，完全达到了设计的要求。

3 浮选设备发展趋势

浮选设备发展应用100多年来，浮选技术得到了很大的发展，逐步形成了浮选机多样化、系列化、大型化和自动化，应用领域不断扩展，基本上满足了有色金属、黑色金属、水处理、生物分离及其他方面的应用需求。但随着原生矿产资源的贫、细、杂化和选矿工艺的日趋复杂，能耗、生产成本的不断上升，要求浮选设备的研制应在以下几个方面加强研究：

（1）规格放大。虽然近年来浮选设备的大型化取得了长足的进展，目前最大的浮选机单槽容积已达350m^3，而单槽容积大于100m^3浮选设备近年来已经大量投入工业应用。但是随着经济发展对矿产资源的需求日益增加，规模化生产成为矿山扩大利润的新理念，浮选设备大型化还将继续。

（2）功能专用。矿产资源储量有限，随着开采的日益深入，矿石性质日益变差。为了提高资源利用率，针对不同矿石的可浮性质，研究针对性的解决方案，如粗粒浮选、闪速浮选机、高效节能浮选及复合力场细粒和微细粒浮选设备等仍是今后浮选机的研究方向。

（3）多力场融合。将电场、磁场和离心力场、真空与加压溶气等技术在浮选设备中加以综合应用[100]。

（4）自动控制。随着微电子技术的发展，浮选设备自动控制技术取得了长足的进步。目前对浮选设备的矿浆液面、充气量、矿浆浓度、药剂添加以及泡沫成像分析等工艺过程控制实现了自动化，但对设备本身的自动化水平还有待提高，如轴承温度、电机温度、基于WEB的远程监控系统、故障诊断系统、故障报警及预案等。浮选工艺并不是一个简单的工业过程，因为它包含了很多难处理、复杂的自动化技术难点，例如控制系统容易出现的非线性、时变、易超调、多变量和随机干扰等特点。这样就要求控制单元具有强鲁棒性和适应性，随着智能化控制技术的不断迈进，将会有更多、更优化的控制策略应用在浮选生产流程中。

（5）研究手段多元。将计算机技术运用到浮选设备的开发研制过程，以降低研制费用和周期。建立数学模型[101,102]，对浮选柱浮选状态进行数值模拟研究，为浮选柱按比例放大提供理论依据。

（6）流程变革。如前所述，浮选柱与浮选机相比有其自身优点：结构简单，占地面积小；无机械运动部件，安全节能；浮选动力学稳定，气泡相对较小，分布更为均匀，气泡-颗粒浮选界面充足，富集比大、回收率高、适合于微细粒级矿物的选别并且易于实现自动化控制和大型化；浮选速度快，可简化浮选流程，有效降低浮选作业次数。

（7）应用领域拓宽。近年来，浮选设备的应用已不再局限于煤，金属和非金属矿物的选别，其应用领域在不断扩大，如去除铜矿石SX-EW法堆浸贵液中的有机物[103,107]；回收土壤、废水中的重金属离子；回收炼油厂废水中的油；旧纸脱墨，离子浮选方面的应用。随着社会和科学技术的迅速发展，工业化和城市化进程将进一步加快，资源的社会需求将不断增加，资源供应不足的状况日益突出，资源状态的恶化将越来越严重，人类社会的可持续发展将是21世纪的主题。因此，21世纪也可称为“可持续发展世纪”。资源的组成不知不觉地发生着重要的变化，“人工矿床”（尾矿和废石）和城市废弃物在资源组成中占据了越来越大的份额。展望21世纪，浮选设备面临着更加艰巨的重任，将进一步向应用于回收更难选和更加贫化的矿物、回收各种特殊材料的方向发展。

参考文献

[1] N阿尔比特尔．大型浮选机的研制和按比例放大［J］. 国外金属矿选矿，2000（7）：2-7.

[2] 王淀佐，姚国成．中国古代的矿物加工技术——传承与发展［J］. 中国工程科学，2009（4）：9-13.

[3] 赵昱东．浮选机的应用与发展［J］. 矿山机械，2007（7）：65-68.

[4] Taggart，A F. Handbook of Mineral Dressing［M］. John Wiley & Sons，Inc.，: New York，1945，sections 12-53.

[5] Barlin B，Keys N J. Concentration at Bancroft［J］. Mining Engineering，1963，15（9）：47-53.

[6] Beall JV. Coeur d’Alene profile-1966-Introduction［J］. Minerals Engineering，1966，28：164-178.

[7] Callow J. Ore-flotation apparatus［P］：US Patent，1124856，12 January 1915，Callow，JM. Notes on flotation，AIME Transactions，1916，3-24.

[8] Fahrenwald A W. Flotation apparatus［P］. US Patent 1417895，30 May 1922.

[9] Fahrenwald A W. Flotation practice in the Coeur d’Alene district，Idaho，AIME Transactions，1928：107-132.

[10] Fahrenwald A W. Machine for flotation of ores［P］. US Patent 1984366，18 December 1934.

[11] Fagergren W. Apparatus for circulating and distributing flotation pulp［P］. US Patent 1736073，19 November 1929.

[12] Fagergren W. Aerating machine［P］. US Patent 1963122，19 June 1934.

[13] Booth L E. Aerating machine［P］. US Patent 2055065，22 September 1936.

[14] Logue L H，Daman Jr A C. Aerating assembly for froth flotation cells［P］. US Patent 3393802，23 July 1968.

[15] A维别尔．大容积浮选设备的按比例放大和设计［J］. 国外金属矿选矿，2002（4）：24-27.

[16] MG尼尔森．127.5m³ Wemco Smart Cell™大型浮选机的能耗测定［J］. 国外金属矿选矿，1998（10）：22-25.

[17] M G Nelson，D Lelinski. Hydrodynamic Design of Self-Aerating Flotation Machines［J］. Minerals Engineering，2000（10-11）：991-998.

[18] D Lelinski，J Allen，L Redden，et al. Analysis of the residence time distribution in large flotation machines［J］. Minerals Engineering，2000（15）：499-505.

[19] Lelinski D, Gordon I, Weber A, et al. Commissioning of the Supercells^{TM} World' s largest flotation machines, VI International Mineral Processing Seminar, 2008, GECAMINE: Santiago.

[20] X 奥拉瓦伊年. 芬兰奥托昆普公司浮选机的研究与开发 [J]. 国外金属矿选矿, 2002 (4): 13, 32-34.

[21] Outokumpu Mintee. 奥托昆普的浮选理论研究与实践 [J]. 有色矿山, 1994 (5): 31-35.

[22] AJ 乔奈蒂斯. 奥托昆普公司 100m^3 Tank Cell 型浮选机的设计、开发、应用和操作优越性 [J]. 国外金属矿选矿, 2001 (5): 30-34.

[23] F L Burgess. OK100 Tank Cell operation at Pasminco—broken hill [J]. Minerals Engineering, 1997 (7): 723-741.

[24] X Zheng, L Knopjes. Modelling of froth transportation in industrial flotation cells Part II: Modelling of froth transportation in an Outokumpu tank flotation cell at the Anglo Platinum Bafokeng-Rasimone PlatinumMine (BRPM) concentrator [J]. Minerals Engineering, 1994 (17): 989-1000.

[25] 刘桂芝, 沈政昌, 卢世杰. BGRIMM 现代浮选机技术 [J]. 有色金属 (选矿部分), 1999 (2): 17-20.

[26] 沈政昌, 刘振春, 卢世杰. KYF-50 型充气机械搅拌式浮选机设计研究 [C] //第四届全国选矿设备学术会议, 122.

[27] 沈政昌, 刘振春, 卢世杰. KYF-50 充气机械搅拌式浮选机研制 [J]. 矿冶, 2001 (3): 31-36.

[28] 沈政昌. 160m^3 浮选机浮选动力学研究 [J]. 有色金属 (选矿部分), 2005 (5): 33-35.

[29] 沈政昌. KYF-160 型浮选机工业试验研究 [J]. 有色金属 (选矿部分), 2006 (3): 37-41.

[30] 沈政昌. 200m^{3}超大型充气机械搅拌式浮选机设计与研究 [J]. 有色金属, 2006 (5), 100-103.

[31] 谢卫红. 200m^{3}超大型充气机械搅拌式浮选机的研究应用 [J]. 有色设备, 2010 (2): 5-8.

[32] 沈政昌. 320m^3 大型充气机械搅拌式浮选机研制 [C] //中国工程院化工冶金与材料工程学部第七届学术会议论文集, 北京: 化学工业出版社, 2009: 788-793.

[33] 沈政昌, 刘振春. XCF 自吸浆充气机械搅拌式浮选机 [J]. 矿冶, 1996 (4): 41-45.

[34] 李琅. 浮选机联合机组的特点与应用 [J]. 有色金属 (选矿部分), 2000 (2): 20-22.

[35] 卢世杰. GF 型机械搅拌式浮选机研究 [C] //第六届北京冶金青年优秀科技论文集. 北京: 冶金工业出版社, 2008: 173.

[36] 董干国. BF-T 型浮选机在铁精矿提铁降杂工艺中的应用 [J]. 矿冶, 2005 (4): 20-22.

[37] 沈政昌, 杨丽君, 陈东, 等. 大型冶炼炉渣专用浮选机的研制及应用 [J]. 有色设备, 2007 (3): 14-16.

[38] 沈政昌, 刘振春, 吴亦瑞. 粗粒浮选机设计原则 [J]. 有色金属 (选矿部分), 1996 (3): 23-27.

[39] 沈政昌, 刘振春. 粗粒浮选机叶轮设计 [J]. 有色金属 (选矿部分), 1997 (1): 8-13.

[40] 刘惠林．粗颗粒浮选机的研制与应用［J］．矿冶，1998（2）：58-62.
[41] 夏晓鸥．YX 型预选浮选机的研制［J］．金银工业，1993（2）：42-47.
[42] 丁力亲，刘鸿功，张立维，等．XJX-T12 型浮选机［J］．选煤技术，1986（1）：2-9.
[43] 张广平．XJX-T12 型浮选机在淮北选煤厂的应用［J］．选煤技术，1997（5）：45-46.
[44] 张景，张孝钧．XJM-S16 型浮选机的机械结构设计［J］．煤炭加工与综合利用，1999（4）：12-14.
[45] 杨涛，刘秀影．XJM-S16 型浮选机的应用［J］．煤质技术，1998（5）：11-13.
[46] 谢涛．XJN 型浮选机在临涣选煤厂的应用［J］．选煤技术，2004（5）：38-39.
[47] 司凤芝．XPM-16 型浮选机的应用［J］．矿山机械，2003（7）：32-34.
[48] 吴大为，马连清．XPM 系列喷射式浮选机［J］．华北矿业高等专科学校学报，1999（3）：10-13.
[49] P Reese. Innovation in mineral processing technology［J］. 2000 New Zealand Minerals & Mining Conference Proceedings，2000，10：29-31.
[50] 沈政昌，卢世杰．大型浮选机评述［C]//中国矿业，第七届全国矿产资源综合利用学术会议论文集．2004，（2）：229-233.
[51] A A 拉符涅科，等．浮选设备的生产现状与主要发展方向［J］．国外金属矿选矿，2007，12：4-12.
[52] 乔奈蒂斯 A J. 奥托昆普公司 100m³ TankCell 型浮选机的设计、开发、应用和操作优越性［J］．国外金属矿选矿，2001，（5）：30-34.
[53] 奥拉瓦伊年 X. 芬兰奥托昆普公司浮选机的研究与开发［J］．国外金属矿选矿，2002（4）：32-34.
[54] Outokumpu Mintee. 奥托昆普的浮选理论研究与实践［J］．有色矿山，1994（5）：31-35.
[55] Burgess F L. OK100 Tank Cell operation at Pasminco-broken hill［J］. Minerals Engineering，1997，7：723-741.
[56] Zheng X，Knopjes L. Modelling of froth transportation in industrial flotation cells Part II：Modelling of froth transportation in an Outokumpu tank flotation cell at the Anglo Platinum Bafokeng-Rasimone PlatinumMine（BRPM）concentrator［J］. Minerals Engineering，2001（7）：743-751.
[57] 方志刚．选矿设备的新进展［J］．有色设备，1998（1）：15-20.
[58] 王彩芬，庄振东．国内外几种常用搅拌式浮选机的发展与应用［J］．现代矿业，2009，5：33-35.
[59] 卡斯蒂尔 K. 浮选的进展［J］．国外金属矿选矿，2006，4：10-13.
[60] Lynch A J，Watt J S，Finch J A，et al. History of flotation technology［J］. Proceedings Centenary of Flotation Symposium，2005，15（2）：15-18.
[61] Amsden M P，Chapman C，Reading M B. Computer control of flotation at Ecstall concentrator［J］. CIM Bulletin，1973，18（1）：84-91.
[62] AusIMM Broken Hill Branch. The development of processes for the treatment of crude ore，accumulated dumps of tailing and slime at Broken Hill［J］. AusIMM Proceedings，1930，80：379-444.

[63] Behrend G M. Mill instrumentation and process control in the Canadian mining industry [J]. Milling Practice in Canada, 1978, 10 (5): 23-44.

[64] Hughes D V. Sampling systems for on-stream X ray analysers in ore-dressing plants [J]. Transactions of the Institute of Measurement and Control, 1983, 5 (4): 185-191.

[65] 聂光华，林和荣．选矿厂过程控制的现状及发展前景 [J]. 矿产综合利用，2007 (5): 28-29.

[66] Stump N W, Roberts A N. On-stream analysis and computer control at the New Broken Hill Consolidated Limited concentrator [J]. AIME Transactions, 1974, 256: 143-148.

[67] Watt J S, Gravitis V L. Radioisotope X-ray fluorescence techniques applied to onstream analysis of mineral process streams, in Automatic Control in Mining, Mineral and Metal Processing [J]. IFAC International Symposium, 1973 (8): 199-205.

[68] Leskinen T, Koskinen J, Lappalainen S, et al. On-stream analysers of Outokumpu concentrators [J]. 74th Annual Meeting of the CIM, 1972 (4): 9-12.

[69] Muller B, Smith G C, Smit S, et al. Enhancing flotation performance with process control at Century Mine [C].//Proceedings Metallurgical Plant Design and Operating Strategies 2004 Conference, 2004, 337-350.

[70] 王丰雨，张覃，黄宋魏．我国选矿自动化评述 [J]. 国外金属矿选矿，2006 (8): 18-21.

[71] 何桂春，黄开启．浮选指标与浮选泡沫数字图像关系研究 [J]. 金属矿山，2008 (8): 96-101.

[72] Runge K, McMaster J, Wortley M, et al. A correlation between VisioFroth measurements and the performance of a flotation cell [C]//Proceedings Ninth Mill Operators' Conference, 2007, 79-86.

[73] Liu J J, Macgregor J F, Duchesne C, et al. Flotation froth monitoring using multiresolutional multivariate image analysis [J]. Minerals Engineering, 2005, 18 (1): 65-76.

[74] 伊祖俭．凤凰山铜矿浮选药剂自动控制的实践 [J]. 金属矿山，1999 (4): 47-50.

[75] 沈政昌，刘桂芝，卢世杰，等，BGRIMM 系列浮选机的特点与应用 [J]. 有色金属（选矿部分），1999 (6): 31-33.

[76] 李丽峰，肖松文，张乃钧．废纸浮选脱墨技术的发展 [J]. 湖南造纸，2001 (2): 20-23.

[77] 李云泽．浮选脱墨技术在生产中的应用 [J]. 环保与节能，2013, 44 (1): 45-50.

[78] D Beneventi, A Lascar, F Vaulot，等．浮选脱墨技术面临的新挑战与应用 [J]. 国际造纸，2013, 32 (1): 31-43.

[79] 周晓华，赵朝勋，刘炯天．浮选柱研究现状及发展趋势 [J]. 选煤技术，2003 (6): 51-54.

[80] 刘殿文，张文彬．浮选柱研究及其应用新进展 [J]. 国外金属矿选矿，2002 (6).

[81] 赵志军，王凡．浮选柱气泡发生器的研究 [J]. 洁净煤技术，1998 (3): 22-30.

[82] 张敏，刘炯天．柱浮选充填及工业应用 [J]. 金属矿山，2008 (7): 96-99.

[83] 廖佳．矮柱浮选槽的研制与应用 [J]. 金属矿山，1998 (5): 34-35.

[84] 刘炯天，等．詹姆森型浮选柱的性能分析及应用模式探讨［J］．矿冶，1995，4（4）：55-61.
[85] 陶长林．詹姆森浮选柱——浮选柱工艺的一大技术突破［J］．中国矿业，1995，4（1）：43-48.
[86] 刘炯天，欧泽深．詹姆森型浮选柱的研究［J］．选煤技术，1995（1）：26-29.
[87] 卢世杰．KYZ 型浮选柱机理研究［J］．有色金属（选矿部分），2002（1）：20-23.
[88] 卢世杰，史帅星，曹亮．KYZ-1065 浮选柱工业试验研究［J］．有色金属（选矿部分），2006（5）：28-31.
[89] 任慧，丁一刚，吴元欣，等．充填静态浮选柱在胶磷矿浮选中的应用［J］．化工矿物与加工，2001（8）：4-7.
[90] 李冬莲，蔡立新．充气式浮选柱充气性能的研究［J］．中国矿业，1999，3：58-61.
[91] 高敏，张伟．FCMC 旋流微泡浮选柱的研制与应用［J］．化工矿物与加工，1998（5）：5-8.
[92] 张文军，欧泽深．旋流微泡浮选柱中旋流离心力场强化分选［J］．矿业研究与开发，2000（6）：23-25.
[93] G H 勒特雷尔，等．浮选柱设计与按比例放大的依据［J］．国外金属矿选矿，1994，11.
[94] G S Dobby，J A Finch. 浮选柱按比例放大和模拟［J］．国外金属矿选矿，1998，1.
[95] 荣国强，刘炯天，等．旋流-静态微泡浮选柱液位自动控制系统设计［J］．金属矿山，2007（3）：62-64.
[96] 李玉西．模糊与 PID 双模控制在浮选柱液位控制系统中的应用［J］．矿冶，2008（1）：73-75.
[97] 欧乐明，张晓峰，黄光耀．浮选柱多输入多输出控制系统设计及应用［J］．中国科技论文在线，2009（11）：788-794.
[98] 张晓峰．浮选柱多变量控制系统的设计及应用［D］．长沙：中南大学，2011.
[99] R Del Villar，M Gregoire，J A Pomerleau. Automatic Control of a Laboratory Flotation Column［J］. Minerals Engineering，Volume 12：291-308.
[100] Felipe Núñez，Luis Tapia，Aldo Cipriano. Hierarchical hybrid fuzzy strategy for column flotation control［J］. Minerals Engineering，Volume 23：117-124.
[101] 张志丰，张志刚，胡军．我国大型浮选柱自动控制策略的研究［J］．选煤技术，1999（3）：53-56.
[102] J Bouchard，A Desbiens，R del Villar. Recent advances in bias and froth depth control in flotation columns［J］. Minerals Engineering，Volume（23）：709-720.
[103] 陈泉源，张泾生．浮选柱的研究与应用［J］，矿冶工程，2000（3）：1-5.
[104] 刘广龙．浮选柱的发展与生产实践［J］．矿冶快报，2005（5）：3-6.
[105] 冉红想．磁浮选柱的研制［D］．北京：北京矿冶研究总院，2004.
[106] 蒋京名，王李管．DIMINE 矿冶软件推动我国数字化矿山发展［J］．中国矿业，2009，18（10）：91-93.
[107] 陈子鸣，茹青．浮选柱经验模型及操作变量的最佳选择［J］．有色金属，1984（5）：34-40.

[108] J A 芬奇，等．废物处理工业的一次革新——脱墨浮选机［J］．国外金属矿选矿，2000（1）：8，13-17.
[109] 李小兵．基于微泡浮选的多流态强化油水分离研究［D］．徐州：中国矿业大学，2011.
[110] J 鲁比奥，等．作为废水处理技术中的浮选法［J］．国外金属矿选矿，2002（6）：4-13.
[111] 陈泉源，朱凌云，M Salas. 高气泡表面积通量浮选柱气浮除藻的研究［J］．环境污染治理技术与设备，2006，7（9）：73-77.
[112] 文震林，沈文豪，余佳平．泡沫浮选萃取分离回收水中铜锌［J］．上海大学学报（自然科学版），2006，12（3）：320-324.

JJF 型浮选机的设计及工业实践

刘振春　沈政昌

（北京矿冶研究总院，北京，100160）

摘　要：在比较外充气浮选机与自吸气浮选机性能特点的基础上，提出了 JJF 型浮选机的设计原则。本文阐述了 JJF 型浮选机的结构和机构原理、主要零部件的功能和设计参数，介绍了其典型应用业绩。

关键词：浮选机；JJF 型；设计；实践

Design and Industrial Practice of JJF Flotation Cell

Liu Zhenchun　Shen Zhengchang

(Beijing General Research Institute of Mining and Metallurgy, Beijing, 100160)

Abstract: Base on the performance comparison between air-forced flotation cell and air-induced flotation cell, design pricinple of JJF flotation cell is set forth. In this paper, the structure and work principle, key part function and design parameters of JJF flotation cell is demonstrated, and the typical achievements of that flotation cells are introduced.

Keywords: flotation cell; JJF; design; industrial practice

1　引言

在选矿工业中，浮游选矿法是一种主要的方法，无论是在处理矿物种类上还是数量上都占首位。实现浮选法，浮选机是不可缺少的。浮选机设计的优劣会在不同程度上影响选别指标和生产使用。新中国成立以来我国绝大多数选矿厂都使用 A 型浮选机，这种浮选机尽管在某些场合下具有它自己的特点（能自吸空气和矿浆，复杂流程容易配置），但它的缺点也是较严重的。为此，使用 A 型浮选机的大多数选矿厂都盼着有性能好的浮选机来取代 A 型浮选机。

近年来，我国科技人员在接受国外好经验的基础上，相继研究出 CHF-X 型和 JX 型充气搅拌式浮选机，以及 JJF 型和 JQ 型机械搅拌式浮选机等。现在已不同程度上应用于工业生产，取得了良好的经济效益。

本文仅就 JJF 型浮选机的设计及工业实践做粗略介绍。

2 设计方案的确定

在开始研制 JJF 型浮选机之前，对国外几种较好的浮选机做了比较。目前国外趋向充气机械搅拌式浮选机。采用充气机械搅拌式浮选机的原因大致有以下几点：（1）随浮选机单槽容积增大，槽深要随之增加，对于叶轮接近槽底部的浮选机来说，自吸空气就产生困难，要吸入足够的空气就需要增高叶轮转速以产生较大的真空度，这样虽然能吸入一定量空气，但造成槽内矿浆流动过于激烈，矿液面容易产生翻花，叶轮与定子磨损更严重，以及功耗高等。采用外加充气，可以不受槽容增大、槽深加深的限制，比较便于实现大型化，向更大的槽容发展；（2）叶轮只起循环矿浆和分散空气的作用，易于改善浮选槽内流体动力学特征；（3）空气可在较大的范围内调节；（4）功耗比一般自吸式浮选机低。

那么自吸气浮选机能否实现大型化呢？一般来说是比较困难的，因为随槽容积加大，槽深也加深，叶轮处静压力增加，自吸空气会受到限制。而维姆科浮选机用它独特的结构解决了这个问题。该机为了能自吸足够量的空气，将叶轮安装在浮选槽的中上部，叶轮上端距液面仅 200～330mm。为防止槽内沉砂，使矿浆能得到充分搅拌，在槽下部设置了供矿浆循环用的假底和导流管装置。这种结构既能保证自吸足够的空气，又具有良好的流体动力学特性，使该机便于向大型化发展，功耗也比一般自吸式浮选机低。

该机很好地解决了自吸气问题，不需增设鼓风设备和供风管道，消除了由鼓风机所产生的噪声和风机的维护保养。基于以上分析，尽管国外目前多走外加充气的道路，还是决定采用自吸气机械搅拌式方案。参照维姆科浮选机的工作原理，结合我国实际情况进行 JJF 型浮选机设计。

3 结构及工作原理

JJF 型浮选机结构简图如图 1 所示。该机主要部件是主轴部件，它是由叶轮 5、定子 6、分散罩 7、竖筒 8、主轴及轴承体 9 组成，安装在槽体机架上，由电机 10 通过三角皮带驱动。此外还有假底 2、导流管 3、调节环 4 及槽体 1 等。下面分述一下槽内各主要零部件的结构及用途：

（1）叶轮：它具有 6~8 个径向叶片，高度与直径比为 1∶1，起吸入空气和循环矿浆的作用，并把空气分散成微细气泡与循环矿浆混合在一起，为可浮矿物与新鲜空气泡接触创造了条件。

（2）定子：它为圆筒形，内壁纵横方向均布筋条，筋条间开有矿浆通道。在叶轮叶片间和叶轮与定子间基本完成气泡细化和空气与矿浆混合后，三相混合物带有较大的切向及径向动量矢，通过定子上的通道将切向部分转变成径向，与此同时产生一个局部湍流场，促使气泡进一步细化和混合，而后三相矿流均匀地

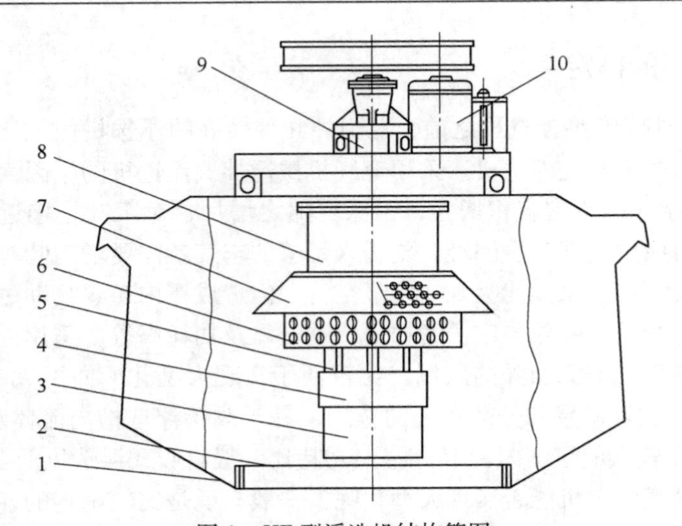

图1 JJF型浮选机结构简图

1—槽体；2—假底；3—导流管；4—调节环；5—叶轮；6—定子；
7—分散罩；8—竖筒；9—轴承体；10—电机

Fig. 1 Structure diagram of JJF flotation cell

分散在槽中。

(3) 分散罩：它为锥形，其上均布小孔。要获得较好的工艺指标完成混合区与分离区的过渡是十分重要的，分散罩的主要作用就在于稳定上部矿浆，完成由强烈混合区过渡到相对静止的分离区。

(4) 假底、导流管和调节环装置：假底为其上带孔的平板，与槽底保持一定距离，并固定在槽底上。导流管为一直径大于叶轮直径的圆管，下端固定在假底中心，上端固定一调节环，调节环上端与叶轮下端啮合。假底、导流管和调节环装置为该机提供了矿浆循环通道，使槽内矿浆产生一个下部大循环，这不仅保证了固体颗粒处于良好的悬浮状态，而且使矿浆多次通过强烈的叶轮搅拌区，增加了可浮矿物与新鲜空气泡接触的机会，为获得优异的工艺指标提供了有利条件。

该类型浮选机工作原理：当叶轮旋转时，叶轮附近的矿浆产生液体旋涡，旋涡的气-液界面向上延伸到竖筒的内壁，向下穿过叶轮中心区延伸到导流管内。旋涡中心形成负压，其负压大小主要取决于叶轮转速和叶轮浸没深度。由于竖筒和周围的大气相通，所以旋涡中心的负压将空气吸入到竖筒内和叶轮中心区。与此同时，矿浆从假底下边通过导流管向上进入叶轮叶片间，在叶轮中部与吸入到旋涡中心的空气混合。三相混合物带有较大的切向和径向动量离开径向叶轮叶片，通过定子上的通道时，切向部分的动量转化成径向，同时产生一个局部湍流场，该湍流场有助于空气-矿浆进一步混合和细化气泡。三相混合物离开定子后就进入分离区，在此矿化气泡上升到上部泡沫区，矿浆则向下返回槽底进行再循环。

4 主要结构设计及参数选择

浮选机形式及原理确定后，不等于浮选机性能就能达到最优。要想设计出一种好的浮选机，对各主要结构及主要参数都要作认真地综合分析，必要时对重要的结构及参数进行试验，以寻求最佳的结构及最佳的参数。下面分述一下该浮选机主要结构设计及参数选择：

（1）槽体：在 JJF-20 型浮选机研制中，首先确定槽容积为 $20m^3$。根据槽容积进行槽的长、宽和高的分配，首先是确定槽深，槽深确定要考虑的是，槽子太浅会增加浮选机的面积，叶轮直径要随之增加，单位槽容的电耗也要增加，槽子太深会增加叶轮与槽底的距离，影响槽内固体悬浮性能，槽内单位时间矿浆循环次数也要减少。考虑磨矿粒度-0.074mm（-200 目）占 70%以上，浓度在 30%左右，易选的矿物，槽深点比浅点更有利，可减少槽表面积，减少叶轮直径，单位槽容积电耗省。因此将 JJF-20 型浮选机槽深定为 2m。而长宽尺寸只需确定二者的比值。认为要使泡沫区处于平稳状态，槽宽要大于槽长，这也有利于矿浆在槽间的运输，对防止槽内沉砂有利。最后将槽长宽比定为 0.75。这就形成了一种深槽型 $20m^3$ 浮选槽。因为德兴铜矿在新建选矿厂的设计中要用 $16m^3$ 和 $4m^3$ 该类型浮选机，为此，于 1982 年在 JJF-20 型浮选机的基础上设计了 JJF-16、JJF-8 和 JJF-4 三种规格。设计上述三种浮选机的同时，又考虑了 JJF-20 型浮选机要自成系列，即 $8m^3$ 的 JJF-8 可改成 $10m^3$ 的 JJF-10，$4m^3$ 的 JJF-4 可改成 $5m^3$ 的 JJF-5。这样在转子机构和功率消耗完全一样的情况下可形成两个系列，即深型系列的 JJF-20、JJF-10 和 JJF-5，以及浅型系列的 JJF-16、JJF-8 和 JJF-4。这两个系列浮选机各有其用，对选别比重小、浓度小、粒度细和易选物料，可采用深型系列，而对于选别比重大、浓度大、粒度粗和难选的物料采用浅型系列较适宜。

（2）叶轮直径、转速和浸没深度：根据一般选矿厂选矿实践，浮选机充气量能达到 $1m^3/(m^2 \cdot min)$ 左右，气泡分散的较细就能满足浮选要求，因此，确定 $1m^3/(m^2 \cdot min)$ 为该机的最大吸气量。影响该类型浮选机吸气量的因素主要有叶轮直径、转速和浸没深度。这几个参数是相互关联的，每个参数都不是绝对的，而是受其他参数影响。因此这几个参数是通过试验来确定。试验期间根据吸气量、槽内液体循环量、功率消耗及液面的稳定程度来综合分析，最后确定叶轮圆周速度为 6.6m/s，叶轮浸没深度为 200~400mm，叶轮直径与槽宽比为 0.18~0.19 为适宜。

（3）定子：国外报道定子外圆与槽壁距离一般为 1.5~1.8 倍叶轮直径。在 JJF-20 型浮选机试验中发现，该比值大些为好，可减少定子直径，且矿浆面也较稳定。因此取接近 1.8 的最大值。关于定子另一参数，即通流孔面积的确定较为重要，试验中发现定子上通流孔的大小对吸气量、功耗和液面的稳定性有影响，通流孔面积过小，叶轮甩出的矿浆阻力增大，将引起吸气量减少，功耗增大；面积过大吸气量增加，功耗降低，液面不稳定。通过试验得出，定子上通流孔的总面积大致等于导流管的断面积较为适宜。该类型浮选机在导流孔磨大时吸气量稍有增加，因此，在设计中将定子上通流孔的总面积比正常减小了一点，开始运转时损失一点吸气量，但延长定子使用寿命。在最初设计中，定子上端板中心孔与竖筒内径一样，试验中发现竖筒的下端磨损也较严重，分析了磨损部位及磨损原因后，于定子设计时将定子上端板中心孔缩小，以期减小竖筒下端的磨损。

5 辅助结构的设计

浮选机的选别性能好坏主要取决槽内部机构的设计，但一些辅助结构设计也不能忽视，因此有些对选别性能有直接影响，有些会给维护检修带来不便，又有些会影响操作。因此要十分重视辅助结构的设计，否则是不会受到用户的欢迎的。现把在辅助结构设计中所考虑的问题分述如下：

（1）主轴：设计主轴要经过强度计算，浮选机主轴主要是传递扭矩，根据受力计算出的轴径是比较小的。考虑浮选机是一悬臂轴，下端又安装有很重的叶轮，在运输、检修吊装过程中，可能出现不可预测的意外冲击力的作用，容易使轴产生弯曲，因此设计中根据计算数据又加了较大的安全系数。此外轴的下端与叶轮连接处，国外采用圆柱面配合，配合面较长，因此拆装叶轮比较困难。在设计中根据我国现场的具体情况，将连接处改为锥面，拆装很方便。同时在叶轮上下端采用了胶套密封，这不仅可防止矿砂进入轴与叶轮连接处，也可保护固紧叶轮的螺母。

（2）主轴部件：国外整个主轴部件设计成一体，因此只能整体吊装。根据我国选矿厂起重设备条件，以及减轻维修工人的劳动强度，将主轴部件设计成两体，即叶轮轴部分（包括叶轮、轴、轴承体和皮带轮）和悬挂定子部分（包括定子、分散罩、竖筒和横梁组件）。这样既能单独吊装叶轮轴部分，又能整体吊装主轴部件，这不仅为老选厂改造创造了条件，同时也便于检修。

（3）主轴轴承体安装方式：国外主轴轴承体侧向悬挂在机架上，给拆装带来一定困难。为方便拆装调整，在设计中主轴轴承体采用了座式。

（4）电机：国外设计将电机带在主轴承部件上，这种设计对该型浮选机虽然合理，但与我国选矿厂实际情况不符，给主轴部件检修带来一定困难。在设计中将电机安装到槽体梁上，拆卸主轴部件时电机可以不动，方便了维修。

（5）刮泡方式：考虑该机大型号的表面积较大，可设计成双边刮泡，而 JJF-4 型则设计成单边刮泡。对大型号浮选机，其机上位置较宽，可在机上设操作台，这对维护、检查和清洗设备都比较方便，而对小型 JJF-4，机上没位置设操作台，如采用双边刮泡对设备维护、检查和清洗都比较困难。JJF-4 型浮选机表面积不大，采用单边刮泡完全能满足要求。在 JJF-20 型浮选机试验时，发现双边刮泡槽中部的泡沫向泡沫堰处移动得较慢，泡沫在槽中停留时间长，附着在气泡上的矿物颗粒容易脱落，影响回收率的提高。那么精矿品位是否能高些呢？实际不是，因老泡跟不上，刮板刮出的泡沫大部分是新升到表面的新泡，品位也提不高。认为采用单边刮泡，槽后用大角度推泡板可以解决泡沫移动不快对工艺指标造成的影响，因此在 JJF-4 型浮选机设计中采用了单边刮泡，槽后设置了大角度推泡板。认为较大规格的该类型浮选机可以采用单边刮泡。

（6）排矿闸门：排矿闸门的设计既要灵活可靠便于操作，又要有利于取得优异的工艺指标。目前国外趋向使用锥形闸门配以自动控制。根据我国现在具体情况，不是所有的矿山都能使用自动控制，因此手动或电动排矿闸门在设计中必须考虑。用手动或电动时需要考虑闸门的形式，是溢流式闸板闸门还是沉没式锥形闸门。闸板式闸门，当给矿量有变化时，溢流层的厚度也随之变化，排量也随之变化，有自行调节作用，即使闸门不动，随给矿量变化液面波动较小。而浸没式锥形闸门则几乎有自动调节作用。因此在设计手动或电动闸门时最好配合溢流式闸板闸门，有利于工艺指标的稳定。在设计中便于现场选用，排矿闸门设计成自动调节式和电动调节式，为统一起见都配以溢流式闸板闸门。

6 工业实践

浮选机设计的优劣最终要在生产使用中通过工艺指标和运转情况来评价。该类型浮选机现已在我国几个选矿厂用于工业生产，下面作以简要介绍。

6.1 工艺指标

武钢公司大冶铁矿：4 台 JJF-20 型浮选机用于该矿铜硫混合粗选作业，与 12 台 7A 浮选机作平行对比试验。矿浆来自同一个磨矿系统，因此浓度（25%左右）、粒度（-0.074mm（-200 目）占 75%）、药剂制度和给矿品位等工艺条件都相同。试验了两种矿石，即混合矿和原生矿。对混合矿和原生矿，在浮选时间和精矿品位基本接近情况下，JJF-20 型浮选机与 7A 浮选机相比，粗尾含铜分别降低 0.004%和 0.053%，含硫分别降低 0.046%和 0.092%，粗选作业回收率铜分别提高 0.95%和 3.76%，硫分别提高 2.19%和 2.11%。

德兴铜矿：该矿新建的 1 号系统粗扫选采用了 7 台 JJF-16 型浮选机，新建的 5000t/d 选矿厂粗扫选采用了 16 台 JJF-16 型浮选机。1 号系统于 1983 年 11 月投产，5000t/d 选矿厂于 1984 年二季度投产。1 号系统与 0 号系统和 1~2 号系统的充气机械搅拌式浮选机以及 3~8 号系统的浮选柱-6A 浮选机 1984 年 1~6 月的生产统计指标见表 1。

表 1　生产统计指标

Table 1　Production index statistics

系统	∂(Cu)/%	β(Cu)/%	ζ(Cu)/%	ε(Cu)/%	磨矿细度	
					+0.18mm（+80 目）	-0.074mm（-200 目）
1 号	0.509	8.57	0.064	87.80	11.5	60.75
1~2 号	0.526	8.80	0.067	87.87	11.3	61.2
0 号	0.517	9.95	0.072	86.73	12.5	59.3
3~8 号	0.537	8.45	0.070	87.62	10.30	61.88

云锡公司大屯选矿厂：该厂硫化车间处理锡石——多金属硫化矿，主要产品是锡，综合回收铜、钨、铋、硫等矿物。生产流程采用浮-重原则工艺流程，混合优先浮铜、硫，而后重选锡。为确保锡的回收率采用粗磨矿。矿石比重为 3 : 5，给入混合浮选矿浆浓度为 38%~40%，磨矿粒度-0.074mm（-200 目）占 60%左右。因此浮选条件比较困难。原铜硫浮选采用 6A 浮选机，由于上述那种条件，浮选指标不佳，后来加大了 6A 浮选机转速（由 280r/min 增加到 328r/min），指标有所提高。

1984 年 3 月该车间安装了 11 台 JJF-4 型浮选机代替二系统粗扫选作业的 6A 浮选机，与一系统粗选作业 16 台加快转速的 6A 浮选机进行平行试验。试验分三个阶段进行，第一阶段是用原设计的 JJF-4 型浮选机，第二阶段是加快 JJF-4 型浮选机转速（由 310r/min 增加到 330r/min，仅粗选 7 台），第三阶段是在加快 JJF-4 型浮选机转速的基础上由双边刮泡改为单边刮泡，每个阶段都与一系统加快转速的 6A 浮选机进行对比。三个阶段都得到了令人满意的工艺指标，见表 2。

表 2　三个阶段试验指标统计

Table 2　Production index statistics of three-stage tests

试验阶段	机型	给矿品位 /%			精矿品位 /%			尾矿品位 /%			损失率 /%	回收率 /%	
		Sn	Cu	S	Sn	Cu	S	Sn	Cu	S	Sn	Cu	S
一	JJF-4	0.671	0.414	11.27	0.120	1.243	29.86	0.882	0.097	4.16	4.94	83.05	73.20
	6A	0.684	0.403	10.73	0.245	1.098	23.39	0.870	0.108	5.35	10.66	81.19	65.13
	差值				-0.125	+0.154	+6.47				-5.72	+1.86	+8.07
二	JJF-4	0.360	0.476	13.10	0.080	1.380	31.33	0.677	0.097	5.47	6.56	85.58	70.60
	6A	0.375	0.461	13.26	0.135	1.329	26.30	0.472	0.109	7.97	10.39	83.20	57.24
	差值				-0.055	+0.051	+5.03				-3.83	+2.38	+13.36
三	JJF-4	0.456	0.453	12.17	0.103	1.172	28.93	0.635	0.090	3.53	7.72	87.03	80.85
	6A	0.242	0.447	11.06	0.158	1.155	23.40	0.552	0.106	5.12	12.10	83.92	68.72
	差值				-0.055	+0.017	+5.53				-4.38	+3.11	+12.13

由表 2 中数据可看出，三个阶段各项指标 JJF-4 型浮选机都优于 6A 浮选机。以锡的损失率来看第一阶段最好，以铜来看第三阶段最好，以硫来看第二阶段最好。

白银公司第三冶炼厂铅锌选矿车间：生产流程为原矿经一段磨矿，磨至-0.074mm（-200 目）占 62%左右，经铜铅锌混合粗选及一次混合扫选得出最终尾矿。混合粗选泡沫经二段再磨分级（细度-0.074mm（-200 目）占 95%左右）后进入脱硫浮选（即铜铅锌一次精选），该作业包括一次粗选、一次扫选、一次精选，得出铜铅锌混合精矿和硫精矿。铜铅锌混合精矿再经浓缩进第三段磨矿，送入分离浮选作业，最终得到铅锌混合精矿和铜精矿。

为了满足白银有色金属公司铅锌选矿厂技术改造和新建生产系统的设计需要，北京矿冶研究总院，白银公司、兰州有色冶金设计研究院、江苏沙洲机械厂联合试验组，于 1984 年 6~7 月在白银公司第三冶炼厂选矿车间进行了 JJF-8 型浮选机和 JJF-4 型浮选机与 6A 浮选机的工业对比试验，取得了满意的效果。试验表明，该机型的研制是成功的，能够适用于铅锌多金属矿选矿生产。试验数据可作为白银公司第三冶炼厂选矿车间技术改造和新建厂坝铅锌选矿车间选用该型浮选机的依据。

试验获得的主要成果是：

（1）通过工业试验证明，设备运转平稳可靠，液面稳定，操作方便，力学性能能满足浮选工艺要求。

（2）JJF-8 型、JJF-4 型浮固体悬浮状态均好，JJF-8 型浮选机即使在给矿细度-0.074mm（-200 目）为 40%，亦未发现分层沉槽现象，全负荷停车 10 天不放矿，再次启动，悬浮状况恢复正常，不压槽。

（3）充气量为 $0.8m^3/(m^2 \cdot min)$ 左右，气泡矿化良好，能够满足浮选工艺要求。

（4）JJF-8 型浮选机用于铜铅锌硫混合粗选作业，在工艺条件相同、浮选时间相近的情况下，与 6A 浮选机相比，粗精矿（铅加锌）品位比 6A 低 1.34%，作业回收率（铅加锌）则高 3.28%。JJF-4 型浮选机用于脱硫粗选（即铜铅锌一次精选），当给矿铅加锌品位为 15%左右时，精矿铅加锌品位可达 35%，质量合乎要求，但比 6A 低 2.72%，作业回收率（铅加锌）则比 6A 高 20%。

（5）经济指标优于 6A 浮选机，与 6A 相比，JJF-8 型浮选机可节电 20%（包括泡沫泵耗电），单位槽容积占地面积可减少 36%。JJF-4 型单位槽容积占地面积可节省 19%。备件消耗费用均低于 6A 浮选机。

6.2 运转情况

一种好的浮选设备，首先要有优异的工艺指标，但也不能忽视运转效果（功耗、磨损情况、操作和维修等)。该类型浮选机除得到优异的工艺指标外，运转效果也是良好的。分述如下：

(1) 功耗：该类型浮选机与A型浮选机相比，功耗有显著的降低，规格越大功耗越低。JJF-20型浮选机在大冶铁矿运转与7A相比，单槽容积功耗降低39.59%。JJF-16型浮选机在德兴铜矿-1号系统运转，与相同规模0号系统的$14m^3$充气机械搅拌式浮选机相比，系统功耗降低22.8%左右，单位槽容功耗降低10%左右。JJF-4型浮选机在大屯选矿厂运转，与加快转速6A浮选机相比，单位槽容功耗降低25%左右，与普通6A浮选机相比，单位槽容功耗可降低15%左右。

(2) 磨损情况：浮选机叶轮与定子为易磨损零件。A型浮选机为保证自吸矿浆和空气，叶轮周转速较高，叶轮与盖板间隙小，因此叶轮与盖板磨损快，寿命短。JJF型浮选机叶轮浸没深度浅，叶轮与定子间隙大，叶轮周转速低，因此叶轮与定子磨损较轻，寿命较长。大冶铁矿7A浮选机灰铸铁叶轮和盖板仅使用了70天，而JJF-20型浮选机灰铸铁叶轮和定子则使用270天。大屯选矿厂6A浮选机灰铸铁叶轮和盖板仅使用40天，而JJF-4型浮选机叶轮和定子则可使用150天。这两个厂JJF型浮选机叶轮和定子的使用寿命与A型浮选机相比都延长了2.5~3倍。德兴铜矿因矿石性质的原因，磨损很轻，目前也测不出运转周期。关于竖筒，缩小了定子上端板中心孔的JJF-4型浮选机，在大屯选矿厂运转1632h，竖筒无磨损痕迹，看来设计想法是正确的。

(3) 操作：在设计中有关操作问题的考虑是来自工业实践，而后返回工业实践又得到了证实，如大型号浮选机采用双边刮泡，以及排矿闸门等，在大屯选矿厂都得到了证实。JJF-型浮选机在设计中采用单边刮泡，但由于德兴铜矿倾向于双边刮泡，因此制造厂就将单边刮泡改为双边刮泡。大屯选矿厂订货时也要了双边刮泡。双面刮板浮选机刚运转，操作工人就提出维护、检查和清洗困难，因此在试验完双边刮泡后又试验了单边刮泡，单面刮泡工艺指标有明显提高，见表2。给操作工人带来了方便，而且可省掉一边刮板、泡沫溜槽、中矿返回泡沫泵和管道等，也便于流程配置。大冶铁矿使用JJF-20型浮选机和德兴铜矿使用JJF-16型浮选机排矿都采用溢流式闸板电动闸门，这两种形式在现场运转都显出机构灵活可靠，操作方便，液面稳定，深受工人欢迎。

(4) 维修：JJF-4型浮选机运转1632h，吊出主轴部件，拆下叶轮，发现轴与叶轮连接处无矿砂，拆装容易，这证明采用锥形轴及加胶套保护的设计方案是正确的。固紧叶轮的螺母由于有胶套保护也完好无损。关于主轴部件分成两体，轴承采用座式以及电机安装在槽体横梁上，这些都深受检修工人的欢迎。

7 结语

通过工业实践证明，JJF 型浮选机吸气量稳定，液面平稳，选别效率高，工艺指标优异，功耗低，叶轮和定子寿命长，占地面积小，操作方便容易，维修工作量小。设计所考虑的一些问题实践证明也是正确的。

SF Ⅱ型浮选机的研制

刘桂芝

（北京矿冶研究总院，北京，100160）

摘　要：SF Ⅱ型浮选机的研制为国家“八五”重点科技攻关项目，主要攻关目标是针对流程复杂的多金属矿研制高效回收钨、铋、钼和萤石矿物的最佳浮选设备。

关键词：SF Ⅱ型浮选机；自吸气；自吸浆

Development of SF Ⅱ Flotation Cell

Liu Guizhi

(Beijing General Research Institute of Mining and Metallurgy, Beijing, 100160)

Abstract: SF Ⅱ flotation cell development is national "85" key scientific and technological projects. The research object is to develop high-effeciency flotation equipment to recovery tungsten, bismuth, molybdenum and fluorite minerals from complex process of multi-metal ore.

Keywords: SF Ⅱ flotation cell; air self-induced; pulp self-induced

柿竹园有色金属矿是我国大型钨、铋、钼、萤石多金属矿山，1991 年国家将“柿竹园多金属矿资源综合利用”列为“八五”重点科技攻关项目。攻关合同要求新研制的 SF Ⅱ型-1.2 浮选机比 5A 浮选机单容功耗节省 10%，选矿回收率提高 0.5%~1.0%，叶轮、定子使用周期延长 20%以上。

为完成攻关计划，北京矿冶研究总院于 1992 年初开始在试验室探索新型叶轮结构，并进行了反复比较试验，于 1993 年年底完成了 SF Ⅱ型-1.2 浮选机叶轮、定子结构形式和有关参数的试验，并取得了预期效果。

工业对比试验于 1995 年 3~4 月在柿竹园矿三八〇选矿厂进行，试验小组由柿竹园有色金属矿、北京矿冶研究总院和中南大学三方组成。最终试验结果 SF Ⅱ型-1.2 浮选机的各项指标优于 5A 浮选机，单容节电 23.96%，在钨粗精矿品位低 3.08%的情况下，钨金属回收率提高 6.58%，叶轮圆周速度低 24.42%，达到和超过了攻关合同要求的指标。

1　SFⅡ型-1.2浮选机结构特点

SFⅡ型-1.2浮选机为自吸式机械搅拌浮选机，该机集自吸空气、自吸矿浆和浮选于一体。主要由刮板1、轴承体2、电机3、中心筒4、吸气管5、槽体6、主轴7、定子8和叶轮9组成，如图1所示。该机主要结构特点是叶轮设计为封闭式结构和与其相配套的定子，矿浆面调节采用机械式自控装置。

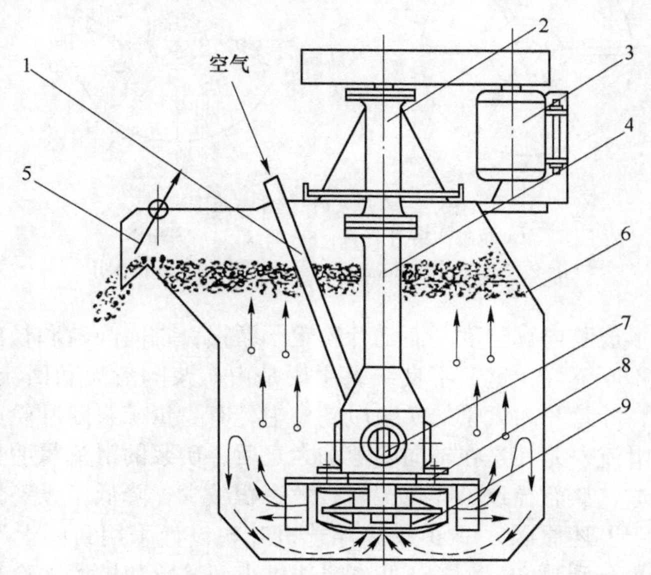

图1　SFⅡ型-1.2浮选机结构简图

1—刮板；2—轴承体；3—电机；4—中心筒；5—吸气管；6—槽体；7—主轴；8—定子；9—叶轮

Fig. 1　Structure diagram of SFⅡ-1.2 flotation cell

叶轮是机械搅拌式浮选机的核心部件，它起着吸入足够量的空气和矿浆，且分散空气、扬出矿浆的任务。目前我国在工业上应用的多种浮选机中，只有SF型浮选机叶轮保留了A型浮选机具有的多重功能，而且比A型浮选机功耗低、吸气量大，因此，SF型自吸式浮选机得到了广泛的应用。但是SF型浮选机也存在不理想的一面，如功耗问题、矿浆液面欠稳定等。鉴于此，SFⅡ型浮选机叶轮应在SF型叶轮的基础上发扬优势，改进不足，同时结合影响能耗的关键参数进行了综合分析研究，认为自吸式浮选机降低能耗主要取决于叶轮定子的结构形式和参数。传统的自吸式浮选机叶轮都为半开式结构，如图2所示。

针对生产中半开式叶轮出现的使用周期短和吸气吸浆量明显下降等问题，认为主要原因与径向回流和轴向滑流有关。半开式叶轮叶片的顶端为敞开式，而叶轮在有效的轴向间隙和径向间隙条件下高速旋转，使腔内的矿浆在离心力作用下

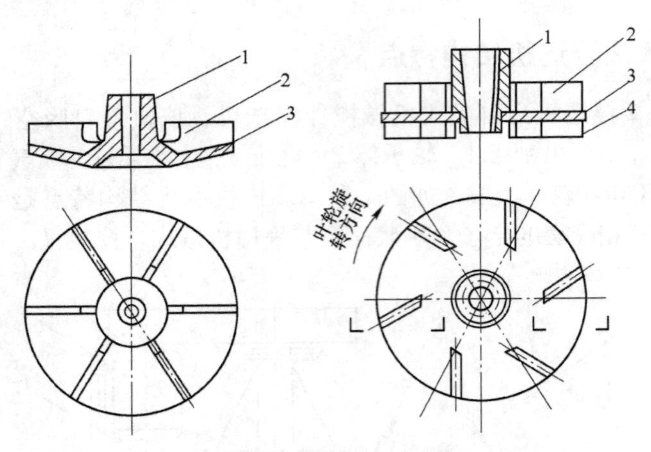

图2　半开式叶轮结构简图

1—轮毂；2—上叶片；3—圆盘；4—下叶片

Fig. 2　Structure diagram of semi-open type impeller

甩出叶轮腔，形成腔内真空度。而随叶轮定子磨损，轴向间隙和径向间隙逐渐增大，设备性能不断下降，这一不良结果主要是由矿浆的滑流和回流现象造成的。当叶轮工作时，叶轮腔内大量的矿浆甩到槽中，有少量矿浆随叶轮旋转而逐一向下一个叶片腔滑流，尤其是在轴向间隙加大之后，矿浆的滑流量明显增大，同时径向回流量增加，从而导致了叶轮腔内有效容积减少，降低了设备性能和增大了电能输出。鉴于上述原因，SFⅡ-1.2浮选机叶轮设计采用封闭上下叶片（见图1）。图3和表1分别是SF型与SFⅡ型浮选机小型试验和扩大试验对比结果。

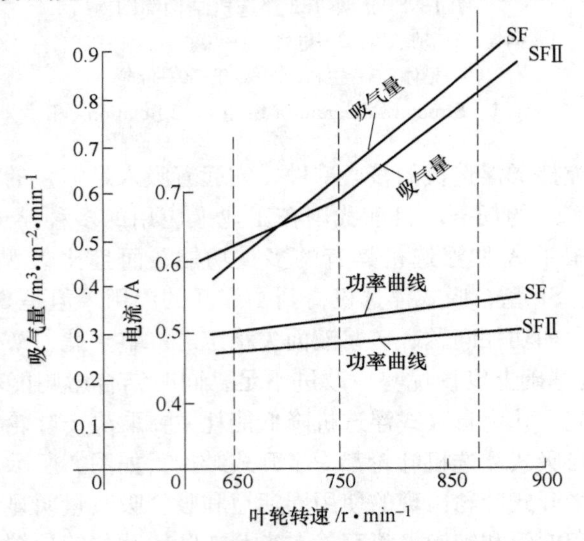

图3　叶轮转速与吸气量、电流的关系

Fig. 3　Relationship between impeller speed, inspiratory capacity and electric current

表1 SF-1.2与SFⅡ-1.2浮选机性能对比

Table 1 Performance comparison between SF-1.2 and SFⅡ-1.2 flotation cells

试验序号	浮选机型号	叶轮周速 /m·s^{-1}	主轴转速 /r·min^{-1}	主轴功率 /kW	载荷电流 /A	吸气量 /m^3·m^{-2}·min^{-1}	节电(以SF-1.2转速298r/min时电流为100%)/%
1	SFⅡ-1.2	7.02	298	5.5	7.51	1.12	19.16
	SF-1.2	7.02	298	5.5	9.29	0.91	
2	SFⅡ-1.2	6.59	280	5.5	7.37	0.84	19.80
	SF-1.2	7.02	298	5.5	9.19	0.91	
3	SFⅡ-1.2	7.02	298	4.0	7.18	1.05	24.58
	SF-1.2	7.02	298	5.5	9.52	0.91	

从图3曲线可看出，在叶轮直径相同、吸气量相近的情况下，SFⅡ型叶轮的荷载电流明显低于SF型叶轮，而且当SFⅡ型主轴转速为879r/min时荷载电流仍然低于SF型663r/min时的荷载电流。从表1试验结果看出，当安装功率同为5.5kW时，能耗分别节省19.16%和19.80%，安装功率为4.0kW时，节电24.58%，证实了封闭式叶轮的优越性能。

浮选机矿浆面高度的变化，直接影响精矿品位和金属回收率。在工业生产中，矿石性质、矿量、矿浆浓度、浮选药剂等诸多因素的变化，都会导致浮选机内矿浆面的上下波动。为了稳定生产指标，必须通过人工控制或者自动控制来保持一定的矿浆面高度。

当前，浮选机矿浆面的控制采用两种方法，即人工控制和组合仪表自动控制。我国绝大多数选矿厂都是采用人工控制。由于浮选作业之前，多种因素的变化，直接影响矿浆面的高度，给人工控制带来很大的困难。尤其是当矿浆面波动频繁时，人工很难做到及时调整，致使金属流失或产品质量波动较大。组合仪表自动控制，是通过一系列的仪表和执行机构，自动检测、自动调整矿浆面高度，虽然技术成熟，但由于仪表购置费用高，现场自动化技术人员短缺，维护维修困难，因此限制了推广和应用。

机械式矿浆面自控装置，是立足于国内大多数选矿厂资金和自动化专业人员不足这一实际情况，自行研制的一种经济实用的机械方法自控装置。该装置主要由浮筒、调节手轮、箱体、连杆、排矿阀、排矿管等组成。浮筒、排矿阀与连杆通过铰链与支点相连。结构简单，使用维修方便，能有效地使矿浆面的波动范围控制在±15mm之内，满足了生产的要求。试验表明，该自控装置灵活可靠，完全能够代替人工操作，而且远远超过了人工操作的效果。

2　工业对比试验

“八五”攻关浮选设备工业对比试验于 1995 年 3 月在柿竹园有色金属矿三八〇选矿厂进行。共有三组试验浮选机，即 KC-1 浮选机和 SFⅡ型-1.2 浮选机在同等条件下同时与 5A 浮选机进行对比。

2.1　矿石性质

柿竹园多金属矿有用矿物种类多且组分复杂，根据矿体的产出部位、矿石特点及矿石类型自上而下划分为Ⅰ、Ⅱ、Ⅲ、Ⅳ四个矿带，各矿带之间没有明显界线，其中Ⅲ矿带是本矿床的富矿体，也是主要矿体。Ⅲ矿带为石英-矽卡岩钨钼铋矿石，主要有用矿物有：白钨矿、黑钨矿、辉铋矿、辉钼矿、萤石等。主要脉石矿物为石榴子石、石英、角闪石、阳起石、绿泥石、长石、透辉石、方解石、云母等。

2.2　生产流程及设备配置

三八〇选矿厂日处理矿石 200t，磨浮流程为：破碎后矿石经过棒磨机开路磨矿后，给入由 2 台 ϕ1500mm×3000mm 的球磨机与 2 台螺旋分级机组成两段闭路磨矿。分级机溢流通过 ϕ1500mm 搅拌槽给入 10 台 5A 浮选机进行钼铋等可浮浮选，钼铋混合粗精矿经 12 台 2A 浮选机分离浮选，得钼精矿和铋精矿 1，尾矿给入 6 台 5A 浮选机铋硫浮选，得铋硫混合粗精矿，粗精矿经 7 台 2A 浮选机进行分离，得硫精矿及铋精矿 2，铋硫尾矿经加药搅拌后给入 16 台 5A 浮选机进行钨浮选，得钨粗精矿，尾矿丢弃。钨粗精矿经浓缩机—搅拌槽—加温搅拌槽—浓泥斗脱药—调浆槽给入 12 台 2A 浮选机精选白钨，经一次粗选、三次精选、三次扫选后得白钨精矿及钨中矿，钨中矿进入重选作业选黑钨。

2.3　工业对比试验流程

工业对比试验是在试验领导小组认真讨论后确定的。从生产流程钨浮选作业前搅拌槽分出 1/3 的矿量给入试验用提升搅拌槽，这样每日有 70t 左右的矿量经试验用提升搅拌槽侧壁上相同高度、相同直径的三个孔中分别进入每组浮选机中（各 2 台），经一次粗选、一次精选后得钨粗精矿，粗选尾矿丢弃。三组浮选机粗精矿合并泵入生产流程粗精矿泡沫槽中，生产流程及试验流程如图 4 所示。

2.4　取样点确定

每组浮选机取粗精矿和粗尾矿样，给矿样由三组浮选机之一的给矿点截取，

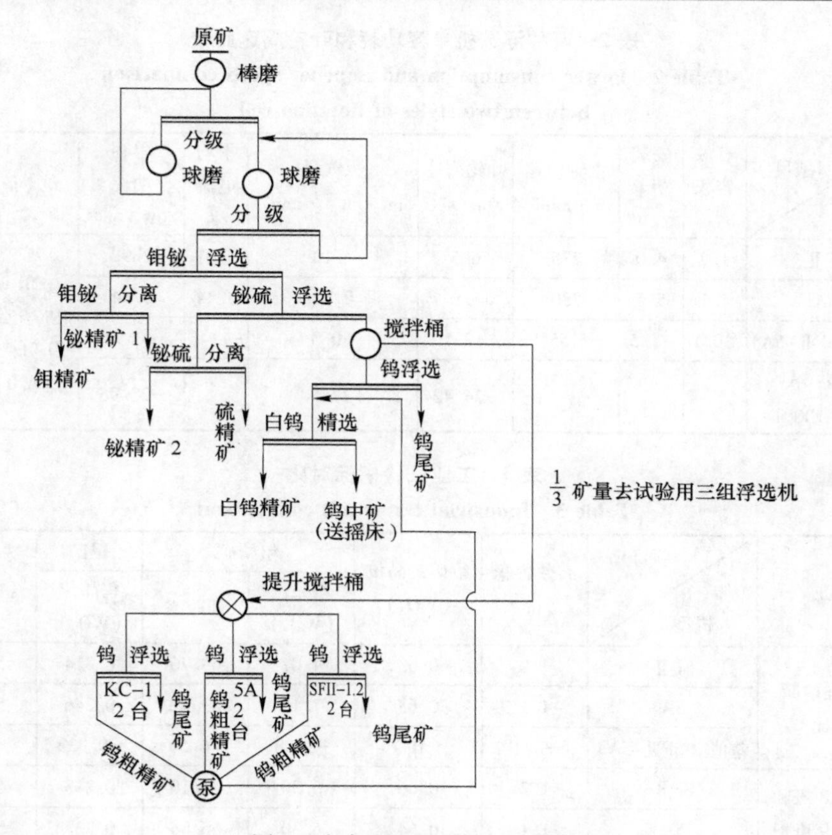

图4　生产流程及试验对比流程

Fig. 4　Production and test contrast flotation circuit

其化验结果三组浮选机共同采用。矿浆流量每4h测定一次，给矿、粗精矿和粗尾矿样每0.5h取一次，每班16次合并为班样。实耗电流是在同等条件、同一时间由专人每2h测定一次三相电流值，4次平均为班电流。

2.5　试验指标比较

由于现场试验条件所限，试验只连续进行了3天共9个班。两种浮选机单容功耗和叶轮周速对比见表2，工业对比试验指标见表3。

表2对比结果表明，在给矿相同的条件下，SFⅡ-1.2浮选机比5A浮选机单容功耗节省23.96%，叶轮圆周速度低24.42%，吸气量提高37.50%。由于运转时间短，无法考察易损件使用周期，但可以预测，由于叶轮圆周速度低且为封闭式叶片，使用周期可延长50%以上。从表3的对比指标来看，SFⅡ-1.2浮选机与5A浮选机相比，在给矿品位相同、粗精矿品位低3.08%的情况下，粗精矿钨回收率提高6.58%，选矿效率高1.38%。

表 2 两种浮选机单容功耗和叶轮周速比较

Table 2 Power consumption and impeller speed comparison between two styles of flotation cell

机型＼项目	有效容积 /m^3	安装功率 /kW	主轴转速 /$r \cdot min^{-1}$	叶轮周速 /$m \cdot s^{-1}$	吸气量 /$m^3 \cdot m^{-2} \cdot min^{-1}$	平均电流 /A	单容功耗 /$kW \cdot m^{-3}$	备注
SFⅡ	1.2	4.0	275	6.5	1.10	7.01	2.92	根据电机功率公式计算功耗，cosϕ值取 0.76
5A	1.1	5.5	330	8.6	0.80	8.44	3.84	
差值（SFⅡ-5A）	+0.1	-1.5	-55	-2.1	+0.3	-1.43	-0.92	
（SFⅡ-5A）/5A * 100%				-24.42	+37.50		-23.96	

表 3 工业试验指标对比

Table 3 Industrial test result comparison （%）

班别	机型＼项目	有效容积 /m^3	给矿钨品位（WO_3）	粗精矿 钨品位（WO_3）	粗精矿 回收率	尾矿 钨品位（WO_3）	选矿效率（汉考克公式）
9 个班指标对比	SFⅡ	1.2	0.63	4.07	69.70	0.214	59.29
	5A	1.1	0.63	7.15	63.12	0.246	57.91
	差值（SFⅡ-5A）	+0.1	0	-3.08	+6.58	-0.032	+1.38
1、2、8 班和 3、4、9 班指标对比	SFⅡ	1.2	0.66	6.30	70.10	0.213	63.17
	5A	1.1	0.64	6.30	66.04	0.233	59.71
	差值（SFⅡ-5A）	+0.1	+0.02	0	+4.06	-0.020	+3.46

注：两种浮选机给矿浓度、细度和药剂用量相同，分别为 33%、-74μm 占 85%和 733 号 200g/t、水玻璃 10~12kg/t、烧碱 1.5kg/t。各班实测矿量数相近，SFⅡ和 5A 浮选机处理总矿量（9 个班）分别为 68.3t 和 70.8t，浮选时间分别为 64.24min 和 57.08min。

考虑到 SFⅡ-1.2 浮选机粗精矿品位较 5A 低，而回收率较 5A 高，影响结果的评价，为此将 SFⅡ-1.2 浮选机的 1、2、8 班和 5A 浮选机的 3、4、9 班的累计指标进行比较，在给矿和粗精矿品位相近和相同的条件下，SFⅡ-1.2 浮选机粗精矿钨回收率仍然比 5A 浮选机提高 4.06%，选矿效率高 3.46%。

3 结语

（1）SFⅡ-1.2 浮选机其核心部件叶轮设计为封闭式结构，有别于国内外自吸式浮选机叶轮结构。

（2）该型浮选机技术性能优良，节能效果明显。在柿竹园矿的攻关试验表明，单容功耗比 5A 浮选机节省 23.96%，在钨粗精矿品位相同情况下，钨金属回收率提高 4.06%，叶轮周速低 24.42%，吸气量提高 37.50%，超额完成了攻关要求的各项指标。

（3）该型浮选机中装备了 JZK-1 型机械式矿浆面自控装置，该装置灵活可靠，远远超过人工控制效果。

（4）该型浮选机矿浆面稳定，有明显的向前推泡作用，且叶轮下部有较强的矿浆下循环，有利于粗粒矿物的悬浮。

（5）SFⅡ型浮选机的研制成功，使我国自吸式浮选机的研究跨入新阶段。

SF 和 JJF 型浮选机联合机组

张鸿甲　谢百之　刘桂芝

（北京矿冶研究总院，北京，100160）

摘　要：西林铅锌矿以 SF 和 JJF 联合机组的形式改造了原有的 A 型浮选机系列，即每个作业的第一槽均采用兼有吸浆及浮选作用的 SF 型浮选机，第一槽后均用性能较好的 JJF 型浮选机。既可利用原有底座基础又无需增加泡沫泵及中矿返回的管道，自正式生产运转至今五个月，流程畅通无故障。此外，在包头钢铁公司选矿厂以同样的机型配置代替了一个 7A 系列，也取得了显著的经济效益。

关键词：SF 浮选机；JJF 浮选机；联合机组

SF and JJF Combined Flotation Cell Unit

Zhang Hongjia　Xie Baizhi　Liu Guizhi

(Beijing General Research Institute of Mining and Metallurgy,
Beijing, 100160)

Abstract: A-type flotation cells were replaced by the combined unit of SF and JJF flotation cell in the Xilin lead-zinc mine. In one bank, the SF type flotation cell with slurry inducing founction is used as the first cell and the JJF type flotation cells with better performance are used as other cells. Not only the original basis can be used, but also the bubble pump and pipeline back from middle mine don't have to be increased. The combined units run smoothly without failure over the past five months since the official production run. In addition, the same device replaced a 7A-type flotation cell in Baotou Iron and Steel Company concentrator with significant economic benefits.

Keywords: SF flotation cell; JJF flotation cell; unitcombined unit

1　使用浮选机联合机组的原因

近几年来，国内研制出几种新型浮选机，如 JJF、KYF、CHF-X 型等。其性能比 A 型浮选机大有改善。其中 JJF 型浮选机不要求鼓风机供风，因此，目前推广使用的较多。但是，JJF 型浮选机也和 KYF、CHF-X 型浮选机一样，没有吸浆能力，要求各作业的浮选机阶梯配置和用泡沫泵返回泡沫产品。这不利于选矿厂的改造和生产管理。

浮选机阶梯配置会给浮选机的布置，尤其是老选矿厂旧浮选机的更新造成困难。我国现有选矿厂的浮选车间，大多数是按容积较小的 A 型浮选机设计建设的。厂房高度和吊车的起吊高度一般都没有过多的余量。若想采用阶梯配置的新型浮选机，必须拆掉浮选车间的屋顶，提高吊车的高度，原浮选机的基础要全部拆除，重新建造成阶梯形。改造工程量大，耗资多，工期长。

采用泡沫泵输送泡沫产品的效果如何，主要取决于浮选流程的繁简和泡沫产品的黏度。当泡沫产品的黏度不大时，泡沫泵一般都能完成运输泡沫的任务。对于矿石性质简单，泡沫产品少的简单浮选流程，使用泡沫泵是可行的。但是，对于矿石回收成分多而复杂的浮选流程，由于泡沫产品返回点多，使用泡沫泵亦多，会给生产管理带来不便。当选别非硫化矿，用脂肪酸类药剂作捕收剂兼起泡剂时，泡沫产品黏度大，流动性差，用泵输送困难，不管其流程繁简，都不宜采用泡沫泵输送泡沫产品。因而限制了新型浮选机的推广和使用。

为解决上述问题，北京矿冶研究总院研究设计了兼有吸浆和浮选双重作用的 SF 型浮选机作吸入槽，与 JJF 型浮选机组成联合机组，水平配置，不使用泡沫泵，解决了使用 JJF 型浮选机必须阶梯配置和使用泡沫泵的问题。

2 SF 型浮选机的结构特点和工作原理

SF 型浮选机的结构特点为：叶轮分上下两部分，并构成上下叶轮腔，大容积浮选机还设有导流管和假底。当叶轮旋转时，矿浆受离心力的作用，在上叶轮腔内形成负压区，吸入空气和矿浆，并向四周抛出；而下叶轮腔内的矿浆也是在离心力的作用下向四周甩出，该部分矿浆的比重比通过上叶轮腔抛出的气液混合物比重大，其运动惯性亦大，对气液混合物具有带动和加速作用，从而增加了上叶轮腔的真空度，起到辅助吸气的作用。此外，在叶轮旋转、矿浆通过下叶轮腔向四周甩出的同时，其下部的矿浆由四周向中心补充，形成在叶轮之下的矿浆循环。在大容积的浮选机中，矿浆经假底之下的通道和导流管由外向内再向上循环。在导流管和假底之下的通道内，矿浆的流速大，足以使粗粒矿物悬浮而不沉淀。

3 技术特性比较

用 SF 型浮选机作吸入槽，JJF 型浮选机作直流槽组成的三种规格浮选机联合机组，即 SF-8 和 JJF-8、SF-10 和 JJF-10、SF-20 和 JJF-20 浮选机联合机组已用于生产。其主要技术特性见表 1。从表 1 可以看出，西林铅锌矿所用 SF-8 和 JJF-8 型浮选机联合机组比 6A 浮选机单容能耗低 23%，叶轮周速低 14.77% 和 25%，吸气量高 50%~60%。包钢选矿厂所用 SF-10 和 JJF-10、SF-20 和 JJF-20 型浮选机联合机组比 7A 浮选机单容能耗低 39.13%，叶轮周速低 20.21%和 42.42%。

表 1 浮选机技术特性

Table 1 Flotation cell technical characteristics

浮选机（或联合机组）	有效容积 /m^3	安装功率 /kW	单容实耗功率 /kW	叶轮周速 /$m \cdot s^{-1}$	吸气量/$m^3 \cdot m^{-2} \cdot min^{-1}$	备注
6A	2.8	10（13）	3.17	8.8	0.6	用于西林铅锌矿矿浆浓度为 40%
SF-8	8	30	2.69	7.5	0.9~1.0	
JJF-8	8	22	2.25	6.6	0.9~1.0	
SF-8 和 JJF-8 联合机组	8	30/22	2.44	7.5/6.6	0.9~1.0	
差值（机组-6A）	—	—	−23.0	−14.77/−25.00	+50~60	
7A	5.8	22	2.76	9.4	—	用于包钢选矿厂，矿浆浓度为 26%
SF-10	10	30	1.90	7.5	0.9~1.0	
JJF-10	10	22	1.73	6.6	0.9~1.0	
SF-10 和 JJF-10 联合机组	10	30/22	1.75	7.5/6.6	0.9~1.0	
SF-20	20	60（双轴）	1.75	7.5	0.9~1.0	
JJF-20	20	40	1.63	6.6	0.9~1.0	
SF-20 和 JJF-20 联合机组	20	60/40	1.66	7.5/6.6	0.9~1.0	
差值（机组-7A）	—		−39.13	−20.21/−42.42	—	

注：1. 矿浆浓度对浮选机功耗影响很大；

2. 联合机组的实耗功率与使用吸入槽的多少有关。

4 工业试验

西林铅锌矿根据本厂的实际情况和技术改造的要求，采用 SF-8 和 JJF-8 型浮选机联合机组取代二系统铅锌粗扫选和选硫作业的 6A 浮选机。改造工程于 1986 年 6 月开始，9 月中旬完成，一次试车成功。

该选矿厂日处理原矿石 900t。浮选分为两个系统。铅锌硫依次优先浮选。铅锌粗精矿再磨后给入一精选作业。各浮选作业所用浮选机如图 1 所示。

为安装浮选机联合机组，把二系统铅锌粗扫选作业的 42 台 6A 浮选机全部拆除，安装 9 台 SF-8 和 11 台 JJF-8 浮选机用于铅锌粗扫选，安装 3 台 SF-8 和 4 台 JJF-8 浮选机用于选硫。铅锌精选作业的 6A 浮选机，在这次技术改造中仍然使用，计划于 1987 年更换成 SF-4 型浮选机。

SF-8 和 JJF-8 浮选机联合机组与一系统 6A 浮选机进行先后对比试验，对比试验结果见表 2。结果表明，联合机组的铅锌回收率比 6A 浮选机分别提高 1.60%和 3.09%，精矿品位略有提高，锌精矿含铁有所下降。

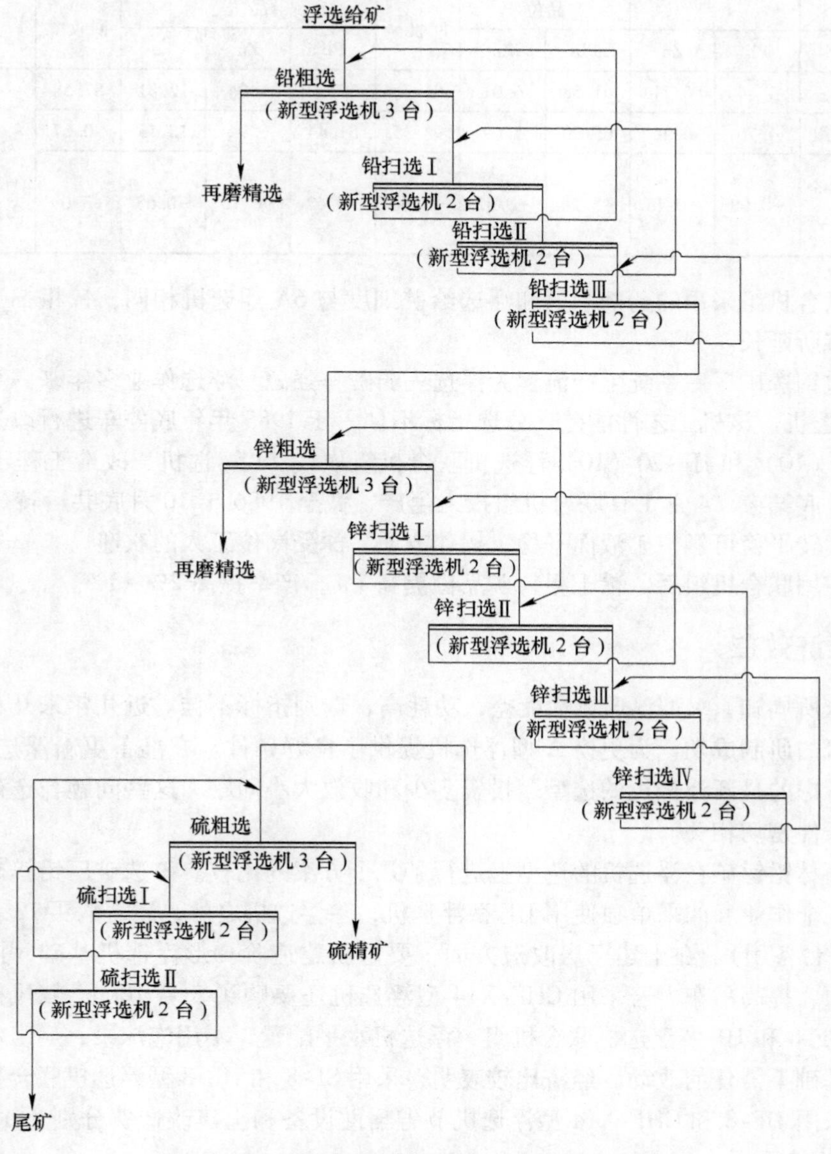

图 1　西林铅锌矿浮选作业联系图
（各作业第一台为 SF-8 浮选机，其余为 JJF-3 浮选机）
Fig. 1　Flotation circuit of Xilin lead-zinc mine

表 2　铅锌生产指标对比

Table 2　Lead-zinc production index contrast　　（%）

产品 指标	原矿品位		铅精矿			锌精矿				备注
			品位		回收率	品位			回收率	
浮选机	Pb	Zn	Pb	Zn		Pb	Zn	Fe		
6A	4.84	6.21	61.58	6.01	91.75	50.82	1.04	12.81	87.58	铅指标为6个班，锌指标为21个班
联合机组	4.76	6.36	65.00	5.69	93.35	51.44	0.94	12.13	90.67	
差值（联合机组-6A）	-0.08	+0.15	+3.24	-0.32	+1.60	+0.62	-0.10	-0.68	+3.09	

联合机组采用的药剂制度和浮选给矿细度与 6A 浮选机相同，锌粗扫选浮选时间有所延长。

包钢选矿厂一系统生产流程为浮选—弱磁—强磁。浮选作业多年来一直使用 7A 浮选机。该机工艺性能差，分选指标不佳，于 1985 年年底停车进行改造。以 SF-20（10）和 JJF-20（10）浮选机联合机组取代 7A 浮选机，改造工程于 1986 年 3 月底结束。4 月 1 日联合机组投入生产，截至 1986 年 10 月底共运转 3764h。设备运转平稳可靠，矿液面平稳，操作方便，深受岗位工人的欢迎。

使用联合机组后，稀土粗精矿品位提高 1%，产率提高 2%~3%。

5　经济效益

众所周知，A 型浮选机性能差，功耗高，选别指标不佳。近几年来几种新型浮选机的研制成功，为更换 A 型浮选机提供了良好条件。在准备更新浮选机时，首先考虑的是新浮选机的选型、投资多少和收效大小问题。这些问题与选矿厂的具体条件密切相关。

西林铅锌矿在浮选机的选型上进行了几个方案的比较。该选矿厂铅锌硫粗扫选共 9 个作业。如果单独使用 JJF 型浮选机，除浮选机之外，还需购买 12 台泡沫泵（3 台备用）。在土建厂房改造方面，要重新建造阶梯形浮选机基础，拆掉厂房屋顶，提高吊车。若采用 CHF-X14 型浮选机还要购买 3 台 100m^3 鼓风机。而采用 SF-8 和 JJF-8 浮选机联合机组，浮选机水平配置，不用泡沫泵，厂房和原浮选机基础不需任何改动。经济比较表明，采用 SF-8 和 JJF-8 型浮选机联合机组比单独采用 JJF-8 和 CHF-X14 型浮选机节省辅助设备和土建改造费分别为 19.8 万元和 41.3 万元。

西林铅锌矿换成联合机组之后，由于铅锌回收率提高 1.60% 和 3.09%，减少设备维修工作量，每年经济效益为 54.54 万元。更换联合机组的总投资为 90 万元，生产 18 个月即可收回。

包钢选矿厂采用联合机组之后，由于稀土粗精矿品位提高 1%，产率提高 2%~3%，节电 39.13%，扣除增加水玻璃用量的药剂费，每年经济效益为 65.2 万元，更换联合机组的总投资费 150 万元，生产 28 个月即可收回。

SF 和 JJF 型浮选机联合机组已用于西林铅锌矿和包钢选矿厂生产。实践证明，机组的研制是成功的，经济效益是显著的。机组水平配置，不使用泡沫泵，简化了浮选流程的配置，为浮选设备的选择提供了新的方案，尤其是为老选矿厂浮选设备的更新提供了成熟经验。

SF 和 JJF 型浮选机联合机组，已于 1986 年 10 月通过技术鉴定，由内蒙古黄金机修厂制造。

GF 型机械搅拌式浮选机研究

卢世杰　沈政昌　宋晓明

（北京矿冶研究总院，北京，100160）

摘　要：本文介绍了一种适于选别有色、黑色、贵重及非金属矿物的浮选设备，并特别针对贵重金属矿物密度大、嵌布粒度不均匀等特点，对该设备的槽体、叶轮、定子等浮选机主要部件的设计进行了研究。通过工业生产验证设备设计的正确性，取得了满意的技术经济指标。

关键词：浮选机；节能；高效；矿物加工

Research of GF Type Mechanical Flotation Cell

Lu Shijie　Shen Zhengchang　Song Xiaoming

(Beijing General Research Institute of Mining and Metallurgy, Beijing, 100160)

Abstract: In this paper, a kind of flotation cell suitable for non- ferrous metal, ferrous metal, precious metal and nonmetallic minerals processing is introduced. To the point of large mineral density, uneven particle size distribution, the design approach of tank, impeller, station of flotation cell is studied. Satisfied results of industrial test are obtained, which prove the validity and rationality of flotation cell.

Keywords: flotation cell; energy saving; high efficiency; mineral processing

在过去的几十年中，在广大浮选设备研究机构及技术人员的不懈努力下，一批结构不同、特点各异的浮选设备相继问世并得到大量推广应用。但这些浮选设备对大密度矿物普遍存在选别效果不佳、回收率偏低、能耗偏高的问题，在很大程度上制约了该领域经济效益和社会效益的提高。因此，研究不仅适于选别常规有色、黑色矿物，而且对贵金属、大密度矿物有很好浮选效果的设备是非常必要的。

针对这种情况，本文将重点讨论贵重金属选别过程的特殊性，在此基础上，提出适于选别贵重金属矿物的浮选设备，利用多因素正交试验对其结构进行优化，并最终通过工业应用实践予以验证。

1 设计原则

在适于贵重金属矿物浮选设备的设计中，除考虑一般浮选机的要求外，还必须考虑以下几个问题，才能满足提高大密度矿物回收率、降低能耗的要求。

(1) 金银矿山普遍存在目的矿物嵌布粒度不均匀，选别作业中粗、细矿粒同时存在，要求浮选机槽内各工作区需能满足各粒级矿物的浮选要求，从而达到提高贵重金属矿物回收率的目的。

(2) 由于被浮矿粒的形状、表面形态与其可浮性关系密切。故设计中必须保证槽内流体动力学合理、搅拌区矿浆运动强烈且无旋转运动、分选区矿浆平稳，为欲浮矿粒向气泡附着创造良好的条件，进而达到降低被浮矿粒的脱落概率，提高柱状、液滴状和球状矿粒等难选颗粒回收率的目的。

(3) 充气量大，空气分散度高，槽内矿粒无分层现象，并可有效提高欲浮矿粒与气泡的碰撞概率。

(4) 采用结构合理、参数优化的叶轮，在提高选别工艺指标的同时，尽可能降低叶轮圆周速度，达到降低能耗，提高叶轮、定子等易损件使用寿命的要求。

2 结构设计研究

2.1 槽体、叶轮及定子结构

槽体、叶轮、定子是浮选设备的关键部件，故在设计中需重点考虑。GF 型浮选机槽体形状随容积大小有所不同，1m^3 以下浮选机多采用矩形，而容积大于 1m^3 的浮选机则多呈多边形，这样可有效避免矿砂堆积并有利于粗重矿粒向槽中心移动，以便返回叶轮区再循环，减少矿浆短路的现象。叶轮是机械搅拌式浮选机最重要的部件，它担负着搅拌并循环矿浆、吸入并分散空气的作用。现有的大多数机械搅拌式浮选机中，槽内高度湍流矿浆造成黏附矿粒的气泡只占总数的 30%～55%，直接导致浮选机单位容积生产能力下降并使得大密度矿物浮选困难。本设备特采用由分隔盘、上叶片和下叶片组成的叶轮（见图 1），则可在吸入空气的同时，保证矿粒充分悬浮及气泡完全分布在全部矿浆中，使浮选槽内具有较高的浮选概率。

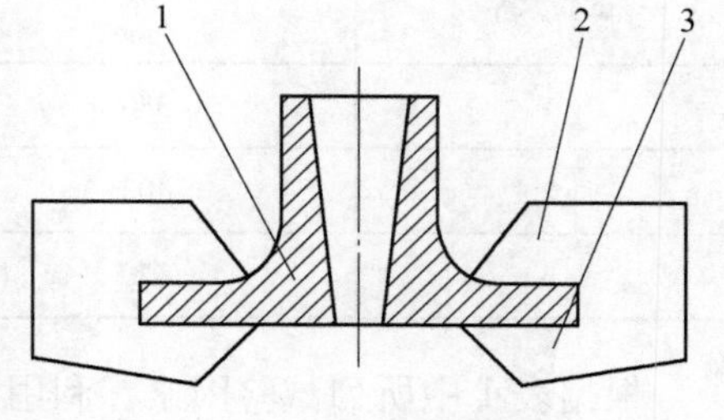

图 1 叶轮简图

1—分隔盘；2—上叶片；3—下叶片

Fig. 1 Impeller structure

由于浮选槽内充气搅拌区需要较强的混合，使矿浆处于紊流状态，而分离区和泡沫区又需要相对稳定。故定子的主要作用为将叶轮产生的切向旋转矿浆流转化为径向矿浆流，防止矿浆旋转，促进稳定泡沫层的形成，并有助于矿浆在槽内再循环；其次在叶轮周围和定子叶片间产生一个强烈的剪力环形区，促进细气泡的形成。为此，本浮选机采用具有折角叶片的定子（结构示意见图2），定子与叶轮径向间隙较大，定子下部区域周围的矿浆流通面积大，可消除下部零件对矿浆的不必要干扰，降低动力消耗，叶轮中甩出的矿浆-空气混合物可以顺利地进入矿浆中，使空气得到很好的分散。

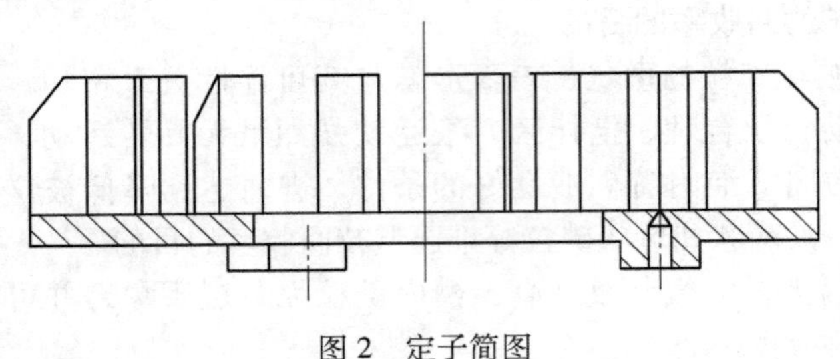

图2　定子简图

Fig. 2　Stator structure

2.2　叶轮-定子及整机结构参数确定

为确定合理的叶轮-定子系统结构参数，在容积为1.1m³的浮选机中进行关于叶轮直径、主轴转速和叶轮-定子间隙等三个参数的正交试验。试验中对上述三个参数分别确定了三个试验水平，以浮选机充气量和电机电流（即电机能耗）为对比指标。表1为正交试验因素水平。

表1　试验因素

Table 1　Test factors

试验水平	叶轮直径 /mm	主轴转速 /r · min^{-1}	叶轮-定子径向间隙 /mm
1	380	336.0	25
2	400	346.9	40
3	420	357.8	50

根据表1中所列试验因素，利用正交表L9（33）来安排GF-1.1型浮选机的正交试验，编号及清水试验结果见表2。从表2试验结果可看出，对于充气量而言，叶轮-定子结构参数的最佳组合为叶轮直径为400mm，主轴转速为357.8r/min，叶轮-定子径向间隙为40mm；而对于电机消耗电流而言，叶轮-定子结构参数的最佳组合为叶轮-直径为380mm，主轴转速为346.9r/min，叶轮-定子径向间隙为40mm。可见，在径向间隙为40mm时，两个对比指标均达到最佳情况，必

须综合考虑叶轮直径和主轴转速对气量和功耗的影响，确定一组折中参数，以保证两个对比指标同时达到较为理想的情况。对表 2 中试验结果深入分析发现，相对于主轴转速而言，叶轮直径对于对比指标尤其是充气量的影响更为显著。叶轮直径为 400～380mm 的电流差值与 420～400mm 的差值基本相同，而充气量在叶轮直径为 400mm 时出现拐点，开始下降，所以叶轮直径取 400mm 较为合理。相对于充气量而言，主轴转速对电流的影响更为显著，主轴转速为 346. 9r/min 和 357. 8r/min 时，充气量略高，而主轴转速为 346. 9r/min 和 336r/min 时相差不大，故取主轴转速为 346. 9r/min 可行。在确定了叶轮直径、主轴转速（即电机皮带轮直径）和叶轮-定子径向间隙等参数的大致轮廓后，为进一步确定叶轮上下叶片高度、定子的结构形式及参数，继续以 GF-1. 1 浮选机为试验对象，开展了一系列试验。

表 2 正交试验结果

Table 2 Test results

项目		叶轮直径 /mm	电机皮带轮转速 /r·min⁻¹	径向间隙 /mm	试验结果	
					充气量 /m³·m⁻²·min⁻¹	电流/A
因素水平	1	1	1	3	0. 75	8. 07
	2	2	1	1	0. 89	9. 05
	3	3	1	2	0. 96	9. 7
	4	1	2	2	0. 78	8. 12
	5	2	2	3	0. 78	9. 23
	6	3	2	1	1. 14	10. 74
	7	1	3	1	0. 81	8. 45
	8	2	3	2	1. 18	10. 04
	9	3	3	3	0. 69	10. 58
充气量	位级 1 之和	2. 34	2. 6	2. 84		
	位级 2 之和	2. 82	2. 7	2. 92		
	位级 3 之和	2. 79	2. 68	2. 22		
	极差	0. 51	0. 1	0. 7		
电流	位级 1 之和	23. 1	25. 3	26. 52		
	位级 2 之和	26. 6	26. 38	26. 16		
	位级 3 之和	29. 44	27. 5	26. 5		
	极差	6. 34	2. 2	0. 36		

工业清水试验结构参数及其组合试验结果见表 3。

表 3　GF 浮选机试验结果（1）

Table 3　GF flotation cell test results（1）

试验序号	叶片直径 /mm	叶片高度 /mm		定子叶片形式	定子叶片径向夹角 /(°)	叶轮定子径向间隙 /mm	定子叶轮轴向间隙 /mm	转速 /r·min^{-1}		叶轮周速 /m·s^{-1}	充气量 /m^3·m^{-2}·min^{-1}	电流 /A
		上片	下片					计算	实测			
1	400	40	20	直	0	40	3	347	344	7.266	1.04	9.17
2	380	40	20	直	0	40	3	359	359	7.119	0.865	8.6
3	400	30	15	弯	40	30	3	359	357	7.494	0.8	9.47
4	400	30	15	弯	40	30	3	347	350	7.266	0.75	8.96
5	400	30	15	直	0	40	3	347	350	7.266	0.46	9.82
6	400	30	15	直	0	40	3	359	358	7.494	0.67	9.67
7	400	40	15	直	0	40	3	359	357	7.494	1.07	9.24
8	400	40	15	直	0	40	3	347	347	7.266	1.0	8.83
9	400	40	15	弯	40	30	3	347	347	7.266	1.12	8.34
10	400	40	15	弯	40	30		359	358	7.494	1.257	9.0
11	400	40	15	弯	40	20	3	359	357	7.494	1.28	8.78
12	400	40	15	弯	40	20	3	336	335	7.037	1.11	8.11
13	400	40	15	弯	40	20	3	347	344	7.266	1.22	8.6
14	400	40	15	弯	40	20	6	347	345	7.266	1.15	8.2
15	400	40	15	弯	47.5	30	3	347	351	7.266	1.21	8.36
16	400	40	15	弯	47.5	30	3	336	338	7.037	1.12	7.99
17	400	40	15	弯	42.5	30	3	336	338	7.037	1.19	8.07

由表 3 中试验结果可以看出，试验 11~17 的试验结果较为理想：叶轮直径为 400mm 时，对比指标均优于叶轮直径为 380mm 的情况；叶轮叶片高度为 40mm 时，对比指标均优于叶片高度为 30mm 的情况；采用弯型定子叶片时，对比指标均优于直型定子叶片的情况；定子-叶轮径向间隙为 40mm 时，对比指标不及 20mm 和 30mm 的条件。对于叶轮下叶片高度，定子叶片折角、定子-叶轮径向间隙尚需进一步试验，以确定比较优化的参数，试验中还进行了 5A 浮选机平行对比试验，有关试验参数及组合条件试验结果见表 4。

表 4 GF 浮选机试验结果（2）

Table 4 GF flotation cell test results（2）

试验序号	叶轮结构参数				定子结构参数			间隙		操作条件				充气量/m³·m⁻²·min⁻¹	电流/A
	直径/mm	有无锥盘	叶片高度/mm		结构形式	夹角/(°)		径向	轴向	电机带轮直径/mm	主轴转速/r·min⁻¹		叶轮周速/m·s⁻¹		
			上片	下片		外侧	内侧				计算	实测			
18	380	有	40	15	弯	-7.5	40	25	3	154	336	339	6.685	0.46	6.22
19	380	有	40	15	弯	-7.5	40	25	3	173	377	388	7.51	0.84	6.7
20	380	无	40	15	弯	-7.5	40	25	3	173	377	384	7.51	1.12	8.04
21	380	无	40	15	弯	-7.5	40	25	3	164	359	363	7.119	0.955	7.55
22	400	有	40	20	弯	-7.5	40	25	3	164	359	365	7.494	1.02	6.95
23	400	有	40	20	弯	-7.5	40	25	3	159	347	354	7.266	0.85	7.17
24	5A													1.05	9.35
25	400	有	40	20	弯	-7.5	40	25	3	164	359	365	7.494	0.96	6.94
26	400	有	40	20	弯	-7.5	40	25	3	173	377	387	7.91	1.12	7.63
27	400	有	40	20	弯	0	47.5	20	3	173	377	385	7.91	1.12	7.99
28	400	有	40	20	弯	0	47.5	20	3	164	359	367	7.494	1.02	7.42
29	420	有	40	20	弯	-7.5	40	20	3	164	359	366	7.896	0.95	8.1
30	420	有	40	20	弯	-7.5	40	20	3	159	347	353	7.266	0.91	7.89
31	400	有	40	25	弯	-7.5	40	30	3	159	347	353	7.266	1.11	7.58
32	400	有	40	25	弯	-7.5	40	30	3	164	359	363	7.494	1.17	7.65
33	400	有	40	25	弯	-7.5	40	30	3	154	336	341	7.037	0.97	7.02
34	400	有	40	25	弯	-5	42.5	20	3	164	359	362	7.494	1.23	7.52

根据表 4 中的试验结果，序号为 22 和 34 的对比指标较为理想。故确定进行工业试验的 GF-1.1 型浮选机结构参数及运转参数如下：叶轮直径 400mm，叶轮带有锥盘，叶轮上叶片高度 40mm，叶轮下叶片高度 20mm，定子形式弯曲，主轴转速 359r/min，定子-叶片夹角外侧夹角 7.5°，内侧夹角 40°，定子-叶轮径向间隙 20mm，定子-叶轮轴向间隙 3mm。

3 工业生产

GF 型浮选机的工作原理为，当叶轮旋转时，叶轮上叶片中心区形成负压，在此负压作用下，抽吸空气、给矿和中矿，空气和矿浆同时进入上叶片间，与此同时下叶片从槽底抽吸矿浆，进入下叶片间，在叶片中部上下两股矿浆流合并，继续向叶轮周边流动，矿浆-空气混合物离开叶轮后流经盖板，并由盖板上的折角叶片稳流和定向，而后进入槽内主体矿浆中，矿化气泡上升到表面形成泡沫层，槽内矿浆一部分返回叶轮下叶片进行再循环，另一部分进入下一槽进行再选别或排走。目前，GF-1、GF-0.65、GF-2及GF-4型浮选机已成功应用于工业生产。下面就GF-1型浮选机在某金矿的使用情况作简单介绍。

3.1 吸气量

对机械搅拌式浮选机而言，其吸气量大小直接影响选别性能。GF-1型浮选机的自吸空气量在清水中为1.23$m^3/(m^2 \cdot min)$，在矿浆中为1.1$m^3/(m^2 \cdot min)$；而同槽容的5A型浮选机在矿浆中的吸气量仅为0.82$m^3/(m^2 \cdot min)$，显著提高的吸气量为GF型浮选机提高选别性能奠定了可靠的“物质基础”。

3.2 功耗情况

能耗是中小型矿山生产经营成本中至关重要的一个因素。而GF型浮选机的设计指导思想正是最大限度地降低运行能耗。经实地测定，GF-1型浮选机与XJF型浮选机在精选作业的能耗分别为3.75kW和4.6kW，在粗扫选作业的能耗分别为3.93kW和5.23kW，GF型浮选机节能幅度为22.39%~24.49%。

3.3 磨损情况

浮选机叶轮圆周速度直接影响其易损件的使用寿命。GF-1型浮选机的叶轮圆周速度仅为7.23m/s，而5A型浮选机的叶轮圆周速度为8.6m/s，较低的叶轮圆周速度为GF型浮选机延长易损件使用寿命、减少备件消耗提供了可靠的保证。根据测算，其易损件的使用寿命较XJK型浮选机可延长一倍以上。

3.4 选别性能

GF型浮选机对金银矿石具有较好的选别性能。对连续5天的生产指标统计，当磨矿细度为-74μm占75%、原矿品位为3.07g/t、精矿品位为43.64g/t时，GF-1型浮选机的回收率为94.3%，比原先提高近1%。

4 结语

GF型机械搅拌式浮选机是由北京矿冶研究总院最新研制成功的一种高效、节能、自吸空气型浮选机，可广泛用于选别贵金属、有色、黑色及非金属矿物，对中小型矿山尤其适合。该机自吸空气量可达1.2$m^3/(m^2 \cdot min)$；能从机外自吸给矿和泡沫中矿，浮选机作业间可平面配置，功耗低，易损件寿命长，分选效率高。该机槽内无稳流板，叶轮又从下部吸入矿浆，槽底部无粗砂沉积，槽内矿粒悬浮状态好，离开定子的矿浆又呈径向，气泡能均匀地分布于槽内矿浆中，分选区和矿液面平稳，为选别创造了良好条件，有利于提高难选矿物的回收率。

大型浮选机的发展概况及评述

谢百之　刘振春　邹介斧

（北京矿冶研究总院，北京，100160）

摘　要：本文介绍了国内外典型浮选机技术特点，从叶轮结构、矿浆循环方式、空气分散效果、设备规格等几个方面进行了比较分析，并对自吸气与外充气浮选机的选择、矿浆循环方式与浮选性能、浮选机叶轮与槽体设计、选厂规模与浮选机放大提出了看法。

关键词：浮选机；大型；节能；低品位

Development Situation and Review of Large-Scale Flotation Cell

Xie Baizhi　Liu Zhenchun　Zou Jiefu

(Beijing General Research Institute of Mining and Metallurgy, Beijing, 100160)

Abstract: In this paper, domestic and foreign typical flotation cell is introduced, the performance of impeller was compared in aspects of structure, slurry circulation, air distribution and specification. The selection between the air-forced and the air-induced, the relationship between slurry circulation and flotation performance, the design principle of impeller and tank, and the scale matching between concentrator and flotation cell aredis-cussed.

Keywords: flotation cell; large-scale; energy saving; low grade

20 世纪 60 年代中期，国外广泛趋向研制和使用大型浮选机，原因是矿石品位下降，需要处理的贫矿石增多，选矿厂的规模日益扩大以及力求降低生产成本提高经济效益。大型选矿厂采用大容积浮选机，主要优点是占地面积省，能耗低，便于维护管理和实现液面自动控制。目前，国外几种主要大型浮选机有美国生产的丹佛（Denver，D-R）、维姆科（Wemco）、阿基太尔（Agitair）以及近期改进的道尔-阿里维（Dorr-Oliver）浮选机，最大槽容分别为 36.1m^3、28.3m^3、42.5m^3 和 70m^3。芬兰奥托昆普公司生产的 OK 浮选机，最大槽容 38m^3；挪威生产的艾克（Aker）浮选机，最大槽容 $40m^3$。以上除维姆科属于自吸气机械搅拌浮选机外，其余均为充气机械搅拌浮选机。

国内近十年内发展起来的大型充气机械搅拌浮选机（仿 D-R 型）有 CHF-X7、CHF-X14（双机构）、XJC-80，槽容分别为 $7m^3$、$14m^3$ 和 $8m^3$。大型机械搅拌浮选机（仿维姆科）有 JJF 和 XJQ 型，JJF 型的槽容有 $8m^3$、$16m^3$ 和 $20m^3$，XJQ 型的槽容为 $8m^3$ 和 $16m^3$。

下面仅对列举的几种浮选机作简要的介绍，并加以粗线的评述。

1 几种主要大型浮选机的发展概况

1.1 丹佛 D-R 浮选机

丹佛 D-R 是美国丹佛公司生产的充气机械搅拌浮选机，是由丹佛沙布耶浮选机发展起来的。1964 年丹佛公司为提高选别粗颗粒矿物的效率，将丹佛沙布耶浮选机引入空气的中心管和盖板分开，去掉盖板上原有的矿浆循环孔，另开一个 360°的环形孔，并在其上加一矿浆循环筒，而成为目前广泛应用的 D-R 浮选机。其叶轮定子结构如图 1 所示。该浮选机叶轮机构设计的依据是强调空气和矿浆在叶轮腔混合以及矿浆经叶轮大循环对改善选别指标的重要性，其主要特点体现在矿浆循环方式上采用循环筒结构，形成了垂直向上的大循环，从而改善了矿浆循环特性。槽内形成的垂直上升流，有利于矿粒的悬浮，增加了选别粗重颗粒的可能性。

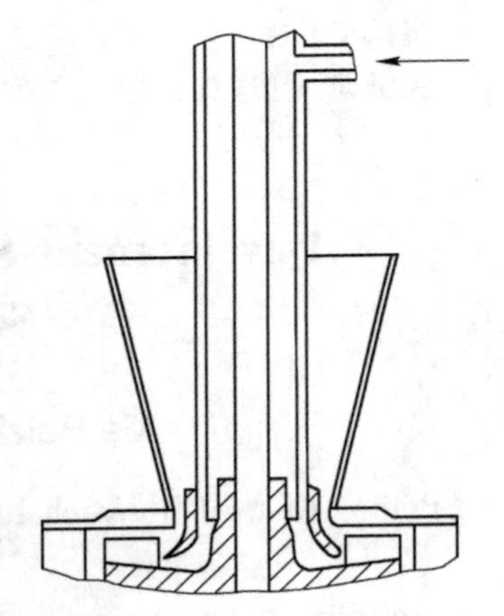

图 1 D-R 浮选机的叶轮和定子

Fig. 1 D-R flotation cell impeller and stator

该浮选机在国外得到广泛的应用。国内参照 D-R 浮选机结构和原理设计的 CHF-X$14m^3$浮选机已在我国中型矿山浮选厂的改造和扩建中，推广应用 200 多台，获得了满意的技术指标和显著的经济效益。

1.2 阿基太尔浮选机

美国加利加公司生产阿基太尔充气机械搅拌浮选机的历史已很悠久，至今槽容已扩大到 $8.5m^3$、$14.2m^3$、$28.3m^3$ 和 $42.5m^3$。在发展过程中，该浮选机的叶轮进行过几次改进。首先将原设计的指状标准型叶轮改为智利-X 型（Chile-X）。为了进一步改善矿浆循环和分散空气的能力，在 1979 年以前的几年里，又新设计一种新结构叶轮，称为皮普萨（Pipsa）叶轮，并与智利-X 型叶轮进行了详细的对比试验，以评定这两种叶轮的力学性能。皮普萨叶轮是在智利-X 型叶轮的圆盘上安装一个具有辐射状叶片的副叶轮。叶轮结构的改进，使该浮选机形成一个独特的矿浆循环方式，下部叶轮产生一个下循环矿浆流。上部叶轮产生一个上循环矿浆流。试验表明，皮普萨叶轮在搅拌强度、矿浆循环强度和空气分散方面都优于智利-X型。据称在相同的搅拌和充气水平下，皮普萨叶轮的功率消耗比智利-X型低25%[1]。阿基太尔浮选机的定子，原设计为矩形，其辐射状叶片延伸到槽壁。近期研究认为，定子仅起导向、分布三相流体的作用。合理的定子设计也有助于改善充气的能力，但无助于细化气泡，为此，原设计矩形定子已改为圆形辐射状叶片式定子（见图2）。

1.3 OK浮选机

1973年，芬兰奥托昆普公司研制成功OK-16m³大型浮选机，1979年槽容扩大到38m³。该浮选机的叶轮为旋涡形断面深型叶轮，定子是圆形辐射状叶片式定子（见图3），固定在槽底上，槽体形状原来为矩形，后改为U形。该浮选机叶轮机构的设计具有以下特点。

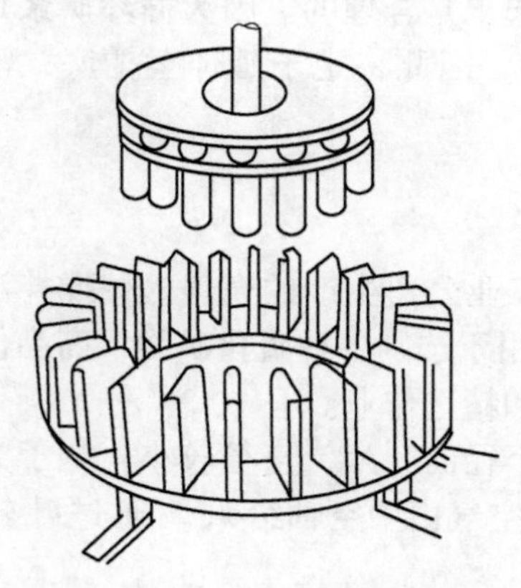

图2 阿基太尔浮选机的叶轮和定子

Fig. 2 Agitair flotation cellimpeller and stator

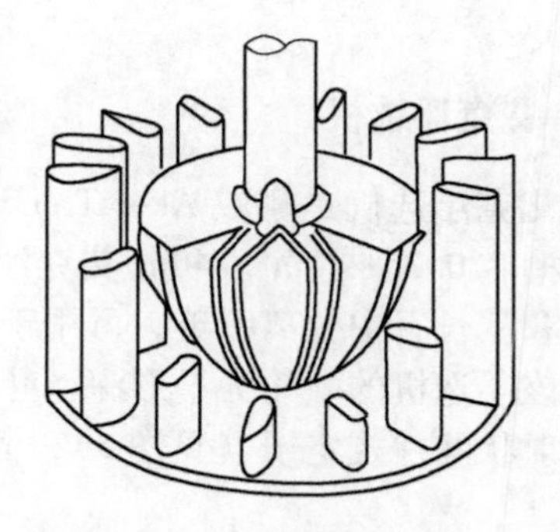

图3 OK浮选机叶轮和定子

Fig. 3 OK flotation cell impeller and stator

叶轮分散空气表面大。分散大量空气要求有较大的分散表面，而流体静压力的增加趋向于阻止叶轮较深处空气的逸出和分散。为此，依据在整个叶轮高度上承压相等的原理，设计具有独特的旋涡形断面深型叶轮，借助于叶轮定子间隙中旋转矿浆层所产生的离心力来抵偿叶轮深处流体静压力的增加，以扩大充气分散表面。

OK浮选机叶轮的空气和矿浆通道是彼此分开的，叶轮起到泵的作用，矿浆从叶轮下部吸入，向上均匀地流过空气分散表面，矿浆-空气是在叶轮周边、叶轮定子之间的间隙之中彼此混合的。叶轮-定子间隙中的强烈湍流进一步强化了空气的分散、矿物与气泡的接触，因此该浮选机空气分散能力强，空气-矿浆混合良好。

1.4　道尔-阿里维浮选机

该浮选机是美国道尔-阿里维公司近期改进的一种充气机械搅拌浮选机，槽容2.8~70m^3[2]。

道尔-阿里维浮选机的工作原理与OK浮选机基本相同，具有一个旋涡形断面深型叶轮，空气通过叶轮上部的空气室直接给至矿浆吸入通道，在那里与从槽子下部吸入的矿浆混合。而OK叶轮，空气通道与矿浆通道是分开的，矿浆-空气是在叶轮周边混合的。

道尔-阿里维和OK浮选机的定子都是圆形辐射状叶片式定子，只是安装的位置不同。OK定子固定在槽底，而道尔-阿里维定子悬挂在叶轮上部，仅仅遮盖叶轮高度的50%（见图4），由于去掉了叶轮下部挡板，有利于下部循环区矿浆的流动。据称这不仅可以降低功率消耗，而且有利于槽底粗颗粒矿物的悬浮，在向下循环流的作用下返回叶轮再循环。对于道尔-阿里维、OK浮选机以及维姆科浮选机这种特定的矿浆循环方式，将定子悬挂起来是合理的。因为循环矿浆是从叶轮下部吸入，三相流体是从叶轮上部排出的，因此将定子延伸至槽底，没有必要。

1.5　艾克浮选机

艾克浮选机是挪威Aker Trondelag A/S重工业公司生产的充气机械搅拌浮选机，槽容0.35~40m^3。40m^3艾克浮选机目前应用于选别各种硫化矿物，高品位的铁矿和从长石中分离石英，可用于粗选、扫选和精选作业。

该浮选机的叶轮为星形深型叶轮，具有8个径向叶片，直径较小；定子为圆形辐射状叶片式定子（见图5），固定在槽底。空气由中空轴给入，通过叶轮中

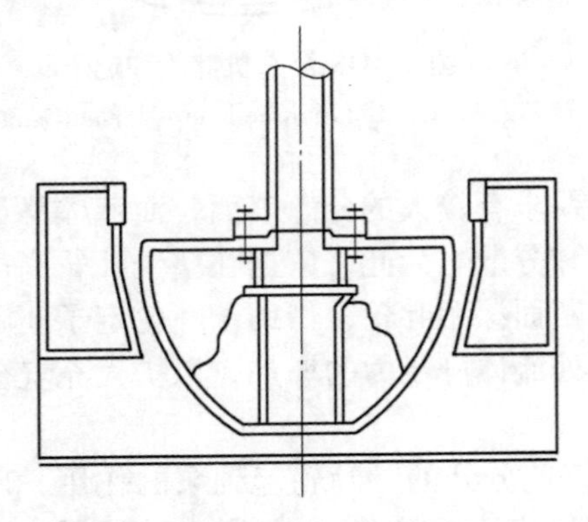

图4　道尔-阿里维浮选机叶轮和定子

Fig. 4　Dorr-Oliver flotation cell impeller and stator

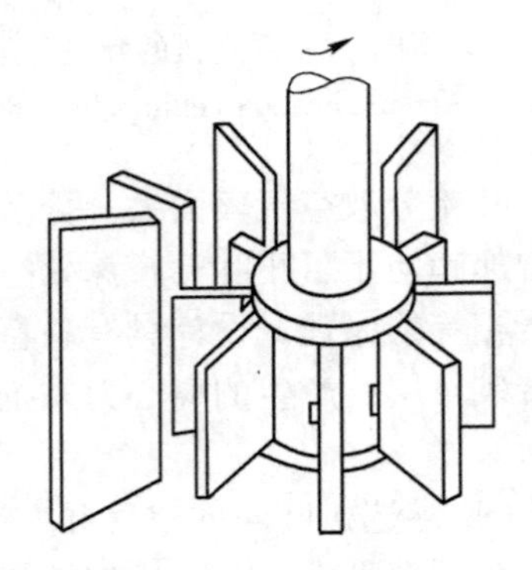

图5　艾克浮选机叶轮和定子

Fig. 5　Aker flotation cell impeller and stator

空轮毂上紧靠叶片背面的开口，由叶轮中部排出。矿浆由叶轮上、下部进入叶轮，在叶轮叶片之间的空间彼此混合。该浮选机的特点体现在矿浆循环方式上为上、下小循环。据称该浮选机分散空气能力强，高达 $2m^3/(m^2 \cdot min)$，固体悬浮良好，液面稳定，功率消耗低[3]。

1.6 维姆科浮选机

维姆科浮选机是美国维姆科公司生产的自吸气机械搅拌浮选机。深型叶轮，形状为星形，具有8个辐射状叶片，定子为圆筒形，表面分布长孔作为矿浆通道。定子悬挂在叶轮上部的竖筒上，仅遮盖叶轮高度的2/3，锥形分散罩固定在定子上部，其表面均布小孔，起稳定液面的作用（见图6）。

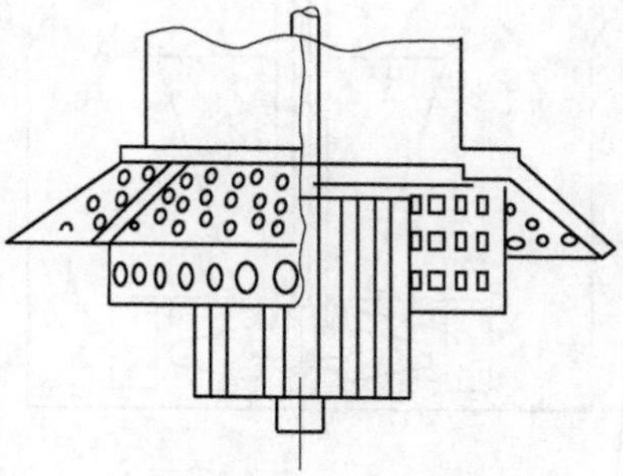

图6 维姆科浮选机叶轮和定子
Fig. 6 Wemco flotation cell impeller and stator

该浮选机的主要特点是，叶轮高度大，叶片面积大，安装深度浅，既能保证自吸足够的空气，又具有较强的搅拌能力。槽体下部设置假底和导流管装置，促使槽内矿浆进行下部大循环。叶轮周速低，叶轮与定子之间的间隙大，磨损轻。

2 几点看法

（1）列举的国外几种主要大型浮选机，多数属于充气机械搅拌式浮选机，仅只维姆科属于自吸气机械搅拌浮选机。国内目前生产的大型浮选机，一种是仿D-R型，另一种是仿维姆科型，选用哪一种类型浮选机，往往是选矿厂设计工作者和矿山考虑的一个问题。关于这个问题，存在有不同的看法，持充气机械搅拌浮选机优越观点者认为使用外加充气，充气量可灵活调节，能充分满足浮选工艺的要求，特别是能满足需要较大空气量矿石浮选的要求。另一观点是认为自吸气机械搅拌浮选机（维姆科型），自吸空气量可达 $1m^3/(m^2 \cdot min)$，已能满足浮选工艺的要求，从而强调不需外加充气装置这一优点。问题在于对某一特定矿石的浮选，最佳空气量到底需要多大。如果确实需要 $1m^3/(m^2 \cdot min)$ 以上的较大空气量才能满足浮选工艺要求，则宜选用充气机械搅拌浮选机。因为自吸气机械搅拌浮选机的最大吸气量按每平方米面积计算，一般为 $1m^3/(m^2 \cdot min)$ 左右，按单位槽容计，则同其他充气机械搅拌浮选机相近。如果 $1m^3/(m^2 \cdot min)$ 的吸气量已能满足要求，那么，不需外加充气装置的确是一个优点。除此之外，当然还要衡量技术经济指标，加以全面的考虑。以上两种类型的大型浮选机都是国外使用比较成功的浮选机。就结构来说，维姆科浮选机的结构要复杂一些。

（2）浮选槽内矿浆循环特性的好坏。对选别结果有直接影响。最佳的矿浆循环特性，有助于固体悬浮、空气分散，增加有用矿物与新鲜空气接触的机会和改善选矿指标。因此在浮选机的设计和研究中应予以十分重视。上述浮选机的矿浆循环方式，概括起来可分为上循环、下循环和上下循环相结合的三种主要形式，如图 7~图 10 所示，具体参数见表 1。

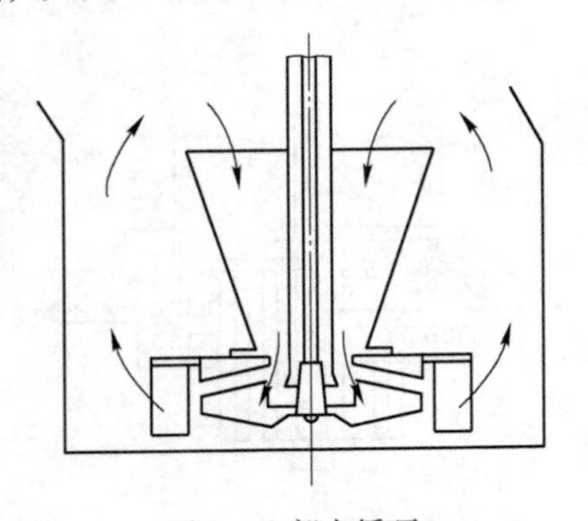

图 7　上部大循环
Fig. 7　Upper large circulation

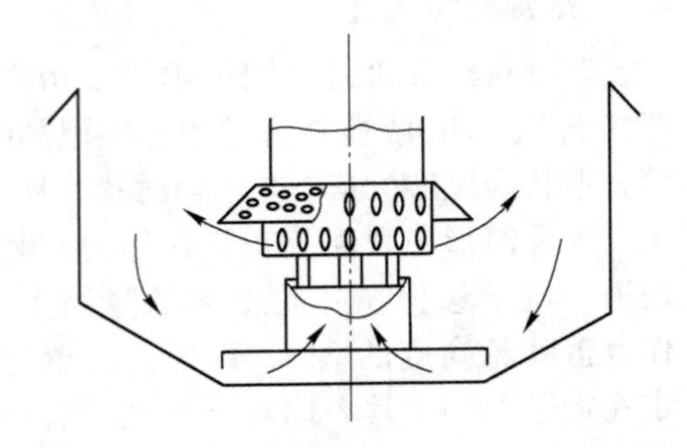

图 8　下部大循环
Fig. 8　Lower large circulation

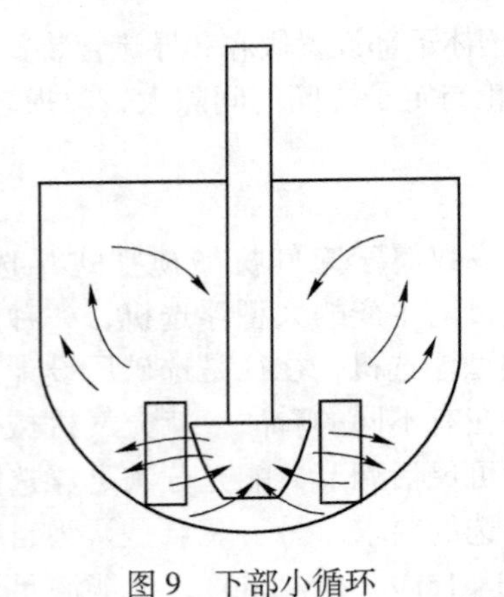

图 9　下部小循环
Fig. 9　Lower small circulation

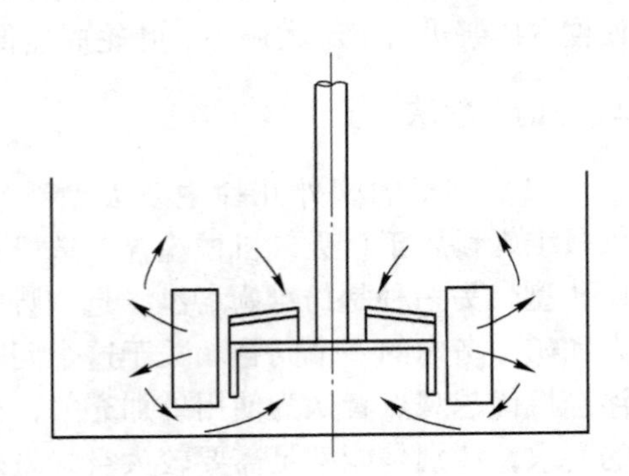

图 10　上、下部小循环
Fig. 10　Upper and lower small circulation

上部大循环（见图 7）：丹佛 D-R 浮选机属于这种循环方式。该浮选机叶轮高度不大，搅拌区接近槽底，从搅拌区至分离区的距离较大（国外称为输送区），采用循环筒结构，矿浆上部循环的高度达到槽体中上部。其优点是：1）槽子下部搅拌力强，不易沉槽；2）上循环造成的垂直上升流起到悬浮固体，输送矿化气泡至分离区的作用；3）气泡上升与矿浆流动方向一致，这可减小矿浆对附着在气泡上的大颗粒的冲刷作用；4）气泡上升路程长，这可增加上升过程中气泡与浮选矿物碰撞的机会；5）循环区域广，槽内大部矿浆都有机会通过强烈的搅拌区。缺点是进入叶轮的循环矿浆来自浮选机中上部，而上部矿浆的品位高于下部。此外存在矿化气泡进入再循环的可能性，因此返回循环的矿浆品位比下循环要高，这不仅使浮选机作了一些无用功，而且也不利于尾矿品位的降低。

下部大循环（见图 8）：维姆科浮选机属于这种循环方式，其优点是：1）在槽底安置假底和导流管装置，从而克服了矿浆局部循环的缺点、循环区域广；2）返回循环的矿浆品位低，有利于降低尾矿品位；3）有助于槽子下部的粗重矿物在向下循环矿流的作用下，向着槽子中心移动，返回叶轮再循环；4）在直流槽组，槽间矿浆流动过程中，前一槽流进后一槽的矿浆，将全部进入再循环，短路的可能性小；5）维姆科浮选机矿浆循环方式解决了机械搅拌浮选机向大型化发展的关键问题，就是既要保证自吸足够量的空气，又必须具有充分的矿浆流动，促进了固体悬浮，防止沉槽。缺点是气泡上升距离短，减少了在上升过程中，气泡与有用矿物碰撞的机会，但这对易选矿物需要快速浮选又是有利的。

下部小循环（见图 9）：OK、道尔-阿里维浮选机均属于这种循环方式，其中由于 OK 叶轮矿浆与空气通道是分开的。叶轮更有效地起到了泵的作用，因此其循环矿浆的能力比道尔-阿里维浮选机大。下部小循环的优点是返回循环的矿浆品位低，气泡上升距离大。缺点是循环区域小。基于这点，将槽底设计为 U 形，就有助于下部粗重矿物返回叶轮，减少沉槽的可能性。

上、下部小循环（见图 10）：阿基太尔浮选机皮普萨叶轮和艾克浮选机属于这种循环方式，上循环起上部矿浆循环作用，以扩大整个循环区的高度，亦有助于空气的分散。下循环有助于槽子下部粗重矿物返回叶轮再循环，它集中了上下循环方式的优点，但因系上下小循环，循环区面积仍有一定的局限性。

表 1 国外大型浮选机的规格及技术性能

Table 1 Specifications and technical characteristics of foreign large-scale flotation cells

设备名称	项目 设备编号	槽容 /m^3	槽体尺寸（长×宽×深）/m×m×m	叶轮直径 /m	叶轮转速 /$r \cdot min^{-1}$	充气量 /$m^3 \cdot m^{-2} \cdot min^{-1}$		安装功率 /kW	实耗功率 /$kW \cdot m^{-3}$
D-R浮选机	D-R300	8.5	2.2×2.2×1.8	0.84	163	0.9	1.5	30	2.1
	D-R500	14.2	2.7×2.7×2.0	0.84	170	0.8	1.6	45	1.7
	D-R1275	36.1	4.3×3.5×2.6	1.27	119	0.6	1.5	55	1.2
阿基太尔浮选机	90A×300	8.5	2.3×2.3×1.7	0.76	145	0.8~0.9	1.3~1.5	18.5	1.7
	102A×500	14.2	2.8×2.8×2.0	0.84	134	0.7~0.8	1.2~1.5	30	1.7
	144A×1000	28.3	3.6×3.6×2.5	1.02	125	0.5~0.6	1.1~1.4	45	1.3
	165A×1500	42.5	4.2×4.2×3.0	1.14	115	0.4~0.6	1.0~1.3	55	1.1

续表 1

设备名称	项目 / 设备编号	槽容 /m^3	槽体尺寸 (长×宽×深) /m×m×m	叶轮直径 /m	叶轮转速 /$r \cdot min^{-1}$	充气量 /$m^3 \cdot m^{-2} \cdot min^{-1}$		安装功率 /kW	实耗功率 /$kW \cdot m^{-3}$
OK 浮选机	OK-8	8	2.2×2.2×1.7	0.7	160~170	0.6~0.9	1.0~1.5	15	1.9
	OK-16	16	2.8×2.8×2.1	0.8	150~160	0.6~0.8	1.3~1.5	30	1.6
	OK-38	38	3.6×3.6×2.9	0.9	140~155	0.4~0.5	1.2~1.5	55	1.2
艾克浮选机	FM-5	5.1	1.9×1.9×1.4	0.4	288	0.7	1.0	10	2.0
	FM-10	10.4	2.4×2.4×1.8	0.5	242	0.6	1.0	15	1.4~1.5
	FM-20	20.3	3.0×3.0×2.3	0.7	177	0.4	1.0	22	1.1
	FM-40	40.0	3.8×3.8×2.9	0.9	145	0.4	1.0	32/45	0.8~1.1
维姆科浮选机	120	8.5	2.3×3.1×1.4	0.6	220	0.8	1.0	22	2.1
	140	14.2	2.7×3.7×1.6	0.7	190	0.7	1.0	30	1.7
	160	28.3	3.0×4.2×2.4	0.8	185	0.4	1.0	45/55	1.7/1.6
JJF 型浮选机	JJF-8	8	2.2×2.9×1.4	0.5	233	—	0.9~1.0	22	
	JJF-16	16	2.9×3.8×1.7	0.7	180	—	0.9~1.0	40	1.9
	JJF-20	20	2.9×3.8×2.0	0.7	180	—	0.9~1.0	40	1.5
CHF-X 浮选机	CHF-X7	7	2.0×2.0×1.8	0.9	150	—	1.5~1.8	17	
	CHF-X14	14	2.0×4.0×1.8	2×0.9	150	—	1.5~1.8	2×17	

（3）随着浮选槽容积的增大，在叶轮设计上趋向于增大叶轮高度与直径之比。采用深型叶轮，有助于扩大搅拌区的范围，加强分散空气的能力。浮选机叶轮要求循环矿浆能力大，所需扬程不高，类似混流泵的工作原理，而深型叶轮设计将更好地符合这一工作原理。

（4）发展大型浮选机，具有降低功率消耗、节省占地等优点。就我国选矿工业的现状看，至今某些大型选矿厂，仍还使用容积小的 A 型浮选机。所需设备台数多，占地面积大，能耗高，经营费用增加，以致生产成本高，经济效益低，这显然与我国经济建设强调提高经济效益是不相适应的。特别是当前把节约能源作为一项重要任务，因此，对大型老选矿厂，有条件的，宜逐步更新设备，尽可能选用大型浮选机。对于日处理量 1 万～1.5 万吨新建选矿厂，按 5000t/d 一个生产系列设计，选用 16m^3大型浮选机是合适的。随着选矿厂的规模增大，如果一个生产系列的日处理量可达 1 万吨，则宜选用槽容更大的浮选机，可以获得更好的经济效益。当前，我国大型机械搅拌浮选机的规格为 16m^3 和 20m^3，大型充气机械搅拌浮选机的最大规格为 14m^3（双机构），为适应今后选矿厂规模日益扩大的需要，着手准备 32～40m^3大型浮选机的研制和试验还是必要的。发展大型浮选机，磨矿分级设备也要相应的大型化，设备本身要过硬，要尽可能延长维修周期。因为生产系列大，频繁的停车检修给生产带来的影响也大。

参考文献

[1] Large Agitair flotation machines design and operation [C] // XIV International mineral proces congeongress, 1982, 10: 17-23.

[2] E L Smith, M J Prevett, G A Lawrenee. An improved meehanism for largeflotation cells [C] // XIV International mineral processing congress, 1982, 10.

[3] Aker flotation machines [J]. Mining Magazine, 1982, 1.

JJF-130 大型机械搅拌式浮选机研究与设计

沈政昌　卢世杰　陈东　杨丽君　史帅星

（北京矿冶研究总院，北京，100160）

摘　要：高效节能、大型化、自动化程度高已成为浮选设备的发展趋势。本文分析了 JJF-130 大型自吸式浮选机研制过程中要解决的关键技术，详细阐述了在设计过程中浮选机主要结构参数的选择。通过浮选动力学试验和矿浆试验验证了浮选机整机性能。在试验期间设备运行平稳，泡沫层稳定，没有翻花、沉槽现象，泡沫层厚度可根据工业要求进行调节。液位自动控制系统工作正常，控制精度满足工艺要求。浮选效果优于国外某品牌同类型同容积浮选机。

关键词：浮选机；槽体；叶轮；定子；工业试验

Research and Design of JJF-130 Flotation Cell

Shen Zhengchang　Lu Shijie　Chen Dong　Yang Lijun　Shi Shuaixing

（Beijing General Research Institute of Mining and Metallurgy，Beijing，100160）

Abstract：High efficiency，energy saving，large-scale and high degree automation have become the development trend of the flotation equipment at home and abroad. The key technology of the JJF-130 is analyzed and the design parameters of main structure are demonstrated. Through the flotation dynamics measuring in water and pulp test，the flotation cell performance is evaluated. During the trial，the equipment run smoothly with stable froth layer and the froth depth can be adjusted freely in accordance with industry requirements. The liquid level automatic control system with high accuracy meets the technological requirements well. The entire flotation performance of the machine is better than that of the foreign flotation machine.

Keywords：flotation cell；tank；impeller；stator；industrial test

矿物加工领域浮选机是选别矿物原料最重要的选别设备之一。随着矿产资源日趋贫乏、复杂以及科学技术的迅猛发展和国际市场的激烈竞争，选矿厂的规模日益扩大，高效节能、大型化、自动化程度高的选矿设备已成为最近几年国内外的研究重点，很多都在国内外的选矿实践中得到推广应用并取得了较好的效果。

JJF型浮选机是北京矿冶研究总院 于20世纪80年代研制的自吸气式机械搅拌浮选设备，广泛应用于有色金属、黑色金属及非金属矿山企业的选别作业，设备性能可靠，已投入生产的最大规格为28m³。JJF-130型浮选机是北京矿冶研究总院目前研制的最大的自吸气机械搅拌式浮选机。JJF-130型浮选机工业试验在铜都铜业集团公司冬瓜山选矿厂进行试验，取得了满意的结果。

1 浮选机的结构和工作原理

JJF-130大型机械搅拌式浮选机是在以往中、小型浮选机，特别是在JJF-16、JJF-20、JJF-24、JJF-28等浮选机研究和应用的基础上，针对超大型浮选机流体动力学的特殊规律，分析了超大型浮选机槽内不同粒级矿物与气泡的碰撞、黏附、脱落的过程及影响这些过程的原因和如何防止浮选过程短路、提高气体分散度并保证气泡与矿浆均匀混合等问题后研制成功的。图1给出了JJF-130型浮选机的结构图，核心部分由假底、导流筒、叶轮、定子、分散罩、推泡锥、主轴、轴承体和槽体等组成。

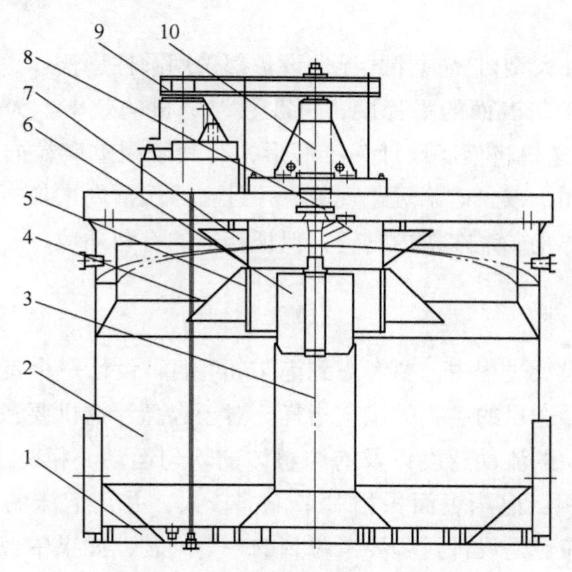

图1 JJF-130型浮选机结构简图

1—假底；2—槽体；3—导流筒及调节环；4—分散罩；5—定子；
6—叶轮；7—推泡锥；8—吸气管；9—电机装置；10—轴承体

Fig. 1 JJF-130 flotation cell structure

浮选机的工作原理是：叶轮旋转时，使叶轮附近 的矿浆产生液体漩涡，这个漩涡的气液界面向上扩展到竖筒的内壁，向下穿过叶轮的中心延伸到导流管，在漩涡中心形成负压区，其负压大小主要取决于叶轮转速和叶轮浸没深度。由于竖筒与周围的大气相通，漩涡产生的负压使空气吸入竖筒和叶轮中心，完成了吸气作用。与此同时，矿浆从槽子底部通过导流管向上进入叶轮叶片之间的空间，与吸入到叶轮中心的空气混合。三相混合物以较大的切向及径向动量离开径向叶轮叶片，通过定子上的通道时，切向部分转变为径向，同时产生一个局部湍流场，使空气与矿浆进一步混合。三相混合物离开定子后进入浮选区，浮选分离过程就在该区内完成，矿化气泡上升到泡沫区，剩下的矿浆向下返回到槽底进入再循环。

2　浮选机结构参数的设计研究

JJF-130 大型浮选机研制的关键问题在于设计可达到和满足所需流体动力学状态的叶轮-定子系统和槽体结构。因此设计重点应放在槽体、泡沫槽、叶轮和定子上。

2.1　槽体设计

目前，国内外大型机械搅拌式浮选设备都采用圆柱形槽体，其对称性可提高充气的分散度和矿浆表面的平稳度，可改善浮选机的效率。为避免槽底矿砂堆积，JJF-130 型浮选机将槽底设计为锥底形，有利于粗重矿粒向槽中心移动以便返回叶轮区再循环，减少矿浆短路现象。并且在浮选槽内增加折流板，提高矿浆表面的稳定性，防止矿浆在槽内打转，保证浮选的有利环境。

2.2　泡沫槽设计

在浮选机的设计过程中，要考虑到泡沫的特性，设计一个良好的泡沫溢流设备，直接关系到浮选目的矿物的工艺指标。对于大型浮选机要考虑到泡沫输送距离、泡沫水平方向的流动速度以及泡沫整体的均匀运动。相对于中小型浮选机，大型浮选机的体积、泡沫表面积相对来说都较大，并且泡沫的输送距离相对较长；局部泡沫停滞也是设计过程要考虑到的一个问题，如果中部泡沫停滞，靠近泡沫槽边缘的泡沫就易于流动，并且溢流出去的泡沫都是新生的白色泡沫，对指标会有一定的影响。本次设计充分考虑了上述问题，在设计中采用了周边溢流方式和锥形推泡器加速泡沫的流动。采用周边溢流方式利用矿浆的自然流动方向，加速泡沫的溢流，提高浮选速度；矿浆流在向上流动过程中，碰到锥形推泡器会改变流向，向上流变成了水平流，这样就加速了泡沫的水平流动，缩短了泡沫的驻留时间，并且锥形推泡器和泡沫槽会降低泡沫表面积，相应增加泡沫层的厚度，有利于泡沫的二次富集，提高泡沫的品位。

2.3 叶轮设计

叶轮是机械搅拌式浮选机最主要的部件之一，它担负着搅拌矿浆、循环矿浆、自吸空气和分散空气的作用。JJF-130 浮选机的叶轮为：星形叶轮，径向倒角叶片。确定叶轮结构参数是一个复杂的过程，需要进行大量的试验才能逐步取得合理的参数。在给定槽容积的情况下，转子机构一般将决定所必需的吸气能力和矿浆循环能力。在给定功率情况下，转子纵横比（长度/直径）将影响转子的吸气能力和矿浆循环能力。如果纵横比太小，空气吸入量将超过循环量，而如果比率太大，则相反。系统的水力学试验断定，从空气吸入和矿浆循环的观点来看，转子的纵横比接近 1.0 是最佳的。为了找出 JJF-130 型浮选机合理的叶轮结构参数，进行了试验。试验中保持吸气量和叶轮直径不变，改变叶轮线速度。最终确定了 JJF-130 型浮选机的叶轮结构参数。

2.4 定子设计

浮选槽内吸气-搅拌区需要较强的混合，矿浆处于紊流状态，雷诺数一般大于 104，而分离区和泡沫区又需要相对稳定，因此定子必须能够将叶轮产生的切向旋转矿浆流转化为径向矿浆流，防止矿浆在浮选槽中打旋，促进稳定的泡沫层的形成，并有助于矿浆在槽内进行再循环。其次，在叶轮周围和定子间产生一个强烈的剪力环形区，促进细小气泡的形成。本设计中采用了悬挂式鼠笼定子，安装在叶轮上方，由螺栓固定在竖筒底部。定子设计中考虑的两个主要因素是：（1）定子与槽体的距离；（2）定子通道面积的大小。在叶轮机构运转中，三相流体离开定子，带有较大的动量径向地撞击到槽壁上，因此槽壁的位置将影响到三相流体的运动。在给定转速和浸没深度条件下，距离太小，会引起吸气量和循环量二者减小，槽边也可能出现翻花；距离太大，通过定子的三相矿浆又甩不到槽边，气泡分散度不好。定子上通道面积对吸气量和液面稳定性有一定影响，通道面积过小，甩出矿流所受到的阻力增大，将引起吸气量减小。通道面积过大，虽然吸气量显著增加，但液面不稳。浮选槽内的流体动力学运动比较复杂，影响的因素较多，流体通过定子通道的径向速度难以依据理论计算来确定，因此定子至槽壁的距离以及定子通道面积的大小，就有待于通过试验，从吸气量、循环量、液面稳定性等各方面兼顾考虑，适当的确定其数值。

2.5 分散罩设计

130m^3 浮选机叶轮安装位置较高，浸没深度较浅，矿浆甩出后容易引起矿浆表面的波动，不能保证良好的浮选环境。分散罩的作用就是稳定矿浆液面。维持一个相对静止的分离区，完成矿浆由强烈混合区过渡到相对静止的分离区，从而使矿化气泡能比较均匀地上升到泡沫区。分散罩固定在定子的上沿，锥度为90°。

3 矿浆液位测量控制系统的研究

JJF-130型浮选机是目前国内容积最大的自吸机械搅拌式浮选机，由于采用自流式泡沫槽，所以对其矿浆液面更要严格要求，必须配置相应的自动控制装置，才能满足生产工艺要求，提高选矿指标。液位控制系统由液位变送器、控制器、气动执行机构、排矿阀等部分组成。浮选槽液面的高低由液位变送器检测后转换为4~20mA标准信号，送控制器显示出液位值，并与设定值进行比较，根据差值的方向和大小，输出相应的控制信号，送至气动执行机构，调节排矿阀门作相应的变化，使矿浆液面维持在设定值。

4 工业试验

在设计出浮选机后，通过浮选机动力学性能试验和最终的矿浆试验，对结构和参数进行有针对性的调整，使其达到最优，最终设计出定型产品。

4.1 浮选动力学试验

在进行动力学试验之前，分别在三种叶轮转速（100r/min、105r/min、111r/min）和四种叶轮浸没深度条件下进行功率和吸气量的测定，并根据表面现象确定最佳转速和浸没深度，最后在该条件下进行动力学试验。试验数据见表1和表2[2]。

表1 不同转速、不同浸没深度的吸气量及功率

Table 1 Suction gas quantity and power with different rotating speeds, different immersion depths

浸没深度 /mm	510		460		410		360	
转速 /r · min^{-1}	吸气量 /m^3 · m^{-2} · min^{-1}	功率/kW	吸气量 /m^3 · m^{-2} · min^{-1}	功率/kW	吸气量 /m^3 · m^{-2} · min^{-1}	功率/kW	吸气量 /m^3 · m^{-2} · min^{-1}	功率/kW
100	0.78	82.1	0.9	79.4	1.05	76.5	1.12	74.2
105	1.04	96.8	1.15	94.2	1.21	90.8	1.31	88.4
110	1.25	122	1.36	114	1.49	111	1.62	104.1

表 2 矿浆中动力学试验数据

Table 2 Dynamic test data in pulp

序 号	1	2	3	4
吸气量 /$m^3 \cdot m^{-2} \cdot min^{-1}$	0.78	0.86	0.95	1.04
空气分散度	3.50	3.61	3.45	3.28
电机功率/kW	104.2	100.3	98.5	96.8
空气保有量/%	12.6	13.5	14.80	15.50

从表 1 和表 2 数据可得出如下基本结论：根据空气分散情况判断，以 105r/min、浸没深度 510mm 为最佳条件；浮选机主轴实际消耗功率均未超过 125kW，达到了设计要求；浮选机空气分散比较均匀；设备运转平稳可靠，未出现异常。

4.2 矿浆试验

本试验在铜硫分离浮选段第三槽进行，以 JJF-130 浮选机代替原冬瓜山铜矿采用的国外某品牌同类型同容积的浮选机，并考察 JJF-130 浮选机的单槽浮选效果，与国外某品牌同类型同容积浮选机的浮选指标进行了比较。由于两种浮选机考核时，原矿性质变化太大，原矿、精矿、尾矿的品位和目的矿物的回收率可比性较差，因此本试验通过计算两种浮选机的浮选效率来比较两种浮选设备的浮选效果。

JJF-130 浮选机从 2006 年 10 月投产应用，经过流程调试、设备调试阶段后，进入工业试验阶段。结果表明，在相同的浮选作业中，JJF-130 浮选机与国外某品牌浮选机相比，在原矿品位相当的情况下，精矿品位高 0.22%，尾矿品位低 0.07%，回收率高 3.82%，浮选效率高 3.70%，浮选机浮选性能优于国外某品牌浮选机。

5 结语

JJF-130 型浮选机可广泛应用于有色、黑色及非金属矿物的选别。该设备的研制成功丰富了我国的超大型选矿设备的研究，将极大地促进我国的选矿科技进步。试验期间设备运行平稳，泡沫层稳定，没有翻花、沉槽现象，泡沫层厚度可根据工业要求进行调节，液位自动控制系统工作正常，控制精度满足工艺要求，浮选效果优于国外某品牌同类型同容积浮选机。

参 考 文 献

[1] 福尔斯特瑙 M C. 浮选 [M]. 北京：冶金工业出版社，1982.

[2] 北京矿冶研究总院 .JJF-130 浮选机工业试验研究报告 [R]. 北京：北京矿冶研究总院，2007.

KYF-16 浮选机

刘振春　邹介斧　谢百之

（北京矿冶研究总院，北京，100160）

摘　要：本文在分析研究国内外浮选机流体动力学的基础上，对 KYF-16 浮选机进行了设计并论证了槽体、叶轮、定子、放矿阀等关键结构的参数设计。实践证明该机是一种高效、节能、结构简单的新型浮选机。

关键词：浮选机；后倾叶片；高效；节能

KYF-16 Flotation Cell

Liu Zhenchun　ZouJiefu　Xie Baizhi

(Beijing General Research Institute of Mining and Metallurgy, Beijing, 100160)

Abstract: Based on the analysis of fluid dynamics in domestic and foreign flotation cells, KYF-16 flotation cell was developed and its design parameters of tank, impeller, stator and discharging valve are demonstrated. The industrial practice proves that KYF flotation cell is a new type of high efficiency, energy saving flotation cell with simple structure.

Keywords: flotation cell; retroverted blade; high efficiency; energy saving

1　引言

浮选机是一种重要的选矿设备，应用面广、量大。过去我国选矿厂大都采用性能差、耗电多、叶轮和盖板寿命短的 A 型浮选机。这些年我国先后研制出 CHF-X 型和 JJF 型等几种浮选机，现在已有近千台用于工业生产中。为使浮选设备不断发展，我们对国内外浮选机以及浮选机内流体动力学进行了分析研究，认为合理设计浮选机有可能进一步降低功耗，简化结构，提高经济效益。据此，我们于 1983 年设计了 $16m^3$ 的 KYF-16 充气机械搅拌式浮选机。1984 年制造出样机，经清水试验性能良好，各项指标均达到了设计要求。KYF-16 浮选机目前是我国最大的充气机械搅拌式浮选机，容积为 $16m^3$。该机除吸收国内外较先进浮选机优点外，研制了一种适合槽内流体动力学要求的叶轮-定子系统，最突出的特点是选别性能好、功耗低、结构简单。

2 结构及工作原理

KYF-16 浮选机结构如图 1 所示。该机的核心部分是叶轮机构和定子，叶轮机构是由叶轮 1、空气分配器 3、空心主轴 5 和轴承体 6 等组成，以座式结构安装在槽体 4 上面兼作给气管的横梁，主轴由电机通过三角皮带驱动。定子 2 用支架固定在槽底上。

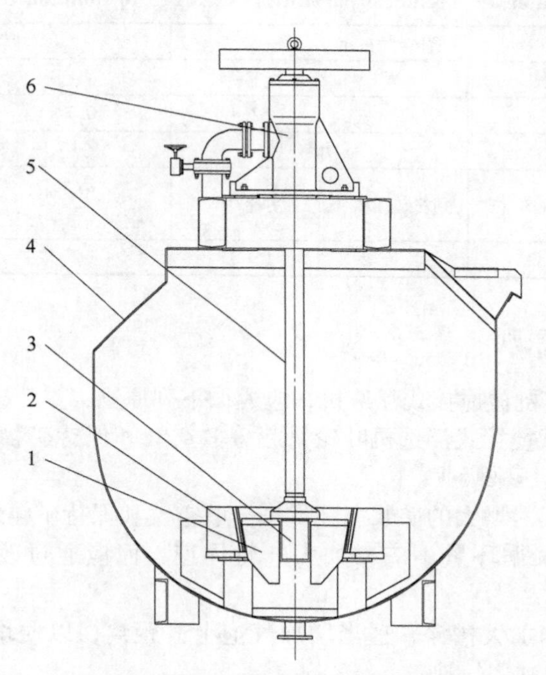

图 1 KYF-16 浮选机的结构示意图

1—叶轮；2—定子；3—空气分配器；4—槽体；5—空心主轴；6—轴承体

Fig. 1 Structure diagram of KYF-16 flotation cell

定型叶轮呈双倒锥台状，有 8 个后向叶片，空气分配器为圆筒状，周边均布小孔，置于叶轮中心，定子分成 4 块，用支架固定在叶轮周围的斜上方，其上有 24 个小的径向叶片。

该机属深槽型充气机械搅拌式浮选机，采用鼓风机供气，叶轮只起搅拌矿浆、循环矿浆和分散空气的作用。叶轮直径小，周速低，叶轮与定子间隙大。空气分配器结构简单安装方便，分散空气效果好。该机的工作原理是：当叶轮旋转时，槽内矿浆从四周经槽底由叶轮下端吸入叶轮叶片间。与此同时，由鼓风机给入的低压空气，经空心轴进入叶轮中心的空气分配器中，通过分配器周边的孔进入叶轮叶片间。矿浆和空气在叶轮叶片间进行充分混合后，由叶轮上半部周边排出，排的矿浆-空气混合物方向向斜上方，由安装在叶轮周围斜上方的定子稳定并定向后，进入整个槽子中，技术特性见表 1。

该机正常运转时风压为 15.7～19.6Pa，风源风压不小于 25.5Pa（0.26kgf/cm^2）。

表 1　KYF-16 浮选机技术参数

Table 1　Technical parameters of KYF-16 flotation cell

槽容积/m^3	槽体尺寸/m			叶轮尺寸/m	
	长	宽	高	直径	高度
16	2.8	2.8	2.4	0.74	0.46
叶轮		功率		充气量	
转速/r · min^{-1}	周速/m · s^{-1}	安装/kW	实耗/kW	清水 /m^3 · m^{-2} · min^{-1}	矿浆 /m^3 · m^{-2} · min^{-1}
160	6.2	30	15～18	2	1～1.7

3　浮选机设计原则

对于设计充气机械搅拌式浮选机，应遵循下列原则：

（1）充气机械搅拌式浮选机叶轮只起分散空气和保持矿物颗粒悬浮的作用，勿需产生较大的负压来吸气。

（2）借助于相对增大的矿浆循环量来分散空气和保持矿粒悬浮。

（3）加大矿浆循环量不应靠加大叶轮周速，而应通过改变叶轮的形式来实现。

（4）允许适当加大槽深，适当增加气泡上升距离，以便增加矿粒与气泡的碰撞机会，有效地利用气泡。

（5）为保证浮选分离区稳定，搅拌力要适中，槽深适当加大。

（6）通过选择合适的叶轮形式和合理的其他结构设计来减少能耗。

（7）在保证浮选机具有良好性能和低能耗基础上尽量使结构简单。

（8）各种结构设计都需适合国情，方便维护检修。

4　结构设计和参数选择

浮选机型式（充气机械搅拌式）确定后，设计主要考虑槽内流体动力学特性，以满足槽内流体动力学要求为准则，设计内容主要包括槽体形状和尺寸，叶轮的形式、尺寸和转速，定子的形状及与叶轮的配合等，另外还有与槽内流体动力学无关的一些结构，如排泡方式、主轴及其安装方式、放矿阀门等，浮选机设计除考虑具有良好的选别性能外，还必须简化结构，尤其是在浮选机槽内矿浆中工作的零件属易磨件，经常需检修更换，因此设计中要保证这部分零件数量少、简单、容易更换。

4.1 槽体

4.1.1 槽容积的确定

为满足各种规格选矿厂需要，通常浮选机都设计成大小不同的一系列规格。国外浮选机容积多以立方英尺为单位，各种规格容积大致成倍数，而我国近些年研制的浮选机，容积都以立方米为单位，系列浮选机容积之间多成 2 倍关系，组成的系列浮选机容积为 $2m^3$、$4m^3$、$8m^3$、$16m^3$ 等。为使我国浮选机规格趋于统一化，也采用了这样的容积系列。为满足中等选矿厂的急需，应尽快研制容积稍大一点规格，即 $16m^3$ 浮选机。其实这种规格浮选机对中小选矿厂有时也是适用的。

4.1.2 槽体形状

日前国内外大型机械式浮选机槽底很少采用矩形。因为矩形底四角易出现矿砂堆积。为了不出现矿砂堆积，并有利于粗重矿粒易于向槽中心移动，返回叶轮区进行再循环，减少矿浆短路现象，将 KYF-16 浮选机槽底设计成 U 形。

4.1.3 槽体尺寸

对于充气机械搅拌式浮选机，不需由叶轮造成负压来吸气，而是靠鼓风机向槽内压入空气，因此槽子可适当加深。深槽不仅易于实现大型化，而且可节省功率。节省功率的原因是：（1）空气消耗量随槽深增加而减少，气泡上升距离大，气泡与矿粒碰撞机会增加，气泡能得到充分利用；（2）容积一定槽深增加，则浮选槽长宽可以减小，叶轮直径的大小又直接与浮选槽长宽有关，长宽加大则所需的叶轮直径也大，长宽减小则所需的叶轮直径也小，同容积浮选机，叶轮小，功耗就低。KYF-16 浮选机设计中槽深定为 2.4m，它大于同容积其他类型浮选机。槽水平断面为正方形，尺寸为 2.8m×2.8m。

4.2 叶轮

叶轮是机械搅拌式浮选机最主要的零件，它担负着搅拌矿浆、循环矿浆和分散空气的作用。我们认为浮选机叶轮设计需要考虑下列问题：（1）搅拌力要适中，不要在槽中造成较大的速度头，因为速度头大会造成分选区不稳定，液面翻花，否则就需增设稳定装置，这不仅使浮选机复杂化，也增加了不必要的功率消耗；（2）通过叶轮矿浆循环量大，有利于矿粒悬浮、空气分散和改善选别指标；（3）具有较强的空气分散能力；（4）形式合理，结构简单，功耗低；（5）矿浆在叶轮中流动的流线合理，磨损轻而均匀。

首先根据充气机械搅拌式浮选机的要求选择叶轮的形式。性能相似的泵其比转速相似，比转速相近的泵归为一类，流体力学中根据比转速将泵的形式分成低比转速离心泵、中比转速离心泵、高比转速离心泵、混流泵和轴流泵。不同形式的泵其流量特性、压头特性和功率特性是不一样的。浮选机叶轮与泵轮虽不相同，但就其性能来说是相似的，因此要根据泵的理论来选择浮选机叶轮形式。

周漠仁主编的《流体力学泵与风机》一书中的比转速公式为：

$$n = 3.95mQ^{\frac{1}{2}} / H^{\frac{3}{4}} \tag{1}$$

式中 n——比转速，r/min；

m——泵轮转速，r/min；

Q——泵轮流量，m^3/s；

H——压头，mHg（1mHg = 0.133MPa）。

根据式（1），用浮选机所需的循环量和压头计算出要设计的浮选机叶轮比转速为215~262。这属于高比转速离心形式叶轮。高比转速离心泵具有压头低，在相同量下比低比转速离心叶轮消耗功率低等特点。这正符合充气机械搅拌式浮选机的要求。在浮选机叶轮设计时，考虑到浮选机与泵有所不同，对浮选机叶轮的某些几何参数进行了修改。

天津大学编的《泵和压缩机》一书给出了由几何参数计算比转速公式为：

$$n_0 = 3.65\frac{60}{\sqrt{\pi}}\left(\frac{g}{\kappa\eta_2}\right)^{\frac{3}{4}} \times \frac{\sqrt{\frac{b_1}{D_2}\tan\beta_1}}{\left[1-\left(\frac{D_1}{D_2}\right)^2\frac{b_1 + \tan\beta_1}{b_2 + \tan\beta_2}\right]^{\frac{3}{4}}} \tag{2}$$

式中 g——重力加速度，m/s；

κ——回流系数或一般的常数，取1.2；

η_2——流动效率；

D_1——叶轮内径，m；

D_2——叶轮外径（出口处平均直径），m；

b_1——叶轮进口宽，m；

b_2——叶轮出口宽，m；

β_1——进口入角；

β_2——出口离角。

根据式（2），用所设计的叶轮参数计算出该浮选机叶轮比转速为239。这证明所设计的叶轮属于高比转速离心泵形式。为了进一步降低叶轮搅拌功率，把叶轮叶片设计成后倾某一角度。在泵轮设计中，叶片有前向、径向和后向三种形式。三种叶片的 Q_T-H_T 曲线和 Q_T-N_T 曲线如图2和图3所示。参见周漠仁主编的《流体力学泵与风机》。

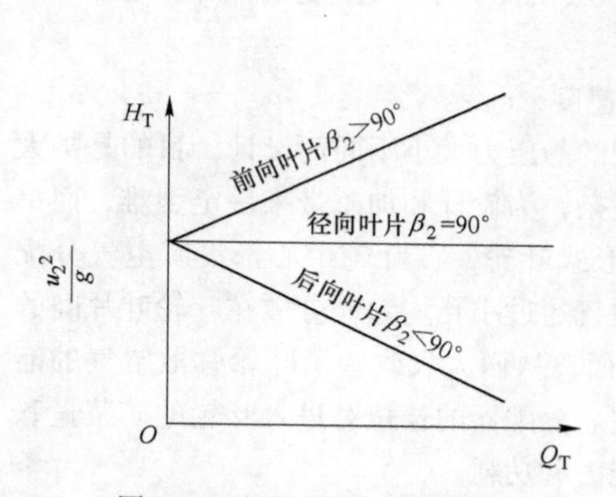

图2 三种叶片的 Q_T-H_T 曲线

H_T—理论压头

Fig. 2 Q_T-H_T curve of three types of impeller blades

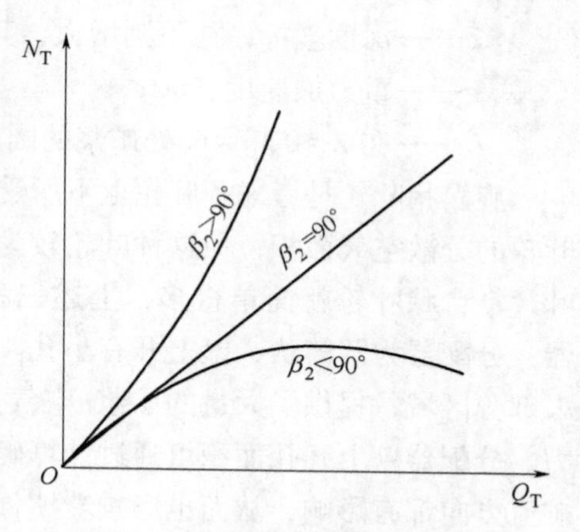

图3 三种叶片的 Q_T-N_T曲线

Q_T—理论流量；N_T—理论功率

Fig. 3 Q_T-N_T curve of three types of impeller blades

由图2可见，后向叶片当流量大时产生的理论压头较低，总理论压头中动压成分较小，动压头（即速度头）低，对稳定矿浆面有好处，由图3可见，后向叶片当流量大时功耗低。由此看来高比转速离心式叶轮配以后向叶片是符合浮选机槽内流体动力学要求的，而且也可降低功耗，因此设计的叶轮为后向叶片高比转速离心式叶轮。

为了通过试验对试验浮选机进行比较，设计了三种叶轮：（1）旋涡状叶轮，叶片为单片后倾式，与径向成一定夹角，如图4所示；（2）旋涡状叶轮，叶片为单片径向式，如图5所示；（3）倒锥台状叶轮，叶片为单片后倾式，与径向成一定夹角，如图6所示。

旋涡状叶轮的外形计算采用了奥托昆普OK浮选机叶轮外形的计算公式（见纪念A.M.高登文集《浮选》）。

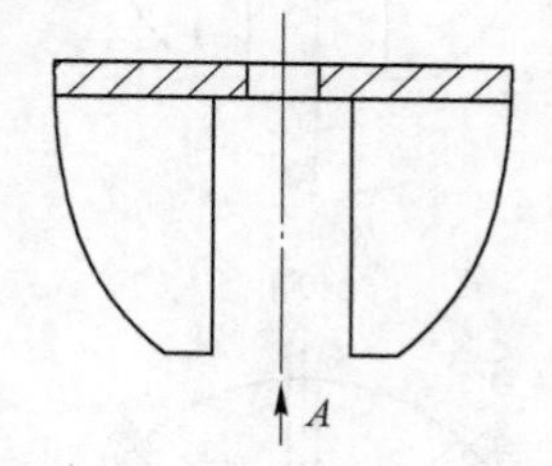

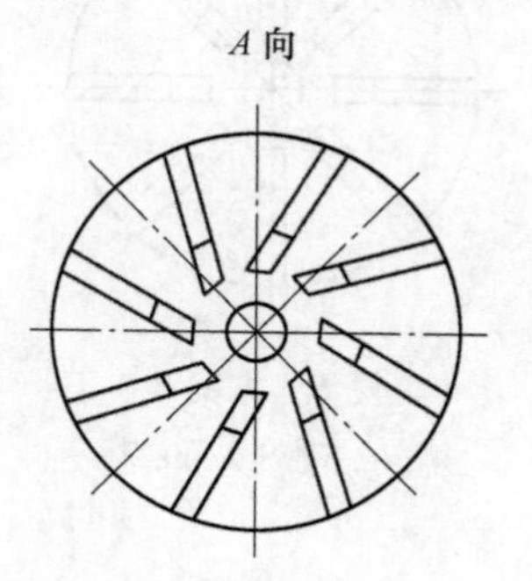

图4 方案1

Fig. 4 Scheme 1

$$\frac{r}{r_0}=\left(1-\frac{2gZ_0}{U_0^2}\cdot\frac{Z/Z_0}{1-Z/Z_0}\right)^{\frac{1}{2}} \tag{3}$$

式中 r——从轴中心线算起的半径，m；

r_0——转子上部边缘半径，m；

Z_0——取决于转子高度的常数，m；

Z——深度坐标，往下则增大，其原点在转子叶片上部边缘水平面上，m；

g——重力加速度，m/s^2；

U——在 $Z=0$，$r=r_0$ 处矿浆的圆周速度，m/s。

旋涡状叶轮是考虑了叶轮上下所受到的静压力大小不同而设计，目的是扩大叶轮的分散空气面积，但这种叶轮较为复杂，为设计和加工带来一定困难，而单叶片锥台状叶轮就简单得多，上述三种形式叶轮，在叶轮中心都设有空气分配器：分配器为圆筒状，壁上开有小孔。空气通过小孔均匀地分散在叶轮叶片间的大部分区域，提供了大量的矿浆-空气界面，从而大大改善了叶轮弥散空气的能力。分配器壁上开孔面积可通过计算确定。分配器的长短对进入叶轮的矿浆量和矿流方向都有影响，从而也影响着搅拌能力和功耗。

为了与国外较先进的 OK 浮选机比较，根据国外报导资料，设计一种 OK 浮选机叶轮，如图 7 所示。

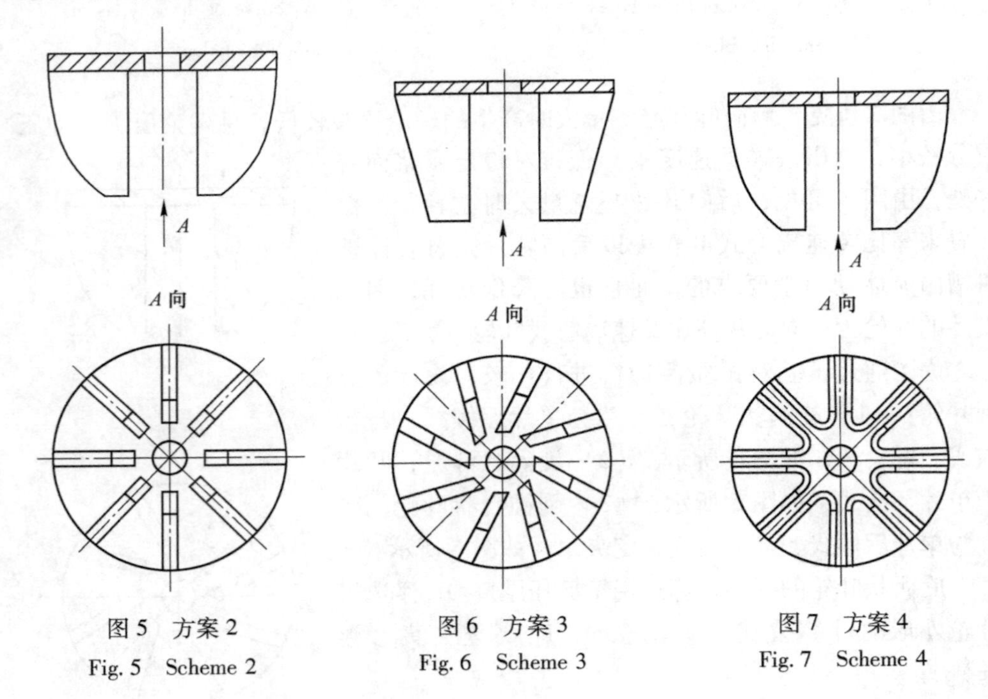

图 5　方案 2
Fig. 5　Scheme 2

图 6　方案 3
Fig. 6　Scheme 3

图 7　方案 4
Fig. 7　Scheme 4

4.3　定子

定子是仅次于转子的第二个关键部件。一个较好的浮选机，要求在搅拌区有较强烈的混合，叶轮区矿浆处于紊流状态，雷诺数一般大于 104。而在分离区和矿浆表面又需相对稳定，这个过渡过程由定子来完成。定子的作用就是减少矿浆水平旋转，帮助空气分散和在槽中形成稳定区。KYF-16 浮选机采用了悬空式径向短叶片定子，共 24 个叶片，安装在叶轮周围斜上方，由支腿固定在槽底下。就浮选机规格来说该机定子小而轻。定子与叶轮之间的间隙大。悬空定子有利于消除下部零件对矿浆的不必要干扰，这不仅降低了动力消耗，而且也增强了槽下部循环区的矿浆循环和固体颗粒的悬浮。

4.4 排泡方式

该机最初设计采用了双边刮泡，工业试验也采用双边刮泡。得到试验结果后，根据 JJF 型浮选机研究的经验，对 KYF-16 浮选机进行了单边刮泡试验，效果很理想。因此在定型设计中采用了单边刮泡，槽后用大角度推泡板。单边刮泡的好处是：(1) 泡沫移动速度快，有利于回收率和精矿品位的提高；(2) 可省掉槽子一边的刮板、刮板传动装置、泡沫溜槽、中矿返回泵及其管道；(3) 方便操作和维护检修。

4.5 排矿闸门

排矿闸门的设计既要灵活可靠便于操作，又要有利于取得优异的工艺指标。目前国外趋向使用锥形闸门配以自动控制。根据我国现在的情况，不是所有矿山都能使用自动控制，因此手动或电动排矿闸门在设计中必须考虑。用手动或电动闸门时需考虑闸门的型式。对于闸板式闸门，当给矿量有变化时，溢流层的厚度也随之变化，排量也就随之变化，有自行调节作用，因此给矿量波动对矿液面影响较小，而浸没式锥形闸门则几乎没有自行调节作用。在设计手动或电动闸门时最好采取溢流式闸板闸门，有利于工艺指标的稳定，我们在设计中为便于现场选用，排矿闸门设计成自动调节式和电动调节式，为统一起见都配以溢流式闸板闸门。

4.6 主轴及其安装方式

KYF-16 浮选机采用空心轴作为充气通道。轴的设计需考虑两个问题：(1) 轴的强度，因采用空心轴，轴的直径比采用实心轴大得多，其强度足以超过实际要求；(2) 轴的直径，轴内径计算是根据公式 $Q=FV$（Q 为空气流量；F 为空心轴内孔断面积；V 为空心轴中空气流速）计算轴内孔断面积。空气流速选择要适当，空气流速太大，会引起不必要的能量消耗；速度太低，轴直径变大，会使设备显得过于笨重。KYF-16 浮选机选择的空气流速为 27m/s，轴内径为 93mm。实践证明是较合适的。

轴承体在槽体上的安装方式，国外多采用侧挂式，本机采用座式。座式轴承体的优点是结构简单，维修调整方便。

4.7 放矿阀

放矿阀是浮选机极次要的部分，但设计不好会给操作带来不必要的困难。A型浮选机的锥形放矿阀使用中经常打不开，关不严。为改变这种状态，设计了一种简单可靠的球形阀，深受现场工人欢迎。

5 工业试验

KYF-16浮选机样机制造完成后，在制造厂进行了清水试验。清水最大充气量为$2m^3/(m^2 \cdot min)$，液面平稳。1984年12月云南牟定铜矿拆除了1系统粗、扫选24台改造型6A浮选机，换上5台KYF-16浮选机，1985年元月投产。投产后由于原风机风压和风量不足，充气量只达$1m^3/(m^2 \cdot min)$，但选别指标不低于2系统改造型浮选机，1985年9月更换了风机，风压和风量达到要求，于10~12月进行了对比工业试验。牟定铜矿矿石为沉积岩铜矿床，有益矿物是以辉铜矿为主的单一铜矿物。设计日处理量为1500t。试验时两个系统分级溢流合并，用分矿箱按两个系统粗、扫浮选机容积比进行分矿，保证两个系统浮选时间相等，药剂制度和浓细度采用生产条件。

试验期间进行了上述四种叶轮的试验，每一种都与2系统改造型6A浮选机对比。其中，以图4和图6的叶轮效果为好，综合分析以图6的锥形叶轮为最好。锥形叶轮与改造型6A相比，回收率提高0.97%，铜精矿品位提高0.26%，功耗降低42.97%，易磨件寿命延长一倍，易磨件耗量节省78.12%，占地面积节省44.5%，而仿OK叶轮回收率比改造型6A稍低，功耗节省幅度也小，仅30.47%。

牟定铜矿于1983年按丹佛D-R浮选机原理改造了6A浮选机，并进行了对比试验，结果改造型6A比6A铜回收率提高0.25%，据此KYF-16浮选机采用锥形叶轮比6A浮选机铜回收率提高1.22%，节电43.85%，易磨件寿命延长三倍，易磨件耗量节省80.62%，占地面积节省5%。实际运转证明，该机设计较为合理，运转平稳，操作方便，维修工作量小，叶轮叶片表面磨损极为均匀。

6 结语

KYF-16浮选机是我国自主研制的新型充气机械搅拌式浮选机，在吸收国内外较先进浮选机优点的基础上研制出一种独特的叶轮定子系统。该机的特点是：（1）整机设计简单合理；（2）采用后倾叶片高比转速离心式叶轮，符合充气式浮选机槽内流体动力学要求，扬送矿浆量大，压头低；（3）矿浆在叶轮叶片间流线和方向合理，叶轮磨损轻而均匀；（4）采用空气分配器，有利于细化气泡；（5）定子叶片小而稳定，矿浆性能好；（6）通过上述的叶轮、定子和空气分配器的设计以及考虑了其他节省功率的诸因素，因此功耗降低幅度大；（7）实践证明该机分选效率高。该机是一种高效、节能、结构简单的新型浮选机。

KYF-38 浮选机

邹介斧　刘振春　沈政昌

（北京矿冶研究总院，北京，100160）

摘　要： KYF-38 浮选机是最近研究成功的大型充气机械搅拌式浮选机。本文详细介绍了该机的设计特点和工业试验情况。它采用了独创的单壁后倾叶片倒锥台状叶轮、多孔圆筒形气体分配器、较小的悬空式定子和中心活动推泡板等结构。具有结构简单、节电、综合经济指标高等优点，性能赶上和超过了国内外同类型浮选机的水平。

关键词： KYF-38 浮选机；大型；后倾叶片

KYF-38 Flotation Cell

Zou Jiefu　Liu Zhenchun　Shen Zhengchang

(Beijing General Research Institute of Mining and Metallurgy, Beijing, 100160)

Abstract: KYF-38 flotation cell is a newly developed large-scale air forced mechanical flotation cell. The design characteristics and industrial test of that machine are introduced in detail in this paper. Inverted cone-shaped impeller with single-walled backward-inclined blade, porous cylinder-type air distributor, small floating-type stator and central movable froth push board are used in KYF-38 flotation cell. With the advantages of simple structure, energy-saving and high comprehensive economic indicators, the overall performance of this equipment can catch up with and surpassed the world advanced levels of the same style flotation cell.

Keywords: KYF-38 flotation cell; large-scale; backward-inclined blade

德兴铜矿三期工程日处理 6 万吨选矿厂需要采用槽容积为 $38m^3$ 的大型浮选机。原计划从国外引进，需花费大量外汇。为此北京矿冶研究总院浮选机设计组设计了槽容积为 $38m^3$ 的 KYF-38 大型浮选机。

该机独特之处是采用了独创的单壁后倾叶片倒锥台状叶轮、多孔圆筒形气体分配器、较小的悬空式定子和中心活动推泡板等结构。实践证明，这些结构赶上和超过了国外目前较先进的 OK 型浮选机的水平。按国外资料报道，它与国外同容积 OK-38 浮选机相比，节电 20%，总机质量轻 15%左右。同时还具有结构简单、安装方便等优点。

1 KYF-38 浮选机的设计

在设计 KYF-38 浮选机之前，对国外主要几种浮选机进行分析比较，立足研究一种适合我国国情的新机型。因此，进行大量的试验，选定了四种定子结构，进行槽容积为 16m^3 的工业试验，通过实践与总结，最后确定这种具有独特结构的新型浮选机。结构如图 1 所示。

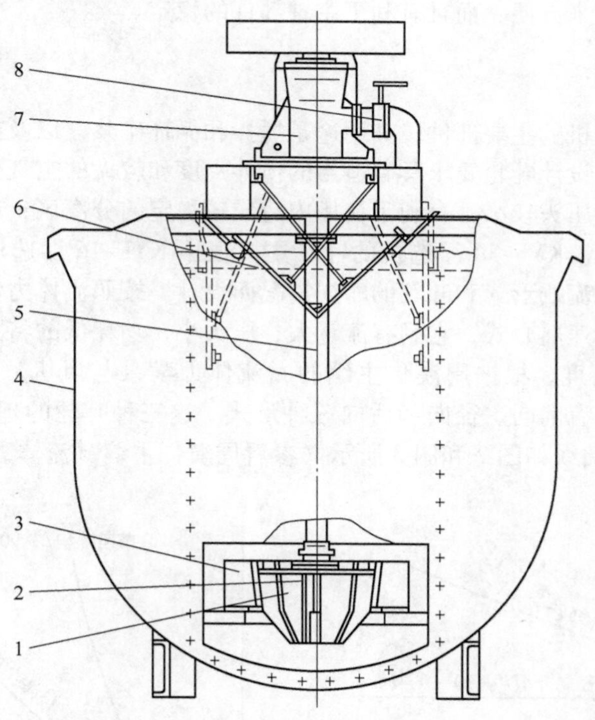

图 1 KYF-38 浮选机结构

1—叶轮；2—空气分配器；3—定子；4—槽体；
5—主轴；6—中心活动推泡板；7—轴承体；8—空气阀

Fig. 1 Structure of KYF-38 flotation cell

1.1 浮选槽的设计

设计浮选机槽体时，除考虑槽子的容积和槽深的比例外，还考虑了槽内矿浆中比较粗的颗粒易于返回叶轮进行再循环，使在槽底沉积最少。槽底形状设计为

U 形，以利于粗重颗粒向槽子中心移动，便于返回叶轮区进行再循环，因而矿浆短路现象也可大大减轻。槽深与槽宽之比为 17∶18，槽子深度比较大。这是因为 KYF 浮选机属于外加充气机械搅拌式浮选机，槽深增加不影响充气量的大小，反而提高了气泡的利用率，便于节省功耗。槽子设计成敞开式，有利于操作工人观察泡沫情况，及时进行调节，也便于安装刮板及维护检修。槽体的安装方式利用其 U 形槽体刚性好的特点，通过两条槽钢直接坐在基础上，这比国外 OK 型浮选机采用框架式通过支腿固定在基础上简单得多，安装极为方便。主轴部件安装也不同于 OK 型浮选机通过四个螺栓侧挂在机架上，机架又通过四个螺栓与槽子横梁相连接，而是直接坐在横梁（兼作风管）上，用四个螺栓固定，这不但给制造安装和检修带来方便，而且有利于主轴部件的稳定。

1.2 叶轮设计

叶轮是浮选机的主要部件，其用途是搅拌和循环矿浆，以及有效地把空气泡分散于矿浆中。设计叶轮要求具有适当的搅拌强度和较大的空气分散能力，矿浆循环量较大，动压头较小，有利于在槽内造成较稳定的分离区；功率消耗低，磨损轻，结构简单。KYF-38 浮选机的叶轮主要根据 KYF-16 浮选机的工业试验及矿浆流经叶轮的流线形式和叶轮的磨损情况而设计。按照流体力学的原理，叶轮被设计为高比转速离心式，它具有流量大、压头小、功耗低的特点。叶轮叶片设计为后倾某一角度，根据周漠仁主编的《流体力学泵与风机》一书中的叙述，泵轮设计的叶片有前向、径向和后向三种形式。这三种叶轮的理论流量-压头曲线和流量-功率曲线如图 2 和图 3 所示（参看周漠仁主编《流体力学泵与风机》，

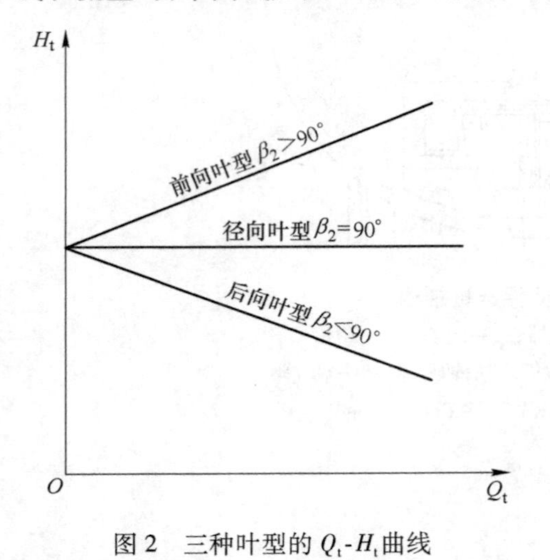

图 2　三种叶型的 Q_t-H_t 曲线

Fig. 2　Q_t-H_t curves of three types of impellers

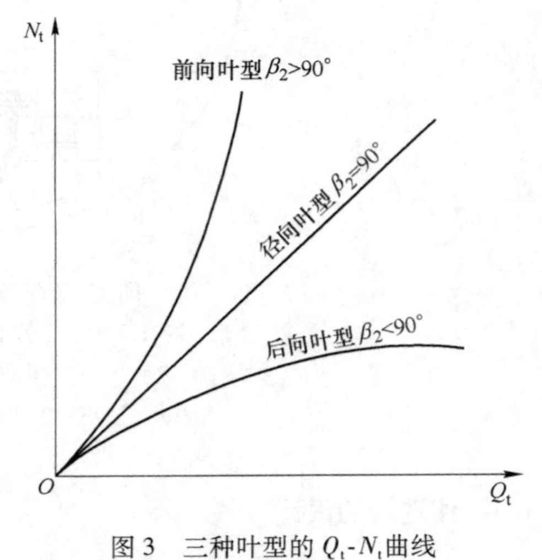

图 3　三种叶型的 Q_t-N_t 曲线

Fig. 3　Q_t-N_t curves of three types of impellers

269~271）。由图 2 可见，后向叶片当流量大时产生的理论压头较低，总理论压头中动压成分较小，这正符合浮选机流体力学的要求。动压头小，也就是速度头低，对稳定矿浆液面有利。由图 3 可见，后向叶片当流量 Q 大时，功耗 N 较低。因此这种高比转速离心式叶轮配以后向叶片，有利于降低功率消耗。

在叶轮腔中设有空气分散器，其上开有小孔。空气分散器能预先将空气较均匀地分散在转子叶片的大部分区域内，提供了大量的矿浆-空气界面，从而大大改善了叶轮弥散空气的能力。这种简易的空气分散器，大大优于国外道尔-阿里维叶轮的空气室。没有这种分散器，在同样的叶轮直径和转速下，叶轮分散空气能力就小得多。分散器的长短对进入叶轮的矿浆量和矿浆流经叶片的方向都有影响，从而也影响搅拌能力和功率消耗，其尺寸根据矿流的形式并通过试验确定，分散器的开孔总面积通过计算确定。

1.3 定子设计

定子的作用是将由叶轮（转子）产生的切向旋转的矿浆流转变成径向的矿浆流，防止浮选槽中的矿浆打旋。定子的另一个作用是在叶轮圆周和定子叶片间产生一个强烈剪切环形区，这个剪切区有助于细小空气泡的形成。

KYF-38 浮选机采用了悬空式径向短叶片定子，共 24 个叶片，安装在叶轮周围斜上方，坐在槽子底部的定子支架上。按浮选机规格来说，这种定子小而轻，定子与叶轮之间间隙较大。定子的悬空安装，有利于消除围绕叶轮下部零件的不利干扰。这不仅降低了动力消耗，而且也增强了槽体最下部循环区的矿浆循环和固体颗粒的悬浮。

1.4 轴的设计

为便于充入低压空气，本机采用空心轴。低压空气由鼓风机经 A 型蝶阀、轴承体、空心轴进入叶轮腔的空气分配器中。

空心轴采用厚壁无缝钢管。由于轴较长，为便于安装和检修，分成两段。上部轴采用外径为 180mm 的厚壁无缝钢管，轴的上部焊一段实心轴作堵头，下部轴采用外径为 168mm 的厚壁无缝钢管。

轴的设计主要考虑两个方面，一是轴的内径，二是轴的强度。轴的内径主要根据浮选槽容积的大小和需要的充气量，保证有足够的空气流通通道，按公式 $Q=SV$ 计算（Q 为浮选槽需要的充气量；S 为空心轴孔的断面积；V 为空气在空心轴中的流速），若通道面积 S 太小，则空气流速 V 就大，要求外加充气压力高，充气功率就相应增加，若 S 太小，则轴的直径大，选择的轴承及设计的轴承体也大，设备显得笨重，因此选择轴的大小要合理。按空气通道计算轴后，进行强度校核。

1.5　中心活动推泡板

大型浮选机的槽子表面积比较大，槽中心泡沫产品通过两侧溢流堰排到泡沫槽走的距离比较远，不利于泡沫产品的排出，尤其对泡沫是自流式的槽子更为突出。为了便于槽中心泡沫能尽快排出，设计了中心式活动推泡板。这种推泡板在工作时，能将泡沫产品从浮选槽中心尽快排出，在检修浮选机时，可很方便地移开。

1.6　放矿阀

放矿阀是一个包胶球和一根提升杆，结构十分简单。放矿时只要在槽子上面把提升杆一提就行了，平时不放矿时靠球的自重把放矿孔堵死。

1.7　尾矿闸门

尾矿闸门一般有两种形式，一种是溢流式闸门，另一种是沉没式锥型闸门。溢流式闸板闸门，对矿浆量波动有自调作用，调节也比较方便。采用闸板式闸门，由 IS-8701 型自动控制系统进行控制调节。

1.8　空气调节阀

为便于从鼓风机进入浮选槽空气的调节，在空气进入轴承体之前装有天津塘沽阀门厂生产的 A 型蝶阀。这种阀门体积小、轻便、调节灵活。

2　清水试验

清水试验的目的是验证浮选机设计是否合理，并找出合理的工艺参数，减少矿浆试验时对浮选机本身参数的测定，降低试验费用，节省试验时间。

由于 KYF-38 浮选机是在实验室试验及 KYF-16 浮选机的清水试验和矿浆试验的基础上设计的，所以没有对叶轮和定子的不同形式进行试验。定子和叶轮的径向间隙等参数在设计时也已经确定好，所以清水试验只有六个条件，试验条件及结果列入表 1 中。

表 1　清水条件试验

Table 1　Results of clear water test

试验条件编号	叶轮直径/mm	主轴转速 $/r \cdot min^{-1}$	最大充气量 $/m^3 \cdot (m^2 \cdot min)^{-1}$	空气平均分散度
1	850	134	1.73	7.04
2	850	138	1.99	5.47
3	850	144	2.05	3.77

续表 1

试验条件编号	叶轮直径/mm	主轴转速 /r·min^{-1}	最大充气量 /m^3·(m^2·min)$^{-1}$	空气平均分散度
4	880	134	2.11	5.13
5	880	138	2.48	4.39
6	880	144	2.61	4.95

试验过程中，浮选槽的总充气量是用孔板流量计测定的，并根据公式 $V=Q/S$ 计算出单位面积的平均充气量（V 为单位面积平均充气量，m^3/(m^2·min)；Q 为浮选槽总充气量，m^3/min；S 为浮选槽液面面积，m^2）。主轴电机功率由功率表直接读出，空气分散度是用排水取气法测定充气量，按公式（各点平均充气量）/（最大一点充气量-最小一点充气量）计算。图 4 列出了条件 5 时的充气量与主轴功率关系曲线。

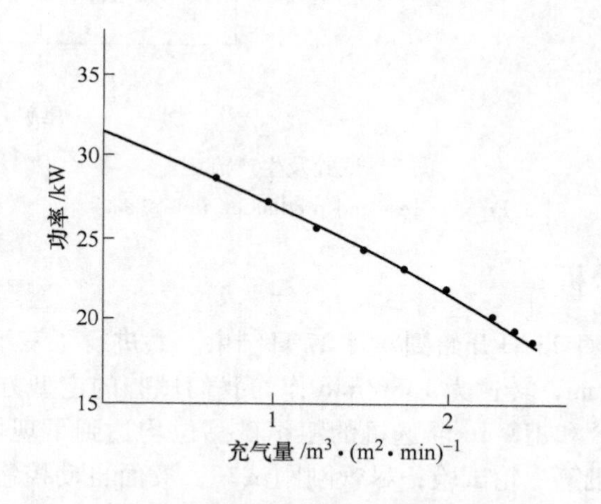

图 4 充气量与主轴功率关系曲线

Fig. 4 Relationship between aeration rate and shaft power

2.1 试验流程及条件

矿浆试验在德兴铜矿一选厂 5000t/d 磨浮系统进行，以两台 38m^3 浮选代替生产系统粗选六槽 JJF-6 浮选机，其尾矿均进入原生产系统扫选作业，并考察系统回收率。试验及生产流程如图 5 所示。

试验前曾对 JJF-16 浮选机进行检修，更换了新的叶轮。试验操作、样品采取、加工及化验均由选矿厂专门人员负责，药剂添加量由选矿厂生产技术组，根据矿石性质预报确定，给矿量和浓度、细度由选矿厂检验人员测定。

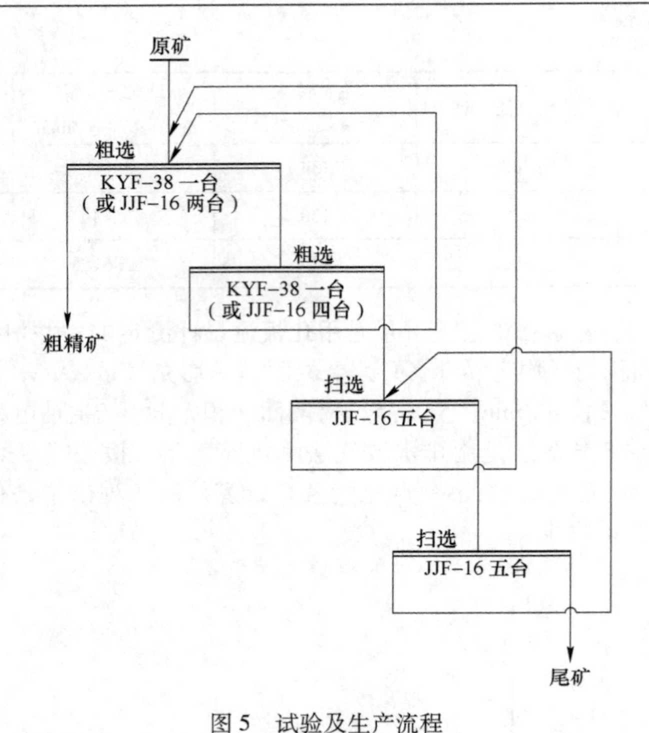

图 5　试验及生产流程

Fig. 5　Test and production flow sheet

2.2　试验结果及分析

工业试验从 5 月 13 日开始到 6 月 27 日结束。共进行了三组条件试验，其中以叶轮直径为 880mm，转速为 138r/min 作为我们试验的定型方案，结果见表 2。结果表明：KYF-38 和 JJF-16 浮选机的粗精矿品位均达到了现场不低于 8%的要求。KYF-38 浮选机第一轮试验，尽管刚刚试车，液面自动控制和风量自动控制处在调试阶段，在槽容积少 $20m^3$ 的条件下，仍取得了粗选作业回收率为 77.15%，仅比 JJF-16 浮选机 81.98%低 4.83%，全系统回收率 KYF-38 为 89.50%，比 JJF-16 的 88.04%高 1.46%；KYF-38 第二轮试验粗选作业回收率为 80.47%，比 JJF-16 的 78.80%高 1.67%，全系统回收率 KYF-38 为 90.30%，比 JJF-16 的 89.12%高 1.18%；第三轮试验目的是降低黄药用量，在开车两个班后，由于输送尾矿的 6 英寸泵负荷太重，经常跳闸，导致最后无法启动，所以改变了尾矿管的垂直弯管部分，重新加工了尾矿管的取样管，由于减少药剂和改变尾矿管、移动取样管的影响，造成这一轮的试验结果代表性不强。

2.3　矿浆悬浮状况考察

为了考察 KYF-38 浮选机的矿浆悬浮状况，用深槽取样器，在与槽子溢流堰距离为0.6m、1.1m、1.6m、2.1m、2.6m和3.1m深度处取样，两次取样结果均表明，在槽内不同深度处的矿浆浓度和细度变化很小，说明槽内矿浆能充分悬浮，没有沉槽现象。

2.4 流程查定

为了进一步分析 KYF-38 浮选机的工作情况，分别对 KYF-38 浮选机和 JJF-16 浮选机进行流程查定，经筛析化验表明，KYF-38 浮选机对+0.18mm（+80目），功率消耗粒级回收率比 JJF-16 提高 0.88%+7.3%，对-0.074mm（-200目）粒级回收率，KYF-38 浮选机提高了 0.72%~3.49%。

2.5 启动试验

在试验过程中，当 KYF-38 浮选机每次停机后，均不把槽内矿浆放掉，而是让矿浆自然沉积，一般沉积三天。在整个试验期间，每次启动浮选机时，主轴均可迅速启动，没有发现任何异常现象，证明 KYF-38 浮选机完全可以在重负荷下正常启动。为了避免启动时电机负荷太大，应采取先充入空气，后启动主轴电机。

2.6 功率消耗对比

功率消耗包括两个方面，一是主轴搅拌功率，二是充气功率。JJF-16 浮选机只有主轴搅拌功率。在试验过程中，每班每小时实测一次，最后按条件试验累加起来计算，结果列入表2中。

表2 功率消耗对比

Table 2 Power consumption contrast

名称	KYF-38 浮选机			JJF-16 浮选机	备注
	ϕ880 叶轮（138r/min）	ϕ880 叶轮（144r/min）	ϕ850 叶轮（144r/min）		
安装功率（每轴）/kW	37	37	37	40	
主轴实耗功率（每轴）/kW	21.73	22.70	20.97	31.47	充气功率，按选用 D250-31 风机，风压 34.3kPa（即 0.35kg/cm²），风量 250m³/min，轴功率 185kW 折算
充气功率（每槽）/kW	14.6	14.6	14.6	—	
实耗总功率/kW	36.33	37.3	35.57	31.47	
单槽容功率/kW·m^{-3}	0.956	0.982	0.936	1.967	
KYF-38 比 JJF-16 节电/%	51.4	50.08	52.41		

3　经济效益

KYF-38 浮选机用于德兴铜矿三期工程日处理 6 万吨，将会取得以下明显的经济效益：

（1）KYF-38 浮选机比 JJF-16 浮选机节电 51.4%，全年共节电 1818.4 万千瓦时，经济效益为 222.03 万元。

（2）可提高回收率 1.18%~1.46%，每年所获经济效益将为 512.55 万~772.5 万元。

（3）节省设备一次性投资 208 万元。

（4）采用 KYF-38 浮选机比采用 JJF-16 浮选机，可节省厂房面积 51%以上，节省费用为 27.3 万元。

（5）若德兴铜矿三期工程不采用国内浮选机，而是采用国外 OK-38 浮选机，按中芬引进技术合作制造计，单就主轴部件需要外汇 250 万美元，而自己制造主轴部件，最多只需人民币 180 万元，自己制造只为从国外进口费用的 20%。

4　结论

（1）KYF-38 浮选机采用了独创的单壁后倾叶片倒锥台状叶轮，多孔圆筒形气体分配器配以较小的悬空式定子和中心活动推泡装置。实践证明，该机设计的性能已达到和超过国外 OK 型浮选机。

（2）工业试验表明，该机结构合理，运转平稳可靠，并采用了先进的风量和液面自动控制技术，操作维护方便，空气分散能力强，固体悬浮状况好，能耗低，占地面积少，基建费用低，综合经济指标高，在槽容积少 $20m^3$ 的情况下，选别技术指标达到或超过 JJF-16 浮选机的指标。

（3）节电显著，KYF-38 比 JJF-16 节电 51.4%，比国外 OK-38 节电 20%以上。

（4）该机结构简单，设备质量比国外 OK-38 型轻 15%左右，维修工作量与 JJF16 相比，可减少 70%以上。

（5）槽体设计为 U 形，有利于槽底粗重颗粒向槽子中心移动，返回叶轮进行再循环，大大减轻了浮选槽的短路现象。由于叶轮设计为深型倒锥台形，距槽子底部较大，正常停机和事故停机均不需放矿。

XCF 自吸浆充气机械搅拌式浮选机

沈政昌　刘振春

（北京矿冶研究总院，北京，100160）

摘　要：XCF 型自吸浆充气机械搅拌式浮选机是一种既具有自吸矿浆、作业间可平面配置和中矿返回无需泡沫泵等功能，又具有一般充气机械搅拌式浮选机优点的新型浮选设备。文中述及该设备的结构、工作原理、设计原则、性能、使用情况以及主要零部件的设计。

关键词：浮选机；吸浆；充气

XCF Pulp-Induced and Air-Forced Mechanical Flotation Cell

Shen Zhengchang　Liu Zhenchun

（Beijing General Research Institute of Mining and Metallurgy, Beijing, 100160）

Abstract: XCF pulp-induced and air-forced mechanical flotation cell is new flotation equipment which can suck the pulp with pumping founction by itself. They can be configured on the same level without height difference and bubble pumps are not necessary to return middling. XCF flotation cell also has advantages of general air-forced mechanical agitation flotation cells. This paper introduces the structure, work principle, design method, performance, application and the major components design of XCF flotation cell.

Keywords: flotation; pulp-induced; air-forced

1　引言

充气机械搅拌式浮选机具有浮选工艺指标好，降低能耗和功耗，结构简单，操作、维护、管理方便等特点。以往的充气机械搅拌式浮选机无吸浆能力，浮选作业间采用阶梯配置，中矿返回需用泡沫泵。泡沫泵易磨损，对黏而不易破碎的泡沫难以扬送，流程难以畅通。对于复杂流程及精选作业配置困难。新建选矿厂由于阶梯配置，使基建投资增加；老厂改造由于厂房高度和流程高差都已固定，故难以采用作业间需要高差的充气机械搅拌式浮选机，这就限制了充气机械搅拌式浮选机的应用范围。因此，研制一种既有一般充气机械搅拌式浮选机优点，又具有吸浆能力，浮选作业间可水平配置和不用泡沫泵的自吸浆充气机械搅拌式浮选机对满足矿山生产要求是十分重要的。XCF 型自吸浆充气机械搅拌式浮选机就是为此而研制的，它可以单独使用，也可以与普通充气机械搅拌式浮选机组成联合机组，使浮选作业间水平配置，不用泡沫泵。目前已有槽容积 1 ~ 24m^3 共 7 种规格的该型浮选机用于十几个选矿厂，取得了预期的效果。

2　XCF 型浮选机结构及工作原理

XCF 型自吸浆充气机械搅拌式浮选机结构如图 1 所示，由容纳矿浆的槽体、带上下叶片的大隔离盘叶轮、径向叶片的座式定子、对开式圆盘形盖板、对开式中心筒、带有排气孔的连接管、轴承体以及空心主轴和空气调节阀等组成。深槽型槽体，有开式和封闭式两种结构。轴承体有座式和侧挂式，安装在兼作给气管的横梁上。

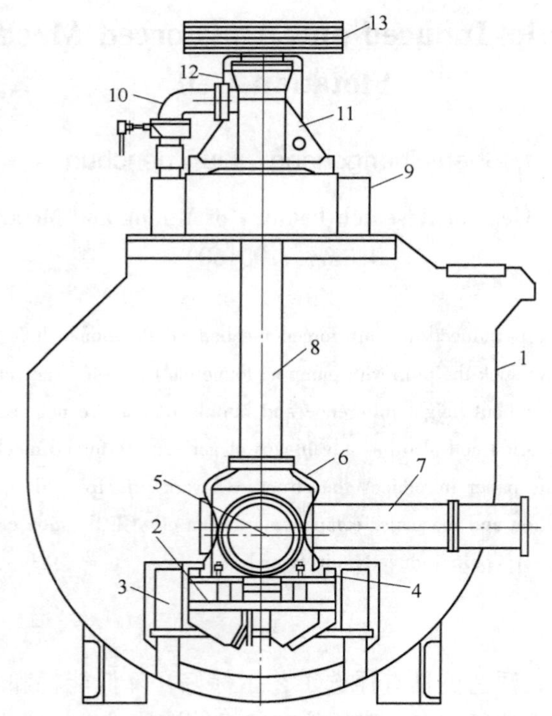

图 1　结构简图

1—槽体；2—叶轮；3—定子；4—盖板；5—给矿管；6—中心筒；7—中矿管；8—连接管；9—横梁；10—空气调节阀；11—轴承体；12—电机；13—传动装置

Fig. 1　Scheme of structure

工作原理：电机通过传动装置和空心主轴带动叶轮旋转。槽内矿浆从四周通过槽底经叶轮下叶片内缘吸入叶轮下叶片间，与此同时，由外部给入的低压空气，通过横梁、空气调节阀、空心主轴进入下叶轮腔中的空气分配器，然后通过空气分配器周边的小孔进入叶轮下叶片间，矿浆与空气在叶轮下叶片间进行充分混合后，由叶轮下叶片外缘排出。由于叶轮旋转和盖板、中心筒的共同作用，在叶轮上叶片内产生一定的负压，使中矿泡沫和给矿通过中矿管和给矿管流入中心筒内，并进入叶轮上叶片间，最后从上叶片外缘排出。由叶轮下叶片外缘排出的矿浆和空气混合物与叶轮上叶片外缘排出的中矿和给矿经安装在叶轮周围的定子稳流并定向后，进入槽内主体矿浆中，矿化气泡上升到矿浆表面形成泡沫层，矿浆一部分返回叶轮下叶片间进行再循环，另一部分通过槽间壁上的流通孔进入下一槽进行再选别或作为某一最终产品排出。叶轮隔离盘的作用是使下叶片排出的矿浆和空气混合物不影响叶轮上叶片的吸浆。

3 设计原则

借助研究充气机械搅拌式浮选机和机械搅拌式浮选机的理论和经验，通过分析和大量小型试验，认为具有一般充气机械搅拌式浮选机优点，又能自吸给矿和中矿的浮选机设计应遵循下列原则：

（1）通过叶轮的槽内矿浆循环量合理，搅拌力适中，不要在槽中造成较大的速度头，能有效地利用槽内循环矿浆和从槽外吸入的矿浆共同作用来分散空气。

（2）叶轮吸浆能力的提高不应靠加大叶轮周速，而应寻找最佳的叶轮形式。

（3）避免外加空气对吸浆产生不利的影响。

（4）与叶轮相配的定子有利于使由叶轮产生的旋转矿流转变成径向矿流，并有助于细空气泡的形成、降低能耗和自吸矿浆。

（5）叶轮-定子系统不仅能自吸矿浆，且所产生的槽内流体动力学状态要满足浮选动力学的要求。

（6）适当加大槽深，提高气泡的上升距离，以便增加矿粒与气泡的碰撞机会，有效地利用气泡，并保证分离区稳定。

（7）在具有良好性能的基础上，浮选机结构应简单、维护方便，能耗低，易损件寿命长。XCF 自吸浆充气机械搅拌式浮选机。

（8）易与一般充气机械搅拌式浮选机联合使用，组成 XCF 型自吸浆浮选机与其他浮选机的联合机组，以便更充分地发挥充气机械搅拌式浮选机的优越性，同时应使 XCF 型自吸浆浮选机的零部件尽可能与一般充气机械搅拌式浮选机有互换性，便于设备维护管理。

4 主要结构设计

根据所确定的设计原则，XCF 型自吸浆充气机械搅拌式浮选机的设计重点是槽体、叶轮、定子、盖板和连接管等的结构和参数以及它们之间的配合关系。主要零部件的设计如下。

4.1 槽体设计

大型浮选机一般很少采用方形槽体[1]，因为方形槽四角易出现矿砂堆积。为避免出现矿砂堆积并有利于粗重矿粒向槽中心移动，返回叶轮区进行再循环，减少矿浆短路现象，槽容积 $3m^3$ 以上的 XCF 型浮选机的槽体设计成 U 形。为了便于制造及安装，槽容积小于 $3m^3$ 时一般采用梯形槽。当 XCF 型浮选机与其他充气机械搅拌式浮选机组成联合机组时，为槽体间连接方便，槽体形状可与直流槽体形状一致。

对于一般充气机械搅拌式浮选机，叶轮无需造成负压来吸气，而是靠鼓风机向槽内压入空气，因此槽体可加深。深槽可降低主轴搅拌功率，易实现大型化；在浮选过程中易形成比较平稳的泡沫区和较长的分离区，有利于精矿质量和回收率的提高；气泡上升距离大，气泡与矿粒碰撞机会增加，气泡得到充分利用，从而提高空气的利用率，降低充气功耗；浮选槽容积相同时，深槽占据厂房面积小，可减少投资。因此，充气机械搅拌式浮选机一般采用深槽结构。为了使 XCF 型浮选机具有一般充气机械搅拌式浮选机的优点，且易于与一般充气机械搅拌式浮选机组成联合机组，采用深槽结构，这给自吸浆带来困难，加大了叶轮-定子机构的研制难度。

4.2 主轴设计

一般充气机械搅拌式浮选机由于压入低压空气，降低了叶轮中心区的负压，使之难以吸浆。为此，设计了具有充气-搅拌区和吸浆区的主轴部件。吸浆区由叶轮上叶片、圆盘形盖板、中心筒和连接管等组成；充气搅拌区由叶轮下叶片和空气分配器等组成。由叶轮的大隔离盘把两区分开。主轴结构如图 2 所示。

叶轮是浮选机的主要部件，是浮选机设计的关键之一。为了把充气-搅拌区和吸浆区分开，叶轮设计成具有被隔离盘分开的上下叶片，叶轮上叶片无外加充气的干扰，在叶轮上叶片中心区可形成较大的负压，以此来抽吸矿浆；叶轮下叶片只循环矿浆和分散空气。叶轮上叶片设计成辐射状平直叶片，经试验这样的叶片可产生比较合适的吸力和静压头，同时也能减少叶片间的回流[2]，避免主槽中的空气返回中心筒和连接管内。叶轮下叶片为后倾、高比转数离心式，下叶片内

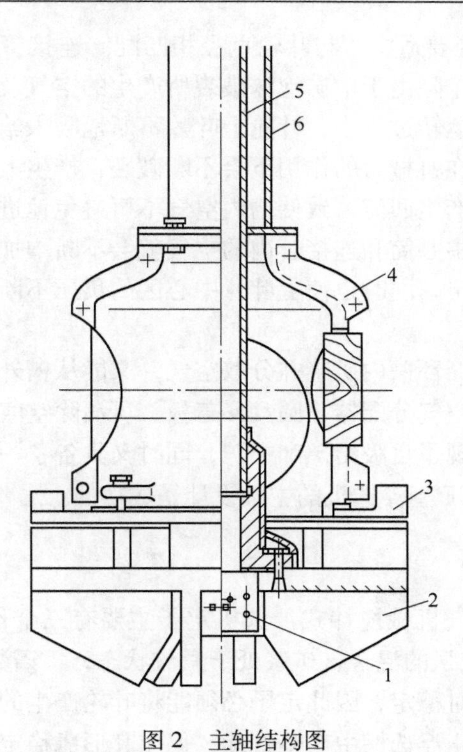

图 2　主轴结构图

1—空气分配器；2—叶轮；3—盖板；4—中心筒；5—空心主轴盖板；6—连接管

Fig. 2　Scheme of main shaft

缘和底边的夹角一般为 80°~120°，内缘和底边也可用抛物线或圆弧线代替。这样使下叶片具有较低的动压头、较大的流量，以满足浮选工艺对浮选机的要求。试验表明，上、下叶片高度一般为 1∶1.2 左右，叶轮直径比一般充气机械搅拌式浮选机叶轮大 12%~19%，叶轮线速度根据规格不同，可在 6.7~8.0m/s 之间选择。这样设计的叶轮使浮选机能自吸给矿和中矿，并具有搅拌强度适中、空气分散和循环矿浆能力强、功率消耗低等优点。

充气量范围及空气分散度对浮选机的适用范围及工艺指标影响极大。为了进一步提高充气量和空气分散度，在叶轮的下叶片腔中设计了空气分配器。空气分配器为壁上带有小孔的圆筒，它能预先将空气较均匀地分布在转子叶片的大部分区域内，提供大量的矿浆-空气界面，从而改善叶轮弥散空气的能力。安装在中心筒下部的圆盘形盖板是与叶轮上叶片组成吸浆区的一个重要部件。上叶片吸浆，要求上叶片中心区能形成较大负压，如果上叶片是开式的，就难以在上叶片中心区形成负压来吸浆，因此在叶轮上面设计了圆盘形盖板，封闭叶轮上叶片，使之能形成负压来吸浆，同时它还起到隔离吸浆区与槽内部区的作用，有效地防止充入的空气被导入吸浆区。盖板与叶轮上叶片的上端间隙要尽量小，一般取

5~10mm。盖板的直径要适中，与叶轮直径相匹配。连接管的作用是固定中心筒和圆盘形盖板，同时排除由于中矿泡沫破裂所产生的空气及矿浆回流而进入中心筒的空气。在浮选机运转过程中，叶轮上叶片不断地吸入给矿和中矿，中矿中含有大量的气泡，气泡在机械力的作用下会不断破裂，产生大量的气体，由于叶轮旋转，在上叶片间会产生回流，致使槽内空气不可避免地进入中心筒内，如果不及时排除这些空气，中心筒和连接管内的空气就会不断增加，这些空气将逆着进浆方向从吸浆管中排出，同时也使上叶片中心区的负压不断减少，从而降低吸浆能力。

由于采用了既能循环槽内矿浆并分散空气，又能从槽外吸入给矿和中矿的双重作用的叶轮，配以空气分配器、圆盘形盖板、可消除空气的连接管，选取合适的参数，使浮选机实现了自吸给矿和中矿，同时又具备了一般充气机械搅拌式浮选机的优点，因此 XCF 型浮选机的主轴设计是成功的。

4.3 定子

XCF 型自吸浆充气机械搅拌式浮选机定子主要有三个作用：（1）由于浮选机充气-搅拌区需要较强的混合，矿浆处于紊流状态，雷诺数一般大于 104，而分离区和泡沫区又需相对稳定，因此定子必须能将叶轮产生的切向旋转的矿浆流转化为径向矿浆流，防止浮选槽中矿浆打旋，促使其形成稳定的泡沫层，并有助于矿浆在槽内再循环。（2）使在叶轮周围和定子叶片间产生一个强烈的剪切环形区，促进细气泡的形成。（3）自吸浆充气式浮选机定子必须使经叶轮下叶片充入矿浆中的空气不受定子的阻挡，能顺利进入主槽中，而不会通过叶轮上叶片进入吸浆区。

XCF 型浮选机最终采用了悬空式径向短叶片开式定子，一般由 24 个叶片组成，安装在叶轮周围斜上方，由支脚固定在槽底。定子与叶轮径向间隙较大，定子下部区域周围的矿浆流通面积大，消除了下部零件对矿浆的不必要干扰，有利于矿浆向叶轮下部区的流动，降低了动力消耗，增强了槽下部循环区的循环和固体颗粒的悬浮。叶轮中甩出的矿浆-空气混合物可顺利地进入矿浆中，空气得到很好的分散，使叶轮吸浆能力提高。

5 技术性能及生产实践

5.1 主要技术参数

XCF 型自吸浆充气机械搅拌式浮选机现有 8 种规格，其主要技术参数见表 1。

表 1 XCF 型自吸浆充气机械搅拌式浮选机主要技术参数

Table 1 Main technical performance parameters of XCF flotation cell

型号	有效容积/m^3	槽体尺寸（长×宽×高）/m×m×m	定子		安装功率/kW	鼓风机风压/kPa	每槽空气耗量/$m^3\cdot min^{-1}$	生产能力/$m^3\cdot min^{-1}$	每槽质量/kg
			直径/m	线速度/$m\cdot s^{-1}$					
XCF-1	1	1.00×1.00×1.10	0.40	6.60	4/5.5	>14	0~2	0.2~0.5	837
XCF-2	2	1.30×1.30×1.25	0.47	6.80	5.5/7.5	>16	0~3	0.5~1	1150
XCF-3	3	1.60×1.60×1.40	0.54	7.00	7.5/11	≥18	0~5	0.7~1.5	1974
XCF-4	4	1.80×1.80×1.50	0.60	7.20	11/15	≥19.8	0~6	1~2	2305
XCF-8	8	2.20×2.20×1.95	0.70	7.50	18.5/22	≥21.5	0~10	2~4	3745
XCF-16	16	2.80×2.80×2.40	0.84	7.75	37/45	≥25.35	0~15	4~8	6299
XCF-24	24	3.10×3.10×2.90	0.92	7.90	45/55	≥30	0~17	8~12	9800
XCF-38	38	3.60×3.60×3.40	1.02	8.15	55/75	≥34.3	0~20	8~19	11600

5.2 生产工艺指标对比

XCF 型自吸浆充气机械搅拌式浮选机在有色及化工等行业的十多个矿山应用，均产生了明显的经济效益和社会效益。在银山铅锌矿的应用表明：XCF-8 型浮选机联合机组与原 6A 浮选机相比，铅回收率提高 0.67%，锌回收率提高 1.94%，功耗降低 23.1%，2 号油节省 22%，占地节省 40%，易损件寿命延长 1 倍以上。在金堆城钼业公司，XCF-24 型浮选机联合机组与原 7A 浮选机相比，钼回收率提高 1%，节电 39.87%，2 号油、煤油、黄药分别节省 46.27%、36.86% 和 28.22%，易损件费用降低 30%。在黄曼岭磷矿，XCF-16 型和 XCF-8 型浮选机联合机组与原 A 型浮选机相比，药剂消耗平均降低 20%以上、功耗降低 21%，在精矿品位有所提高的情况下，回收率提高 1.17%，易损件寿命大幅度提高。

6 结语

XCF 型自吸浆充气机械搅拌式浮选机成功地实现了充气机械搅拌式浮选机自吸矿浆、平面配置和中矿返回取消泡沫泵，同时又具有一般充气机械搅拌式浮选机的优点。该机的特点在于采用了一种既能循环矿浆和分散空气，又能从槽外部吸入给矿和中矿泡沫的双重作用的叶轮、开式定子、无叶片圆盘形盖板和带排气装置的连接管，解决了一般充气机械搅拌式浮选机由于低压空气进入叶轮腔中，抵消了由于叶轮旋转在叶轮腔中形成的负压而不能吸浆的难题。实践证明，该机高效、节能、分选效率高，是新建选矿厂和老厂改造的理想设备。

参考文献

[1] Fuerstenau MC. 浮选（纪念高登 AM 文集）[M]. 胡力行，等译. 北京：冶金工业出版社，1982.

[2] 周享达. 工程流体力学 [M]. 北京钢铁学院，1980.

大型 XCF/KYF-24 充气机械搅拌式浮选机联合机组的研制

刘惠林　刘振春

（北京矿冶研究总院，北京，100160）

摘　要：XCF/KYF-24 充气机械搅拌式浮选机联合机组是为万吨级以上的大型选矿厂提供的新型高效浮选设备，实现了充气式浮选机水平配置，节省新建选矿厂投资，方便老厂改造。文中论述了机组的设计原则和流程配置方法。该机用于金堆城铝矿改造中，铝粗精矿品位提高 3%~3.5%，回收率提高 1%，节电 39.87%，2 号油、煤油、黄药分别节省 46.27%、36.86%和 28.22%。

关键词：浮选机；充气吸浆；联合机组

Development of Large-scale Combined Unit of XCF/KYF-24 Air-Forced Mechanical Flotation Cell

Liu Huilin　Liu Zhenchun

(Beijing General Research Institute of Mining and Metallurgy, Beijing, 100160)

Abstract: Large-scale combined units of XCF/KYF-24 air-forced mechanical flotation cell are newly developed high efficiency flotation equipment for large-scale beneficiation plant with processing capacity of 10, 000t/d and above. This unit is available for the horizontal configuration and facilitates the investment saving of building beneficiation plant and the transformation of the old factory. The design pricnciple and configuration method is demonstrated in this paper. This units used in reconstruction project of Jinduicheng aluminum mine have good performance that aluminum grade of rougher concentrate increased by 3% to 3. 5% and recovery by 1%. In addition, the power consumption reduced 39. 87% and No. 2 oil, kerosene, xanthate consumption reduced 46. 27%, 36. 86% and 28. 22% respectively.

Keywords: flotation cell; air-forced pulp-induced; combined units

XCF/KYF-24 充气机械搅拌式浮选机联合机组是为日处理量万吨级以上，每系列处理量约 5000t/d 的大型选矿厂提供的新型高效浮选设备。

目前国内还有不少大型浮选厂仍采用小的 A 型浮选机，亟须进行技术改造。但老厂改造要采用大型浮选机困难很多，因为厂房面积和高度、给矿点和尾矿排出点之间的高差都是根据小浮选机设计的。以往国内外充气机械搅拌式浮选机都无吸浆能力，作业间要有高差，泡沫返回需用泡沫泵。为此研制大型的、具有吸浆能力的充气机械搅拌式浮选机联合机组成为当务之急。而具有吸浆能力的充气式浮选机的研制成功与否，又是这一问题的关键。联合机组的研制成功，可实现浮选作业的水平配置，取消中矿返回用的泡沫泵，从而大幅度降低基建费用和老厂改造费用，以及电费、设备维修费和日常生产管理费用等。

我们研制的 XCF/KYF-24 充气机械搅拌式浮选机联合机组采用鼓风机供气，用 XCF-24 浮选机做吸浆槽，KYF-24 浮选机做直流槽，实现了充气式浮选机工艺回路自吸给矿和中矿，浮选作业设备全部水平配置，改变了大型浮选机阶梯配置的传统方式。同时，大型浮选机的水平配置，既节省了厂房高度又便于管理，还可使放矿口直接用管道连接，减少了对环境的污染。

1 XCF/KYF-24 充气机械搅拌式浮选机联合机组的设计

1.1 设计方案

在设计 XCF/KYF-24 浮选机联合机组之前对国外几种主要浮选机，其中有芬兰奥托昆普的 OK 浮选机、美国道尔-阿里维浮选机进行了分析比较，经过实验室小型试验以及 KYF-16 浮选机的应用实践，设计了这一新型、结构简单、功耗低的 KYF-24 浮选机。为了使浮选作业间可以水平配置，在设计 KYF-24 浮选机的同时，对无吸浆能力的充气机械搅拌式浮选机进行了研究。认为充气式浮选机难于实现吸浆的最主要的原因是：外加的低压空气降低了由于叶轮旋转在叶轮腔中形成的负压。为解决这一难题，进行了研究，并通过小型试验和工业试验，设计了一种与 KYF-24 浮选机相匹配、具有能够吸浆和分散空气的新型叶轮的 XCF-24 型浮选机。工业试验证明，该联合机组的设计是成功的。

1.2 联合机组的工作原理

XCF/KYF-24 充气机械搅拌式浮选机联合机组由吸浆槽 XCF-24 浮选机和直流槽 KYF-24 浮选机组成，如图 1 所示。XCF-24 型浮选机的工作原理是：当叶轮旋转时叶轮上叶片负责抽吸给矿和中矿，下叶片负责从槽底抽吸槽内矿浆。与此同时，由鼓风机给入的低压空气，经空心轴进入叶轮下叶片中间的空气分配器中，通过分配器周边的小孔进入叶轮下叶片间，矿浆和空气在叶轮下叶片间进行充分混合后，由叶轮下叶片周边排出。排出的矿浆和空气混合物与上叶片排出的矿浆流一起，由安装在叶轮周围的定子稳流和定向后进入到槽内主体矿浆中，矿化气泡上升到槽子表面形成泡沫层。槽内矿浆一部分返回到叶轮下叶片进行再循环，另一部分通过槽间壁上流通孔进入下一槽再选别。KYF-24 浮选机工作原理除无上叶片吸浆外，其他与 XCF-24 浮选机相同。

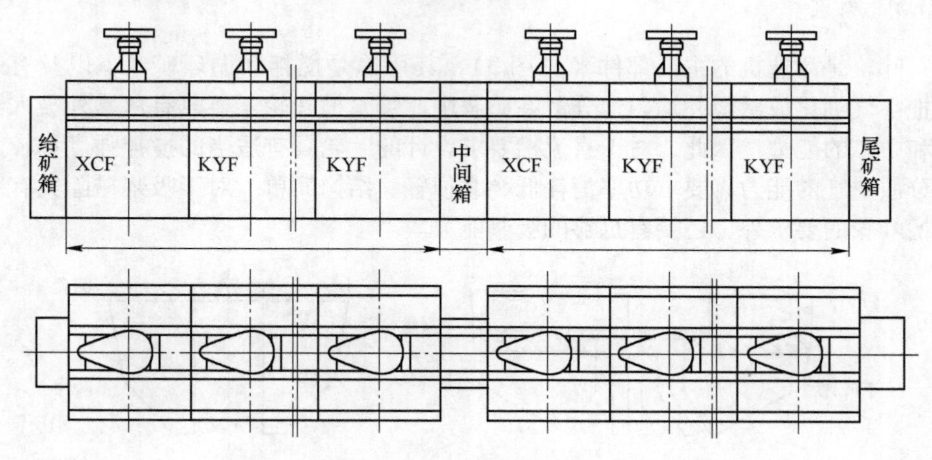

图 1 XCF-4 与 KYF-4 型浮选机水平配工图

Fig. 1 XCF-4 and KYF-4 flotation cell arrangement on the same level

1.3 主要结构设计及参数选择

在研究设计中不仅要求该联合机组具有吸浆能力，还要求保持良好的充气机械搅拌式浮选机的性能，因此把研究设计的重点放在叶轮定子上，同时对浮选机槽体、浮选机配置及管道等进行了设计计算。两种浮选机的结构示意图如图 2 所示。

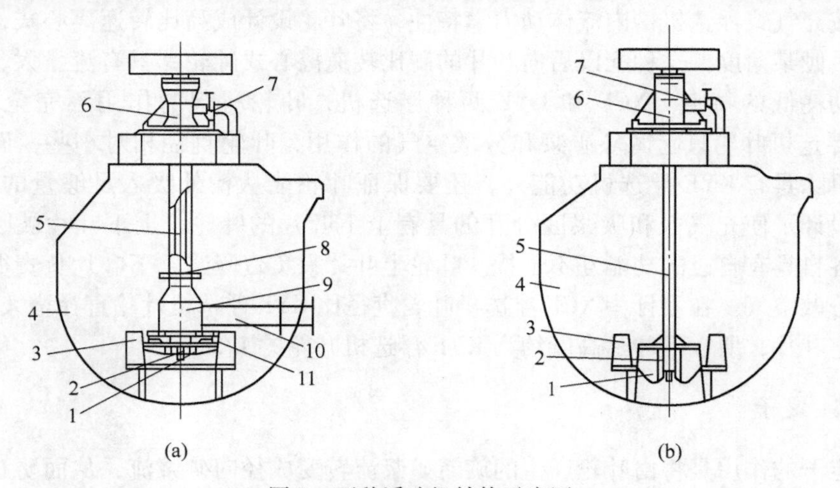

图 2 两种浮选机结构示意图

（a）XCF-24 型浮选机（b）KYF-24 型浮选机

1—叶轮；2—空气分配器；3—定子；4—槽体；5—主轴；6—轴承体；7—空气调节阀；8—接管；9—中心筒；10—泡沫返回管；11—盖板

Fig. 2 Structure of two types of flotation cells

1.3.1 叶轮

叶轮是浮选机的主要部件（见图3），其用途是搅拌和循环矿浆，以及有效地把空气细化成微泡并均匀地分散在矿浆中。吸浆槽叶轮还要兼有从槽外吸入给矿和中矿的能力。因此，对于直流槽要求设计的叶轮具有适当的搅拌强度和较大的分散空气的能力，要求功率消耗低、磨损轻、结构简单。对于吸浆槽除具有直流槽叶轮的要求外，还要有足够的吸浆能力。

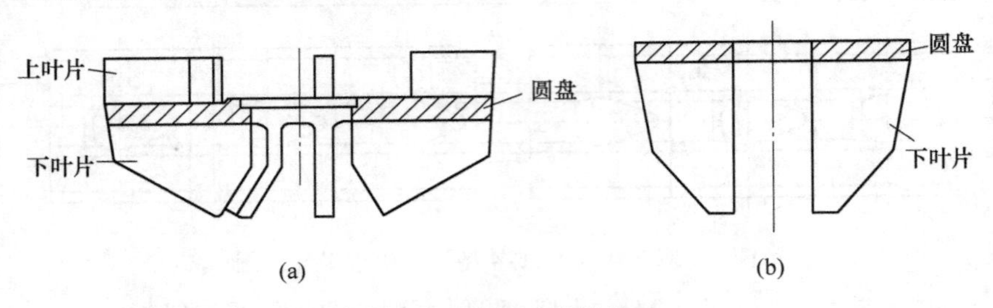

图3 浮选机叶轮结构

（a）XCF-24型浮选机；（b）KYF-24型浮选机

Fig. 3 Impeller structure of flotation cell

1.3.2 叶轮几何参数和叶轮直径确定

按充气式浮选机槽内流体动力学特性，将叶轮设计成高比转速离心式，叶轮叶片后倾某角度。这种配以后向叶片的高比转速离心式叶轮，具有流量大、压头低、功耗低的特点。XCF 和 KYF 两种浮选机，叶轮所起的作用不完全相同。KYF 浮选机叶轮只起循环矿浆和分散空气的作用，叶轮直径相对小些，而 XCF 浮选机除具有 KYF 浮选机功能外，还要保证叶轮能从槽外吸入足够量的矿浆，为此设计了使充气区和吸浆区分开的具有上下叶片的叶轮，上下叶片被圆盘分开，各自具有自己的功能互不干扰。叶轮上叶片只负责吸浆，下叶片负责循环矿浆和分散空气。在设计中 XCF 浮选机叶轮直径比 KYF 浮选机叶轮直径增大19%，因有上叶片，所以下叶片高度约为 KYF 浮选机叶轮的1/3。

1.3.3 定子

定子的作用是将由叶轮产生的旋转矿浆流转变成径向矿浆流，从而防止浮选槽中的矿浆打旋。定子的另一个作用是在转子周围和定子叶片间产生一个强烈剪切环形区，这个剪切区有助于细空气泡的形成。

XCF/KYF-24 浮选机采用的是悬空式径向短叶片定子，共24个叶片，安装在叶轮周围斜上方，坐在槽子底部的定子支架上。按浮选机规格来说，这种定子小而轻，定子与叶轮之间间隙大。定子的悬空安装，有助于消除围绕转子下部的不利干扰。这不仅降低了动力消耗，而且也增强了槽体最下部矿浆的循环和固体颗粒的悬浮。

2 浮选机流程配置及计算原则

2.1 浮选机流程配置

大型 XCF/KYF-24 充气机械搅拌式浮选机联合机组因有自吸矿浆的特点，要求下一作业中矿泡沫以最短的距离返回前一作业，因此相邻两作业最好是平行布置，只有在作业槽数较少的情况下可以将相邻作业布置在一条线上。总之在配置时使中矿泡沫管线越短越好。

对于老选矿厂改造，一般来说使用小型浮选机的选矿厂改用大型浮选机在厂房面积上是不成问题的。以金堆城为例：金堆城百花岭选矿厂原选钼、选硫各占一跨度，为使改造后的浮选机配置紧凑集中，并为选铁安装磁选机留出合适的位置，设计中将选钼和选硫浮选机全部配置在原选钼跨中。选钼跨宽为 15m，原来安装 3 排 7A 浮选机，改成大型 $24m^3$浮选机在 15m 宽安排 3 排就显得有点紧张，但这样配置对这种浮选机和已确定的工艺流程是最合理的。为保证中间操作通道的宽度，将两边的操作通道设计在两边浮选机的上方，这样就很圆满地解决了配置问题。重新配置的选矿厂，钼硫粗选和粗精选全部配置在选钼跨度，浮选机配置紧凑、整齐、美观，矿浆管道和中矿泡沫管道最短。

2.2 浮选主回路矿浆管线

首先要考虑矿浆管连接点的标高，在确定矿浆管连接点标高之前要确定搅拌槽、给矿箱及尾矿箱闸板外面的矿液面标高，而这几处标高主要取决于吸浆式浮选机的吸浆能力。XCF-24 浮选机设计吸浆量为 $12\sim13m^3/min$，吸浆高度为 1m 左右。根据此吸浆高度来确定上述各点矿液面标高，然后再根据矿液而标高来确定各矿浆管连接点的标高，同时确定出矿浆管坡度。

3 浮选机试验

为了使 XCF/KYF-24 充气机械搅拌式浮选机联合机组设计合理，满足大型选矿厂的工艺条件，既要满足吸浆能力和吸浆高度，又要使叶轮磨损轻、功耗低，为此在小型试验的基础上，对浮选机按比例放大，并进行了清水试验和工业试验。清水试验中通过改变叶轮、定子间隙、叶轮线速度等来验证设计的合理性，并对充气量等进行了一系列数据测试。因吸浆能力的大小直接影响着 XCF/KYF-24 浮选机联合机组能否成功地用于生产，因此对吸浆槽的吸浆能力进行了反复试验。工业试验是在金堆城钼业公司百花岭选矿厂进行的。试验期间对设备的性能、浮选工艺指标、功耗、药剂消耗等进行了测试对比。工业试验证明：XCF/KYF-24 充气机械搅拌式浮选机结构参数和设计参数设计准确，一次试车成功。百花岭选矿厂采用 XCF/KYF-24 充气机械搅拌式浮选机联合机组试验期间钼粗精矿品位提高 3%～3.5%，钼选矿回收率提高 1%，节电 39.87%，各种药剂 2 号油、煤油、黄药消耗分别降低了 46.27%、36.86%和 28.22%，备品备件磨损周期长，费用降低了 30%。由于采用了大型的新型浮选机减少了 50%的岗位工人及检修工人。一个系统的年经济效益可达 600 万元以上。

4　结语

XCF/KYF-24 充气机械搅拌式浮选机联合机组是一种结构简单、维修方便、磨损轻、能耗低、药剂消耗省、效率高的大型浮选设备。该联合机组自吸给矿，中矿返回不需泡沫泵。联合机组的研制成功，解决了充气机械搅拌式浮选机不能吸浆的难题，填补了国内外充气搅拌式浮选机水平配置的空白，具有世界先进水平。该机组的研制成功，为新建选矿厂充气式浮选机的配置提供了新途径，为老选矿厂浮选设备的改造提供了既经济又易行的成功经验，具有十分重要的现实意义。该联合机组已于 1993 年 12 月通过了中国有色金属工业总公司组织的技术鉴定。

参考文献

[1] 选矿设计手册编委会．选矿设计手册［M］．北京：冶金工业出版社，1988，7.
[2]［美］MC 富尔斯特瑙，浮选（纪念 A. M. 高登文集）［M］．胡力行，等译．北京：冶金工业出版社，1982，6.
[3] 现有选矿设备性能改善．DORR-OLIVER INCORPORATED［C］．北京国际冶金技术展览会，1986，6.
[4] New flotation equipment. Outokumpu［M］. Printed in Finland byPenart Oy 3865-078-4HS. 1987，3.
[5] 俞成译．OK-50 型浮选机技术特性．第 17 届国际选矿会议选矿设备介绍资料．国外选矿快报，1992，19.

CHF-X3.5 充气机械搅拌式浮选机工业试验

（河北铜矿，河北，067250，北京矿冶研究总院，北京，100160）

摘　要：本文介绍了 CHF-X3.5 充气机械搅拌式浮选机的工作原理与结构，在铜矿石选别工业试验的基础上，对比了 CHF-X3.5 浮选机与 6A 浮选机浮选性能。实践表明，CHF-X3.5 充气机械搅拌式浮选机比 6A 浮选机的粗精品位提高 0.141%，作业回收率提高 8.07%；设备投资和设备总吨位都减少将近 1/3；2 号油的用量节省 1/3；单机处理能力高，易于实现自动控制和大型化。

关键词：CHF-X3.5 浮选机；外充气；自动控制；放大

Industrial Test of CHF-X3.5 Air-Forced Mechanical Flotation Cell

（Hebei Copper Mine，Hebei，067250；Beijing General Research Institute of Mining and Metallurgy，Beijing，100160）

Abstract：The structure and work principle of CHF-X3.5 is introduced in this paper. Industrial test processing copper ore was carried out to compare the performance between CHF-X3.5 and 6A flotation cells，which showed that：the copper grade of concentrate from CHF-X3.5 was 0.14% higher with recovery 8.07% higher at 1/3 lower No. 2 oil consumption. CHF-X3.5 flotation cell is available for larger processing capacity and easier to realize automatic control and scaling up.

Keywords：CHF-X3.5 flotation cell；air-forced；automatic control；scaling up

1　前言

目前我国浮选厂广泛采用仿苏米哈诺布尔型浮选机，这种浮选机经国内外大量浮选厂的长期使用证明效率并不高，与近十年来出现的一些新型浮选机相比，更显得落后，主要的缺点是吸气量低、矿浆面不稳定，尤其是 6A 和 7A 两种较大规格的，翻花现象严重，大大影响浮选速度和指标，电能消耗也较大。在 20 世纪 60 年代后期与 70 年代初期，我国浮选机的研制和革新工作有了显著的进展，浮选柱已定型系列化，并在一些选矿厂中使用；1m^3 棒形浮选机初步定型；环射式浮选机正在进行工业试验；选煤工业正在试验喷射式浮选机和旋流浮选机。尽管如此，我国现在工业上使用的浮选机品种和效率还不能适应矿山建设飞速发展的需要。为了更好地适应有色金属选矿工业迅速发展的需要，河北铜矿选矿厂和北京矿冶研究总院共同进行了充气机械搅拌式浮选机的研制与试验。于1974年3月~1975年3月设计和制造了两台充气机械搅拌式浮选机，两种结构：一种是带循环筒的；另一种是带橡胶充气环的。接着于1975年4~5月较系统地做了清水试验。通过清水试验看出带有循环筒这种结构的充气机械搅拌式浮选机，比带有橡胶充气环的充气机械搅拌式浮选机的结构简单；具有气泡的弥散度、均匀度好，制造容易，检修方便，耗电量少，矿液面平稳等特点。因此选定了带循环筒的结构并称名为CHF-X3.5充气机械搅拌式浮选机，于1975年8月中旬至9月底在河北铜矿选矿厂与现用的6A浮选机进行了工业对比试验。共做了五种结构参数试验，总计运转了78个班。两台CHF-X3.5充气机械搅拌式浮选机与三台6A浮选机相比，第一组试验33个班的结果是在粗精品位基本相同（即提高了0.141%）的情况下，作业回收率提高8.07%。CHF-X3.5充气机械搅拌式浮选机除效率高外，设备投资和设备总吨位都减少将近1/3；2号油的用量节省1/3；单机处理能力高；易于实现自动控制矿浆面。这种浮选机易于向大型浮选机发展，并便于实现现用的6A和7A浮选机的改造。

2 CHF-X3.5充气机械搅拌式浮选机的工作原理与结构

2.1 工作原理

这种浮选机是充气机械搅拌式浮选机的一种。其主要特点是运用矿浆的再循环和增加充气量，来提高浮选效率。这是由于矿浆通过循环筒和叶轮形成的垂直循环产生的上升流，消除了矿粒在一般的浮选槽内的分层和沉砂现象，使矿粒在槽内有效地悬浮，并且使充足的空气在整个槽内很好地弥散，从而增大了矿粒与气泡的相碰率，矿化的空气泡由再循环的矿浆提升到槽子的上部，在这个平静的分离区产生了不可浮的脉石和矿化泡沫的分离，满载有用矿物的矿化泡沫仅仅经较短的距离从溢流堰自溢出或被刮除，实则是“浅槽浮选”。因此消除了限制一般机械式浮选机向大型化发展的障碍，使其便于向大型浮选机发展。

2.2 结构

CHF-X3.5充气机械搅拌式浮选机的结构如图1所示，主要由叶轮、盖板、主轴部件、循环筒、循环量调节板、中心筒、给气管、稳流板等组成。结构比较简单。叶轮上有8个叶片；盖板上有24个叶片（由四块组装成）。叶轮与盖板的轴向间隙为10mm，径向间隙10~15mm。为便于变换试验条件，叶轮的叶片高度、盖板的直径和循环筒的高度都做成可调节的。

CHF-X3.5充气机械搅拌式浮选机采用离心鼓风机（压力0.245kg/cm^2）充

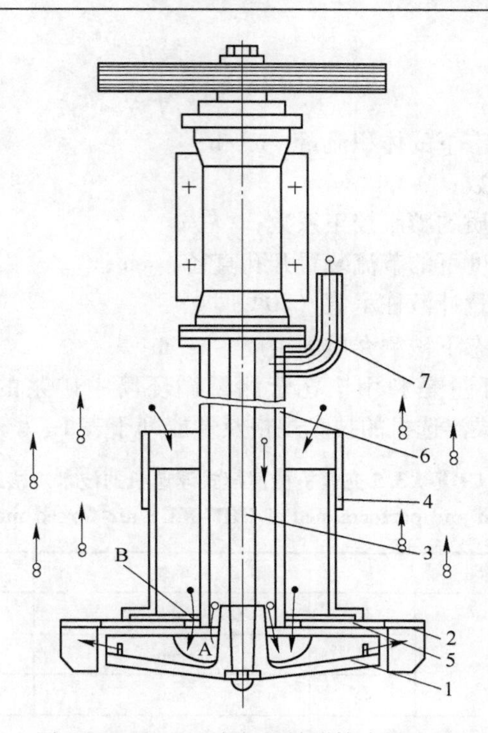

图 1　CHF-X3.5 充气机械搅拌式浮选机

1—叶轮；2—盖板；3—主轴；4—循环筒；5—循环量调节板；6—中心筒；7—给气管

Fig. 1　CHF-X3.5 air-forced mechanical flotation cell

气。中心筒上部的给气管与气源相连，中心筒下端与盖板内圆上的三个耳状物相连；循环筒安装在盖板上，其高度是可调的；循环量调节板安装在循环筒和盖板之间，用以调节盖板内圆与中心筒之间环状开孔面积，达到调节浮选槽内的矿浆循环量的目的。浮选机的工作是简单的（见图 1），当叶轮 1 旋转时叶轮腔中的矿浆被甩出，使 A 处变成负压区，循环矿浆经循环筒和由中心筒与盖板内圆形成的环状开孔 B 进入 A 区。低压空气经中心筒向下进入被循环矿浆封住的叶轮腔，这样促使空气和矿浆在叶轮腔内很好地混合。混合物由于旋转叶轮叶片离心力的作用，被甩撞在盖板叶片上进一步使空气泡破碎和矿浆均匀混合。充气矿浆在整个槽底向上方扩散，矿化气泡通过整个槽子截面向上升。必须强调指出，CHF-X3.5 充气机械搅拌式浮选机不是利用叶轮回转作用向槽内吸气，而是利用离心鼓风机向槽内充气。这种浮选机的充气效率直接与空气量和通过叶轮吸入的循环矿浆量有关，其功率很有效地用于空气-矿浆混合物的扩散和混合。浮选机的充气量根据需要由人工调节，可采用孔板流量计、U 形管压差计、水银压差计来测量和计算所需要的空气量。每槽的送风管直径 $D=53$mm，孔板孔径 $d=34.29$mm。在工作状态下，常用的实用充气量计算公式：

$$Q=0.01251\alpha\varepsilon d^2\sqrt{\frac{h_{20}}{\gamma}} \tag{1}$$

式中 Q——工作状态下的体积流量，m^3/h；

α——流量系数；

ε——被测介质的膨胀校正系数；

d——工作温度下的节流装置开孔直径，mm；

h_{20}——差压流量计液柱示值（20℃时）；

γ——工作状态下被测介质的密度，kg/m^3。

上式中矿浆循环量是利用毕托管测量循环筒中矿浆的流速来计算。CHF-X3.5充气机械搅拌式浮选机的技术规格及性能列于表1。

表1 CHF-X3.5充气机械搅拌式浮选机的技术规格及性能

Table 1 Specification and performance of CHF-X3.5 air-forced mechanical flotation cell

名称		单位	规格
槽体尺寸	长	mm	1700
	宽	mm	1700
	高	mm	1250
几何容积		m^3	3.5
有效容积		m^3	3.2
生产能力（按矿浆量计算）		m^3/min	2-4
主轴电机			JO_2-61-6，10kW
主轴转速		r/min	180
叶轮直径		mm	750
叶轮圆周速度		m/min	7
充气量		$m^3/(m^2\cdot min)$	最大可调到1.8以上
气泡分散度			2.5~8.5
刮板电机			JO_2-22-6，1.1kW
刮板转速		r/min	16
充气压力		kg/cm^2	0.1

3 CHF-X3.5充气机械搅拌式浮选机工业试验

3.1 清水试验对两种结构

一种是带循环筒的（见图1）；一种是带橡胶充气环的充气机械搅拌式浮选机。做了较详细的清水试验。从清水试验看出，带循环筒这种结构的浮选机与带橡胶充气环的那种结构的浮选机相比具有结构简单、省电、气泡的弥散度和均匀度好、矿浆面平稳、易于向大型化发展等优点。CHF-X3.5充气机械搅拌式浮选机比较好的清水试验结果列于表 2 中。

表 2 比较好的清水试验结果

Table 2 Clear water test results

项目指标条件	$n=180$			$n=200$	
	$D=700$	$D=750$		$D=700$	
	$h=50$	$h=50$	$h=84$	$h=50$	$h=70$
充气量/$m^3 \cdot (m^2 \cdot min)^{-1}$	0.90	1.12~1.44	1.0~1.86	1.0	0.9~1.50
电流/A	9.5	9.5~10.5	9.5~11.0	10.5	9.5~10.5
充气压力/$kg \cdot cm^{-2}$	0.08	0.08~0.1	0.08~0.11	0.082	0.08~0.1

3.2 工业试验

在清水试验的基础上，对带循环筒这种结构 CHF-X3.5 充气机械搅拌式浮选机的结构参数进行了工业试验，共做了五组参数试验。

试验系统和方法：CHF-X3.5 充气机械搅拌式浮选机两槽（两槽有效容积为 6.4m^3）代替 8 号系统粗选作业前三槽，同 7 号系统 6A 浮选机粗选作业前三槽（三槽有效容积为 8.4m^3），于 1975 年 8 月 21 日至 9 月 22 日进行了对比工业试验，两个系统的设备联系和流程分别如图 2 和图 3 所示。

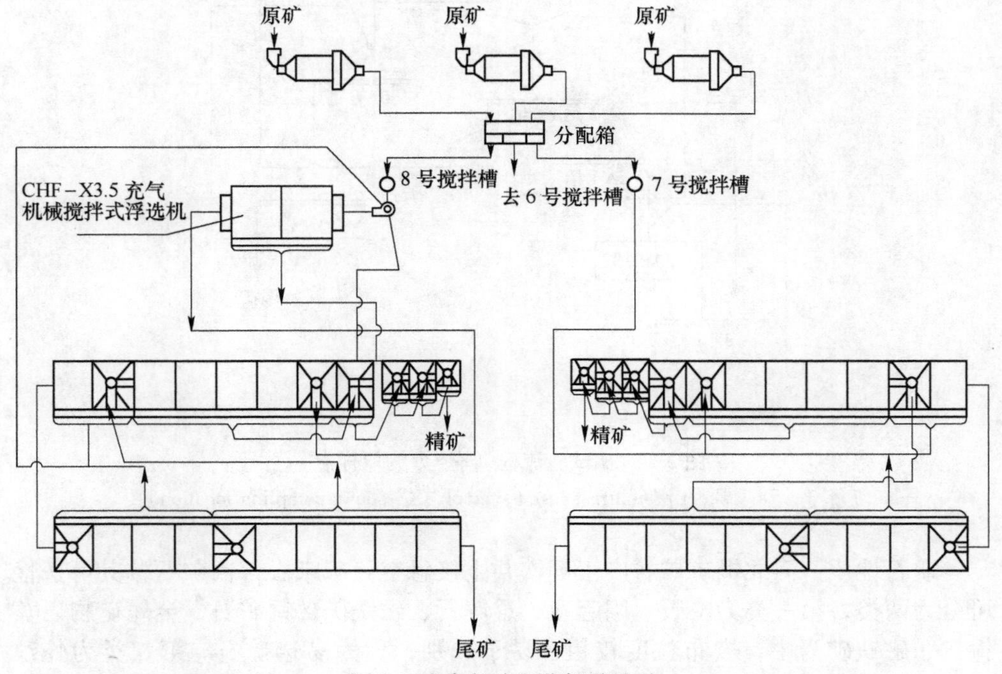

图 2 试验和对比设备联系图

Fig. 2 Diagram of equipments in test and comparison

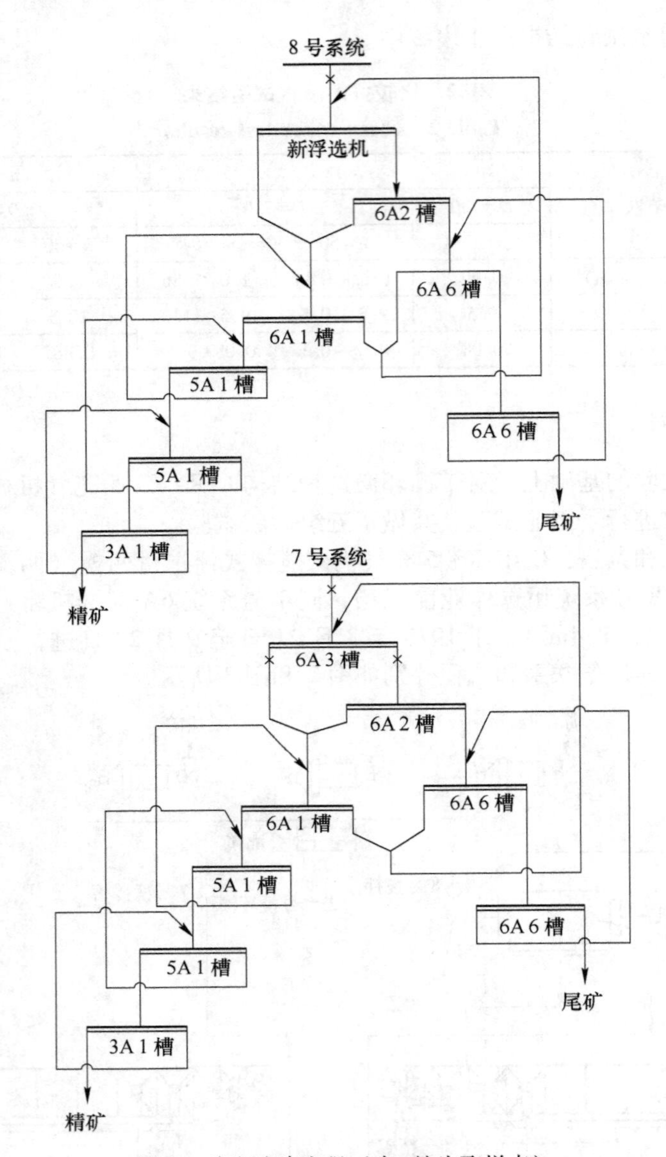

图 3　对比试验流程（有×处为取样点）

Fig. 3　Flow sheet of contrast test (symbol “×” shows sampling location)

矿石性质：河北铜矿矿石产于铜铁共生接触交代矿床。含铜矿石按其可选性可分为两类，第一类为滑石、阳起石、透辉石、磁铁矿含铜矿石，金属矿物以黄铜矿、磁铁矿为主，嵌布粒度较粗，易于选别，称为易选矿石。第二类为蛇纹石、磁铁矿含铜矿石，金属矿物嵌布粒度较细，可选性差，称为难选矿石。生产实践证明，当入选矿石中难选矿石比例增加时，铜的回收率随之下降。试验期间，入选矿石性质变化比较频繁。

3.3 五组结构参数试验及其结果

（1）当叶轮直径 $D=750\text{mm}$，叶轮转数 $n=180\text{r/min}$，叶片高度 $h=84\text{mm}$，循环筒高度 $H=470\text{mm}$，循环量 $Q=10.5\text{m}^3/\text{min}$ 时，33个班试验的平均结果见表3。

表3 第一组结构参数试验

Table 3 The first group of test results

项 目	系统	指标/%	两系统指标差/%
原矿品位	C	0.382	−0.009
	D	0.391	
精矿品位	C	5.162	+0.141
	D	5.021	
尾矿品位	C	0.177	−0.035
	D	0.212	
作业回收率	C	62.82	+1.39
	D	61.43	

（2）当叶轮直径 $D=750\text{mm}$，叶轮转数 $n=180\text{r/min}$，叶片高度 $h=50\text{mm}$，循环筒高度 $H=520\text{mm}$，循环量 $Q=10.5\text{m}^3/\text{min}$ 时，14个班试验的平均结果见表4。

表4 第二组结构参数试验

Table 4 The second group of test results

项 目	系统	指标/%	两系统指标差/%
原矿品位	C	0.491	+0.007
	D	0.484	
精矿品位	C	4.667	+0.89
	D	3.773	
尾矿品位	C	0.197	−0.006
	D	0.203	
作业回收率	C	62.82	+1.39
	D	61.43	

（3）当叶轮直径 $D=750\text{mm}$，叶轮转数 $n=180\text{r/min}$，叶片高度 $h=50\text{mm}$，循环筒高度 $H=465\text{mm}$，循环量 $Q=10.5\text{m}^3/\text{min}$。9个班试验的平均结果见表5。

表 5　第三组结构参数试验

Table 5　The third group of test results

项　目	系统	指标/%	两系统指标差/%
原矿品位	C	0. 371	-0. 007
	D	0. 378	
精矿品位	C	3. 240	+0. 573
	D	2. 667	
尾矿品位	C	0. 151	-0. 033
	D	0. 184	
作业回收率	C	62. 72	+7. 61
	D	55. 11	

（4）当叶轮直径 $D=700$mm，叶轮转数 $n=180$r/min，叶片高度 $h=70$mm，循环筒高度 $H=465$mm，循环量 $Q=12.48\text{m}^3/\text{min}$ 时，11 个班试验的平均结果见表 6。

表 6　第四组结构参数试验

Table 6　The fourth group of test results

项　目	系统	指标/%	两系统指标差/%
原矿品位	C	0. 453	+0. 003
	D	0. 450	
精矿品位	C	3. 620	+0. 410
	D	3. 210	
尾矿品位	C	0. 178	-0. 013
	D	0. 191	
作业回收率	C	64. 16	+2. 91
	D	61. 25	

（5）当叶轮直径 $D=700$mm，叶轮转数 $n=200$r/min，叶片高度 $h=70$mm，循环筒高度 $H=465$mm，循环量 $Q=12.48\text{m}^3/\text{min}$ 时，n 个班试验的平均结果见表 7。

表 7　第五组结构参数试验

Table 7　The fifth group of test results

项　目	系统	指标/%	两系统指标差/%
原矿品位	C	0. 331	+0. 002
	D	0. 329	

续表 7

项　目	系统	指标/%	两系统指标差/%
精矿品位	C	2.683	+0.115
	D	2.568	
尾矿品位	C	0.136	-0.025
	D	0.161	
作业回收率	C	61.89	+7.66
	D	54.23	

由表 3~表 7 可看出，在铜原矿品位相近的情况下，这五组试验，CHF-X3.5 充气机械搅拌式浮选机的粗精品位和作业回收率同 6A 浮选机相比都有不同程度的提高，尤其是第一组试验，在粗精品位略高的情况下，作业回收率有显著的提高。第一组试验，CHF-X3.5 充气机械搅拌式浮选机的选别指标，当原矿品位为 0.382%时，粗精品位为 5.16%，作业回收率为 55.39%；6A 浮选机的选别指标，当原矿品位为 0.39%时，粗精品位为 5.021%，作业回收率为 47.32%。在原矿品位相近的情况下，CHF-X3.5 充气机械搅拌式浮选机比 6A 浮选机的粗精品位高 0.141%，作业回收率高 8.07%。

由上述的工业试验指标看出，CHF-X3.5 充气机械搅拌式浮选机与 6A 浮选机相比效率是比较高的。其效率之所以比较高，主要原因在于：利用了矿浆的垂直循环，矿浆由槽子的中间带开始经循环筒到槽子底部，在很大的区域内循环，产生的上升流类似于叶轮搅拌的作用，从而消除了矿粒在一般浮选槽内的分层和沉砂现象，保证了矿粒得到提升和悬浮，故可提高浮选物料的粒度；

由于矿浆的垂直循环量可达 10.5~12.48m^3/min，相当于一个槽子中的矿浆每分钟循环三次之多，从而提高了矿粒与空气泡的相碰率；外部压气，充气量较大。空气是经中心筒被充入叶轮腔内与循环的矿浆混合后被叶轮甩出，向整个槽内弥散，从而能有效地进行浮选。清水试验的充气量达 1.8m^3/m^2 时，弥散度、均匀度均较好。工业试验时的空气量一般调整到 1.1~1.3m^3/(m^2·min)。而对于通常的转数和槽深的 6A 机械式浮选机的吸气量就受到了限制；槽内矿浆的循环和流动是有规律的，矿浆面比较稳定，有利于有用矿物的选别和富集，A 型浮选机翻花比较严重，6A 和 7A 浮选机更严重些；CHF-X3.5 充气机械搅拌式浮选机的叶轮周边速度为 7m/s（6A 浮选机的叶轮周边速度为 8.8m/s），叶轮周边速度低，从而减少附着到空气泡上的矿物粒子的脱落力，给浮选造成有利条件。

3.4 工业试验中存在的问题

由于现场试验条件限制采样点不够理想，所采的原矿不是真正的这一作业的给矿。两系统原矿采取分配箱分配后的矿流都未包括中矿返回。

4 结语

CHF-X3.5充气机械搅拌式浮选机与6A浮选机对比工业试验证明浮选效率是比较高的，在选择较好的结构参数情况下，CHF-X3.5充气机械搅拌式浮选机比6A浮选机的粗精品位提高0.141%，作业回收率提高8.07%。通过五组试验，对选别影响比较大的因素 h/D（h 为叶轮叶片高度，D 为叶轮直径）的值、叶轮圆周速度、循环筒的高度等的影响进行了探索，找出比较合适的 h/D 为0.1～0.12，叶轮的圆周速度为7m/s，循环筒高度为470mm。

CHF-X3.5充气机械搅拌式浮选机（两槽有效容积为6.4m^3）浮选时间为4.2min，比6A浮选机（三槽有效容积为8.4m^3）浮选时间5.5mim短1.3min，故前者浮选速度快。试验证明，结构简单，制造容易，检修方便，叶轮和盖板磨损轻，耗电量低，2号油用量减少1/3。易于向大型浮选机发展，也便于将6A、7A浮选机改造成这种浮选机，因此它是新建浮选厂和改造老浮选厂的一个发展趋向。这种浮选机便于实现矿浆面自动控制，可减轻工人劳动强度，提高劳动生产率。CHF-X3.5充气机械搅搜式浮选机的缺点是需要辅助风机（一般0.245kg/cm^2 压力的离心鼓风机即可）供风；一般要阶梯配置，需要泡沫泵。但如改造6A和7A为这种浮选机时，可保留每个作业的第一槽做吸入槽，则可不要阶梯配置和泡沫泵。

CHF-X14 充气机械搅拌式浮选机工业试验

（河北铜矿，河北，067250；北京矿冶研究总院，北京，100160）

摘　要：本文介绍了 CHF-X14 充气机械搅拌式浮选机结构和工作原理，开展了三个相关工业试验：结构参数试验；与 6A 浮选机的工业对比试验；中矿返回采用与不采用泡沫泵的对比试验。试验结果与生产实践表明，该浮选机具有处理能力大、选别效率高、易于操作和实现液面自动控制等优点。

关键词：CHF-X14 浮选机；外充气；大型；自动控制

Industrial Test on CHF-X14 Air-forced Mechanical Flotation Cell

（Hebei Copper Mine，Hebei，067250；Beijing General Research Institute of Mining and Metallurgy，Beijing，100160）

Abstract：The structure and work principle of CHF-X14 air-forced mechanical flotation cell is introduced. Industrial comparison tests on parameters of structure，types of flotation cells and methods to return middling were carried out. The test results and consequent production indexed prove that：CHF-X14 flotation cells with its large processing capacity and high efficiency are easier to be operated and to realize automatic control.

Keywords：CHF-X14 flotation cell；air-forced；large-scale；automatic control

为适应大打矿山之仗的需要，适应新建的大型有色金属浮选厂及老选厂革新、改造、挖潜的需要，除进行工艺改革、研究高效浮选药剂外，研制新式大型浮选设备也是一项重要研究内容。

在 GHF-X3.5 充气机械搅拌式浮选机参数试验以及与 6A 浮选机对比工业试验的基础上，原冶金部（76）冶科字第 321 号文下达任务：河北铜矿和北京矿冶研究总院共同进行一个系统（12 台）GHF-X14（双机构：一个 14.4m^3 的槽子中安装两个搅拌机构）充气机械搅拌式浮选机（以下简称大型浮选机）的研制。

在原冶金部的大力支持下，在河北铜矿党委和北京矿冶研究总院党委的领导下，成立了由河北铜矿选矿厂、北京矿冶研究总院设备室参加的工人、干部、技术人员三结合试验组。于 1976 年 10 月至 1977 年 11 月成功地进行了大型浮选机参数试验；大型浮选机（一精尾和一扫泡用泡沫泵返回）与6A浮选机对比工业试验；大型浮选机2系统（一精尾和一扫泡用泡沫泵返回）与1系统（一精尾和一扫泡不用泡沫泵而采用自吸返回）的对比试验。

经过一年多的生产使用证明，大型浮选机具有运转可靠，操作方便，液面稳定，充气量可调节，选别效率高，处理能力大，减少了浮选机的台数和系列数，减少了矿浆管路、矿浆分配器、取样机、测量调整装置、加药设备等的数量，易于实现液面自动控制等优点。工业试验证明：

（1）大型浮选机的结构参数（循环孔面积、叶轮转速、循环筒高度）合理。

（2）大型浮选机（一精尾和一扫泡用泡沫泵返回）在原矿品位、磨细度相同，浮选时间短7min的情况下与6A浮选机进行的对比试验结果：技术指标较好，铜精矿回收率提高0.6%，品位提高1.09%，经济效果显著，2号油用量减少51.32%，黄药用量减少7.8%，设备质量减少39.44%，占地面积减少61.67%，功率消耗降低15.33%，叶轮盖板磨损轻，灰铸铁可使用一年以上；为浮选机矿浆面自动控制创造了有利条件。

（3）通过对比试验表明：用泡沫泵技术指标好，铜精矿回收率提高1.6%，品位低0.65%，经济效果显著，仅粗选作业使用一台泡沫泵可节省功率31.5kW，整个系统使用两台泡沫泵可节省功率102kW。使用泡沫泵有利于安全生产，减少金属流失，同时使每个作业第一槽能充分发挥作用。

河北铜矿选矿厂使用两个系统大型浮选机取代了7个系统191台A型浮选机。

这种大型浮选机是目前我国研制成功并在生产中使用的容积最大的一种浮选机。它的研制成功为大型选矿厂的建设，老选矿厂的扩建和改造提供了新式大型浮选设备。

1978年4月20~24日，冶金工业部委托河北冶金局召开了GHF-X14充气机械搅拌式浮选机鉴定会。与会的一机、煤炭、地质、建材、冶金系统和冶金部及有关省市领导机关、厂矿企业、研究设计、高等院校、科技刊报等48个单位、89名代表一致认为该大型浮选机可以定型，建议纳入国家计划生产，并推广使用。

1 结构和工作原理

浮选机的主要作用是满足浮选要求的充气和搅拌矿浆，使之呈悬浮状态。浮选机中疏水性的矿粒附着到气泡上主要通过两个途径：碰撞和析出。为增加矿粒与气泡接触的概率，造成利于附着的条件，以提高浮选效率，浮选机必须保证矿浆中吸入（或充入）足够的空气，而且使空气充分弥散成大量的、尺寸适宜的气泡，并使之均匀地分布在槽内各处。为使矿粒与气泡能充分撞触，则要搅拌矿浆（机械搅拌或空气搅拌），使之呈悬浮状态均匀地分布于整个槽内。矿浆的有效悬浮主要是消除粗颗粒矿物沉淀。

充气机械搅拌式浮选机近十年来国外研制得较多，发展得较快，而且向大型化发展，浮选机向大型化发展势必解决空气均匀分散和矿浆有效悬浮这两个关键问题。当前国外一些浮选机：丹佛 D-B、阿基泰尔·威姆科 1 + 1、OK、萨拉等除外加充气外，都力图增加和改善浮选机的循环量来解决向大型化发展带来的这两个关键问题，其中美国的丹佛 D-B 浮选机采用矿浆垂直循环，其循环量可达槽子容积的 3.5 倍以上，而且循环区域大，有利于矿浆的悬浮，而其他的几种浮选机循环量和循环区域均较小。为此我们参照丹佛浮选机的原理设计了 GHF-X 3.5 机械搅拌式浮选机，于 1975 年较详细地进行了浮选机主要参数的清水试验和与 6A 浮选机的工业对比试验，清水试验和工业对比试验的结果列于表 1～表 3 中。由清水试验和工业对比试验得 3.5 充气机械搅拌式浮选机比较好的主要参数为：叶轮速度 $v=7\text{m/s}$；循环量 $Q = 10\sim12\text{m}^3/\text{min}$（是槽子容积的 3～4 倍）；$D/W=750\text{mm}/1750\text{mm}=0.43$（$D$ 为叶轮直径，W 为槽宽）；$h/D=84\text{mm}/750\text{mm}=0.112$（$h$ 为叶片高度）。在 GHF-X3.5 充气机械搅拌式浮选机的基础 上设计了 GHF-X14 充气机械搅拌式浮选机。

表 1 比较好的清水试验结果

Table 1 Clear water test results

项目指标条件	$n=180$			$n=200$	
	$D=700$	$D=75$		$D=700$	
	$h=50$	$h=50$	$h=84$	$h=50$	$h=7$
充气量/$\text{m}^3\cdot(\text{m}^2\cdot\text{min})^{-1}$	0.9	1.12～1.44	1.0～1.86	1.0	0.9～1.50
电流/A	9.5	9.5～10.5	9.5～11.0	10.5	9.5～10.5
充气压/$\text{kg}\cdot\text{cm}^{-2}$	0.08	0.08～0.1	0.08～0.11	0.08	0.08～0.10

表 2 五组结构参数条件

Table 2 Five groups of structure parameters

组号	叶轮直径 D /mm	叶轮转速 n /$\text{r}\cdot\text{min}^{-1}$	叶片高度 h /mm	循环筒高度 H /mm	循环量 Q /$\text{m}^3\cdot\text{min}^{-1}$	试验班数
1	750	180	84	470	10.5	33
2	750	180	50	520		14
3	750	180	50	465		9
4	750	180	70	465		11
5	750	200	70	465	12.48	11

表 3 五组结构参数试验结果

Table 3 Results of test at five groups of structure parameters

组 号	原矿品位 /%		粗精品位 /%		尾矿品位 /%		作业回收率 /%		两系统指标差	
	C①	D②	C	D	C	D	C	D	$\beta_C - \beta_D$	$\sum C - \sum D$
1	0.382	0.391	5.021	5.021	0.177	0.212	55.39	47.32	0.141	8.07
2	0.491	0.484	4.667	3.773	0.197	0.203	62.82	61.43	0.89	1.39
3	0.371	0.378	3.240	2.667	0.151	0.184	62.72	55.11	0.573	7.61
4	0.453	0.450	3.620	3.210	0.178	0.191	64.16	61.25	0.410	2.91
5	0.331	0.329	2.683	2.568	0.136	0.161	61.89	54.23	0.115	7.66

① CHF-X3.5m^3 充气搅拌式浮选机；

② 6A 浮选机。

GHF-X14 浮选机是一种充气机械搅拌式浮选机，其结构如图 1 所示，主要由叶轮、盖板、钟形物、循环筒、主轴部件、中心筒和总风管（兼作横梁用）组成。整个竖轴部件吊装在总风筒上。

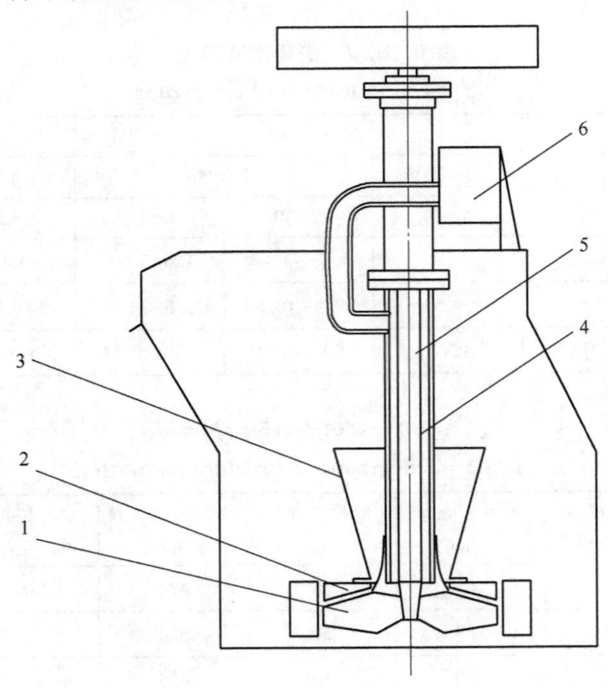

图 1 浮选机结构、工作原理

1—叶轮；2—盖板；3—循环筒；4—主轴部件；5—中心筒；6—总风筒

Fig. 1 Structure and work principle of large-scale flotation cell

叶轮有 8 个叶片，盖板由四块组装成，共有 24 个叶片，叶轮与盖板的轴向间隙为 15~20mm，径向间隙为 20~40mm。大型浮选机采用 D-100-32 离心鼓风机（风压为 0.245kg/cm^2）供风。中心筒上部的给气管与总风筒相连，中心筒的下部与循环筒相连，盖板与循环筒相连。起导流作用的钟形物安装在中心筒的下端。循环筒与钟形物之间的环形孔供循环矿浆用。

大型浮选机的工作原理主要是运用了矿浆垂直循环和充入足够的低压空气来提高选别效率，浮选槽内的矿浆垂直循环消除了矿粒的分层和沉砂现象，增加了粗粒、重矿物选别的可能性，同时增加了粗粒与气泡的相碰率。当叶轮旋转时叶轮腔中的矿浆与空气的混合物被甩出，使叶轮叶片背面区变成负压区，循环矿浆经循环筒和钟形物之间的环形孔进入负压区，低压空气经中心筒和钟形物进入被循环矿浆封住的叶轮腔，促使空气和矿浆在叶轮腔内很好地混合。混合物由旋转叶轮叶片产生的离心力的作用，被甩撞在盖板叶片上进一步使空气泡细化并弥散于矿浆中，在垂直循环上升流的作用下由整个槽底下向上扩散，矿化泡沫在槽子上部平静的分离区产生了不可浮的脉石矿物与矿化泡沫的分离，满载有用矿物的矿化泡沫仅经较短的距离被刮除或自溢出，实则“浅槽浮选”。

须强调指出，大型浮选机不是靠旋转叶轮产生的负压向槽中吸气，而是用鼓风机另行供气，其充气效率主要与充气量和通过叶轮循环的矿浆量有关，因此功率能很有效地用于空气与矿浆的混合与分散。

浮选机的充气量可根据矿石性质，原矿品位高低，磨矿细度来调节，最大充气量可达 1.5~1.8m^3/(m^2 · min)。

矿浆循环量是利用毕托管测量循环筒中水（因用毕托管测量矿浆循环量时，矿粒易堵塞毕托管，故用清水测量）的流速计算的。为减少测量误差，测量时连接毕托管和水银压差计的管路需充满水不得有空气泡存在。计算公式如下

$$v = \xi \sqrt{\frac{2g}{\gamma_1} h(\gamma_h - \gamma_1')} \quad (1)$$

式中 v——循环筒中测量点水的流速；

ξ——毕托管校正系数；

γ_1——测介质密度；

γ_1'——水银压差计上介质密度；

γ_h——水银压差计中水银密度。

用这种方法测量了一个机构的循环量，Q = 31.3m^3/min。

大型浮选机技术规格及性能见表 4。

表 4 大型浮选机技术规格及性能

Table 4 Specification and performance of large-scale flotation cell

名　　称		单　位	规　格
槽体尺寸	长	mm	2000
	宽	mm	4000
	高	mm	1800
几何容积		m^3	14.4
生产能力（按矿浆量计算）		m^3/min	6~15
主轴电机（安装功率）			吸入槽：JO_2-72-4 30kW（每轴）
			直流槽：JO_2-71-6 17kW（每轴）
主轴转速		r/min	吸入槽：220 直流槽：150
叶轮直径		mm	900
叶轮圆周速度		m/s	吸入槽：10.4 直流槽：7
最大充气量		m^3/（m^2·min）	吸入槽：0.4~0.5 直流槽：1.5~1.8
气泡分散度①			9.0（直流槽充气量为 1m^3/（m^2·min））
充气压力		kg/cm^2	0.18

①气泡分散度$=\dfrac{平均充气量}{最大点充气量-最小点充气量}$。

2 配置及其辅助设备

2.1 配置

一个系统共 12 台，粗选作业 3 台，一次扫选作业 5 台，二次扫选作业 4 台。原设计采用阶梯配置，粗选与一次扫选作业，一次扫选与二次扫选作业之间的高差为 300~400mm（一般 300mm 即可），中矿产物一精尾和一扫泡，二扫泡各自用一台泡沫泵逐次返回到前一作业的给矿箱和中间箱。工业试验是结合河北铜矿老选矿厂改造进行的，试验过程中曾考虑到省去或减少泡沫泵将每个作业的头一台改成吸入槽，改为平面配置的可能。用 CHF-X3.5 充气机械搅拌式浮选机做了初步吸矿试验，后来每个作业的头一台改为吸入槽，但经试验吸入槽暴露出一些问题，最大充气量为 0.3m^3/(m^2·min)（主轴转速 190r/min，叶轮圆周速度 9m/s 时），因此吸入槽很少刮出或基本上刮不出泡沫，欲增加充气量吸入槽本身又分散不了，往一精尾返回点或下一作业泡沫槽呛风，吸矿能力不强，而且对相邻的直流槽的选别有影响。为改善和提高吸入槽的性能，将吸入槽主轴转速从原

190r/min 增加到 220r/min，叶轮圆周速度由 9m/s 提高到 10.4m/s，使用 30kW 电机驱动之后，充气量只从 0.3m^3/(m^2·min) 增加到 0.4~0.5m^3/(m^2·min)，没有奏效。鉴于粗选作业只有三台，其中吸入槽不大起作用，显得粗选作业薄弱，在现有基础上一精尾和一扫泡用泡沫泵返回，经三个多月的生产试验证明，技术指标好，经济效果显著。一精尾和一扫泡使用泡沫泵返回，既使粗选作业第一台充分发挥了选别作用又较好地解决了中矿返回问题。泡沫泵运转可靠，功率消耗低（一台泡沫泵实耗功率为 7.5kW）。一精尾和一扫泡用泵返回后节省功率 31.5kW；如整个系统都使用泡沫泵（共两台）返回中矿可节省功率 102kW。

2.2 辅助设备

大型浮选机的辅助设备有：泡沫泵和 D-100-32 离心鼓风机。泡沫泵是按凤凰山铜矿使用的 BPV-350 立式泡沫泵仿制的，泵轮直径 ϕ334mm，主轴转速 $n \approx$ 1000r/min。试验和生产使用证明它运转可靠，检修方便，排量大，消耗功率低(实耗 7.5kW)，是大型浮选机的一个很合适的辅助设备。

大型浮选机选用压力为 0.245kg/cm^2 的离心鼓风机供风。实践证明大型浮选机使用低压大风量的 D-100-32 离心鼓风机供风很适合。

3 矿石性质

河北铜矿尾矽卡岩类型矿床，自 1957 年投产以来，矿石含铜品位逐年下降，试验期间处理铜矿石的品位为 0.3%左右，而且矿石性质变化比较频繁。试验期间处理的原矿主要有以下几种类型：

（1）蛇纹石化橄榄石透辉石磁铁矿含铜矿石；（2）透辉石含铜矿石；（3）蛇纹石粒硅镁石橄榄石磁铁矿含铜矿石；（4）透闪石磁铁矿含铜矿石；（5）金云母透闪石磁铁矿含铜矿石；（6）透闪石阳起石磁黄铁矿含铜矿石。

据 1977 年 6 月原矿井下鉴定，上述各类矿石含主要有用金属矿物为：黄铜矿、磁铁矿。次要金属矿物为：磁黄铁矿、黄铁矿（白）。经化学分析得知，尚有少量墨铜矿和微量氧化铜矿等。

主要脉石矿物为：透辉石、橄榄石、粒硅镁石、蛇纹石、金云母、透闪石、阳起石、绿泥石、方解石等。次要脉石矿物为：白云母、磷灰石等。所以脉石矿物几乎全是镁、钙矿物。

黄铜矿在矿石中镶嵌关系：几乎全为他形晶呈团块状及星点状存在，与磁黄铁矿密切共生，有时呈互相镶嵌及包裹关系，具有这种关系的主要是团块状黄铜矿，二者接触界线平滑清楚。另一种是星点状的黄铜矿，颗粒很细，最小粒径小于 0.01mm，而粒径在 0.01~0.03mm 之间的也不少。并有局部交代橄榄石等脉石矿物的现象。多分布于蛇纹石、金云母、绿泥石、透辉石及碳酸盐矿物之中。

4　参数试验

为了确定某些参数对大型浮选机选别指标的影响，进行了循环孔面积（循环量大小）、叶轮转速及循环筒高度的条件试验。

在条件试验过程中，考虑到影响浮选指标的因素很多，而又无法一下子肯定哪个因素是最主要的；也考虑到需要考察的浮选指标（精矿回收率及精矿品位）之间又有矛盾；以及试验因素多，试验周期较长也希望一批能同时做几个试验。为解决上述问题选用了正交试验设计，按照三因素二水平的 $L_4(2^3)$ 正交表共做了四组试验。

4.1　试验因素及水平

试验因素及水平列于表5。

表5　试验因素及水平

Table 5　Test factors and levels

试验因素		循环孔面积/m^2	叶轮转速/$r \cdot min^{-1}$	循环筒高度/mm
试验水平	1	0.102	150	720
	2	0.083	140	900

4.2　试验方案及结果

为排除团矿石性质变化较频繁及前后不同时期工艺条件及操作的各种影响，在前后不同时期进行的四组试验的结果进行比较时，不是比较四组试验结果的绝对差，而比较的是每组试验（S）与其同时进行的空白试验（N）之间的差值，试验方案及结果列于表6。

表6　试验方案及结果

Table 6　Test scheme and result

因素 / 试验号	*A* 循环孔面积/m^2	*B* 叶轮转速/$r \cdot min^{-1}$	*C* 循环筒高度/mm	试验结果	
				回收率差 $(\varepsilon_S - \varepsilon_{\gamma1})$/%	精矿品位差 $(\beta_S - \beta_{\gamma1})$/%
1	0.102	150	720	+0.591	+0.708
2	0.102	140	900	+0.499	+0.025
3	0.083	150	900	−6.115	−0.24
4	0.083	140	720	−10.919	−0.800

每组试验结果是10次指标的算术平均值。

4.3 试验结果分析

4.3.1 直观分析计算 K 值和 k 值的结果列于表 7。考查的三因素与浮选二指标的关系用每个因素的 k_1、k_2 值做图（见图 2）

表 7 **K 值和 k 值计算结果**

Table 7 K value and its calculated results

K_i 和 k_i 因素		循环孔面积/m^2	叶轮转速/$r \cdot min^{-1}$	循环筒高度/mm
精矿回收率	K_1	1.09	−5.524	−10.328
	k_1	0.55	−2.76	−5.16
	K_2	−17.034	−10.42	−5.616
	k_2	−8.52	−5.21	−2.81
精矿品位	K_1	0.733	0.468	−0.092
	k_1	0.37	0.23	−0.05
	K_2	−1.04	−0.775	−0.215
	k_2	−0.52	−0.39	−0.11

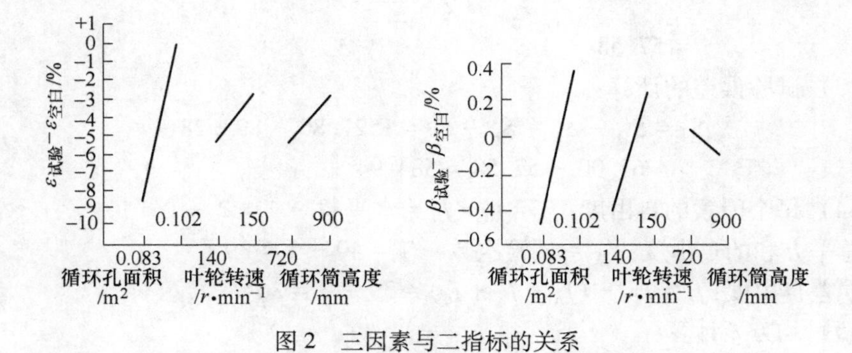

图 2 三因素与二指标的关系

Fig. 2 Relationship between three factors and two indexes

可以看出，三个因素中对精矿回收率影响最大的因素是循环孔面积，其次是叶轮转速，再次是循环筒高度。其组合 $A_1B_1C_2$ 为回收率的最佳组合条件。

由于变化这三个因素对精矿品位影响都不显著，因此，在分析综合结果时，主要着重于精矿回收率，适当地考虑精矿品位。

4.3.2 *方差分析*

（1）总平方和 $S^2_{总}$ 的计算：

$$S_{总}^2 = \sum_{i=1}^{4} \sum_{j=1}^{10} y_{ij}^2 - \frac{\left(\sum_{i=1}^{4} \sum_{j=1}^{10} y_{ij}\right)^2}{40} \tag{2}$$

$$= 2161.26 - \frac{25338.27}{40} = 1527.80$$

（2）平方和计算：

$$P = \frac{1}{n}\left(\sum_{i=1}^{4} \sum_{j=1}^{10} y_{ij}\right)^2 = 633.46 \tag{3}$$

$$S_A^2 1/2 \times 10 \times (K_1^2 + K_2^2) - P$$

$$= \frac{10 \times [(1.09)^2 + (-17.034)^2]}{2} - 633.46$$

$$= 823.28 \tag{4}$$

$$S_B^2 = 1/2 \times 10 \times (K_1^2 + K_2^2) - P$$

$$= \frac{10 \times [(-5.524)^2 + (-10.42)^2]}{2} - 633.46 = 62.00$$

$$S_0^2 = 1/2 \times 10 \times (K_1^2 + K_2^2) - P \tag{5}$$

$$= \frac{10 \times [(-10.328)^2 + (-5.616)^2]}{2} - 633.46$$

$$= 57.58$$

（3）试验误差的计算：

$$S_\theta^2 = S_{总}^2 - S_A^2 - S_B^2 - S_0^2 = 1527.80 - 823.28 - 62.00 - 57.58 = 584.94 \tag{6}$$

（4）每个因素的自由度：$f_A = f_B = f_0 =$ 水平数 $- 1 = 2 - 1 = 1$

总平方和的自由度：$f_{总} =$ 试验次数 $- 1 = 40 - 1 = 39$ （7）

误差自由度：$f_e = f_{总} - (f_A + f_B + f_0) = 39 - 3 = 36$ （8）

（5）均方 ζ 计算：

$$M_{se}^2 = \frac{S_e^2}{f_e} = \frac{584.94}{36} = 16.24 \tag{9}$$

$$F_A = \frac{S_A^2}{M_{se}^2} = \frac{823.28}{16.24} = 50.69 \tag{10}$$

$$F_B = \frac{S_B^2}{M_{se}^2} \frac{62.00}{16.24} = 3.82 \tag{11}$$

$$F_0 = \frac{S_0^2}{M_{se}^2} = \frac{57.58}{16.24} = 3.55 \tag{12}$$

将上述计算结果列入浮选机参数试验方差分析表 8 中。

表 8 参数试验方差分析表

Table 8 Variance analysis of test results

方差来源	平方和	自由度	均方	F 值	显著性
A（循环孔面积）	823.28	1	823.28	50.69	显著
B（叶轮转速）	62.00	1	62.00	3.82	
C（循环筒高度）	57.58	1	57.58	3.55	
误　差	584.94	36	16.24		
总　和	1527.80	39			

$F_{0.01}(1, 36) = 7.4$，只有循环孔面积 A 这个因素显著。叶轮转速 B、循环筒高度 C 都不是显著因素，故选择原始设计不变（叶轮转速为 150r/min，循环筒高度为 720mm）。为更进一步考查循环面积这一显著因素的影响，又将循环孔面积从 $0.102m^2$ 增至 $0.131m^2$，与其选定的叶轮转速 150r/min，循环筒高为 720mm 的一组条件做了补充试验，其效果不明显。

综上所述，最后确定 $A_1B_1C_1$ 为这次参数试验得出的最佳组合条件。这也正是原设计条件。因此我们认为 A、B、C 三项的原始设计合理。

5 工业对比试验

工业对比试验分两阶段进行。1977 年 10 月 14 日~10 月 29 日为第一阶段，进行 2 号系统（一精尾和一扫泡用泡沫泵返回）大型浮选机与 6A 浮选机系统浮选指标对比试验；从 1977 年 11 月 15 日~11 月 28 日为第二阶段，进行了一精尾和一扫泡使用泡沫泵返回的 2 号系统（以下简称 2 号系统）与一精尾和一扫泡不用泡沫泵返回的 1 号系统（以下简称 1 号系统）对比试验。

5.1 2 号系统与 6A 浮选机系统的对比试验

在对比试验期间两个系统设备状况完好，其中 6A 浮选机经过再三精心调整，粗选作业（5 台）的平均充气量达 $0.6m^3/(m^2 \cdot min)$；粗选、一次扫选和二次扫选（共 17 槽）的平均充气量达 $0.6m^3/(m^2 \cdot min)$。对比系统的工艺流程如图 3 所示，两种浮选机的功率比较见表 9，本阶段共 29 个班对比试验结果见表 10。

从 29 个班的对比试验结果看出：在两个对比系统原矿品位、磨矿细度相同，浮选时间约 7min 的情况下，大型浮选机系统比 6A 系统铜精矿回收率提高 0.6%，铜精矿品位提高 1.09%，黄药用量（每吨矿石消耗）节省 7.8%，2 号油节省 51.32%，实耗功率节省 70.12kW，由此可见大浮选机比 6A 浮选机浮选速度快。

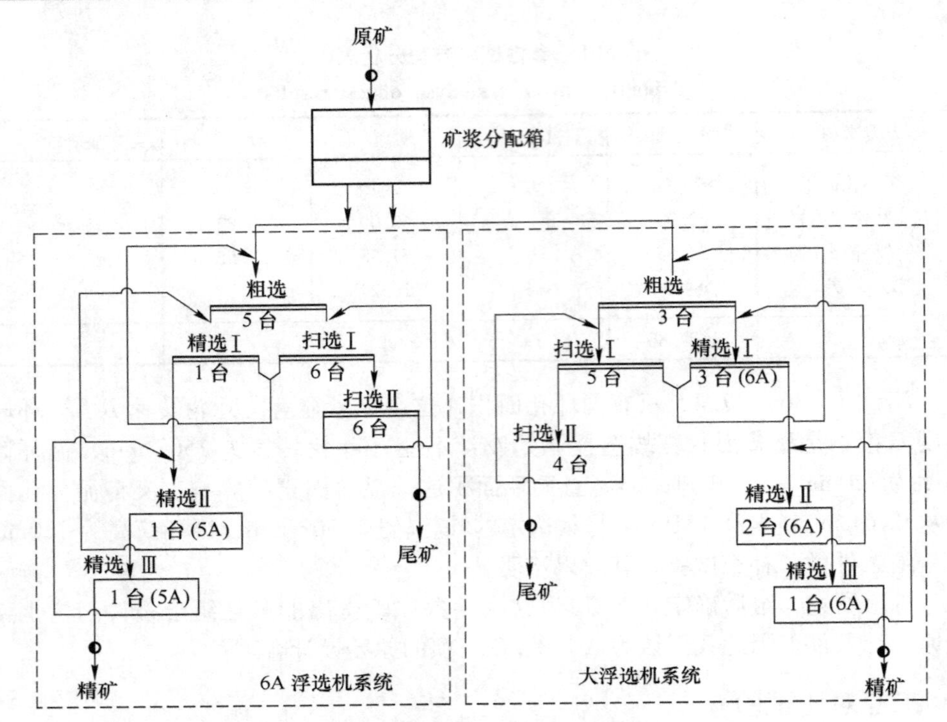

图 3 大型浮选机与 6A 浮选机系统流程

Fig. 3 Flotation circuit of large-scale and 6A flotation cells

表 9 大型浮选机与 6A 浮选机功率对比

Table 9 Power comparison between large-scale flotation cell and 6A flotation cell

浮选机类型	主轴功率/kW				充气实耗功率/kW	泡沫泵实耗功率/kW	实耗总功率/kW
	安装		实测				
	直流槽	吸入槽	直流槽	吸入槽			
大型	17	30	10.5	30	49	7.5	386.5
6A	10	10	6.72	6.72	0	0	456.6

注：1. 因为大型浮选机一个系统处理量相当于6A 浮选机系统的4 倍，故6A 浮选机实耗总功率按4 个系统计算；

2. 功率消耗只计算粗、扫选作业。

表 10 大浮选机与 6A 对比试验结果

Table 10 Test results comparison between large-scale flotation cell and 6A flotation cell

系统对比项目	大浮选机	6A	差值（大- 6A）
矿量/t · h^{-1}	113.84	28.42	+85.42
捕收剂/g · t^{-1}	91.31	95.31	-4.0

续表 10

系统对比项目	大浮选机	6A	差值（大- 6A ）
二号油/g · t^{-1}	53. 38	109. 66	-56. 28
原矿铜品位/%	0. 337	0. 337	0
精矿铜品位/%	10. 39	9. 30	+1. 09
尾矿铜品位/%	0. 058	0. 063	-0. 005
铜回收率/%	83. 27	82. 67	+0. 6

注：表中数据为 29 个班的算术平均值。

5. 2 2 号系统大型浮选机与 1 号系统大型浮选机对比试验

本阶段试验 10 个班的对比试验结果见表 11。

考虑到 1 号系统与 2 号系统虽然浮选机结构相同，但即使在相同的工艺条件下机械效率会有差别，因此又做了三个班的空白试验（两个系统条件完全相同时的比较试验）其结果也列入表 11 中。

表 11 两个系统大型浮选机对比试验结果

Table 11 Large-scale flotation cell test results comparison between two flotation system

指 标 名 称	系统	试验结果	空白指标
$\beta_{粗}$/%	1	6. 04	5. 9
	2	5. 13	6. 67
$\beta_{总}$/%	1	11. 91	11. 97
	2	11. 16	11. 80
粗尾/%	1	0. 138	0. 163
	2	0. 099	0. 128
总尾/%	1	0. 0753	0. 076
	2	0. 0667	0. 07
扫精/%	1	1. 875	2. 28
	2	1. 288	1. 42
精尾/%	1	0. 660	0. 50
	2	0. 463	0. 28
$\varepsilon_{粗}$/%	1	64. 88	61. 90
	2	72. 92	67. 19
$\varepsilon_{总}$/%	1	76. 79	77. 95
	2	79. 76	79. 30

续表 11

指 标 名 称	系统	试验结果	空白指标
$\varepsilon_{(2-1)}$/%	+8.04		+5.29
$\varepsilon_{总(2-1)}$/%	+2.97		+1.37
$\beta_{粗(2-1)}$/%	−0.91		+0.77
$\beta_{总(2-1)}$/%	−0.91		+0.77

注：1. 两系统原矿品位、磨矿细度相同；
2. 油、药用量基本相同。

从 10 个班的对比试验结果可以看出：在两个系统处理量及原矿品位、黄药用量基本相同，2 号油用量 2 号系统比 1 号系统省 15.89%的情况下，2 号系统比 1 号系统粗选作业回收率高 8.40%，粗精矿品位低 0.91%，铜精矿总回收率高 2.97%，总的精矿品位低 0.75%。考虑到三个班空白指标在其工艺条件基本相同和两个系统都不使用泡沫泵的情况下 2 号系统比 1 号系统粗选作业回收率高 5.29%，粗精矿品位高 0.77%，总铜回收率高 1.37%，总铜精矿品位低 0.1%。试验表明一扫作业精矿及精选尾矿用泡沫泵返回的 2 号系统比一扫作业精矿及精选作业尾矿不用泡沫泵返回的 1 号系统粗选作业回收率提高 1.68%，铜精矿的总回收率提高 1.6%，粗精矿品位低 1.68%，最终精矿品位低 0.65%。两个系统功率比较（只对比粗选作业）列于表 12。

表 12 粗选作业功率比较

Table 12 Power comparison of rougher bank

系统	主轴功率/kW				泡沫泵实消耗功率/kW	总实耗功率/kW	单位容积功率/kW · m^{-3}	单容功率差	
	安装		实测					差值/kW	比率/%
	直流槽	吸入槽	直流槽	吸入槽					
1 号	17	30	10.5	30		102	2.62	0.81	44.7
2 号	17		10.5		7.5	70.5	1.81		

注：两个系统浮选机的有效容积都按 39m^3 计算。

综上所述，使用泡沫泵除技术指标优越外，还能减少功率消耗（一个系统中矿用 2 台泡沫泵返回可达 102kW），确保安全生产（因一个系统有六个吸矿点，有一个点出问题，就得停车，用泵可备用不会影响生产），检修时不放矿等优点。因此，凡是有条件使用泡沫泵的地方，例如新建大选矿厂或老厂改造在高差允许的情况下，我们推荐阶梯配置（高差为 300mm），中矿返回用泡沫泵，若老厂改造条件确实不允许时可考虑每个作业的第一槽可用机械搅拌式浮选机做吸入槽。

6 矿液面自动控制

大型浮选机液面自动控制由吹气反压式液位传感器及电动单元组合仪表组成。其方框图如图 4 所示。

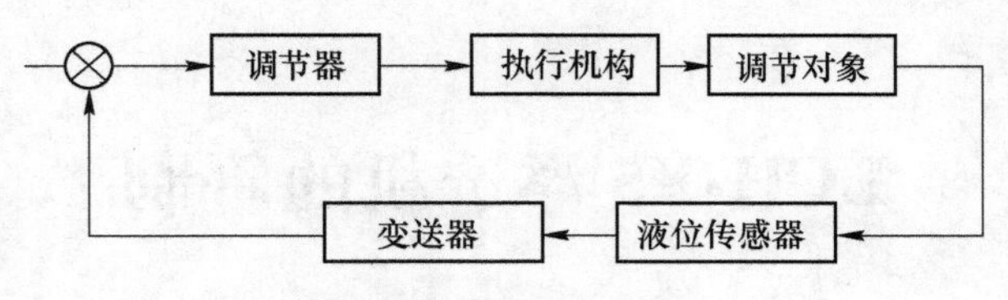

图4 矿液面自动控制方框

Fig. 4 schematic diagram of liquid level automatic control

吹气反压式液位传感器是将一定的空气不断送入插在矿浆里的测压管中，利用电动差压变送器测量测压管的背压力，该压力为插入矿浆深度与矿浆比重之乘积，在矿浆比重变化不大的情况下，此压力即反映了矿浆液位。

然后，由比例积分微分调节器和执行机构组成闭环调节系统。

试验表明，该控制系统结构简单，容易掌握，矿浆液面可控制在1%的范围内波动（即矿浆面波动 ±4mm）。目前，1 号系统粗选，一次扫选，二次扫选作业都已实现矿液面自动控制。

7 结语

大型浮选机近两年的生产试验证明，运转可靠，操作方便，液面稳定，充气量可根据需要来调整，已实现了矿液面自动控制，可供生产使用。目前，南墅石墨矿、小寺沟铜矿等新建选矿厂和老选矿厂的扩建和改造均使用这种浮选机。

一个系统（12 台）大型浮选机与一个系统 6A 浮选机在原矿品位、磨矿细度相同，大型浮选机系统浮选时间比 6A 系统短 7imn 的情况下，对比试验结果表明：

（1）铜精矿回收率提高 0.6%；铜精矿品位提高 1.09%。

（2）2 号油用量减少 51.32%（大型浮选机用量为 53.38g/t，6A 浮选机为 109.66g/t）；黄药用量减少 7.8%。

（3）设备质量减少 39.44%，占地面积减少 61.67%，功率降低 15.37%相应减少了矿浆管路、矿浆分配器、取样机、测量调节装置、加药装置的数量。

（4）因大型浮选机的圆周速度 7m/s 较低，叶轮、盖板等磨损轻，灰铸铁的叶轮、盖板已使用一年以上。

（5）为浮选机的操作自动化创造了有利条件，现已实现矿液面自动控制。

试验证明中间产品用泡沫泵返回的 2 号系统比中间产品用粗选第一槽自吸返回的 1 号系统的技术指标好，功率大幅度降低，并有利于安全生产和维修等优点，所以推荐新建选矿厂和老选矿厂的扩建和改造在高差允许的情况下，采用阶梯配置（高差 300mm）用泡沫返回中矿。

大型浮选机与一般机械搅拌式浮选机相比，需用离心鼓风机供风，需采用阶梯配置，中矿返回需用泡沫泵。

LCH-X5 浮选机的研制

邱广泰　沈政昌

（北京矿冶研究总院，北京，100160）

摘　要：本文对有代表性的丹佛 D-R、阿基泰尔、威姆科浮选机的概况进行了介绍，结合 20L 浮选机试验，论述了 LCH-X4 浮选机动力学分区，设计了 LCH-X5 浮选机。工业试验表明，在流程结构相同，原矿品位基本相同，磨矿细度比 6A 浮选机粗 5.07%，铜、钴、硫的精矿品位比 6A 浮选机分别高 0.305%、0.009% 和 0.809%的情况下，LCH-X5 浮选机的铜、钴、硫回收率比 6A 浮选机分别提高 3.507%、4.950%、0.851%。

关键词：LCH-X5 浮选机；动力学分区；品位；回收率

Development of LCH-X5 Flotaion Cell

Qiu Guangtai　Shen Zhengchang

（Beijing General Research Institute of Mining and Metallurgy，Beijing，100160）

Abstract：In this paper，the typical flotation cells including D-R，Agitair and Wemco are introduced. Base on the evaluation of flotation dynamics in 20L flotation cell，the dynamic zones division of LCH-X4 flotation cell is demonstrated and LCH-X5 flotation cell was developed. Industrial test showed that：compared with 6A flotation cell，LCH-X5 flotation cell can improve the copper，cobalt，sulfur grade in concentrate to be 0.305%，0.009% and 0.809% higher and recovery to be 3.507%，4.950%，0.851% higher respectively，at the same feed grade and 5.07% coarser feed particle size.

Keywords：LCH-X5 flotation cell；dynamics zones；grade；recovery

我国浮选机的品种还不够多，工艺性能也不够高，现有的浮选机大都是仿制和引进的。为适应我国矿山建设发展的需要，研制新型、高效浮选机以提高浮选效率，实属必要。

研制了一种双向循环矿浆和双向充气的 LCH-X5 充气机械搅拌式浮选机（下简称 LCH-X5 浮选机）。

1980 年，通过 20L 浮选机的清水试验，探索并确定了叶轮和定子的结构，使矿浆循环和充气方式更加先进，流态更好。在此基础上，按比例放大成 $4m^3$ 浮选机，通过清水试验对主要参数进行了校验和调整。在上述试验的基础上，1982年完成了 $5m^3$ 浮选机的设计。1984 年 7 月和金岭铁矿共同完成了工业试验。经与 6A 浮选机的对比试验证明：技术指标优越，铜、钴、硫的回收率提高幅度相当大，经济效果显著。1984 年 10 月 25~26 日，中国有色金属工业总公司在山东金岭铁矿召开了技术鉴定会，肯定了该浮选机的优越性能。

1 目前国内外浮选机的研制和应用概况

目前机械式浮选机（充气机械搅拌式和机械搅拌式）比较流行，应用广泛，其中充气机械搅拌式浮选机占多数，其次是机械搅拌式（自吸气）浮选机。虽然无搅拌式（空气式）浮选机历史也较悠久，并具有一些特点，但因其浮选过程不够稳定，工艺参数不易调节，充气器易堵塞，矿浆循环不好等缺点，发展不快。

我国在 20 世纪 60 年代中期前，浮选机品种单一，大都使用 A 型浮选机。生产实践表明：效率不高，吸气量低，矿浆面不稳定，电耗大，叶轮、盖板磨损快，不易实现矿浆面的自动控制。

60 年代中期至 70 年代，浮选设备的研制工作有了一定的进展，先后研制成功了浮选柱、环射式浮选机，基本上按美国的丹佛 D-R 浮选机仿制的 CHF-X 型和 XJC 型充气机械搅拌式浮选机，按美国威姆科浮选机仿制的 JJF 型和 XJQ 型机械搅拌式浮选机，并从瑞典引进了 BFP 型充气机械搅拌式浮选机。总之，我国现有的浮选机除环射式浮选机在结构上有些特点之外，大都是仿制和引进的。

各国制造商在浮选机的工艺性能和材质上做了较大的努力，尤其注意使自己的浮选机有一些特点，使之具备一定的竞争能力，以便打入国际市场。

现将较有代表性的丹佛 D-R、阿基泰尔、威姆科浮选机的概况介绍如下。

（1）丹佛 D-R 浮选机：该机是由历史悠久的萨布-A 浮选机改进而来的。1964 年为提高粗颗粒矿物的选别效率，先后进行了加大萨布-A 浮选机叶轮的转速，加大充气量的试验，均未达到预期的效果。后将引入空气的中心筒和盖板分开，另在盖板上开了一个 360°的环形孔，并在其上加一矿浆循环筒，使矿浆从槽子中部经循环筒被吸进叶轮腔，形成从槽子下部开始的垂直向上大循环，改善了矿浆的循环特性，有利于矿粒的悬浮，增加了粗、重矿粒选别的可能性。国外应用广泛，适于浮选要求充气量大的粗粒、难选矿物。

（2）阿基泰尔浮选机：该机是加利加公司 1932 年研制的，它的叶轮进行过几次改进，首先将原标准指状叶轮改为“泪滴状”断面的智利-X 形（Chile-X）叶轮。为进一步改善矿浆循环和分散空气的能力，1977 年前，又设计了一种皮普萨（Pipsa）叶轮。皮普萨叶轮是在智利-X 形叶轮圆盘上加了一封闭的泵轮，上部泵轮产生上部矿浆小循环，下部叶轮产生下部矿浆小循环。试验证明，皮普萨叶轮的矿浆循环强度和空气的分散能力均优于智利-X 形叶轮。该浮选机的矿浆循环方式系上、下小循环，循环区域仍不大。国外应用也较广泛，适于要求充气量大的粗粒、难选矿物的选别。

（3）威姆科浮选机：该机是由法格古伦浮选机改进而来的。1967 年将鼠笼形转子和定子改为整体的星形转子和定子，并在叶轮机构的上部增加了表面均布小孔的锥形分散罩，起稳定液面的作用。为能自吸气，叶轮在矿浆面下的浸没深度浅（200~330mm）。叶轮下部又增设导流管和假底，以便在槽内产生矿浆的下部大循环，防止沉槽。威姆科浮选机国外应用也较广泛，适于浮选要求充气量不大的矿物。缺点是结构较复杂，气泡上升距离短，减少了在上升过程中气泡与有用矿物碰撞的机会。

从对上述国外的三种浮选机的概略分析可看出：丹佛 D-R 和威姆科浮选机的叶轮机构只产生单向循环矿浆和单向充气；阿基泰尔浮选机的叶轮机构也只产生循环区域小的上、下小循环和单向充气。这三种浮选机的主要缺点是：丹佛 D-R 浮选机使用大直径矮叶片圆盘离心叶轮，叶轮直径比较大，叶片高与叶轮直径比值小（0.1~0.2），这类浮选机易产生壁面效应，造成流体动能的衰减，相应地增加功耗。阿基泰尔和威姆科浮选机使用小直径高叶片林条圆柱叶轮，叶片高与叶轮直径比值较大（0.5~1），因矿浆压力阻止空气的弥散从而造成大部分空气从转子上部较狭窄区域逸出，空气泡和矿浆在叶轮圆柱表面分布不均，其上部空气泡多，矿浆少，而下部空气泡少，矿浆多，在三相混合区中气泡也分布不均，对气泡和可浮矿粒在三相混合区产生浮选的微观过程有影响，并造成叶轮叶片磨损不均，同时限制了充气量的增加。

2 叶轮和定子结构的研究

众所周知，叶轮是浮选机的关键部件。浮选机完成的多种功能，都是由浮选转动产生的强湍流来实现的。为使在搅拌和循环矿浆、悬浮矿粒、分散空气、扩散药剂、可浮矿粒与气泡的附着和碰撞以及流态等方面均佳，我们以国内外浮选机不足之处为戒，进行了新型浮选机叶轮和叶轮-定子机构的研究。

用 20L 有机玻璃槽子进行了新型叶轮、定子结构和主要参数（叶轮：直径，叶片数量，叶片总高度，叶片与圆盘的相对位置；定子：叶片数量，叶片高度，叶片排列）试验。测量了充气量大小，观测了气泡直径大小及在槽中的分布，以建筑用砂做了悬浮试验，并观察了砂子在槽底的运动情况。通过 20L 浮选机试验，探索出了能产生流态佳的双向循环矿浆和双向充气的双面叶轮和定子，这种叶轮机构的最大充气量可达 $2.5m^3/(m^2 \cdot min)$ 以上，气泡小而均匀，矿浆循环量大，循环区域大，液面稳定。为工业样机的设计提供了依据。

LCH-X4 工业样机叶轮、定子的结构和主要参数，是根据 20L 浮选机按比例放大的。槽体尺寸为 1700mm×1700mm×1400mm，其端部装有有机玻璃观察孔。因为槽容放大了 200 倍，因此需对放大的叶轮、定子的主要参数进行检验和调整。

2.1 叶轮

工业样机的叶轮结构与 20L 浮选机的叶轮结构相同。为使空气泡和矿浆沿叶轮的整个圆柱表面能较均匀的分布，并能产生双向循环和双向充气，将叶轮设计成在叶轮圆盘上、下均有一定高度的叶片的双面叶轮。为考察放大后的叶轮主要参数是否合理，尚需通过清水试验进行检验和调整。为此，采用将叶轮叶片用螺栓连接在叶轮圆盘上的方法，可随时更换叶片，以便进行主要参数的试验。通过试验确定了叶轮的直径、叶片数量、叶片总高度。叶片宽度及叶片和圆盘的相对位置。双面叶轮的结构如图 1 所示。

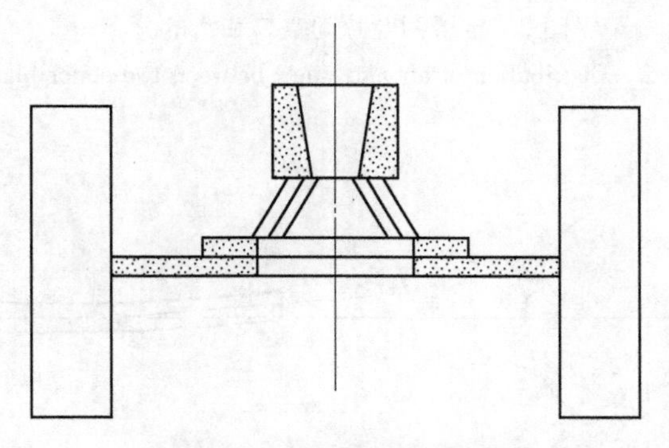

图 1 LCH-X4 浮选机叶轮结构

Fig. 1 Impeller structure of LCH-X4 flotation cell

2.2 定子

定子也是浮选机的一个很重要的部件。不同形式的叶轮需配备不同形式的定子。定子应使流经定子叶片迎水面的矿浆流既能产生壁面湍流又能在定子叶片之间由速度不同的矿浆流相接触或相遇产生自由湍流，有助于气泡进一步细化和浮选微观过程的进行，在可能的限度内减少矿浆流的阻力，以便减少流体动能的损耗。

基于上述的分析和考虑，经试验确定了定子叶片的数量、宽度、叶片的断面形状，并用侧压管测量了空气和水在定子两叶片之间的分布规律（见图 2）。气体分布宽 S_1 为两叶片之间弧长的 3/4，而水的分布宽 S_2 为弧长的 $l/4$。在清水试验中发现，定子叶片断面形状的影响比较明显，为寻求合适的叶片断面形状，进行了多种断面形状叶片的试验。经试验选择的断面形状如图 3 所示。定子叶片由两段组成，一段顺叶轮转向与径向成4°角，另一段径向排列，两段之间用圆弧过渡。这种断面形状的定子叶片，使被湍流扩散的气泡与矿浆一同流出定子后，沿接近径向进入浮选槽的强湍流区，克服了矿浆的打旋现象。

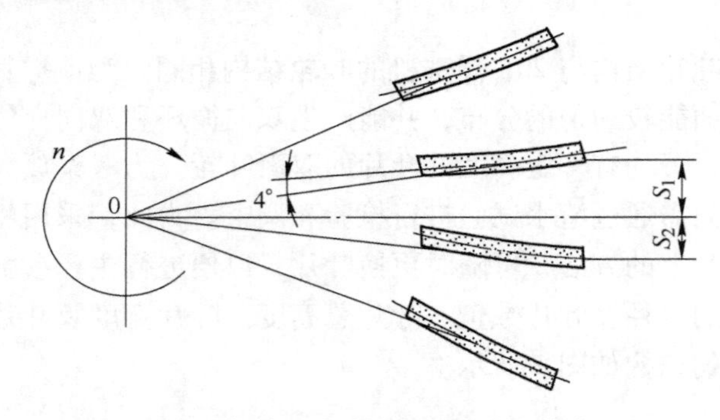

图 2　定子两叶片间空气和水的分布

Fig. 2　Distribution of air and water between two stator blades

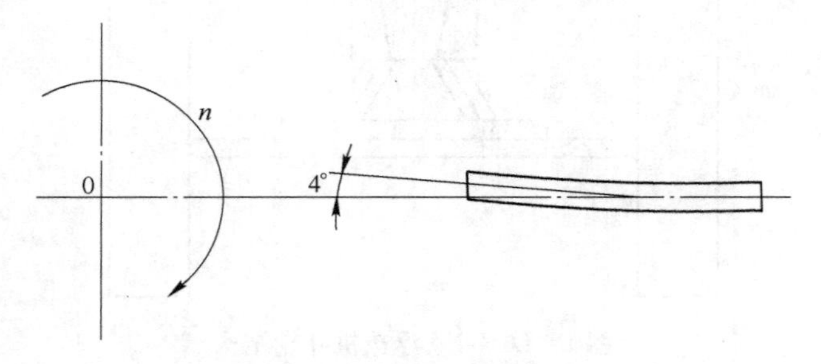

图 3　定子叶片的断面形状

Fig. 3　Cross-section shape of stator blade

2.3　叶轮与槽底间的距离

底距也是浮选机一个较重要的参数，叶轮形式不同，底距也不同。为了寻求叶轮与槽底的适中距离，在叶轮和槽底之间设置一块可上下调节的钢板，用以改变叶轮与槽底间的距离。经试验得出的规律是：随着叶轮与槽底之间距离的减少，浮选机的充气量随之减少，浮选机的矿浆面也随之愈来愈平稳；底距增大，充气量也随之增大。经试验得到了叶轮与槽底的适中距离。

2.4　清水试验

选用经试验确定的叶轮、定子的结构和主要参数以及叶轮与槽底的适中距离，在叶轮圆周速度为 5.5m/s 的情况下，获得了满意的试验结果：最大充气量可达 2.08m^3/(m^2 · min) 气泡直径小而均匀，分散度高；液面平稳，既无翻花又无打旋现象。从 20L 有机玻璃槽子和 LCH-X4 浮选机侧面的观察孔可看出，气泡在叶轮圆柱表面和三相混合区分布得较均匀。

2.5 充气量与国外浮选机比较

LCH-4 浮选机单位面积充气量比国外广泛应用的几种浮选机大，槽容相近的几种浮选机的充气量比较列于表 1。

表 1 充气量比较

Table 1 Aeration rate contrast

机 型	槽容 /m^3	单位面积充气量 /m^3 · (m^2 · min)$^{-1}$	备 注
LCH-X	4	2.08	充气搅拌
丹佛 D-R（美国）	5.1	1.54	充气搅拌
阿基泰尔（美国）	5.7	1.31	充气搅拌
OK（芬兰）	3	1.30	充气搅拌
威母科（美国）	4.2	0.97	机械搅拌

从表 1 看出：LCH-4 浮选机单位面积充气量较大地超过了丹佛 D-R、阿基太尔、OK 型的充气量，并大大地超过了自吸气的威姆科浮选机的吸气量。

3 LCH-X4 浮选机的流体动力学特性

LCH-X4 浮选机的流体动力学区域如图 4 所示，分为三相混合（强湍流区）、输送、分离和泡沫四个区域。

3.1 三相混合区

三相混合区是浮选机中最重要的区域，气泡、药剂的分散，可浮矿粒与气泡的附着和碰撞等浮选微观过程绝大部分均发生于此区。LCH-X4 浮选机的三相混合区位于槽子的下部，约占槽容的 27%，其特点是混合区大，气泡在整个混合区分散较均匀，矿浆和空气在单位时间内多次通过三相混合区，增加了可浮矿粒与气泡的附着和碰撞概率。该浮选机的三相混合区可分为上混合区、下混合区，约各占 1/2。上混合区的作用：（1）强湍流有助于气泡的分散，药剂的扩散，可浮矿粒与气泡的附着和碰撞；（2）强湍流产生的压力梯度大，有助于溶解于矿浆中的空气在疏水性矿粒表面上析出和可浮矿粒与不稳定的新生气泡之间的接触；

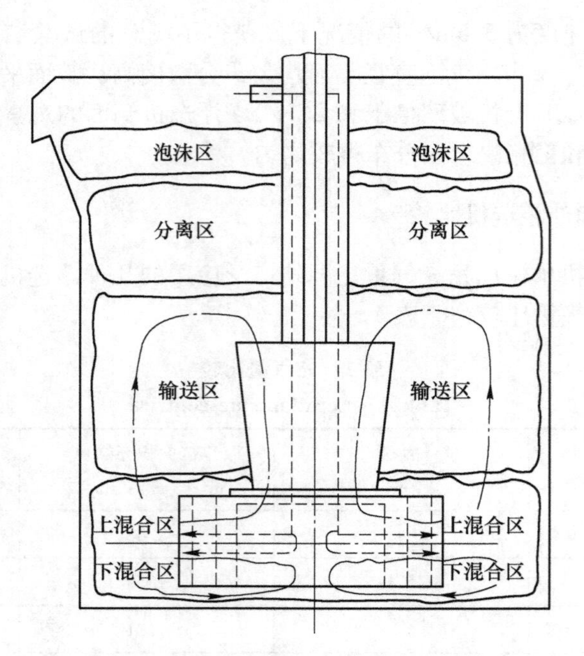

图 4　LCH-X4 浮选机流体动力学区域

Fig. 4　Dynamics zones in LCH-X4 flotation cell

(3) 上升流有助于固体颗粒的悬浮和矿化气泡的升浮。下混合区：除有上混合区的作用外，还有助于将槽底附近的粗、重矿粒运输到下叶轮区，改善了粗、重矿粒的悬浮，增加了可浮粗、重矿粒与气泡的接触和碰撞概率。

3.2　运输区

位于浮选槽的中部，约占槽容的 40%，此区中矿浆的垂直向上大循环产生有规律的上升流：(1) 将槽子下部的矿粒（尤其是粗、重矿粒）输送和提升到输送区；(2) 因矿化气泡与主体矿浆流流向一致，可减少附着在气泡上的大颗粒的脱落力；(3) 增加了上升气泡与自由下落的可浮矿粒的碰撞概率；(4) 输送矿化气泡至分离区。

3.3　分离区

此区离强烈的三相混合区较远，中间有一较大的输送区，因此比较平稳，脉动速度低，脱落力小。一旦矿化气泡进入分离区，脉石颗粒与矿化气泡有足够的时间进行分离，矿化好的气泡继续向矿浆表面升浮，而脉石颗粒则离开该区重新进入输送区和三相混合区。

矿化气泡升浮到泡沫区，使夹杂的脉石进一步得以脱落后，被刮出或自溢出。

值得提及的是，在槽子中部返回到循环筒的矿浆，含有从矿化气泡因附着不牢而脱落下来的部分连生体颗粒，使其能再次与新鲜空气在叶轮腔和混合区中混合，因此有助于对这部分连生体颗粒的重新捕收，对降低尾矿品位有益。

4 LCH-X5 的结构和技术特性

在 LCH-X4 浮选机清水试验的基础上，设计了 LCH-X5 浮选机，其叶轮、定子的结构和主要参数与 LCH-X4 浮选机相同，其整体结构如图 5 所示，技术特性见表 2。

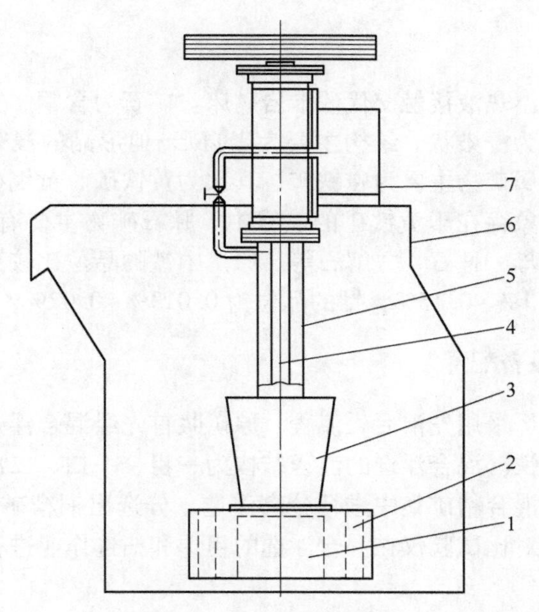

图 5 LCH-X5 浮选机结构

1—叶轮；2—定子；3—倒锥型循环筒；4—主轴；5—中心筒；6—槽体；7—主风筒

Fig. 5 Structure of LCH-X5 flotation cell

表 2 LCH-X5 浮选机的技术特性

Table 2 LCH-X5 flotation cell technical characteristics

名 称	单 位	规 格
槽子尺寸（长×宽×高）	mm×mm×mm	1800×1800×1600
几何容积	m^3	5. 18
生产能力（按矿浆量计）	m^3/min	2~10
主轴转速	r/min	191；208

续表 2

名　称	单　位	规　格
主轴圆周速度	m/s	5.5；6
主轴电机		JO2-71-8 13kW
最大充气量	$m^3/(m^2 \cdot min)$	2.08
充气压力	kg/cm^2	0.16

注：如果在矿石比重大（4 以上），矿浆浓度高的情况下使用，可选用 208r/min，一般使用 191r/min。

5　工业试验

5.1　矿石性质

金岭铁矿为高温热液接触交代矽卡岩矿床。矿石为含铜、钴的磁铁矿。构造主要为块状，其次为浸染状。结构主要为半自形-他形晶的浸染状，其次有包裹体结构。矿石中金属矿物主要为磁铁矿，其次为黄铁矿、黄铜矿及磁黄铁矿。金属钴主要以类质同象存在于黄铁矿的晶格中。脉石矿物主要有透闪石、蛇纹石、绿泥石、石英、云母、蛙石、方解石等。原矿中铁的品位比较高，一般为 48%以上，铜的品位为 0.1%~0.15%，钴的品位为 0.013%~0.02%。

5.2　工艺流程和设备配置

金岭铁矿选矿厂采用先浮后磁流程。原矿浆首先经混合浮选，混合浮选的尾矿送磁选作业回收铁。混合浮选的流程结构为一粗、一扫、二次精选，得出混合精矿。三个系列的混合精矿集中进行分离浮选，分选出铜精矿和硫（钴）精矿。不同形式浮选机的对比试验仅在混合浮选的粗选和扫选作业进行，工艺流程如图 6 所示。

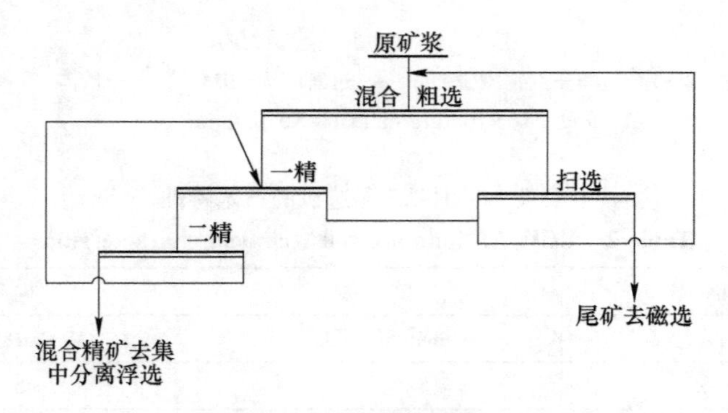

图 6　浮选工艺流程

Fig. 6　Diagram of flotation circuit

铜、钴分离作业的回收率较高，铜大于94%，钴大于95%。铜、钴回收率的高低主要取决于混合浮选作业的回收率。LCH-X5 浮选机系统的粗选作业用3台，扫选作业用4台，粗、扫选作业总有效容积为31.99m^3；对比的6A浮选机系统的粗选作业用4台，扫选作业用8台，粗、扫选作业总有效容积为33.60m^3。两个系统的一、二次精选作业均各用一台6A浮选机。

5.3 试验条件及结果

试验条件见表3，共取样22班，加权平均的试验结果列于表4。从表4可看出：两个系统在流程结构相同，原矿品位基本相同，磨矿细度比6A浮选机的粗5.07%，铜、钴、硫的精矿品位比6A浮选机分别高0.305%、0.009%和0.809%的情况下，LCH-X5 浮选机系统的铜、钴、硫回收率比6A浮选机分别提高3.507%、4.950%、1.851%。此外，2号油用量减少28.73%，功率消耗降低15.83%，占地面积省30.70%，设备质量轻30.50%，叶轮与定子的轴向和径向间隙大，磨损轻，叶轮和定子的寿命可提高2倍以上。

表3 工业试验条件

Table 3 Industrial test conditions

设备	处理量/t·h^{-1}	磨矿细度（-200目）/%	pH值	药剂耗量/g·t^{-1}	
				黄药	2号油
LCH-X5系统	30	71.30	7.5~8.3	150	51.07
6A系统	30	76.36	7.5~8.3	150	71.66

表4 工业试验结果

Table 4 Industrial test results

项目	原矿品位/%			精矿品位/%			尾矿品位/%			回收率/%		
	Cu	Co	S	Cu	Co	S	Cu	Co	S	Cu	Co	S
LCH-X5	0.1288	0.0189	1.022	3.808	0.316	27.276	0.0157	0.0096	0.129	88.161	50.919	87.771
6A	0.1231	0.0181	0.911	3.503	0.307	26.467	0.0195	0.01004	0.132	84.654	45.969	85.920
LCH-X5-6A	0.0057	0.0008	0.111	0.305	0.009	0.809	-0.0038	-0.00044	-0.003	3.507	4.950	1.851

6 技术经济效益

根据工业试验的结果，以金岭铁矿按年入磨量57.54万吨（日入磨量约2000t）全部使用LCH-X5浮选机计算：

（1）铜的回收率提高3.507%，可多回收铜金属24.58t，收益10.813万元；

（2）钴的回收率提高4.950%，可多回收钴金属5.15t，收益16.192万元；

（3）硫的回收率提高 1.851%，可多回收硫 108.85t，收益 0.871 万元；

（4）2 号油用量减少 28.73%，可节省 2 号油 11.85t，价值 2.84 万元；

（5）功率消耗降低 15.83%，可节电 31.4 万千瓦时，价值 2.512 万元。

上述五项总计每年净收益 33.228 万元（降低磨细度增加处理量降低磨矿成本，节省备件消耗等收益均未计入）。

金岭铁矿铜、钴的原矿品位相当低，如 LCH-X5 浮选机在原矿品位高的矿山使用，定能获得更显著的经济效益。

XJZ 系列机械搅拌式浮选机的研制与应用

韩寿林

（北京矿冶研究总院，北京，100160）

摘　要：本文介绍了XJZ型机械搅拌式浮选机的结构、主要技术性能及使用情况。

关键词：XJZ浮选机；技术性能；工业实践

Development and Application of XJZ Mechanical Flotation Cell

Han Shoulin

（Beijing General Research Institute of Mining and Metallurgy，Beijing，100160）

Abstract：This paper demonstrates the key structure，technical performance parameters and application of XJZ mechanical flotation cell.

Keywords：XJZ mechanical flotation cell；technical performance；industrial practice

近年来，国内涌现了各种型号的新型浮选机。XJZ系列机械搅拌式浮选机是我院1988年研制成功的新型浮选机。它的特点是：（1）自吸气，自吸浆，水平配置，不用空压机或鼓风机，中矿返回不用泡沫泵；（2）直流槽采用新型叶轮机构，吸气量不易衰减，空气分散性好，气泡直径较小，数量较多，气泡总的表面积大得多，矿液面平稳，浮选指标好；（3）叶轮圆周速度低，仅6m/s，磨损轻，叶轮和定子间的间隙大，对间隙要求不严，稍有磨损不影响浮选指标。叶轮使用寿命为A型浮选机叶轮的3倍；（4）便于对A型浮选机进行改造。原A型浮选机的基础、槽体、刮板和传动部件等不用改动。特别适用于中小型选矿厂对A型浮选机的改造。

1　设备简介

1.1　结构

XJZ型浮选机由吸入槽和直流槽组成（见图1）。它包括轴承体、中心筒、假底、叶轮、定子、导流管、调节环、分散罩和竖筒等部分。

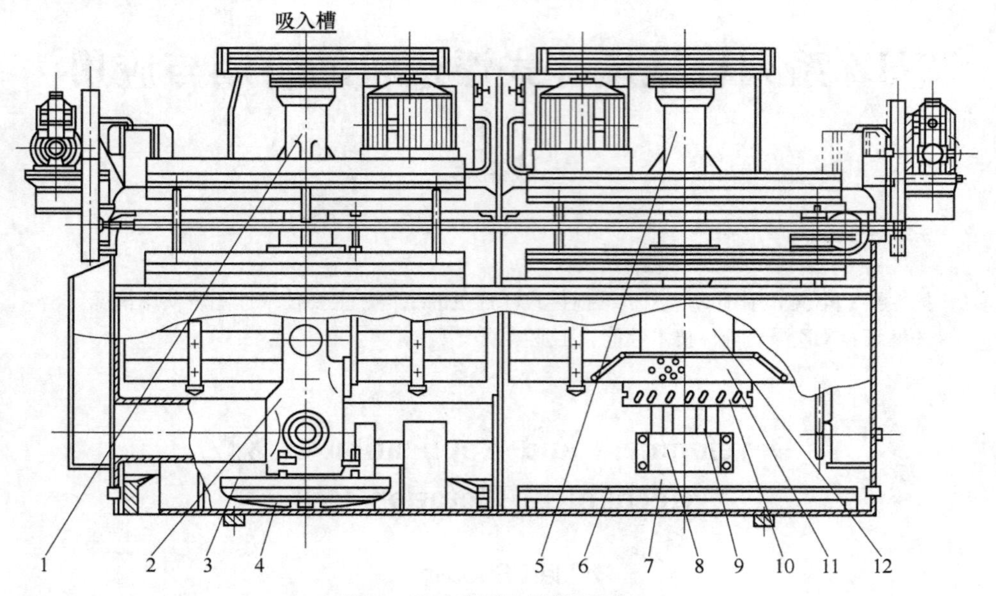

图 1　XJZ 型浮选机结构示意

1，5—轴承体；2—中心筒；3，10—定子；4，9—叶轮；6—假底；7—导流管；8—调节环；11—分散罩；12—竖筒

Fig. 1　Attached map：Structure of XJZ flotation cell

1.2　主要技术性能

XJZ 系列机械搅拌式浮选机主要技术性能见表 1。

表 1　XJZ 系列机械搅拌式浮选机技术性能参数

Table 1　Technical parameters of XJZ flotation cell

型　号		XJZ-3.5	XJZ-6.2	XJZ-11	XJZ-38	XJZ-58
槽容量/m^3		0.35	0.62	1.1	2.8	5.8
槽子尺寸（$L×W×D$）/mm×mm×mm		700×700×700	900×900×850	1100×1100×1100	1750×1600×1100	2200×2200×1200
叶轮直径/mm	吸入槽	300	350	500	600	750
	直流槽	180	200	280	350	430
主轴转速/$r \cdot min^{-1}$	吸浆槽	7.38	7.33	8.64	8.80	9.43
	直流槽	6.32	6.07	7.11	6.60	7.20
叶轮圆周速度/$m \cdot s^{-1}$	吸入槽	7.38	7.33	8.64	8.80	9.43
	直流槽	6.32	6.07	7.11	6.60	7.20

续表 1

型　号		XJZ-3.5	XJZ-6.2	XJZ-11	XJZ-38	XJZ-58
吸气量 /$m^3\cdot(m^2\cdot min)^{-1}$	吸浆槽	0.9~1.0	0.9~1.0	0.90~1.00	0.80~0.90	0.80~0.90
	直流槽	0.9~1.0	0.9~1.0	0.95~1.10	0.90~1.00	0.90~1.00
主电机功率 /kW		1.5	3.0	5.5	11	17
刮板电机功率 /kW		0.6	0.6	1.1	1.1	1.7
刮板转速 /$r\cdot min^{-1}$		17.5	16.0	26.0	16.6	17
生产能力（矿浆量） /$m^3\cdot min^{-1}$		0.18~0.4	0.3~0.9	0.6~1.6	1.5~3.0	3.0~6.0
单槽质量/t		0.45	0.87	1.50	2.20	3.90

2 生产应用实例

2.1 诸暨铅锌矿

诸暨铅锌矿于 1988 年 7 月开始，在铅系统选用了 12 台 XJZ-11 型浮选机，用以代替 20 台 SA 型浮选机；选锌系统也选用 4 台 XJZ-11 型浮选机作扫选。该矿金属矿物以闪锌矿为主，黄铁矿次之，方铅矿和黄铜矿含量较少，含有一定量的金银。选矿流程采用一段闭路磨矿，铅硫部分混合-优先浮选，混合浮选尾矿再浮锌。

生产实践表明，在原矿铅品位和浮选作业条件相同情况下，与 A 型浮选机相比，该机浮选的铅精矿品位由 71.29%提高到 79.02%，铅回收率由 85.55%提高到 87.21%。同时，金银回收率也得到相应地提高；选锌系统增加 XJZ 型浮选机后，延长了浮选时间，锌的回收率也得到了较大提高。

2.2 电厂粉煤灰

某电厂粉煤灰从 1987 年 5 月开始，浮选采用了 10 台 XJZ-8 型浮选机。该电厂燃料用混合半无烟煤，掺烧部分低质夹石烟煤，灰分 40%以上。供浮选车间处理的粉煤灰平均含可燃物 16%左右。粉煤灰的化学成分为 SiO_2、Al_2O_3、TiO_2、S、Fe 和 CaO 等。

粉煤灰车间年处理粉煤灰 10 万吨。选矿流程采用一粗一精一扫。获得的生产指标：精炭中的含碳量 83.93%，尾灰含碳量 2%，碳回收率 88.18%。

3　结语

迄今，XJZ 系列机械搅拌式浮选机已在海丰锡矿、诸暨铜矿、大亚硫铁矿、东阳金矿、孔辛头铜矿及云锡大屯选矿厂等得到广泛采用。具有投资省、见效快、改造方便安装容易等优点，适用于有色、黑色和非金属矿物的浮选。

KYF-50 充气机械搅拌式浮选机研制

沈政昌　刘振春　卢世杰　张晓智

（北京矿冶研究总院，北京，100160）

摘　要：本文探讨了矿物分选对大型浮选机的要求，分析了大型浮选机研制中所要解决的关键技术，详细阐述了在 KYF-50 型充气机械搅拌式浮选机设计过程中整机的主要结构和参数的选择，以及槽体、叶轮、定子等关键部件的结构和参数选择，介绍了 KYF-50 型充气机械搅拌式浮选机的工业试验结果。

关键词：浮选机；槽体；叶轮；定子；工业试验

Development of KYF-50 Air-forced Mechanical Flotation Machine

Shen Zhengchang　Liu Zhenchun　Lu Shijie　Zhang Xiaozhi

（Beijing General Research Institute of Mining and Metallurgy，Beijing，100160）

Abstract：In this paper，the demand of mineral processing for large flotation machine is analyzed，the key technological problems，which need to be solved in the development of large flotation machine，are discussed. The selection of main structures and key parameters in design of KYF-50 air-forced mechanical flotation machine is described in detail. Also，the selection of the structures and parameters of key parts such as cell，impeller and stator is expounded. In addition，the resultsof commercial test of KYF-50 air-forced mechanical flotation machine are introduced.

Keywords：flotation machine；cell；impeller；stator；commercial test

1　引言

浮选机是矿物加工领域中最重要的选别设备之一。随着全球经济发展对矿物原料质量、数量要求的不断增长和矿产资源情况的变化，国外各研究机构及公司纷纷加强了大型浮选设备的研制与应用方面的工作。芬兰 OK 型和瑞典 SVEDALA 型浮选机的最大单槽容积达到 200m^3，美国 Wemco 浮选机为 127.5m^3，大型浮选设备在国外的选矿实践中取得了较好的效果。我国浮选设备研制虽然在中、小型方面已经达到国际先进水平，但由于受到诸多客观因素的限制，在大型化方面与国外存在着较大差距，单体设备最大槽容仅为38m³。为尽快缩短我国在大型浮选设备方面与国外存在的差距，进而促进我国矿山建设的现代化、大型化进程。北京矿冶研究总院从1997年开始把大型高效浮选设备列入科研计划，并于1999年完成了KYF-50型浮选机的设计，2000年8月由金川有色金属公司完成了2台工业试验样机的制造，于12月前由金川有色金属公司和北京矿冶研究总院共同完成了KYF-50型浮选机工业试验，试验取得了满意的结果。

2 矿物分选对大型浮选机的要求

在以往浮选机研究及浮选动力学理论研究的基础上，通过探索大型浮选机流体动力学的特殊规律及对现有中、小型机械式浮选机进行总结，并结合大型浮选设备的具体特点，认为大型高效浮选机应满足如下要求：

（1）保证浮选槽内能充入足量空气，使空气在矿浆中充分地分散成大小适中的气泡，保证槽内有足够的气-液分选界面，增加矿粒与气泡碰撞、接触和黏附的机会。

（2）叶轮-定子系统所产生的流体动力学状态要满足浮选动力学的要求，以利于粗粒矿物与气泡集合体的形成和顺利上浮，建立一个相对稳定的分离区和平稳的泡沫层，减小矿粒的脱落机会。

（3）叶轮搅拌力要适中，流程畅通无阻，槽底不会有沉砂，同时保证较粗矿粒能充分悬浮。

（4）定子应有利于叶轮产生的旋转矿流变成径向矿流，形成细微空气泡，降低能耗。

（5）适当加大槽深，延长气泡上升距离，以增加矿粒与气泡的碰撞机会。

（6）充气量易于调节，操作简单方便，可在全负载下开、停车。

（7）通过控制给气、给药、补水、调节液面，可迅速调节浮选过程，实现自动化控制。

要使研制的KYF-50型浮选机满足上述各项对大型高效浮选设备的要求，关键在于设计出能达到和满足所需流体动力学状态的叶轮-定子系统和槽体结构，因此设计重点在槽体、叶轮和定子上。在设计出浮选机后，通过清水试验和矿浆试验，对结构和参数进行针对性调整，使其达到最优。

3 浮选机的结构和工作原理

根据设计要求，KYF-50型浮选机主要由叶轮、定子、主轴、轴承体、空气调节阀和槽体等组成，如图1所示。

KYF-50型浮选机的工作原理是：叶轮旋转时，槽内矿浆从四周经槽底由叶

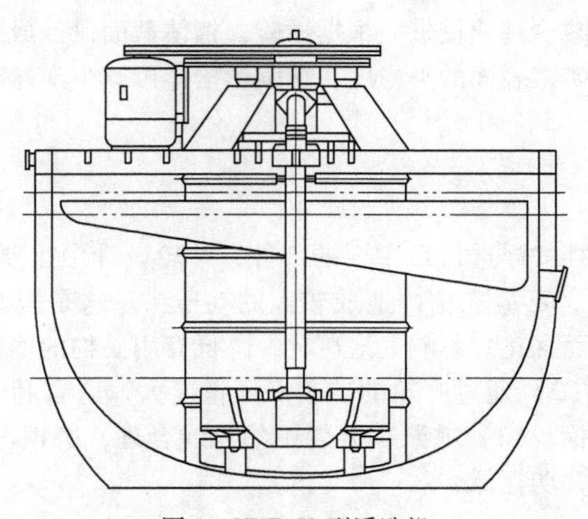

图 1 KYF-50 型浮选机
Fig. 1 Skectch of KYF-50 flotation machine

轮下端吸入叶轮叶片间，同时，由鼓风机给入的低压空气经风道、空气调节阀、空心主轴进入叶轮腔的空气分配器中，通过分配器周边的孔进入叶轮叶片间，矿浆与空气在叶轮叶片间进行充分混合后，由叶轮上半部周边排出，排出的矿流向斜上方运动，由安装在叶轮四周斜上方的定子稳定和定向后，分散到整个槽子中。矿化气泡上升到槽子表面形成泡沫，泡沫自流到泡沫槽中，矿浆再返回叶轮区进行再循环，另一部分则通过槽间壁上的流通孔进入下槽进行再选别。

4 浮选机结构参数的设计研究

4.1 槽体设计

为避免矿砂堆积，有利于粗重矿粒向槽中心移动以便返回叶轮区再循环，减少矿浆短路现象，将 KYF-50 型浮选机槽底设计为 U 形。此外，为保证矿浆分散均匀，将槽体横截面设计为八角形，泡沫槽采用横向设计，每个浮选槽内设有两个横向泡沫槽，泡沫从横向泡沫槽两溢流堰边自流入泡沫槽内。

充气机械搅拌式浮选机不依靠叶轮造成负压来吸气，而是靠鼓风机向槽内压入空气，因此槽体可以适当加深，这可带来如下好处：（1）空气消耗量随槽深增加而减少，气泡上升距离大，气泡在槽内的时间延长，气泡与矿粒碰撞机会相应增加，气泡能得到充分利用；（2）由于浮选机叶轮直径的大小直接与浮选槽的长宽有关，长、宽加大则所需的叶轮直径也大，长、宽减小则所需的叶轮直径也小，所以在容积一定的情况下，槽深增加，则浮选槽的长、宽可以减小，叶轮直径就相应减小，功耗就会降低；（3）深槽在浮选过程中容易形成比较平稳的泡沫区和较长的分离区，有利于精矿质量和回收率的提高；（4）深槽设备占据厂房的面积小，可减少基建投资。根据试验，槽体截面设计成八角形比方形可提高充气的分散度和矿浆表面的平稳度，比圆形槽体可减少泡沫的打旋和槽内矿浆的旋转。

4.2 叶轮设计

叶轮是机械搅拌式浮选机最主要的部件，叶轮设计中主要考虑了下列问题：(1) 搅拌力要适中，不应在槽内造成较大的动压头。这是因为动压头大会造成分选区不稳定、液面翻花，影响气泡矿化，降低有用矿物的回收，同时增加了不必要的功率消耗。(2) 通过叶轮的矿浆循环量要大，这有利于矿粒悬浮、空气分散和改善选别指标。(3) 矿浆在叶轮中的流线合理，磨损轻且均匀。(4) 形式合理，结构简单，功耗低。

4.2.1 叶轮形状

根据离心泵的设计理论，叶轮叶片出口安装角 β 有三种情况，即叶片前倾、叶片径向和叶片后倾。对后向叶片而言，当流量大时产生的理论压头低，总理论压头中动压头成分相应较小，这对于稳定矿浆液面有好处，符合浮选机流体动力学的要求。另外，后向叶片流量较大时，功耗较低，因此采用后向叶片形式完全符合浮选机流体动力学的要求。比转数是确定叶轮形状的主要依据，对于高比转数泵而言，具有流量大、压头小的特点，反之，则流量小压头大。浮选机叶轮的情况与高比转数泵相似，由于高比转数泵叶轮进口直径和出口宽度相对较大，出口直径和进口宽度相对较小，因此在设计浮选机叶轮时采用类似于高比转数泵叶轮的形状是一个正确的方向。由于浮选机的工作对象是气、液、固三相悬浮体，而且它的作用远非是单纯的输送，所以仅用离心泵工作原理来确定浮选机叶轮的形状是非常困难的，还必须借助于实验手段才能使得叶轮的设计逐步完善。

叶轮的另一个重要作用是分散空气，为此在叶轮腔中设有空气分配器。空气分配器能预先将空气较均匀地分布在转子叶片的大部分区域，提供大量的矿浆-空气界面，从而改善叶轮弥散空气的能力，提高空气分散度。

根据以上分析和通过试验，KYF-50 型浮选机的叶轮设计成叶轮叶片后向、高比转速离心式，并在叶轮中心配以空气分配器。

4.2.2 叶轮直径及其他主要参数确定

确定叶轮结构参数除了进行理论计算外，还须利用以往经验，通过实验逐步取得合理的参数。KYF-50 型浮选机的叶轮主要结构参数如图 2 所示。

为了节省费用，通常是在小型浮选机内进行试验，待叶轮结构参数之间的关系确定后，再用叶轮直径这一表征叶轮结构的参数在工业型浮选设备内进行试验，最后得出所需的合理参数。浮选机叶轮直径的确定，通常是根据浮选槽内叶轮平均搅拌雷诺数相等的原则设计。

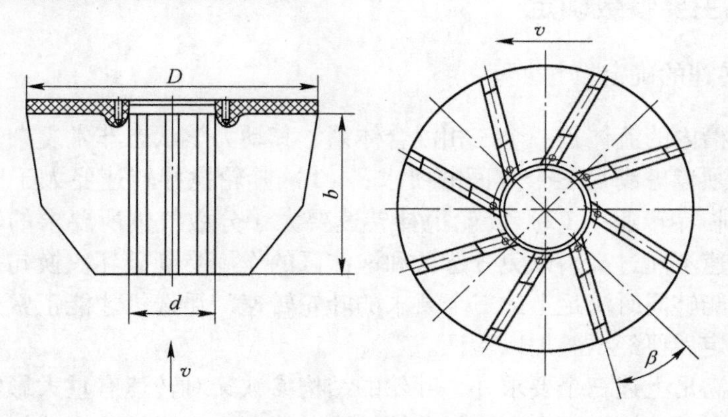

图 2 叶轮主要结构参数

D—叶轮直径；d—进浆口径；b—叶片高度；β—叶片倾角

Fig. 2 Main structural parameters of impeller

为了找出 KYF-50 型浮选机合理的叶轮结构参数，在容积为 $4m^3$ 的浮选槽内进行正交试验。试验中保持充气量和叶轮转速不变，以主轴电机功耗和空气分散度两个性能参数为对比指标，改变叶轮直径、叶片高度、叶片倾角和进浆直径。根据理论计算，对叶轮直径等四个因素分别列出三个水平，利用正交表 L9（3^4）来安排试验，待槽容 $4m^3$ 浮选机的叶轮结构和结构参数确定后，再根据有关理论和经验初步确定 KYF-50 型浮选机的叶轮结构和结构参数。最终，KYF-50 型浮选机的叶轮结构参数确定为：叶轮直径 $D=1030$mm，叶轮叶片高度 $b=615$mm，叶轮叶片倾角 $\beta=30°$，叶轮进浆口径 $d=260$mm。根据计算，KYF-50 型浮选机叶轮的比转数为 256，类似于高比转数离心泵。

4.3 定子设计

浮选槽内三相混合区需要较强搅拌强度，使矿浆处于紊流状态，雷诺数一般大于 10^4，而分离区和泡沫区又需要相对稳定，因此定子必须能够将叶轮产生的切向旋转的矿浆流转化为径向矿浆流，防止矿浆在浮选槽中打旋，促进稳定泡沫层的形成，并有助于矿浆在槽内进行再循环。同时，在叶轮周围和定子叶片间产生一个强烈的剪力环形区，促进细气泡的形成。KYF-50 型浮选机采用了悬空式径向短叶片开式定子，由 24 个叶片组成，安装在叶轮周围斜上方，由支脚固定在槽底。这样可使定子下部区域周围的矿浆流通面积增大，消除了下部零件对矿浆的不必要干扰，有利于矿浆向叶轮下部区域的流动，降低了动力消耗，增强了槽体下部循环区的循环和固体颗粒的悬浮能力。叶轮中甩出的矿浆-空气混合物可以顺利地进入矿浆中，空气得到了很好的分散。

5 浮选机主要参数确定

5.1 叶轮转速的确定

浮选机槽内的流体是一个三相混合体系，其动力学状态非常复杂。在确定叶轮转速时必须考虑满足三个方面的要求：（1）叶轮搅拌转速要大于固体颗粒悬浮所要求的临界转速；（2）叶轮搅拌转速要大于分散气体所要求的转速；（3）叶轮搅拌转速不能过高，以免分选区和泡沫区的作用受到破坏。换句话说，就是要找到一个能够同时满足上述三个要求的叶轮转速，浮选机才能正常运转。叶轮搅拌转速确定后要经试验加以验证。

除需要满足上述三个要求外，叶轮的结构参数又对转速有重大影响，设计合理的叶轮、定子结构，可大大降低叶轮转速，从而达到降低功率消耗和备品备件消耗的目的，更重要的是能够提高选矿工艺技术指标。

5.2 主轴电机功率和主轴功耗确定

对于浮选机在不充气的情况下，叶轮搅拌所需的功率可用式(1)来计算：

$$P = k\rho N^3 d^5 \tag{1}$$

式中，P 为功率，kW；k 为功率数；ρ 为矿浆密度，kg/m^3；N 为叶轮转数，r/s；d 为叶轮直径，m。

由于 ρ、N 和 d 这三个参数很易求得，故计算叶轮搅拌功率的关键是求出功率数 k。功率数是一个非常复杂的量，它与叶轮和定子的结构参数、叶轮与定子的配置关系、槽体结构参数、叶轮与槽体的关系和矿浆的性质等有关。通过对容积为 4m^3、8m^3、16m^3、24m^3、38m^3 的同类浮选机进行回归分析，求得了 50m^3 浮选机功率数 k，从而初步确定了浮选机在不充气情况下所需的功耗。

通过大量实验研究，我们认为叶轮在正常运行时的功耗变化主要与充气情况有关，一般在充气后叶轮功耗明显低于充气前的功耗，这主要与下面的因素有关：（1）浮选机充气后由于矿浆中含有气泡，使槽内的介质平均密度降低；（2）浮选机充气后叶轮叶片扫过的流体的表观密度减少；（3）叶轮叶片背面形成的气穴使叶轮的旋转阻力减小。

经计算，KYF-50 型浮选机不充气时的叶轮功耗约 55kW，充气量为 1.2 m^3/(m^2 · min) 时，叶轮的消耗功率约为 40.5kW。考虑到传动效率，特别是浮选机带负荷启动的需要，采用功率为 75kW 的主轴电机。

5.3 叶轮距槽底高度的确定

叶轮与槽底之间距离的确定受多方面影响，首先叶轮与槽底之间的距离应使浮选机停车后，槽内矿浆沉降一定时间后矿砂不会堵塞叶轮，浮选机能正常启动。这个距离与浮选槽的结构参数及矿浆的浓度、粒度组成等有关，距离越大启动越容易，但是距离越大越容易造成沉槽和矿浆面的不平衡；当叶轮与槽底之间的距离减小时，浮选机的最大充气量随之减少，槽内矿粒不易沉槽，但浮选槽内矿粒的悬浮状况变差，易出现分层现象，使浮选条件变坏，而且也使槽体的磨损趋于严重。因此，寻求叶轮与槽底之间适中的距离是非常重要的，通过理论计算和对槽容积 4~38m^{3}浮选机的有关参数进行回归，确定了 KYF-50 型浮选机叶轮与槽底之间的距离。

5.4 叶轮与定子间隙的确定

定子与叶轮之间的径向间隙对工艺指标存在着一定程度的影响。设计中采用了较大的间隙，一般为 70~90mm。生产实际表明，采用较大的间隙，有利于浮选机的液面稳定，并能降低电耗，对工艺回收指标的提高也有好处。

6 矿浆液位测量控制系统的研究

KYF-50 型浮选机采用自流式泡沫槽，对其矿浆液面稳定的要求很高，必须配置相应的自动控制装置来保证选矿指标。

根据国外的成功经验和我国国情，浮选槽矿浆液位控制系统由液位变送器、控制器、气动执行机构、锥形排矿阀等部分组成。控制系统如图 3 所示。

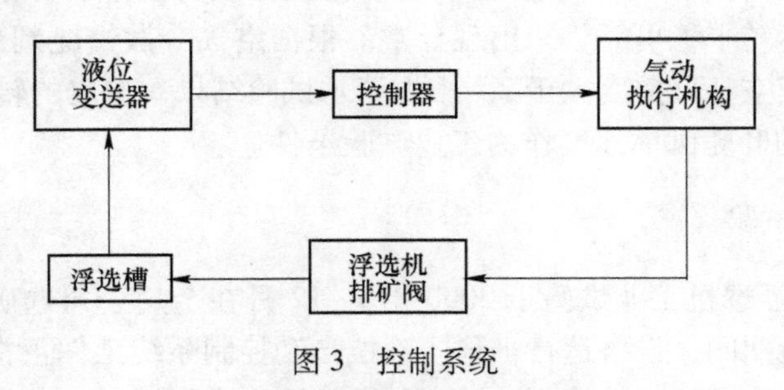

图 3 控制系统

Fig. 3 Block diagram of control system

矿浆液位计采用浮子-差动电容式转角传感器组成的浮子式液位计，应用先进电子技术和微机技术，使仪表性能有一个质的飞跃。浮选槽液面的高低由液位变送器检测后转换为 4~20mA 标准信号，送控制器显示出液位值，并与设定值进行比较，根据差值的方向和大小，输出相应的控制信号，送电动执行器，通过连杆机构调节排矿闸门，使矿浆液面维持在设定值。

7 工业试验

7.1 清水试验

在清水试验过程中，分别对三种转速（126r/min、131r/min、136r/min）和三个充气量（0.9m³/(m²·min)、1.2m³/(m²·min)、1.5m³/(m²·min)）进行空气分散情况、浮选机功率的测定。试验数据参见表1。

表1 KYF-50型浮选机清水试验结果

Table 1 Water-test results of KYF-50 flotation machine

转速/r·min⁻¹	平均充气量/m³·(m²·min)⁻¹	平均空气分散度	浮选机电流/A
136	1.45	1.41	90.00
	1.22	1.63	93.00
	0.90	2.01	98.33
131	1.51	2.34	93.17
	1.17	2.07	97.00
	0.96	2.09	99.00
126	1.41	2.45	83.00
	1.15	1.71	84.33
	0.93	2.20	87.67

浮选机实际消耗功率均未超过47kW，达到了设计要求；浮选机空气分散比较均匀；设备运转平稳可靠，未出现异常。根据空气分散情况判断，以131r/min为最佳条件，其空气分散度大于2。根据清水试验结果，选定的转速为131r/min，即以7.07m/s的叶轮圆周速度作为工业试验条件。

7.2 矿浆浮选试验

KYF-50型浮选机工业试验于2000年7~12月在金川公司选矿厂5号富矿系统进行。在试验期间，设备运行平稳，液位自动控制系统工作正常，控制精度满足工艺要求，未出现任何故障。设计、制造达到生产要求；浮选机搅拌力强，浮选槽内各区域的矿粒分布均匀不分层，没有紊流现象；泡沫层稳定，没有翻花现象，泡沫层厚度可达100~200mm。一段粗选选别指标与原流程5台BS-K-16型浮选机（加一个20m³搅拌槽）相比，精矿品位镍提高2.3%、铜提高1.4%、氧化镁降低4.1%；作业回收率镍提高0.1%、铜提高2.3%；二段扫选选别指标与原流程5台BS-K-16型浮选机相比，在入选原矿品位镍高0.03%的情况下，精矿品位中镍提高0.06%、铜提高0.06%、氧化镁高1.16%；作业回收率镍、铜分别提高14.78%和12.3%。该机单位槽容装机容量比BS-K-16型浮选机降低25%。

8 结语

KYF-50 型充气机械搅拌式浮选机是我国最新研制成功的一种高效、节能超大型浮选设备，可广泛用于选别有色、黑色及非金属矿物。该机创新点在于独特的叶轮-定子结构及槽体形式。叶轮采用高比转数后倾叶片，槽体上部为八角形、底部为 U 形。槽内流体运动状态合理，矿浆悬浮状态好，矿粒分布均匀，泡沫层稳定，矿浆液面自动控制系统工作可靠、调节容易。

KYF-50 型浮选机的研制成功具有显著的经济效益和社会效益。工业试验表明：该机运转正常平稳，开停车不用放矿，能较大幅度地降低能耗，对提高金川镍铜精矿品位和回收率、降低精矿中氧化镁含量有明显效果，性能达到了国外同类浮选机的先进水平，填补了国内大型浮选机的空白。

参考文献

[1] 北京矿冶研究总院. KYF-50 充气机械搅拌浮选机研究报告 [R]. 2001.
[2] 金川有色金属公司，北京矿冶研究总院. KYF-50 浮选机工业试验报告 [R]. 2000.
[3] 赵韶华，曾新民. KYF-50 浮选机工业试验及其应用前景 [J]. 有色金属（选矿部分），2001（3）：18-23.

$160m^3$ 浮选机浮选动力学研究

沈政昌

（北京矿冶研究总院，北京，100160）

摘　要：对 $160m^3$ 浮选机进行了浮选动力学研究，主要测量了充气量、空气分散度、转速、功率、气泡大小、含气率等有关参数，并分析了充气量与空气分散度、功率、气泡大小、空气保有量的关系，最后确定了最佳转速。

关键词：流体动力学；转速；充气量；气泡大小

Flotation Dynamics Research of $160m^3$ Flotation Cell

Shen Zhengchang

(Beijing General Research Institute of Mining and Metallurgy, Beijing, 100160)

Abstract: In this paper, the dynamics of KYF-160 flotation cell are studied. The main parameters, including the aeration rate, air distribution, impeller speed, power consumption and bubble size are measured. The relationship between these parameters is analyzed and the optimal impeller speed is determined.

Keywords: flotation dynamics; impeller speed; aeration rate; bubble size

浮选机的浮选动力学是浮选机研制过程中极其重要的参数，它对浮选效果的好坏有着直接的影响。浮选机浮选动力学研究起步较晚，但浮选机流体动力学研究是近年来浮选理论研究中最活跃的课题之一，许多学者从各个不同的角度，对浮选流体动力学进行了研究。浮选过程的基本行为就是气泡的矿化，即矿浆中颗粒与气泡碰撞，疏水性矿粒与气泡黏附并以气泡为载体上浮，进入泡沫层。因此，矿浆中气泡数目的多少和充气质量的好坏会直接影响矿粒与气泡碰撞概率的大小，进而影响浮选速度的高低，同时也将对浮选选择性起到一定的影响。本文对我国最大的 $160m^3$ 浮选机进行了浮选动力学分析。

1　试验方法

KYF-160 型浮选机浮选动力学测试在清水中进行，主要对充气量、空气分散度、转速、功率、气泡大小、空气保有量等有关参数进行测定。

1.1 试验条件

转速的确定：根据 KYF 系列浮选机的浮选动力学要求和设计理论，试验中安排了当叶轮圆周线速度 v=7.95m/s 即转速为 111r/min 作为试验基准，为进一步考察设备设计的合理性及叶轮线速度对浮选动力学参数的影响，在试验中又分别安排了叶轮线速度 v=7.4m/s 和叶轮圆周线速度 v=8.39m/s 即转速为 104r/min 和 117r/min 的补充试验。充气量的确定：KYF-160 型浮选机的充气量范围确定为 0.5~2.0m^3/(m^2 · min)。在试验中，每个转速条件下确定了四个充气量。

1.2 充气量和空气保有量的测定

为了准确地测量充气量，考虑到 KYF-160 型浮选机槽体为圆柱形，因此只需测量半个圆内的充气量，既有代表性又可节约试验时间。测量方法是将浮选机槽内充满水，把槽体分成若干个测量点，测量半个圆内的充气量，为保证测量的准确性，每个试验条件下我们重复测量两次。先计算出每点的充气量，然后计算浮选机槽内的空气分散度。空气保有量为空气在全部水混合物中所占的比率。试验中首先测定了在不充气条件下的液面高度 H，然后分别在不同转速、不同充气量水平下测量液面高度 H_i，求出 ΔH。则含气率

$$\delta=\frac{\Delta H}{H}$$

1.3 转速及功耗的测定

转速测定采用 EMT260B 高精度转速表，根据光电式测量法进行多次测量，测得的转速与试验要求相同，分别为 104r/min、111r/min、117r/min，为了测量主轴功耗，试验中通过测量电机电流来计算电机功率。

1.4 气泡大小的测定

在本试验中，采用照相法对气泡直径进行测量[1,2]。通过测定不同充气量时的气泡直径，进而计算气泡平均直径。气泡直径的测量设备如图 1 所示，工作原理为：将气泡收集到取样管中，然后将它们给到暴露在光照条件下的观测区中，用数码摄像机拍摄图像。当气泡进入到观测区中，沿着倾斜的观测窗，气泡向上滑动铺展为单层，以便于摄像和观察。观察室设有刻度标尺，用于测量气泡直径。根据观测窗内的标准可读尺寸的物体校准摄像机棱镜的焦距，打开球形阀，在气泡形成连续流动的时候记录 1~2min。气泡尺寸采用照相法测定，所得图片经过处理，并根据 Saut 平均粒径公式进行计算，可得出不同条件下不同气泡尺寸的分布图。

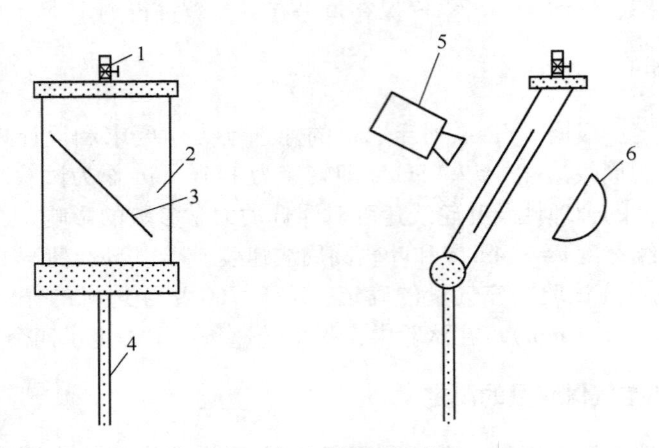

图 1　气泡大小测量装置

1—球形阀；2—观察室；3—细铁丝；4—取样管；5—摄像机；6—光源

Fig. 1　The device for bubble size measuring

2　结果与讨论

KYF-160 浮选机浮选动力学测试结果见表 1。

表 1　动力学试验数据

Table 1　Test results of flotation dynamics

项　目	叶轮线速度 7. 46m/s				叶轮线速度 7. 96m/s				叶轮线速度 8. 39r/min			
充气量 $/m^3 \cdot (m^2 \cdot min)^{-1}$	0. 86	0. 93	1. 1	1. 43	0. 79	1. 05	1. 27	1. 6	0. 68	1. 03	1. 23	1. 96
空气分散度/%	1. 37	2. 63	1. 81	1. 89	2. 50	2. 64	2. 85	2. 33	1. 21	2. 18	3. 34	1. 83
电机功率/kW	106. 57	104. 17	99. 37	93. 61	123. 85	114. 73	108. 97	99. 37	144. 01	131. 53	123. 85	112. 81
空气保有量/%	10	11	12	13. 3	8. 5	9. 6	12. 2	14. 9	10. 5	11. 8	13	15. 4
气泡平均直径/mm	1. 10	1. 12	1. 06	1. 17	1. 5	1. 39	1. 37	1. 23	1. 03	1. 11	1. 19	1. 28

2. 1　空气分散度与充气量的相互关系

图 2 可以看出，当转速为 104r/min 时，空气分散度的最大值为 2. 63%，最小值 1. 37%；当转速为 111r/min 时，空气分散度均大于 2%；当转速为 117r/min 时，空气分散度最大值为 3. 34%，最小值 1. 21%。十分明显，当转速为 111r/min 时，空气分散在这种叶轮圆周线速度中最为均匀。

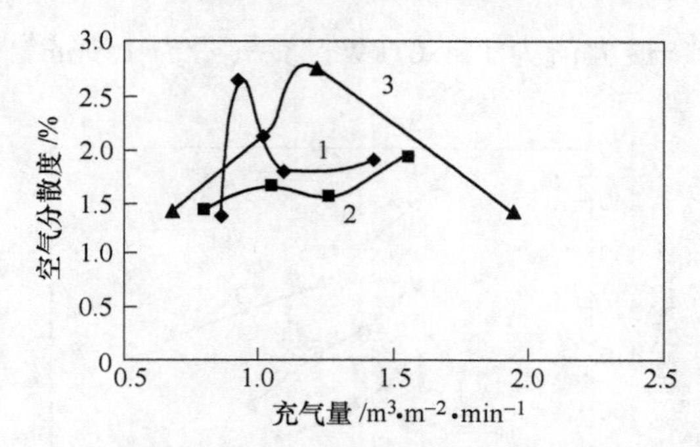

图 2　空气分散度与充气量的关系

1—104r/min；2—111r/min；3—117r/min

Fig. 2　The relationship between air distribution and aeration rate

2.2　空气保有量与充气量的相互关系

图 3 可以看出，当转速为 104r/min 时，最大空气保有量为 13.3%，最小空气保有量为 10%；当转速为 111r/min 时，最大空气保有量为 14.9%，最小空气保有量为 8.5%；当转速为 117r/min 时，最大空气保有量为 15.4%，最小空气保有量为 10.5%。因此，在转速为 111r/min 时，空气保有量随充气量变化最明显。

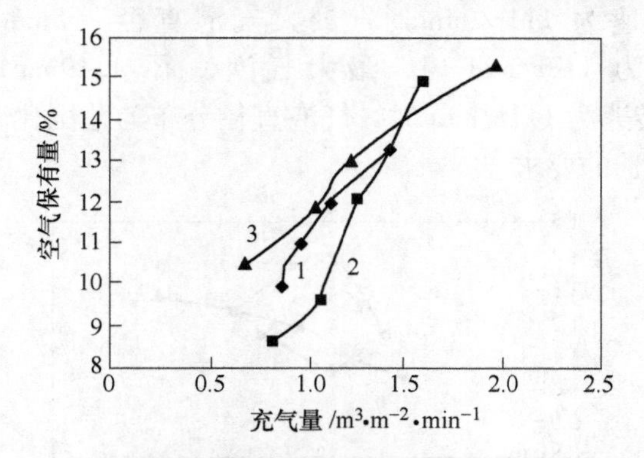

图 3　空气保有量与充气量的关系

1—104r/min；2—111r/min；3—117r/min

Fig. 3　The relationship between air holdup and aeration rate

2.3　主轴功耗与充气量的关系

图 4 可见，随着转速增加，电机电流即主轴功耗会迅速提高，充气量增加时，电机电流则会相应降低。当转速为 104r/min 时，充气量为 $0.86m^3/(m^2 \cdot min)$，功率为 106.57kW，充气量为 $1.43m^3/(m^2 \cdot min)$，最小值为 93.61kW；当转速为 111r/min 时，充气量为 $0.79m^3/(m^2 \cdot min)$，功率为 114.73kW，充气量为 $1.6m^3/(m^2 \cdot min)$，最小值为 99.37kW；当转速为 117r/min 时，充气量为

0.68m^3/(m^2 · min)，最大值为 144.01kW，充气量为 1.96m^3/(m^2 · min)，最小值为 112.81kW。

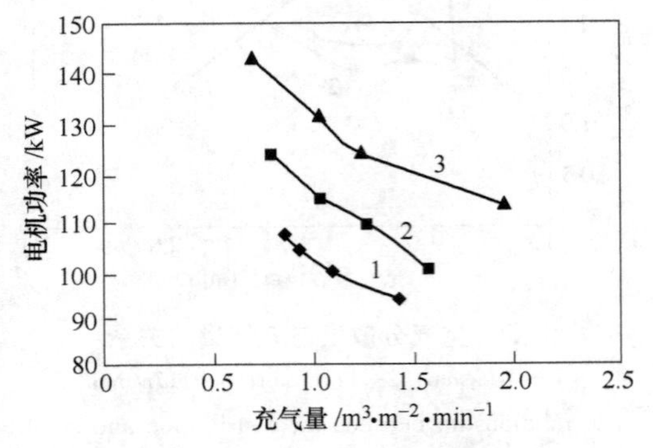

图 4　主轴功耗与充气量的关系

1—104r/min；2—111r/min；3—117r/min

Fig. 4　The relationship between power consumption and aeration rate

2.4　气泡平均直径与充气量的关系

图 5 可以看出，当转速为 104r/min 时，最大气泡直径 1.17mm，最小气泡直径 1.06mm；当转速为 111r/min 时，最大气泡直径 1.5mm，最小气泡直径 1.23mm；当转速为 117r/min 时，最大气泡直径 1.19mm，最小气泡直径 1.03mm。可看出转速为 111r/min 时，气泡直径分布的范围比较大，能更好地满足不同粒级矿物浮选的要求。

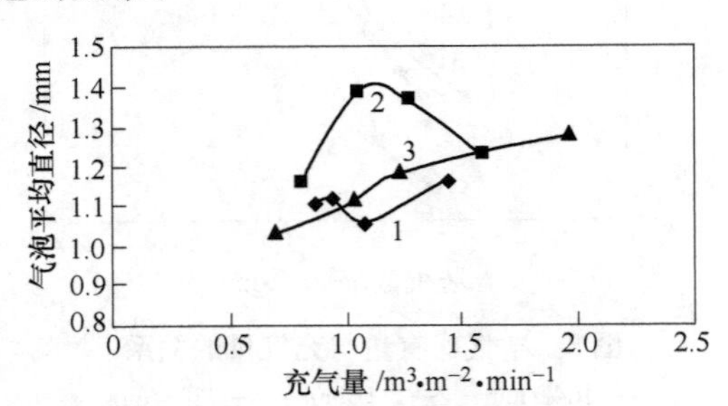

图 5　气泡平均直径与充气量的关系

1—104r/min；2—111r/min；3— 117r/min

Fig. 5　The relationship between average bubble size and aeration rate

3　结论

对 160m^3 浮选机浮选动力学进行了分析，得到了以下的结果：

（1）对三种叶轮进行分析，叶轮圆周线速度 v = 7.95m/s 即转速为 111r/min 时，160m^3 浮选机浮选动力学测试结果最佳。

（2）充气量对空气分散度、功耗、气泡直径影响较大，选择合理的充气量不但可以提高选别指标，而且节能降耗。

（3）160m^3 浮选机浮选动力学研究为工业应用条件的确定提供了依据。

参 考 文 献

［1］哥麦茨 CO. 浮选机的气体分散度的测定［J］. 国外金属矿选矿，2003（4）：5-40.

［2］Ch ENF. Technical note bubble size measurement in flotation machine［J］. Minerals Engineering, 2001，14（4）：427-432.

200m³ 超大型充气机械搅拌式浮选机设计与研究

沈政昌

（北京矿冶研究总院，北京，100160）

摘　要：本文介绍目前国内单槽容积最大的浮选设备——200m³ 超大型充气机械搅拌式浮选机的结构、工作原理，详细阐述槽体、泡沫槽、叶轮、定子等关键部件的结构设计和液位自动控制策略和方法的选择。通过浮选动力学试验和矿浆试验验证了浮选机整机性能，在试验期间设备运行平稳，泡沫层稳定，没有翻花、沉槽现象，泡沫层厚度可根据工业要求进行调节，液位自动控制系统工作正常，控制精度满足工艺要求，其选别性能与综合技术指标达到了国际同类设备的先进水平。

关键词：选矿工程；浮选机；工业试验；大型化；设计

Research and Design of 200m³ Air Forced Flotation Machine

Shen Zhengchang

（Beijing General Research Institute of Mining and Metallurgy，Beijing，100160）

Abstract：The structure and principle of 200m³ air forced flotation machine，the largest flotation machine in China now，are described，and the structure design of the key parts，including cell，launder，impeller and stator and the control strategy and method of level automatic control system are indicated in detail. Through the flotation dynamics test and pulp test，the flotation machine performance is verified. During the trial，the operation of equipment is smooth，the froth layer is stable，the foam thickness can be adjusted in accordance with industry requirements，the level automatic control system is good，the control accuracy meet the technological requirements. The technical and processing capability of the 200m³ flotation machine is advanced which is meet the request for the large-scale flotation cells.

Keywords：mineral processing；flotation machine；industrial test；large scale；design

随着选矿厂的规模日益扩大和市场竞争程度不断提高，高效、节能、大型、自动化程度高的浮选设备已成为最近几年国内外的研究重点，并在国内外的选矿实践中得到推广应用，取得了较好的效果[1,2]。我国于 20 世纪 90 年代开始了单槽容积 50m³ 以上的充气机械搅拌式浮选机研制，取得巨大的成功[3~5]。2005 年，国内首台单槽容积为 160m³ 充气机械搅拌式浮选机研究成功并获得工业应用[6]。2008 年 5 月，200m³ 充气机械搅拌式浮选机试验在江西铜业股份有限公司德兴铜矿大山选矿厂完成，试验取得了满意的成果，并在江铜大山选矿厂 90000t/d 技改项目中采用了 18 台。200m³ 充气机械搅拌式浮选机的研制成功标志着我国已成为世界上少数几个掌握超大型浮选机研发关键技术的国家，为我国大规模矿产资源高效开发提供了浮选设备技术支撑，将推动我国选矿科技进步，提高我国选矿设备在国际市场的竞争力。

1 浮选机的结构和工作原理

200m³ 充气机械搅拌式浮选机是在 50m³，100m³，160m³ 等规格的大型浮选机研究和应用的基础上，根据前期研究得出的大型浮选机的设计原则和放大方法[7]，针对超大型浮选机流体动力学的特殊规律而研究设计的，图 1 给出了 200m³ 充气机械搅拌式浮选机的结构图，主要由叶轮、定子、主轴部件、电机装

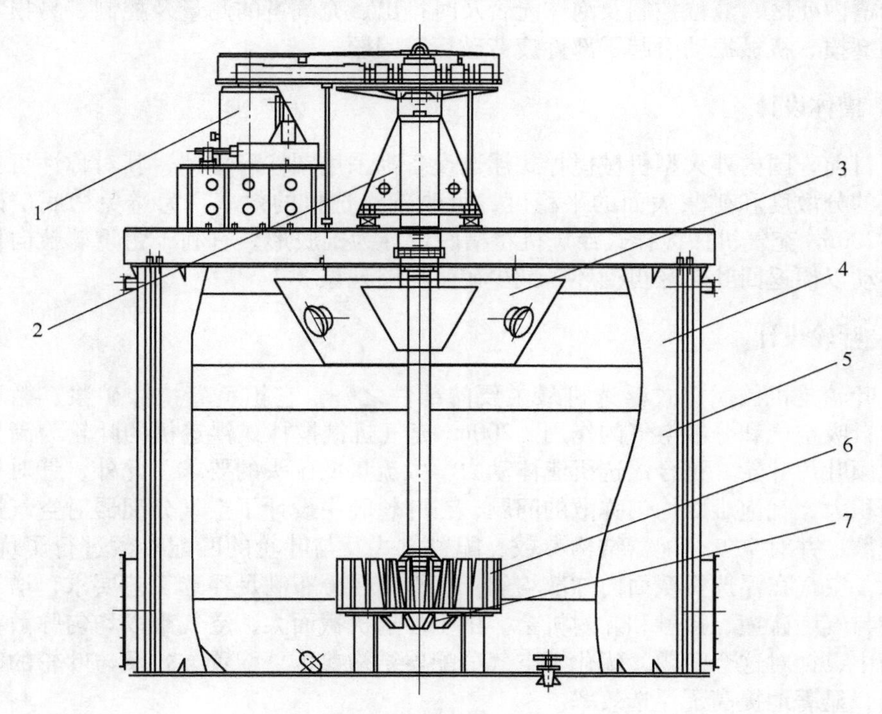

图 1 KYF-200 型浮选机的结构组成

1—电机装置；2—主轴部件；3—内泡沫槽；4—外泡沫槽；5—槽体；6—定子；7—叶轮

Fig. 1 Main structure of KYF-200 flotation cell

置和槽体等组成。

$200m^3$ 充气机械搅拌式浮选机的工作原理与 KYF 系列浮选机的工作原理基本相同，即电机通过 V 形三角带带动主轴机构上的大皮带轮旋转，同时通过主轴使叶轮旋转，此时槽内矿浆由叶轮经定子圆盘与槽底之间吸入叶轮叶片间，同时，由鼓风机给入的低压空气，经风道、空气调节阀、空心主轴进入叶轮腔的空气分配器中，通过分配器周边的孔进入叶轮叶片间，矿浆与空气在叶轮叶片间进行充分混合后，由叶轮上半部周边排出，排出的矿流向斜上方运动，由安装在叶轮四周斜上方的定子稳定和定向后，进入到整个槽子中。矿化气泡上升到槽子表面形成泡沫，泡沫流到泡沫槽中，矿浆再返回叶轮区进行再循环，另一部分则通过槽间壁上的流通孔进入下槽进行再选别。

2　浮选机结构参数设计

$200m^3$ 充气机械搅拌式浮选机研制的关键问题在于设计可达到和满足所需流体动力学状态的叶轮-定子系统和槽体结构，因此设计重点应放在槽体、泡沫槽、叶轮和定子上。另外在设计中还重点考虑了沉砂、翻花、表面波动、矿浆短路、浮选槽内死区、液位控制及泡沫能否及时排出、充气量的测量及控制、易损零部件的磨损、机械振动引起零部件疲劳破坏等问题。

2.1　槽体设计

目前，国内外大型机械搅拌式浮选设备都采用圆柱形槽体，其对称性可提高充气的分散度和矿浆表面的平稳度，可改善浮选机的效率。为避免槽底矿砂堆积，$200m^3$ 充气机械搅拌式浮选机将槽底设计为锥底形，有利于粗重矿粒向槽中心移动以便返回叶轮区再循环，减少矿浆短路现象。

2.2　叶轮设计

叶轮是机械搅拌式浮选机最主要的部件之一，它担负着搅拌矿浆、循环矿浆、自吸空气和分散空气的作用。$200m^3$ 充气机械搅拌式浮选机的叶轮为高比转速后倾叶片叶轮，符合浮选机流体动力学大流量低压头的要求。此外，针对槽体截面积大、气泡难以均匀弥散的问题，在叶轮腔中设计了空气分配器对空气进行预分散，并对空气分配器结构参数、配置方式及与叶轮的匹配参数进行了优化，确保了空气在浮选机截面内弥散均匀，气泡直径分布满足浮选工艺要求，增加了矿粒与气泡碰撞、接触和黏附机会。由于浮选机截面大，空气难以均匀弥散在浮选槽中，针对这个问题，优化了空气分配器结构参数、配置方式及与叶轮的匹配关系，显著地提高了浮选效率。

2.3　定子设计

浮选槽内充气-搅拌区需要较强的混合效果，矿浆处于紊流状态，而分离区和泡沫区又需要相对稳定，因此定子必须能够将叶轮产生的切向旋转的矿浆流转化为径向矿浆流，防止矿浆在浮选槽中打旋，促进稳定泡沫层的形成，并有助于矿浆在槽内进行再循环。其次，在叶轮周围和定子叶片间产生一个强烈的剪力环形区，促进细小气泡的形成。设计中采用了低阻尼直悬式定子，由 24 个叶片组成，安装在叶轮周围斜上方，由支脚固定在槽底。这样可使得定子下部区域周围的矿浆流通面积增大，消除了下部零件对矿浆的不必要干扰，有利于矿浆向叶轮下部区域的流动，降低了动力消耗，增强了槽体下部循环区的循环和固体颗粒的悬浮能力。叶轮中甩出的矿浆-空气混合物可以顺利地进入矿浆中空气得到了很好的分散。

2.4 泡沫槽设计

输送距离是影响浮选的目的矿物工艺指标的一个重要因素。由于 $200m^3$ 充气机械搅拌式浮选机的体积较大，泡沫的输送距离相对较中小型浮选机长，泡沫在输送过程中，黏附在气泡上的颗粒易脱落，且易产生局部泡沫停滞现象，即中部泡沫停滞，靠近泡沫槽边缘的泡沫易于流动，并且溢流出去的泡沫都是新生的白色泡沫，影响浮选指标[8,9]。$200m^3$ 充气机械搅拌式浮选机泡沫槽采用了周边溢流方式和锥形推泡器加速泡沫的流动，并增加了一个泡沫槽，采用双泡沫槽配置，靠近槽体边缘的泡沫从外泡沫槽溢流出去，而靠近中间的泡沫通过内泡沫槽溢流出去，这样就把泡沫一分为二，缩短了泡沫输送距离，减少了局部停滞。

2.5 矿浆液位测量控制系统

$200m^3$ 充气机械搅拌式浮选机采用自流式泡沫槽，对矿浆液面要求严格，必须配置相应的自动控制装置，才能满足生产工艺要求。$200m^3$ 充气机械搅拌式浮选机是超大型浮选机，其液位控制较小型浮选机相比存在特点。浮选机容量大，处理量大，作业时间短；浮选机的排矿量大，必须采用两个大排量阀进行排矿，在液位调节过程中，不能只注重液位的稳定，还要注意排矿量的稳定，以免引起浮选槽液位的波动，也同时避免对后续作业的影响。浮选机泡沫厚度变化大。大型浮选机的搅拌和充气量的波动，必然引起液位的波动，因而在液位控制中，通过硬件结构和软件设计来减小液位波动的影响尤为重要。针对以上特点，$200m^3$ 充气机械搅拌式浮选机采用自整定模糊控制策略，建立了液面控制双执行机构的协同工作机制，研制了适用于给矿量大、矿浆波动量大且频繁条件下的超大型浮选机矿浆液面自动控制系统，确保了矿浆液面及泡沫层厚度可满足不同浮选工艺的要求。

3 工业试验

$200m^3$ 充气机械搅拌式浮选机工业试验在江西铜业股份有限公司德兴铜矿大

山选矿厂进行。试验流程为用两台北京矿冶总院研究设计、制造、安装的200m³充气机械搅拌式浮选机替代后三万一段粗选——作业2×4台39m³浮选机。试验结果与前三万系统进行对比。

3.1 浮选动力学试验

在动力学试验过程中，分别对四种转速（101r/min，104r/min，108r/min，112r/min）和六个充气量水平（0.3m³/(m²·min)，0.6m³/(m²·min)，0.8m³/(m²·min)，1.0m³/(m²·min)，1.2m³/(m²·min)，1.5m³/(m²·min)）进行充气量、空气分散度、转速、功率、空气保有量、气泡直径等有关参数的测定。试验数据见表1。从表1数据可以看出，当转速为109r/min时，空气分散度都在2.5以上，差值不大，比较理想，且变化比较均匀。而105r/min在0.5充气量以下的空气分散度小于109r/min，不适于小充气量的选矿条件。因此确定浮选机的矿浆试验转速为109r/min，该值与设计要求一致。

表1 200m³浮选机清水试验结果

Table 1 Dynamic test data of 200m³ flotation machine in pulp

叶轮转速 $/r \cdot min^{-1}$	充气量 $/m^3 \cdot (m^2 \cdot min)^{-1}$	空气分散度	电流 /A	空气保有量	气泡直径 /mm
101	0.4	4.0	300	0.08	—
	0.69	1.32	275	0.11	—
	0.94	3.49	255	0.12	—
	1.22	2.24	250	0.14	—
105	0.43	2.53	340	0.10	—
	0.67	2.63	315	0.11	2.68
	0.88	3.08	310	0.11	1.0
	1.15	2.80	270	0.12	1.19
109	1.6	2.99	260	0.13	0.98
	0.80	3.17	325	0.10	1.29
	1.07	2.89	280	0.13	1.63
	1.13	2.67	270	0.11	1.76
113	0.8	2.72	340	0.10	0.98
	0.99	2.2	330	0.11	1.61
	1.23	3.27	320	0.12	1.60
	1.49	2.32	280	0.09	

注：空气分散度=平均充气量/(最大充气量-最小充气量)；浮选机电流及风机电流均为三相之平均值。

3.2 矿浆试验

为了对试验用的两台 $200m^3$ 充气机械搅拌式浮选机矿浆工艺指标及选别性能进行考察和对比，试验期间，对用作后三万一粗作业的两台 $200m^3$ 充气机械搅拌式浮选机和前三万一粗作业的原矿、精矿和尾矿进行采样和化验。试验期间，$200m^3$ 充气机械搅拌式浮选机及药剂的调整操作由岗位工人根据生产需要及浮选现象进行操作。矿浆试验生产阶段累计指标见表 2。

表 2 工业试验阶段铜元素指标对比

Table 2 Comparison of copper indexes in concentration from industrial test

流程	原矿品位/%	精矿品位/%	尾矿品位/%	粗一作业回收率/%	浮选效率/%	系统回收率/%
试验流程	0.518	10.88	0.168	68.33	65.94	85.43
对比流程	0.519	11.27	0.202	61.56	58.99	84.51
差值	-0.001	-0.39	-0.034	6.77	6.95	0.92

由表 2 可以看出，试验流程作业指标与对比流程指标相比，在给矿铜品位低 0.001%的情况下，精矿铜品位低 0.39%，尾铜品位低 0.034%，铜回收率高 6.77%，浮选效率高 6.95%，系统回收率高 0.92%。反映出试验流程作业回收率高于对比流程，工业试验指标优于预期结果，试验结果反映出 $200m^3$ 充气机械搅拌式浮选机的工艺性能达到了大型浮选机的先进水平。

4 结语

$200m^3$ 超大型充气机械搅拌式浮选机运转平稳可靠，矿浆悬浮状态好，空气分散均匀，气泡大小适宜，泡沫层稳定，占地面积小，节能效果明显，矿浆液位自动控制及充气量自动控制操作方便，控制可靠。其特点在于采用高比转速后倾叶片叶轮、低阻尼直悬式定子。针对设备槽体截面大、气泡难以均匀弥散的问题，优化了空气分配器结构参数、配置方式及与叶轮的匹配关系。流体状态可满足浮选动力学要求，使矿浆循环充分，增强了矿化效果。采用双泡沫槽、双推泡锥结构形式，提高了泡沫排出速率。采用自整定模糊控制策略，建立了液面控制双执行机构的协同工作机制。研制出适用于给矿量大、矿浆波动量大且频繁条件下的矿浆液面自动控制系统，满足了不同浮选工艺要求。$200m^3$ 充气机械搅拌式浮选机作为我国最新研制成功的目前单槽容积最大、高效节能的超大型浮选设备，进一步完善、验证了我国独立提出的大型浮选机相似放大理论，可广泛用于选别有色、黑色及非金属矿物，其选别性能与综合技术指标达到了国际同类设备的先进水平。

参考文献

[1] 奥拉瓦伊年 X. 芬兰奥托昆普公司浮选机的研究与开发［J］. 国外金属矿选矿，2002（4）：32-34.

[2] 卢世杰，李晓峰. 浮选设备发展趋势［J］. 铜业工程，2008（2）：1-5.

[3] 李显元，周明华. 铜绿山矿原生矿浮选系列改造的生产实践［J］. 稀有金属，2006（12）：162-165.

[4] 朱永安. 金堆城钼业集团选矿技术新进展与发展方向［J］. 金属矿山，2006（5）：1-3.

[5] 洪养军. XCF/KYF 型浮选机在三十亩地选矿厂的应用［J］. 中国矿山工程，2005（5）：28-32.

[6] 沈政昌. 160m^3 浮选机动力学研究［J］. 有色金属（选矿部分），2005（5）：33-35.

[7] 沈政昌，杨丽君，陈东. 充气机械搅拌式浮选机放大方法的研究［J］. 有色金属（选矿部分），2007（3）：32-37.

[8] Lelinski D, Allen J, Redden L, et al. Analysis of the residence time distribution in large flotation machines [J]. Minerals Engineering, 2000 (15): 499-505.

[9] Frederick Bloom, Theodore J Heindel. Modeling flotation separation in a semi-batch process [J]. Chemical Engineering Science, 2003 (58): 353-365.

$320m^3$ 充气机械搅拌式浮选机研究

杨丽君　陈东　沈政昌

（北京矿冶研究总院，北京，100160）

摘　要： 近年来，我国在浮选设备大型化的应用研究方面取得了巨大成功。本文介绍了大型浮选机的设计原则、放大方法、技术路线和手段。最新研制的世界上最大的 $320m^3$ 充气机械搅拌式浮选机，搅拌力强，槽内矿粒分布均匀，单台浮选机的铜富集比可达 20.62，硫富集比可达 71.44，功率消耗比国外同类型浮选机节省5.88%以上。该机的成功研制标志着我国成为世界上少数几个完全掌握浮选设备大型化关键技术的国家之一。

关键词： 大型浮选机；充气机械搅拌式；$320m^3$；设计原则；相似放大

Research on $320m^3$ Air-forced Mechanical Flotation Cell

Yang Lijun　Chen Dong　Shen Zhengchang

（Beijing General Research Institute of Mining and Metallurgy，Beijing，100160）

Abstract： Recently，large-scale flotation cells have been used successfully in china. The paper introduces the design principle，scale-up method，and technical approach. $320m^3$ air-forced flotation cell，the biggest flotation cell in the world，boasts of forceful agitation，even mineral particles distribution in the cell，high enrichment ratio of copper as 20.62 in a single set of $320m^3$ flotation cell，high enrichment ratio of sulfur as 71.44，and low consumption of power by 5.88% compared to the other cells with the same type. The successful application of $320m^3$ flotation cell indicates that China becomes one of a few countries in the world that have mastered the key technology of large-scaled flotation cells.

Keywords： large-scaled flotation cell；air-forced mechanical；$320m^3$；design principle；scale-up

大型浮选机以其高效率和低能耗，在国外得到广泛应用，极大地提高了资源综合利用率，取得了较好效果[1]。近年来，我国在浮选机大型化方面发展迅速，先后研制成功 $50m^3$、$70m^3$、$100m^3$、$130m^3$、$160m^3$、$200m^3$、$320m^3$ 充气机械搅拌式浮选机，在基础研究和工业应用方面均有突破，在浮选动力学理论研究和生产实践的基础上，对大型浮选机的流体动力学规律、矿浆短路形成原因、难选矿粒矿化机理等进行了大量基础研究，提出了大型浮选机空气分散、气泡运动和矿化的新观点，建立和完善了各种浮选工艺中的浮选机设计原则。创立了以浮选机内平均叶轮搅拌雷诺数相等、基于逐步回归和相似放大为核心的趋势外推浮选设备放大理论和方法，创建了我国浮选机 CFD 模拟和仿真技术，形成了基于分选性能、控制策略、配置方式及不同浮选工艺的独特的浮选设备研制技术路线和手段，使我国成为世界上少数几个完全掌握浮选设备大型化关键技术的国家之一，对提高我国金属矿山选矿装备水平、提高资源综合利用率和节能降耗具有重要意义。

1　大型浮选机的基础理论研究

1.1　大型浮选机设计原则

目前工业生产中的浮选机通常是根据经验来设定各设计操作参数，虽然最近几年国内外学者对这方面进行了一定的研究，但对浮选机流体动力学参数的研究不够。如何在大型浮选机内部实现矿物的均匀搅拌，既要使矿粒在整个浮选槽内有效悬浮和气泡均匀分布，同时又要避免液面的过分扰动，是大型浮选机所遇到的突出问题之一[2,3]。我国在浮选机研究及浮选动力学理论研究的基础上，通过探索大型浮选机流体动力学的特殊规律，确定了浮选机内部各粒级矿物与气泡的碰撞、黏附、脱落过程及影响这些过程的原因，并据此提出了大型充气机械搅拌式浮选设备的设计原则：（1）保证浮选槽内能充入足量空气，使空气在矿浆中充分地分散成大小适中的气泡，保证槽内有足够的气-液分选界面，增加矿粒与气泡碰撞、接触和黏附的机会。（2）叶轮-定子系统所产生的流体动力学状态要满足浮选动力学的要求，叶轮搅拌力要适中，矿浆循环畅通，保证较粗矿粒能充分悬浮，以利于粗粒矿物与气泡集合体的形成和顺利上浮，槽底无沉砂，定子应有利于将叶轮产生的旋转矿流变成径向矿流，形成细微空气泡，稳定液面，防止翻花现象的发生并降低能耗，建立一个相对稳定的分离区和平稳的泡沫层，减小矿粒的脱落机会。（3）尽量减少浮选槽中的死区和旁流，降低槽内“旧”矿浆再循环，提高矿浆的平均停留时间，减少矿浆短路。（4）适当加大槽深，延长气泡上升距离，以增加矿粒与气泡的碰撞机会。（5）与中小型浮选机相比，随着单槽容积的增大，泡沫表面积呈减小趋势，泡沫层厚度相应增加。确定合理的泡沫堰负载速率，缩短泡沫的输送距离，加速泡沫的排出。（6）可在全负载下开、停车。（7）与中小型浮选机相比，采用大型浮选机后设备台数明显减少，每一台浮选机的分选性能将在更大程度上影响整个选矿厂的浮选指标。因此大型浮选机必须通过控制给气、给药、补水、调节液面，可迅速调节浮选过程，实现自动化控制。（8）在浮选机结构设计时必须充分注意对不同浮选工艺的适应性，如氧化矿类浮选具有泡沫产率及黏度高、铁矿反浮选具有矿浆密度大而充气量小、部分矿物入选粒度粗等特点。

1.2 大型浮选机放大方法

尽管国内外在浮选设备大型化研究方面花费了很大精力也作出了很大的贡献，但浮选机容积增大的速度比研究进展要快得多，浮选机的设计和按比例放大仍是以经验公式为基础，还没有具体、统一、精确的大型浮选机放大方法，此外大型浮选机放大的研究重点也多将全部或绝大部分注意力放在提高单体设备的分选性能方面，而未能兼顾浮选设备的应用场合、设备之间的配置方式及设备的控制策略等宏观层面[4,5]。我国创立了以浮选机内平均叶轮搅拌雷诺数相等、基于逐步回归和相似放大为核心的趋势外推浮选设备放大理论和方法。与自吸气机械搅拌式浮选机通过叶轮旋转搅拌矿浆形成负压抽吸空气来实现充气不同，充气机械搅拌式浮选机所需的气体主要是由外力（鼓风机）强制给入，充气量大小可调，因此在放大时无需考虑充气能力的放大。就设备本身而言，除机械结构参数外，影响浮选过程的主要因素是动力学因素：决定紊流强度、颗粒悬浮、空气分散、气泡-颗粒碰撞的因素（如搅拌强度等）、影响气泡尺寸和数量、液面的稳定性因素（如充气速率等）等。因此在放大机械搅拌式浮选机时，可按以下步骤进行：（1）实现机械结构相似，即浮选机关键部件的几何相似。（2）实现浮选槽中的悬浮相似。（3）实现浮选机流体动力学相似。在确定放大步骤后关键在于寻找各个步骤的放大因子及放大规则。通过对浮选机的工艺特性研究，从结构和动力学两个方面提出了充气机械搅拌式浮选机的放大方法，包括[6]：1）槽体放大，以槽体截面积 S 与叶轮直径 D 的比值为放大因子，其放大规则为 $S/D=aVb$。2）叶轮放大，包括叶轮形状放大和悬浮相似放大。叶轮形状放大的放大因子为叶轮直径，放大规则为 $D=CVd$；悬浮相似放大，当浮选机容积较小时，整个系列的浮选机叶轮设计可以通过浮选槽内悬浮准数相等的原则设计，当浮选机容积较大时，以悬浮准数 J 为放大因子，其放大规则为 $J=eVf$。3）槽内流体动力学相似，以 S/D 倍的叶轮线速度 v 为放大因子，其放大规则为 $vS/D=gVh$。

2 KYF 系列大型浮选机的设计和开发

从2000年开始，国内首次将计算机数值模拟的方法用于浮选设备研究，对大型浮选机的结构及不同操作条件下的流体动力学特性进行计算流体力学模拟，创建了我国浮选机 CFD 模拟和仿真技术。经过多年的研究探索，逐步形成了独特的浮选设备研制技术路线和手段。大型浮选机研制的关键在于设计可达到和满足所需流体动力学状态和满足泡沫输送要求的叶轮-定子系统和槽体结构。

2.1 槽体设计

对于充气式浮选机，由于不需要靠叶轮造成负压来吸气，槽体可适当加深，这有利于增加气泡与矿粒碰撞机会，减小叶轮直径，降低功耗，形成平稳的泡沫区和较长的分离区，减小占地面积，减少基建投资。大型浮选机槽体截面设计为圆形，其对称性可提高充气的分散度和矿浆表面的平稳度，可改善浮选机的效率。为避免槽底矿砂堆积，将槽底设计为锥底形，有利于粗重矿粒向槽中心移动以便返回叶轮区再循环，减少矿浆短路现象。

2.2 叶轮设计

叶轮是机械搅拌式浮选机最主要的部件，它担负着搅拌矿浆、循环矿浆和分散空气的作用。采用后倾叶片，高比转速叶轮，流量大，压头低，符合浮选机流体动力学的要求。因此，该大型浮选机的叶轮设计成叶片后向、高比转速离心式，并在叶轮中心配以空气分配器，预先分散空气，提高叶轮弥散空气的能力。叶轮参数是通过理论计算和小型试验取得合理参数后，通过以浮选机内平均叶轮搅拌雷诺数相等、基于逐步回归和相似放大为核心的趋势外推浮选设备放大理论和方法得出。

2.3 定子设计

根据大型浮选机的设计原则，定子应有利于将叶轮产生的旋转矿流变成径向矿流，形成细微空气泡，稳定液面，防止翻花并降低能耗。该浮选机采用了低阻尼直悬式定子，安装在叶轮周围斜上方，由支脚固定在槽底。定子下部区域周围的矿浆流通面积增大，消除了下部零件对矿浆的不必要干扰，有利于矿浆向叶轮下部区域流动，同时降低了矿浆循环阻力及动力消耗，增强了槽体下部循环区的循环强度和固体颗粒的悬浮能力。叶轮中甩出的矿浆-空气混合物可顺利进入矿浆中，空气分散效果好。定子的关键参数为直径，亦通过放大方法计算。

2.4 泡沫槽设计

泡沫回收是评价大型浮选机分选性能的重要指标。大型浮选机单槽容积较大，无论是泡沫层厚度还是泡沫输送距离较中小型浮选机既厚且长，不能及时回收将影响浮选指标[2,6]。大型浮选设备采用了创新的双泡槽、双推泡锥的设计，即靠近槽体边缘的泡沫从外泡沫槽溢流出去，而靠近中间的泡沫则通过内泡沫槽溢流出去，这样就把泡沫一分为二，既缩短了泡沫输送距离，又减少了局部停滞[8]。

3 $320m^3$ 充气机械搅拌式浮选机

根据以浮选机内平均叶轮搅拌雷诺数相等、基于逐步回归和相似放大为核心的趋势外推浮选设备放大理论和方法，确定了目前世界上最大的浮选设备——$320m^3$ 充气机械搅拌式浮选机的结构参数和运转参数。浮选机采用柱形锥底槽体设计，采用后倾叶片高比转速叶轮和径向短叶片低阻尼直悬式定子，并在叶轮腔中设有具有独创性的空气分配器，其结构图如图 1 所示。

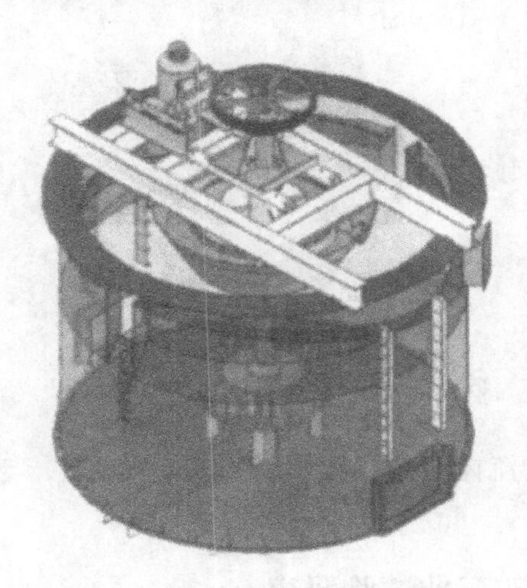

图 1 KYF-320 浮选机结构简图

Fig. 1 Structural sketch of KYF-320 flotation cell

通过计算机数值模拟，其结构和流体动力学特性如图 2 和图 3 所示，从图中

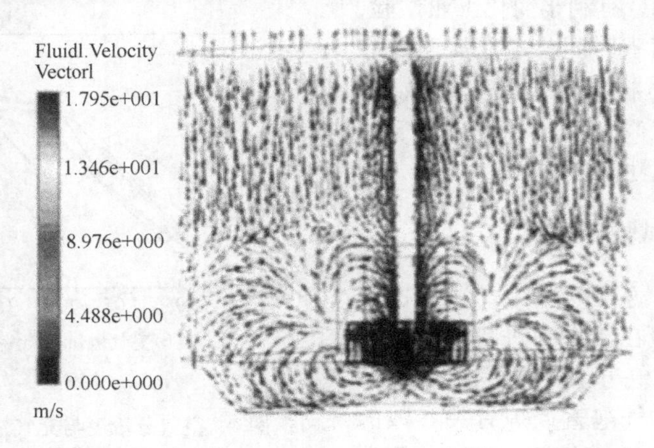

图 2 浮选机内流体状态

Fig. 2 Fluids flow state in flotation cell

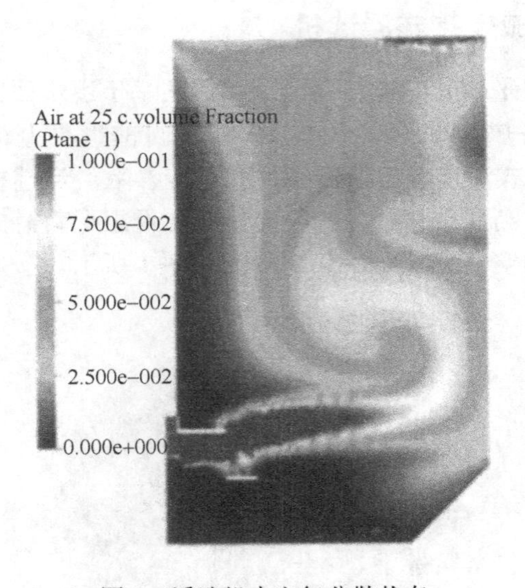

图 3 浮选机内空气分散状态

Fig. 3 Air distribution in flotation cell

可以看出，浮选机内的流体动力学状态和气体分散状态，与设计一致，可满足工业生产要求。

4 320m³ 浮选机选矿工业试验研究

浮选机的选矿工业试验包括动力学试验和工业试验。动力学试验是在两相流中确认浮选机设计的合理性，找出结构参数、工艺参数以及操作参数对浮选机分选性能的影响，有利于简化工业试验，降低费用，节省时间。工业试验是在实际生产中考核浮选机的选矿效率、力学性能、矿浆悬浮、气泡矿化、液面控制的稳定性等。

4.1 动力学试验

320m³ 充气机械搅拌式浮选机浮选动力学试验在清水中进行，主要包括充气量、空气分散度、转速、功率、空气保有量、气泡直径等有关参数的测定。动力学测试结果如图 4 ~ 图 6 所示。

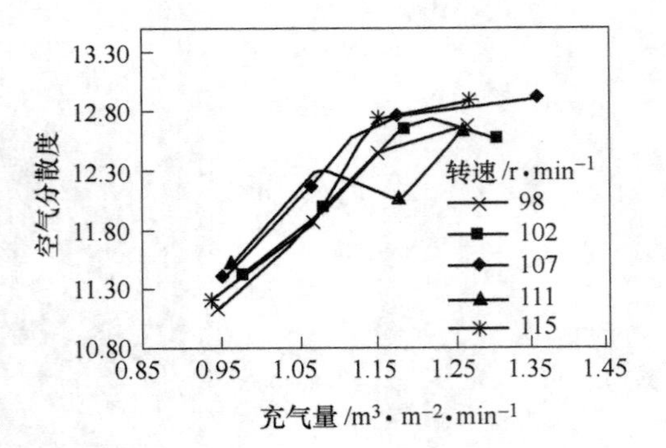

图 4 空气分散度与充气量的关系

Fig. 4 Relationship between air distribution and aeration rate

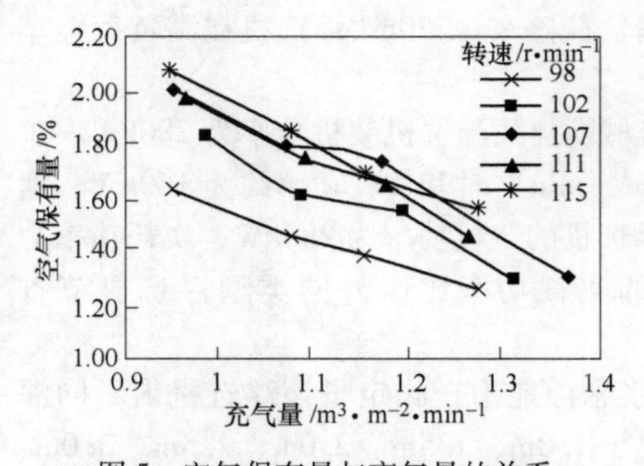

图 5 空气保有量与充气量的关系

Fig. 5 Relationship between air holdup and aeration rate

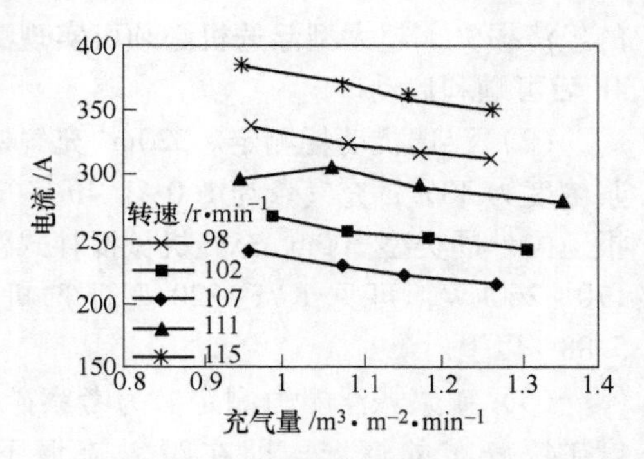

图 6 主轴功耗与充气量的关系

Fig. 6 Relationship between shaft power and aeration rate

在五个转速水平下，当转速大于 107r/min 时，空气分散度都在 1.5 左右，差值不大，但随着转速增加，浮选机主轴功耗增加，且转速为 107r/min 时，空气保有量随充气量变化最明显，因此将浮选机的矿浆试验转速确定为 107r/min，该值与设计值一致。

4.2 浮选机工业试验

本次工业试验在江西铜业集团公司大山选矿厂进行，考核重点为浮选机的选矿效率、力学性能、矿浆悬浮、气泡矿化、液面控制的稳定性等方面，本次矿浆试验的主要内容包括选别工艺指标的对比、原精尾的粒度分布及金属量分布测定、矿浆悬浮能力测定、矿浆条件下的空气分散度的测定等。试验流程为用一台 $320m^3$ 浮选机分选后三万四系列的尾矿，处理量 15kt/d，给矿自流给入，泡沫采用泵输送返回再磨，尾矿自流进入选矿厂总尾矿明渠。为不影响后续的尾矿处理作业，试验期间未添加任何药剂。工业试验为期 32 天，累计指标见表 1。

表 1 $320m^3$ 浮选机工业试验累计指标

Table 1 Cumulative index of industrial of $320m^3$ flotation cell

项目	原矿品位/%	精矿品位/%	尾矿品位/%	回收率/%	浮选效率/%	富集比
铜累计指标	0.060	1.256	0.053	12.8	12.19	20.62
硫累计指标	0.386	24.830	0.218	39.73	39.50	71.44

由表 1 可以看出，在给矿铜品位 0.060%，精矿铜品位可达 1.256%，铜富集比达 20.62%；在给矿硫品位 0.386%时，精矿硫品位达 24.83%，硫富集比高达 71.44。试验期间还进行了以下性能测试：

（1）带负荷启动试验。为减少超大型浮选机因不能满负荷停车给选厂带来的经济损失，超大型浮选机必须可实现满负荷停车。320m³ 浮选机在满负荷停车 4h 后可顺利启动。

（2）浮选机功耗测定。320m³ 充气机械搅拌式浮选机装机功率为 280kW。矿浆浓度为 30%，充气量为 1.0~1.4m³/(m²·min) 时其实耗功率约为 160kW。据报道国外同类型 300m³ 充气机械搅拌式浮选机的装机功率为 285kW，实耗功率为 170~260kW，可见 KYF-320 型浮选机的实耗功率比国外同类型浮选机节省 5.88%以上。

（3）矿浆悬浮能力测定。为考察矿浆悬浮能力，测定了该浮选机内不同深度矿粒分布的情况，即在距溢流堰下方 1.0m、1.5m、2.0m、2.5m、3.0m、3.5m、4.0m、4.5m、5.0m、5.5m 深处十个矿浆层面采样并进行了粒度分析，结果如图 7 所示。可见，320m³ 浮选机槽内矿浆粒度分布均匀，没有粗、细颗粒分层现象，浮选机矿粒悬浮能力好，达到了设计要求。

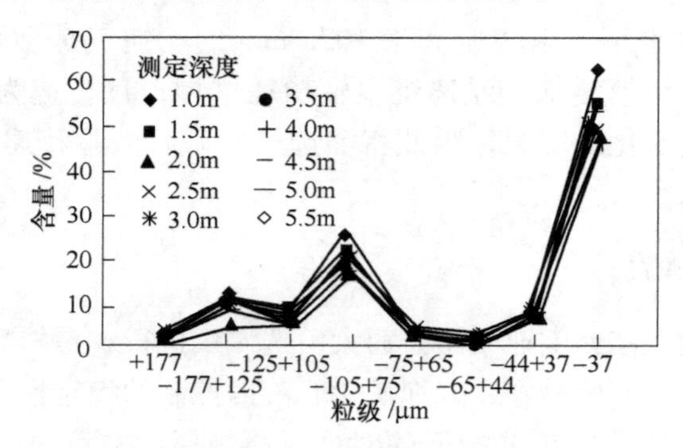

图 7　不同深度各粒级含量

Fig. 7　Particle size distribution in different tank depths

（4）矿浆条件下充气量测定。在矿浆中对 320m³ 浮选机的充气量进行了测量，测量结果表明 320m³ 浮选机矿浆中的空气分散度大于 4，完全可满足生产的要求。

（5）液位自动控制和充气量自动控制系统。浮选机配备了双气缸液位自动控制和充气量控制系统，系统采用自整定模糊控制策略，建立了液面控制双执行机构的协同工作机制，增加了控制精度，适用于给矿量大、矿浆波动量大且频繁等工况条件下的控制，可满足不同浮选工艺要求。

5　结语

320m³ 充气机械搅拌式浮选机在工业试验过程中，设备运行良好，浮选机搅拌力强，矿浆中空气分散度达 4 以上。工艺指标表明单台浮选机的铜富集比可达 20.62，硫富集比可达 71.44，功率消耗比国外同类型浮选机节省功率 5.88%以上，节能效果明显。320m³ 充气机械搅拌式浮选机的研制成功，再次证明了我国独特的以浮选机内平均叶轮搅拌雷诺数相等、基于逐步回归和相似放大为核心的趋势外推浮选设备放大理论和方法的正确性，标志着我国成为世界上少数几个完全掌握浮选设备大型化关键技术的国家之一。

参 考 文 献

[1] K卡斯蒂尔．浮选的进展［J］．国外金属矿选矿，2006（4）：10-13.

[2] Lelinski D，Allen J，Redden L，et al. Analysis of the residence time distribution in large flotation machines，2000（15）：499-505.

[3] Cilek EC，Yilmazer BZ. Effects of Hydrodynamic Parameters on Entrainment and Flotation Performance［J］. Minerals Engineering，2003（16）：745-756.

[4] Arbiter N. Development and scale-up of large flotation cells［J］. Mining Engineering，2001（3）：20-23.

[5] Connor CTO，Mills PJT. Prediction of Large-scale Column Flotation Cell Performance Using Pilot Plant Data［J］. The Chemical Engineering Journal，1995（59）：1-6.

[6] 沈政昌，杨丽君，陈东．充气机械搅拌式浮选机放大方法的研究［J］．有色金属（选矿部分），2007（3）：32-37.

[7] Seher A，Nafis A. A Study of Bubble Coalescence in flotation Froths［J］. Int. J. Miner. Process，2003（72）：255-266.

[8] 沈政昌，卢世杰，刘振春，等．一种浮选机的推泡装置：中国，200610150759.3［P］．2007-03-21.

Experimental and Computational Analysis of the Impeller Angle in a Flotation Cell by PIV and CFD

Shi Shuaixing Zhang Ming Fan Xuesai Chen Dong

(State Key Laboratory of Mineral Processing of China, Beijing General Research Institute of Mining and Metallurgy, Beijing, 100160)

Abstract: Rotor-stator mechanisms, which are the key components in flotation cells, serve to mix the slurry and the air bubbles. The optimization of rotor-stator mechanisms improves the metallurgical performance and decreases the energy consumption of a flotation cell. The angle of the impeller blades, which is an important aspect of the design of rotor-stator mechanisms, significantly impacts the pumping and power consumption of a flotation cell. The flow pattern of a flotation cell with different impellers was investigated by combining PIV measurements and CFD simulation. PIV and CFD also revealed the flow field characteristics of the test cross-section under the impeller. The PIV measurement results agree with the CFD prediction results, and the backward impeller, radial impeller and forward impeller all produce similar flow patterns with upper and lower circulation. The velocity-area method, which integrates the axial velocity in the area of the selected section using CFD simulation, can be used to calculate the impeller circulation volume. The circulation volumes of the backward impeller and radial impeller are almost identical and are approximately 7% larger than that of the forward impeller. Thus, the backward impeller and radial impeller are better choices when large-volume circulation is needed. Based on the CFD simulation, the power consumption of the backward impeller is 13% less than that of the radial impeller and 19% less than that of the forward impeller. The backward impeller was shown to save more energy than the other two impellers, and it can decrease the operation cost for concentrators. This study aids the structural design of impellers for KYF flotation cells.

Keywords: flotation cell; PIV; CFD; rotor-stator mechanism; optimization

1 Introduction

Flotation is an important process in the mineral industry (Yianatos, 2007; Zhou, et al., 2010). The capacity of conventional dressing plants exceeds one hundred thousand tons per day, with flotation cells ranging in volume up to 660m^3 (Devan, et al., 2014; JuHa, et al., 2003; Rodrigo, et al., 2014). Due to the development of large-scale flotation cells, the optimization of large-scale flotation cells has become increasingly important in order to improve metallurgical performances and decrease the energy consumption of dressing plants (Coleman and Dixon, 2010; Shen, et al., 2008; Yianatos, et al., 2008). Rotor-stator mechanisms, which are the key components of flotation cells, mix the slurry and air bubbles (Lu, et al., 2014; Shen, 2012). In the last 20 years, researchers have devoted themselves to rotor-stator mechanism optimization. Prior to 2002, Outotec mainly applied a free-flow rotor-stator mechanism to process fine particles. Thereafter, a multi-mix rotor-stator mechanism was developed to process coarse and medium-sized particles (Grönstrand, 2006; Zou, 2011). In 2007, Outotec further developed the float-force rotor-stator mechanism to improve the performance of flotation cells by reducing the power consumption and increasing the recovery (Ben, et al., 2014; Malhotra, et al., 2009). BGRIMM (Beijing General Research Institute of Mining and Metallurgy) developed a saddle-shaped impeller to promote coarse particle circulation in 2009. FLSmdith also developed a new impeller design for the 660m^3 flotation cell in 2014, that exhibited a stronger pumping effect and radial flow (Devan, et al., 2014). Therefore, the optimization of rotor-stator mechanisms has become a good choice to improve flotation cell performances.

In recent years, researchers have increasingly studied flotation cells using computational fluid dynamics (CFD) (Shen and Chen, 2012). CFD is a powerful methodology that can provide detailed flow field properties, such as the mean velocity, turbulence intensity, and bubble-particle collision rate. These properties all help researchers understand the flow patterns and their impact on flotation processes in order to optimize the flotation cell. Numerical simulations have been conducted to study the single-phase flow field in a "Metso Mineral" 0.8m^3 cell and provide the overall flow characteristics (Koh, et al., 2003). A comparative study of three turbulence models that predict the flows in an Outotec flotation cell has been described, and the local flow field of the rotor-stator mechanism was given (Xia, et al., 2009). A comparative analysis of the local velocity profiles in a KYF flotation cell was conducted based on CFD predictions (Shi, et al., 2013). CFD has been used to simulate single-phase and two-phase flows in Dorr-Oliver flotation cells, from laboratory models to full-scale machines (Salem-Said, et al., 2011). Multiphase flow has been conducted to investigate the air dispersion and solid suspension in an Outotec flotation cell. The CFD prediction results agreed well with the experimental data on the flow field, power consumption, etc (Tiitinen, et al., 2005). The effect of the impeller speed on the air flow in a self-aerated Denver laboratory flotation cell was investigated using CFD modelling (Koh and Schwarz, 2003, 2007). The particle-bubble attachment and detachment in a flotation cell has been revealed using

CFD simulation and turbulent collision models (Koh, et al., 2000; Koh and Schwarz, 2006; Koh and Schwarz, 2008; Liu and Schwarz, 2009; Verrelli, et al., 2011).

Experimental fluid dynamics (EFD) is a conventional method used to study flotation cells. The development of EFD has increased the use of advanced technologies for flow visualization in a flotation cell. Flow mapping measuring techniques can be separated in two categories, single-point measuring techniques and ensemble-measuring techniques. The most famous and earliest single-point technique is the pilot tube measurement method developed by Henri de in 1724. In this method, a pilot tube is used to measure the velocity in many agitated containers, such as stirred vessels and flotation cells, especially in the early stage of development (Jaworski and Fort, 2001; Wang and Qian, 1989). A pilot tube is very useful because it can assess solid-liquid, gas-liquid or gas-liquid-solid dispersions, unlike many new measurement techniques. However, the method is intrusive, which may affect the flow pattern. The development of laser technology in the 1960s resulted in the emergence of a new non-intrusive velocity measuring technique, laser Doppler velocimetry (LDV). LDV has been used to measure the velocities in a flotation cell and helps researchers study flow pattern of a flotation cell (Tiitinen, 2003; Tiitinen, et al., 2005). The single-point measurement technique is limited to the simultaneous measurement of several point velocities, and it may affect the study of a transient flow field. The ensemble measuring technique is a good approach to simultaneously obtain a flow pattern in a wider region of agitated containers. As an ensemble-measuring technique, particle image velocimetry (PIV), has been extensively used since its appearance in the 1990s (Zachos, et al., 1996). PIV measurement has also been utilized to study flotation cells (Dong, et al., 2013). A novel extension of the PIV technique includes holographic PIV and three-dimensional particle tracking velocimetry (Mavros, 2001).

In this paper, the rotor-stator mechanism of a KYF flotation cell was studied using a CFD simulation and PIV measurements. The angle of the impeller blades, which is an important aspect for the design of rotor-stator mechanisms, significantly affects the pumping and power consumption of a KYF flotation cell. Fig. 1 shows the backward impeller ($\beta = 30°$), radial impeller ($\beta = 0°$) and forward impeller ($\beta = -30°$) of a KYF flotation cell. The blades of the radial impeller distribute in the radial direction, and the impeller rotating direction does not affect the impeller mixing performance. When the impeller rotates clockwise, the blades of the backward impeller are behind the radial impeller at an angle. The blades of forward impeller are ahead of the radial impeller at an angle. The flow patterns produced by the backward impeller, radial impeller and forward impeller were investigated. The circulation volume and power consumption of three types of impellers were compared. The results of this study are expected to help the impeller design of KYF flotation cells.

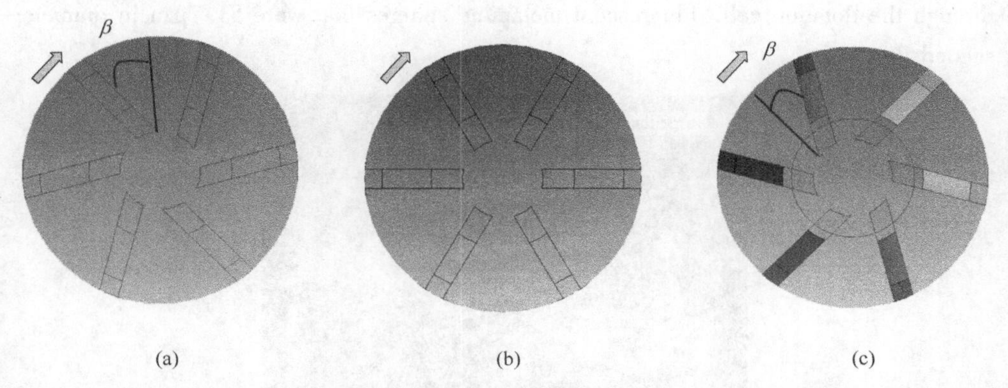

Fig. 1 Different impeller types (Top view, clockwise rotating)
(a) Backward impeller (β=30°); (b) Radial impeller (β=0°); (c) Forward impeller (β=−30°)

2 Model Description

2.1 Geometry and experiment system

This study was conducted on a 0.2m^3 air-forced laboratory KYF flotation cell. The structure was designed based on a laboratory KYF flotation cell. The characteristics of laboratory KYF flotation cells are similar to those of industrial KYF flotation cells. The flotation cell consisted of a tank with an inner diameter of 700mm and liquid surface height of 630mm. The impeller consisted of six blades with a diameter of 220mm, and the stator consisted of sixteen blades with a diameter of 350mm (refer to Fig. 2). Three impellers of the KYF flotation cell, the backward impeller, radial impeller and forward impeller, which all had a diameter of ϕ220mm, were manufactured, and their performances were compared. The angles were $\beta = 30°$ for the backward impeller, $\beta = 0°$ for the radial impeller and $\beta = -30°$ for the forward impeller. The experimental flotation cell system shown in Fig. 3 consisted of a 0.2m^3 KYF-0.2 flotation cell, the PIV system, a torque sensor, a frequency converter, etc. A torque sensor (AVIC company, China), which utilized a strain gage to measure torque and the output shaft power on-line on an LCD display screen, was also installed. A frequency converter, ABB S700serial, was used to adjust the rotating speed from 195r/min to 315r/min.

The PIV system (LaVision company, Germany) consisted of two Imager Pro X 4M

CCD cameras (2560×2560) synchronized with a double cavity Nd: YAG laser (frequency-doubled laser generating laser light at a wavelength of 532nm). An optical system transformed the cylindrical laser beam into a vertical plane of 1mm width directed through the flotation cell. Fluorescent melamine spheres that were 51. 7μm in diameter seeded the flow.

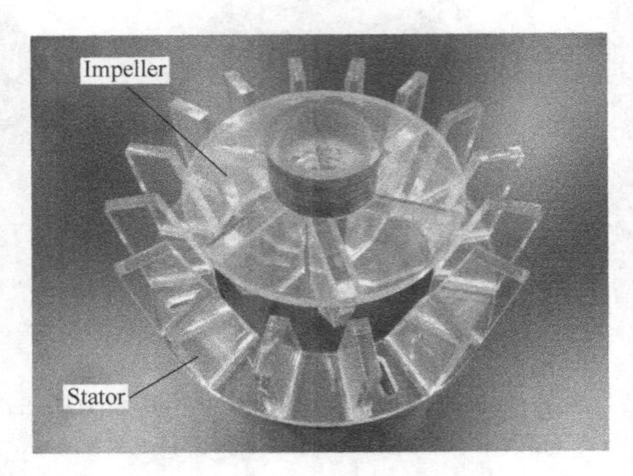

Fig. 2　Backward impeller and stator of KYF flotation cell

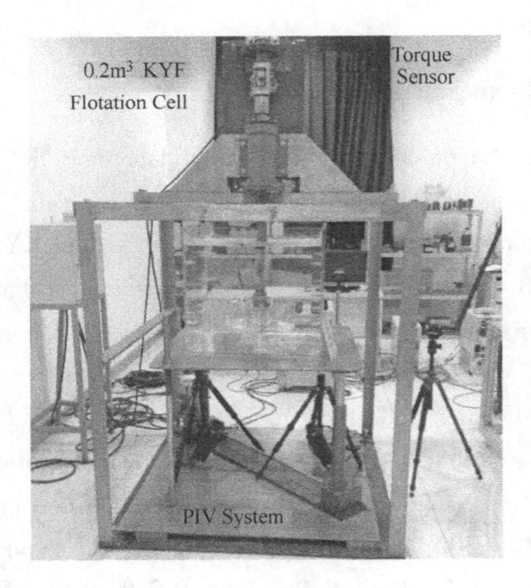

Fig. 3　Experiment system

The commercial DaVis software developed by the LaVision company was used to analyse the test data. The DaVis Software provided an algorithm that utilized stereo cross-correlation, and the interrogation windows for the iterations were 32×32 pixels wide with an overlap of 50% to provide a spatial resolution of 16×16 pixels. Each PIV experiment took thirty groups of double frame photos using CCD cameras to produce a velocity profile by averaging the flow field of the thirty groups of double frame photos. Therefore, the velocity profile, which can be approximated considered as a steady flow field, could be compared to the steady-state flow field simulated with CFD.

2.2 CFD model

CFD simulations were implemented using computational fluid dynamics code CFX 14.0. A standard k-ε turbulence model has been proven to be a suitable method to model turbulent flows in a flotation cell (Xia, et al., 2009). For an impeller rotating in a flotation cell, the model needs to be divided into multiple zones that are separated by interface boundaries. One zone involves moving a component impeller and the other involves the stationary components, the tank and stator. The Multiple Reference Frame model (MRF) is the simplest approach for analysing multiple zones. The flow in a moving cell zone is solved using the moving reference frame equations. If the zone is stationary, the equations reduce to their stationary forms. The fluid velocity can be transformed from the stationary frame to the moving frame using the following relationship in Eq. (1) and Fig. 4 (Luo, et al., 1994). The Multiple Reference Frame model is a steady state approach, while the sliding mesh model is a transient state approach. The sliding mesh model is one of the most accurate methods for simulating flows in multiple moving reference frames, but it is also very computationally demanding (Harris and Khandrika, 1984; He, et al., 2007). Therefore, the MRF approach has been used to model the impeller rotating in the stationary tank.

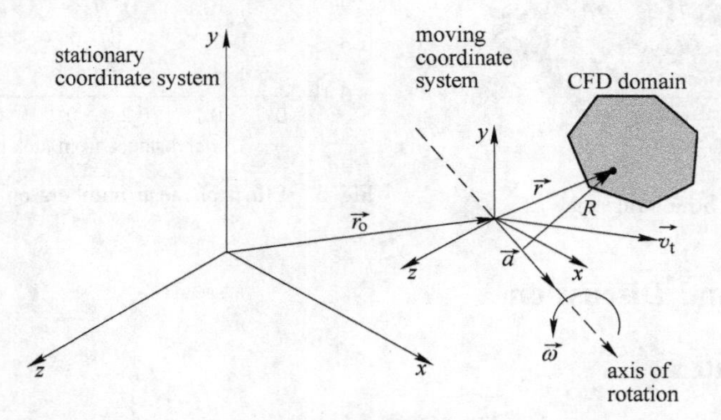

Fig. 4 Stationary and moving reference frames

$$\vec{v} = \vec{v}_r + (\vec{\omega} + \vec{r}) + \vec{v}_t \tag{1}$$

where $\vec{v}_r$ is the relative velocity in the moving frame, $\vec{v}$ is the absolute velocity in the stationary frame, $\vec{v}_t$ is the translational frame velocity, $\vec{w}$ is the angular velocity and $\vec{r}$ is the position of the velocity.

The entire flotation cell was modelled because the impeller is asymmetric (Han, 2005; JuHa, et al., 2003).

Considering the advantages of a hexahedral mesh when calculating consumption and stability (Grau, 2006), the entire flotation cell was meshed with a hexahedral grid consisting of 1.2×106units, as shown in Fig. 5. Fig. 6 shows the effect of mesh numbers on the axial velocity at $r/R=0.72$ in the test longitudinal section, where R represents the tank radius and r represents the radial distance from the tank axis to the measuring line. Grid refinement tests showed no appreciable differences in the results predicted with finer meshes. The rotor, stator and tank walls were defined as no-slip boundary conditions. The top surface of the flotation cell was defined as a free slip boundary condition. The discretization scheme utilized the high resolution in the CFX 14.0 software. The calculations were carried out in the liquid phase (water). The residual RMS of each equation was less than 1×10^{-4}.

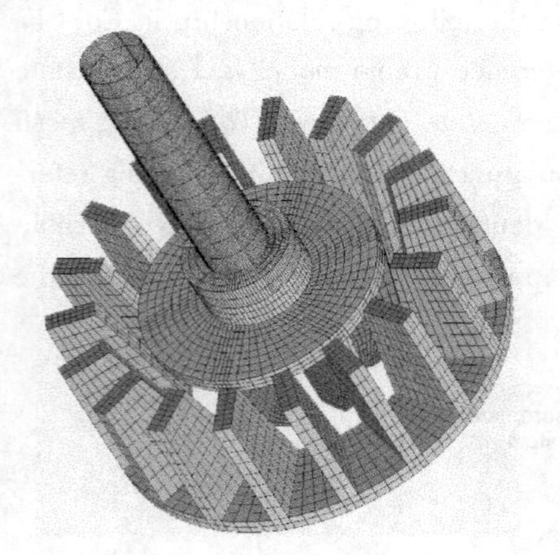

Fig. 5 Structural mesh

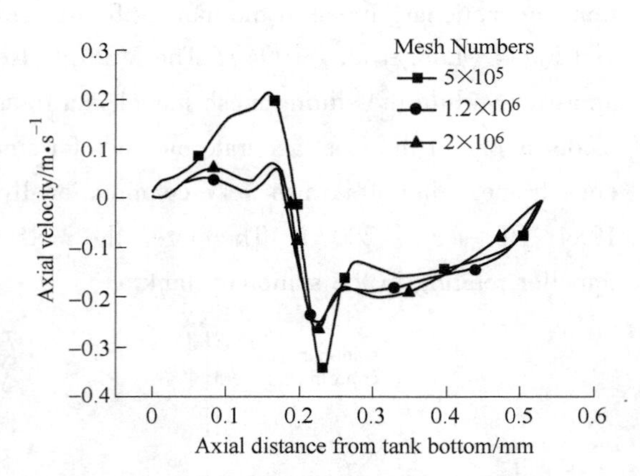

Fig. 6 Effect of mesh numbers on axial velocity

3 Results and Discussion

3.1 Flow pattern

The flow pattern, which was produced by the rotor-stator mechanism, significantly impacts the hydrodynamic and metallurgical characteristics. Therefore, the flow patterns of three types of impellers, the backward impeller, radial impeller and forward impeller, were investigated using PIV and CFD. The centre longitudinal section shown in Fig. 7

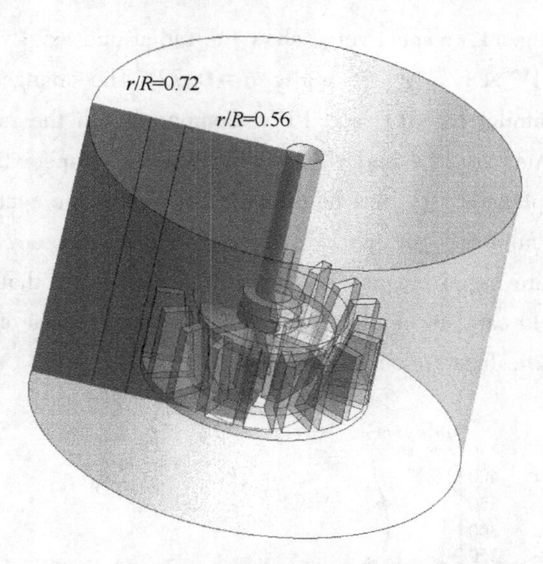

Fig. 7 The centre longitudinal section for test

was selected to study the overall flow pattern of a flotation cell. Figs. 8 and 9, respectively, show the velocity vector of the backward impeller in the centre longitudinal section obtained by PIV and CFD. The fluid is aspirated and pumped out. The overall flow pattern with upper and lower flow circulations will aid solid mixing and coarse suspen-

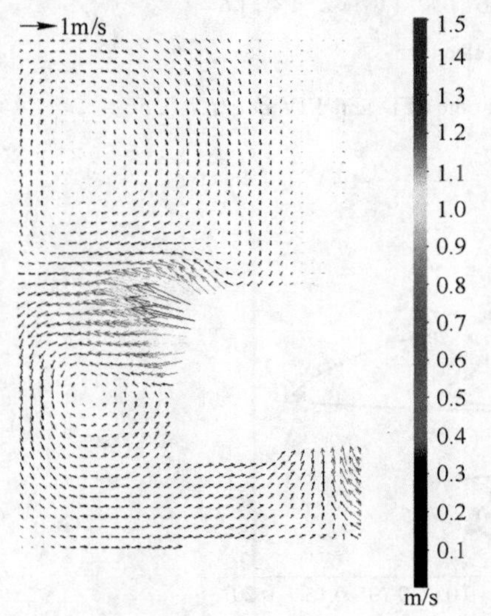

Fig. 8 The velocity vector of the backward impeller in the centre longitudinal section obtained by PIV

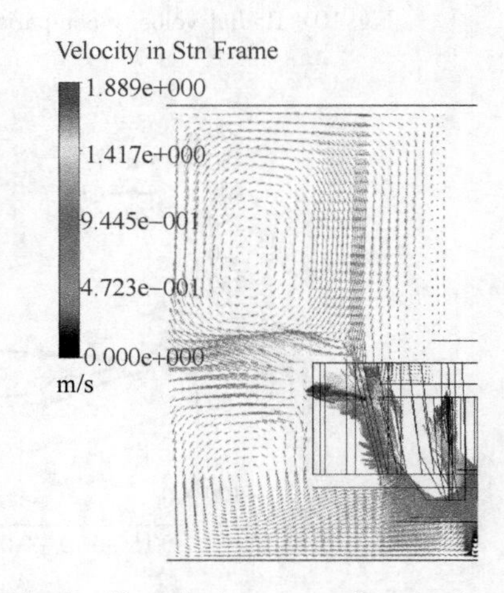

Fig. 9 The velocity vector of the backward impeller in the centre longitudinal section obtained by CFD

sions. Fig. 10 and Fig. 11, respectively, show the radial and axial velocity comparisons between CFD and PIV at $r/R = 0.56$ and $r/R = 0.72$. The changes in the radial and axial velocities are similar for CFD and PIV. Compared with the radial velocities, the axial velocities obtained by PIV and CFD visibly differed, especially for positive axial velocities. The test plane of PIV may be difficult to locate at the centre longitudinal section and remain completely upright. Conversely, the accuracy of the numerical simulation may require improvement. The research demonstrates that a flow pattern with a circulating flow field can be completely visualized for three types of impellers, and the only differences are the local velocity values.

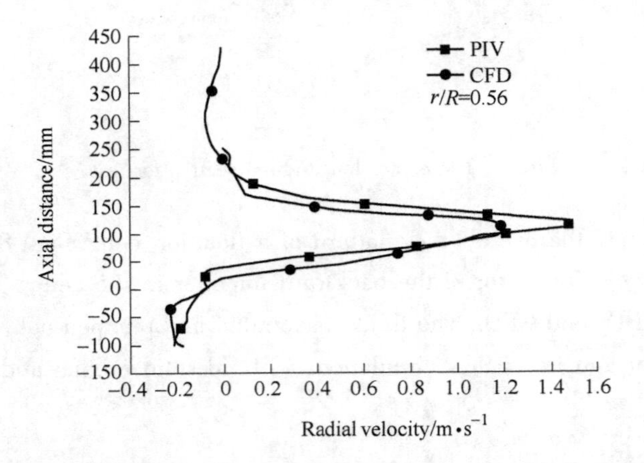

Fig. 10 Radial velocity comparisons between CFD and PIV at $r/R = 0.56$

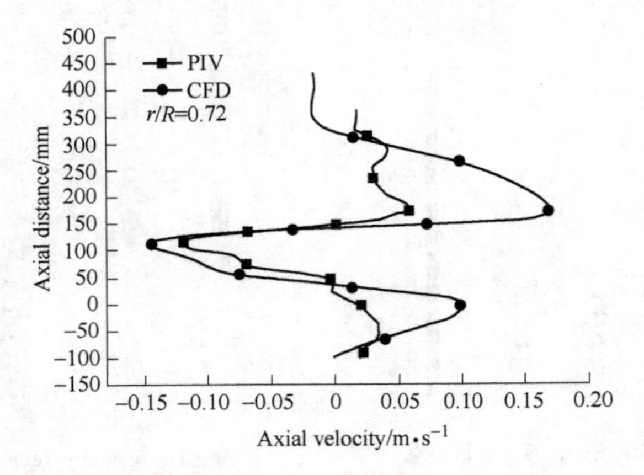

Fig. 11 Axial velocity comparisons between CFD and PIV at $r/R = 0.72$

3.2 Flow under the impeller

The flow under the impeller reflects the pump capacity of the impeller. Nevertheless, few reported PIV measurements have focused on the details at the bottom of the impeller. PIV and CFD also revealed the flow under the impeller. The two CCD cameras of the PIV system are placed under the tank at an angle of 45° to measure the bottom flow field, as shown in Fig. 3. The cameras' field of view, a 150mm×150mm area, is shown in Fig. 12.

Fig. 12 The cross section under the impeller for the test

Fig. 13 reflects the axial velocity cloud picture of the backward impeller 20mm from the impeller bottom, in a 150mm×150mm area, obtained by PIV and CFD. Although the axial velocity profiles slightly differ, the average axial velocity values are very similar at 0.448m/s and 0.442m/s, and the difference does not exceed 3.3%. Fig. 14 compares the average axial velocity at the test cross-section of the backward impeller, radial impeller and forward impeller obtained by PIV and CFD. Both the PIV measurement results and CFD prediction results demonstrate that the average axial velocity positively correlates with the speed. The average axial velocity of the backward impeller is approximately equal to that of the radial impeller and is larger than that of the forward impeller by approximately 13%. The PIV measurements validate the CFD simulation of flotation.

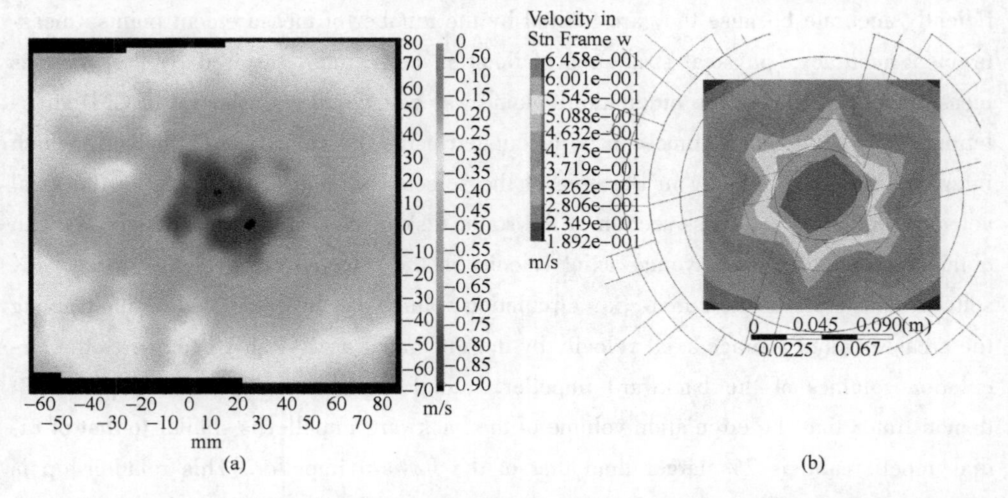

Fig. 13 Axial velocity cloud picture 20mm away from the impeller bottom, in area 150mm×150mm

(a) PIV; (b) CFD

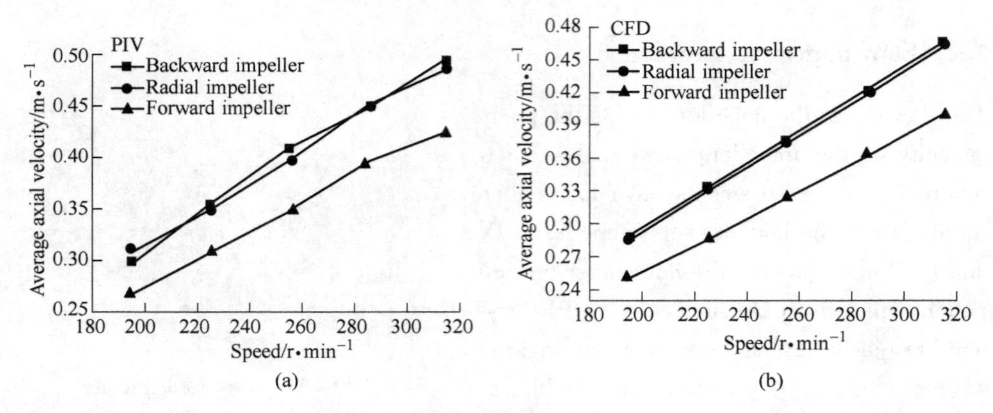

Fig. 14　Average axial velocity comparisons in the test cross section between the backward impeller, radial impeller and forward impeller

(a) PIV; (b) CFD

3.3　Impeller circulation volume

The impeller circulation volume is the volumetric flow pumped by the impeller per unit time in m^3/min. It is an important performance index for a flotation cell. Correctly determining the circulation volume is difficult, especially for flotation cells in which the stator is very close to the impeller. Previously, the circulation volume of a KYF flotation cell was estimated by velocities under the impeller measured with a pilot tube. The circulation volume of a WEMCO flotation cell has been estimated using the velocity profile of the draft tube measured with several velocity sensors. The above methods are not sufficiently accurate because they are limited by the number of measurement points, measurement accuracy, physical structures of flotation cells, etc. Inspired by the previous measurement methods, the circulation volume was calculated with the aid of CFD simulation. The circulation volume can be calculated using the velocity-area method, which integrates the axial velocity in the area of the selected section. Fig. 15 shows the axial velocity profiles of the cross section at the stator disk of the backward impeller. We can obtain the area-weighted average axial velocity in the selected cross-section using CFX software and cross-section area. So, circulation volume can be calculated by multiplying the area-weighted average axial velocity by the integrated area. Fig. 16 compares the circulation volumes of the backward impeller, radial impeller and forward impeller. It demonstrates that the circulation volume of the backward impeller is similar to that of radial impeller and is 7% larger than that of the forward impeller. This relationship is identical to the average axial velocity and indicates that the backward impeller and radial impeller are a better choice when a large circulation volume is needed.

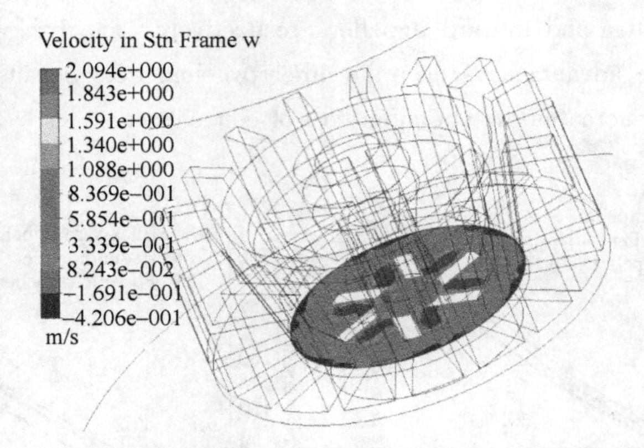

Fig. 15 Axial velocity profile of the selected cross section

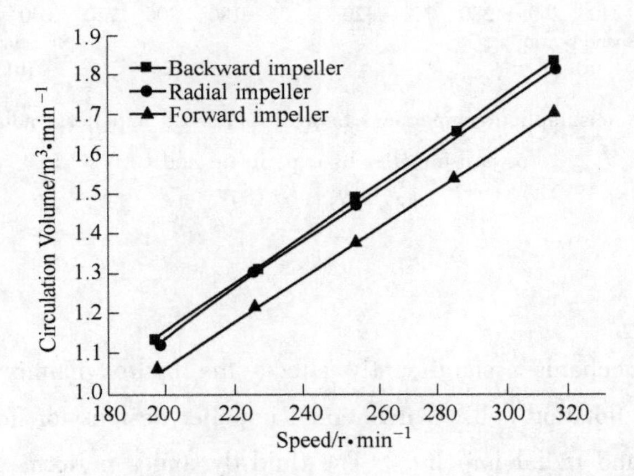

Fig. 16 Circulation volume comparisons between the backward impeller, radial impeller and forward impeller

3.4 Power consumption

Flotation cell optimization always aims to decrease the power consumption (Harris, 1974; Vander and Westhuizen, 2007). A torque sensor or CFD simulation can provide the power consumption. Fig. 17 reflects the power consumption of the backward impeller, radial impeller and forward impeller obtained by experiment and CFD. An analysis of the data indicated that the measured power consumption agreed well with the CFD results. The graphs show that the power consumption positively correlated with the speed. At the same speed, the power consumption of backward impeller is smallest, followed by that of the radial impeller and the forward impeller. Based on the CFD simulation, the power consumption of the backward impeller is 13% and 19% lower than that of the radial impeller and forward impeller, respectively. The backward impeller was demonstrated to be advantageous over the other two impellers because it saves energy and consequently decreases the operation cost of concentrators.

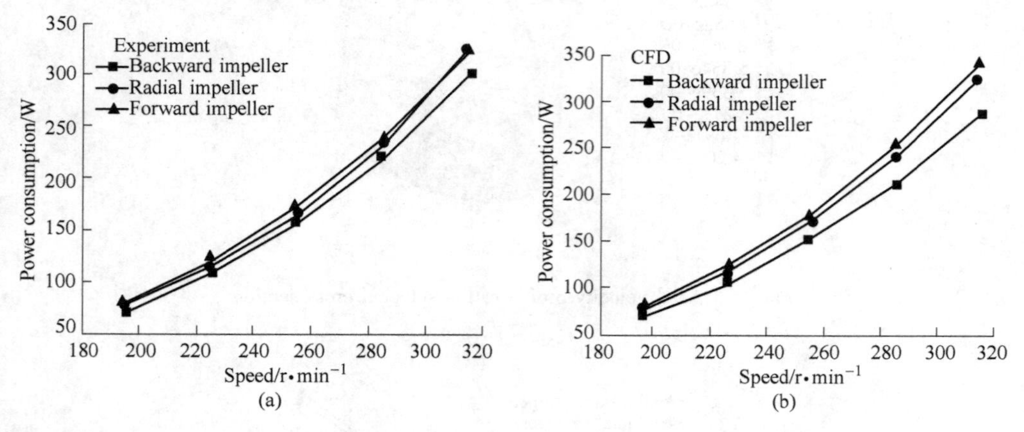

Fig. 17 Power consumption comparisons between backward impeller, radial impeller and forward impeller by experiment and CFD

(a) PIV; (b) CFD

4 Conclusions

The rotor- stator mechanism significantly affects the hydrodynamic and metallurgical characteristics of a flotation cell. Conventional impeller designs for flotation cell usually include backward and radial impellers. The fluid dynamics performances of backward, radial and forward impellers in a KYF flotation cell were investigated by experiment and CFD.

The flow pattern can be completely characterized for three types of impellers, including the upper and lower flow circulations, which aids solid mixing and the coarse suspension. The flow field at the centre longitudinal section and cross section under the impeller obtained by CFD agrees with the PIV measurement in a flotation cell. The circulation volume of the backward impeller is similar to that of the radial impeller and is larger than that of the forward impeller by approximately 7%. In other words, the backward impeller and radial impeller would be a better choice when a large circulation volume is needed. The power consumption of the backward impeller is 13% and 19% lower than that of the radial impeller and forward impeller, respectively. The backward impeller was demonstrated to be advantageous because it saved energy compared with the other two impellers.

This study is expected to benefit impeller structure design. However, it is only a primary exploration of the effect of the angle design on the impeller blades. The effect of the blade angle on the impeller performance needs to be studied further, as this work only considered an angle of 30° for the impeller blades. Moreover, the CFD simulations will deviate from the situation in a real flotation cell because they were conducted in only the liquid phase. Thus, the multiphase flow condition, which more closely approximates the actual working condition of a flotation cell, should be studied in future research.

5 Acknowledgements

This research program is supported by grants from the National Natural Science Foundation of China (No. 51074027 & No. 51474032) and the Science Foundation of BGRIMM (YJ-2012-21).

References

[1] Ben M, Miettinen, Alejandro Y, 2014. Plant engineering and design experiences with the Tank-cell e300 [C] // 27th International Mineral Processing Congress, IMPC 2014, Santiago, Chile, 195.

[2] Coleman R, Dixon A. Tried, Tested and Proven-300m^3 Flotation Cell in Operation [C] //25th International Mineral Processing Congress, IMPC 2010, Brisbane, QLD, Australia: 3429-3440.

[3] Devan G, Tyson B, Mads J, et al. The effect of rotor-stator treatments in a randomized trial at the Newmont Carlin concentrator (Phase 1) [C] //27th International Mineral Processing Congress, IMPC 2014, Santiago, Chile, 182.

[4] Dong G, Zhang M, Yang L, Wu F, 2013. Analysis of Flow Field in the KYF Flotation Cell by CFD, 2013 International Conference on Process Equipment, Mechatronics Engineering and Material Science, Wuhan, China: 161-165.

[5] Grönstrand S, 2006. Enhancement of Flow Dynamics of Existing Flotation Cells, Proceedings of 38th Annual Canadian Minerals Processors Canada: 403-422.

[6] Grau R, 2006. An Investigation of the Effect of Physical and Chemical Variables on Bubble Generation and Coalescence in Laboratory Scale Flotation[M]. Espoo: Helsinki University of Technology, TKK-ME-DT-4.

[7] Han L, Numerical Simulation of Fluid Flow in Stirred Tank Reactors Using CFD Method [D]. Xiang Tan: Xiang Tan University, 2005.

[8] Harris C C, 1974. Impeller speed, air, and power requirements in flotation machine scale-up [J]. International Journal of Mineral Processing, 1 : 51-64.

[9] Harris C C, Khandrika S M. Impeller/stator interactions in a laboratory flotation machine: The effect of wear on suction [J]. International Journal of Mineral Processing 1984, 12: 251-261.

[10] He W, Ma J, Wang D, Yang Z. Comparing MRF method with sliding mesh method for automotive front end airflow simulation [J]. Computer Aided Engineering, 2007, 9: 96-100 (in Chi-

nese).

[11] Jaworski Z, Fort I. Energy dissipation rate in a baffled vessel with pitched blade turbine impeller [J]. Collect Czech Chem Commun, 2001, 56: 1856-1867.

[12] JuHa T, Jussi V, Grönstrand S, 2003. Numerical modeling of an Outokumpu flotation device [C] // Third International Conference on CFD in the Minerals and Process Industries. Melbourne, Australia: 182-187.

[13] Koh P T L, Manickam M, Schwarz M P, 2000. CDF simulation of bubble-particle collisions in mineral flotation cells.

[14] Koh P T L, Schwarz M P, CFD modelling of bubble-particle collision rates and efficiencies in a flotation cell [J]. Minerals Engineering, 2003, 16: 1055-1059.

[15] Koh P T L, Schwarz M P. CFD modelling of bubble-particle attachments in flotation cells [J]. Minerals Engineering, 2006, 19: 619-626.

[16] Koh P T L, Schwarz M P. CFD model of a self-aerating flotation cell [J]. International Journal of Mineral Processing, 2007, 85: 16-24.

[17] Koh P T L, Schwarz M P, Modelling attachment rates of multi-sized bubbles with particles in a flotation cell, 2008.

[18] Koh P T L, Schwarz P, Zhu Y, et al, 2003. Development of CFD Models of Mineral Flotation Cells. In Proceedings of the 3rd International Conference on CFD in the Minerals and Process Industries. Melborne, Australia: 171-175.

[19] Liu T Y, Schwarz M P, 2009. CFD-based multiscale modelling of bubble-particle collision efficiency in a turbulent flotation cell.

[20] Lu S, Xia X, Zhang M, Wu T, 2014. Flow Field analysis of the impeller and stator region in KYF flotation cell, 27th International Mineral Processing Congress, IMPC 2014, Santiago, Chile: 193.

[21] Luo J Y, Issa R I, Gosman A D, 1994. Prediction of Impeller-Induced Flows in Mixing Vessels Using Multiple Frames of Reference, In IChemE Symposium Series: 549-556.

[22] Malhotra D, Taylor P R, Spiller E, LeVier M E, 2009. Recent Advances in Mineral Processing Plant Design. Society for Mining, Metallurgy, and Exploration (SME), New York.

[23] Mavros P, Flow Visualization in Stirred Vessels: A Review of Experimental Techniques [J]. Chemical Engineering Research and Design, 2001, 79: 113-127.

[24] Rodrigo G, Martta N, Alejandro Y, 2014. Gas dispersion measurements in three outotec flotation cells: Tankcell 1, e300 and e500, 27th International Mineral Processing Congress, IMPC 2014, Santiago, Chile: 197.

[25] Salem-Said A, Fayed H, Ragab S, 2011. CFD Simulation of a Dorr-Oliver Flotation Cell [C] // In Proceedings of the SME Annual Meeting and Exhibit. Denver, CO, USA.

[26] Shen Z, 2012. Principle and Technology of Flotation Machine [M]. Beijing: Metallurgical Industrial Press.

[27] Shen Z, Chen J, 2012. Flow Field Simulation and Its Applications [M]. Beijing: Science Press.

[28] Shen Z, Lu S, Yang L, 2008. R&D and Application of KYF Large Scale Flotation Cells Developed by BGRIMM. Nonferrous Metals. Nonferrous Metals: 115-119 (in Chinese).

[29] Shi S, Yu Y, Yang W, et al, 2013. Flow Field test and analysis of KYF flotation cell by PIV [C] // 2013 International Conference on Process Equipment. Wuhan, China: Mechatronics Engineering and Material Science: 200-204.

[30] Tiitinen J, 2003. Numerical Modeling of a OK rotor-stator mixing device, in: Kraslawski, A., Turunen, I. (Eds.), European Symposium on Computer Aided Process Engineering-13: 959-964.

[31] Tiitinen J, Koskinen K, Ronkainen S, 2005. Numerical Modeling of an Outokumpu Flotation Cell [J]. In Proceedings of the Centenary of Flotation Symposium. Brisbane, Australia: 271-275.

[32] Vander A P, Westhuizen D A D, 2007. Evaluation of solids suspension in a pilot-scale mechanical flotation cell: The critical impeller speed [J]. Minerals Engineering, 20: 233-240.

[33] Verrelli D I, Koh P T L, Nguyen A V, 2011. Particle-bubble interaction and attachment in flotation.

[34] Wang X, Qian N, 1989. Turbulence characteristics of sediment laden flow. J Hydr Eng, 115: 229-231.

[35] Xia J, Rinne A, Grönstrand S, 2009. Effect of turbulence models on prediction of fluid flow in an Outotec flotation cell [J]. Minerals Engineering, 22: 880-885.

[36] Yianatos J. B, 2007. Fluid Flow and Kinetic Modelling in Flotation Related Processes: Columns and Mechanically Agitated Cells—A Review [J]. Chemical Engineering Research and Design, 85: 1591-1603.

[37] Yianatos J B, Larenas J M, Moys M H, Diaz F J, 2008. Short time mixing response in a big flotation cell [J]. International Journal of Mineral Processing, 89: 1-8.

[38] Zachos A, Merzkirch W, Kaiser M, 1996. PIV Measurements in multiphase flow with nominally high concentration of the solid phase [J]. Experiments in Fluids: 229-231.

[39] Zhou J, Song T, Shen Z, 2010. CFD Simulation of Gas-Liquid Flow in a Large Scale Flotation Cell [J]. The Journal of Computational Multiphase Flows, 2: 145-150.

[40] Zou Z, 2011. TankCell Flotation Machine and Its Applications. MODERN MINING: 28-32.

Flow Field Test and Analysis of KYF Flotation Cell by PIV

Zhang Yuejun Tan Ming Wu Tao Feng Tianran

(Beijing General Research Institute of Mining and Metallurgy, Beijing, 100160)

Abstract: KYF flotation cell is one of the most widely used flotation cells in ore dressing in China. To optimize its structure parameters further, Particle Image Velocimetry (PIV) test system is set up to investigate the flow field in KYF flotation cell. The test is carried out under water condition, taking fluorescence sphere (51.7μm in diameter) as tracer particles of flow field, and three regions of flow field in KYF-0.2 flotation cell are determined as following: half of the whole tank, the region between the impeller and tank bottom, and the region in space of stator blades. Velocity vector diagrams of flow field in three regions were plotted. The results show that there is the upper and lower flow circulations in flotation cell with dead area at the corner of tank bottom, and the smooth and steady flow in space between stator blades. All studies above strongly support the optimum design for large scale KYF flotation cell.

Keywords: PIV test system; flow field; KYF flotation cell

1 Introduction

Thousands of KYF flotation cells are applied in many mines in China. As one of the largest volume cell in the world, KYF-320 flotation cell($320m^3$) developed by Beijing General Research Institute of Mining & Metallurgy (BGRIMM) is successfully used in copper mine of China Gold[1]. Gradually popularization and application of large flotation equipments encourage designer to improve performance and optimize detail of equipments by studying flow field in flotation cell.

In recent decades, modern flow visualization has been developed, such as Particle Image Velocimetry (PIV), Laser Induced Fluorescence and Laser- Ultrasonic Flow Measurement[2]. Besides qualitative display and quantitative measurement, PIV is able to realize contactless measurement and visualization of real transient flow fields. Thus it is gradually applied in measuring internal flow field of flotation cell. The essence of PIV is a combination of flow field display technology and image processing technology.

In this paper, PIV test system is set up to investigate the flow field in KYF flotation cell. The flow field in three regions of KYF-0.2 flotation cell was tested under water condition.

2 Material and Method

KYF type flotation cell is one of the most widely used flotation cells in the field of ore dressing in China[3], flow field in KYF flotation machine was selected as the studying object.

2.1 Test and analysis system

The test system consists of PIV measurement devices and KYF-0.2 flotation cell with ancillary facilities, shown in Fig. 1.

Fig. 1 PIV measurement system of KYF-0.2 flotation cell

PIV measurement devices are made by LAVISION in German, two CCD cameras, double-cavity laser, light sheet optics and Davis software.

KYF-0.2 flotation cell developed by BGRIMM is kind of air-forced mechanical stirring flotation equipment, with its tank made of transparent plexiglass, 730mm in diameter and 62mm in height, shown in Fig. 2. The impeller diameter is 240mm at speed of 195r/min during testing.

2.2 Flow field test by PIV

The test is carried out in clear water. Tracer particles are fluorescence sphere (51.7μm in diameter), made from melamine formaldehyde resin. Under laser beam explored condition, tracer particles will bounce off light with wavelength over 532μm. Because the light with wavelength below 540μm is filtered, harsh reflection from stator and impeller is reduced. Tracer image can be captured by high speed CCD camera. According to KYF flotation cell design theory, internal flow of KYF-0.2 cell is chosen to be longitudinal section of the impeller's center, shown in Fig. 3, and three different flow fields

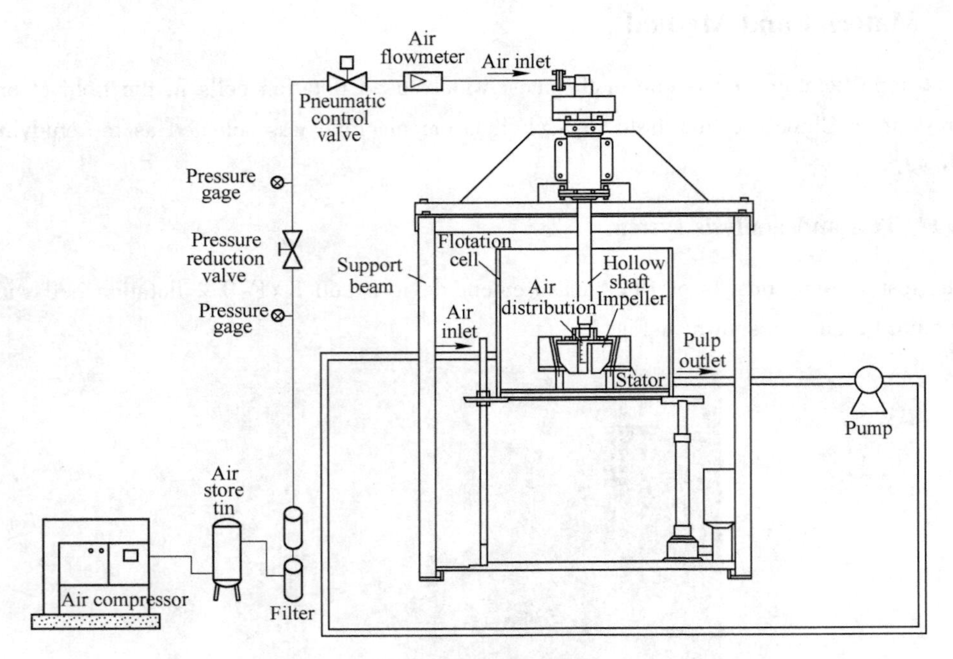

Fig. 2 KYF-0. 2 flotation cell system

are selected as following: half of the whole tank, the region between the impeller and tank bottom, and the region in space of stator blades.

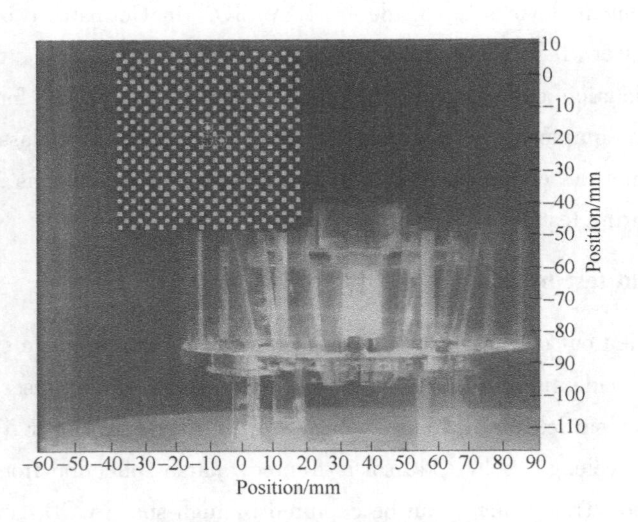

Fig. 3 The calibration plane for PIV measurement

3 Results Analysis

Fig. 4 shows velocity vector of the whole flow field in KYF-0. 2 flotation cell measured by PIV system, and the vacant area, which has a great influence on test result, is the profile of the removed impeller and stator system. It can be seen clearly that one flow enters stator blades and turns into two branches when it comes out, and apparently one branch is obliquely upward while the other is downward. Under the restriction of sidewall and liquid surface tension, the upward branch gradually transforms into the upper clockwise circulation. At the same time, the downward branch transforms into the bottom anticlockwise circulation, and it is sucked into the region under impeller.

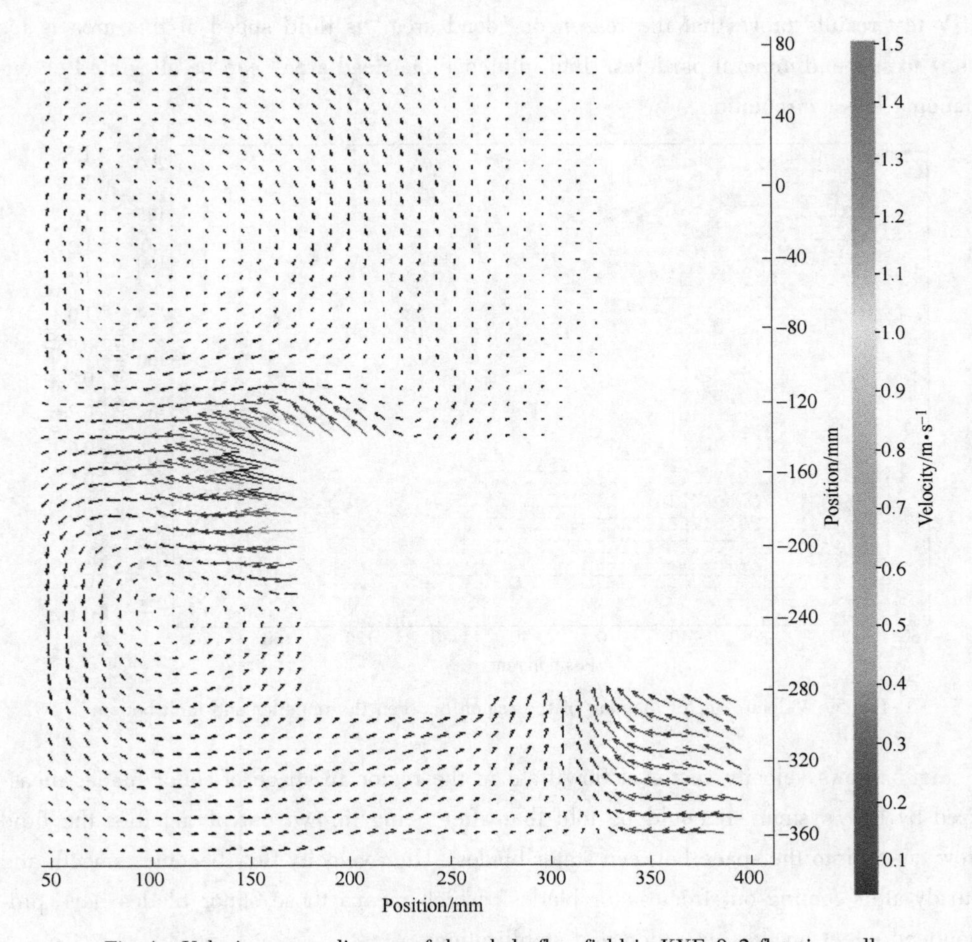

Fig. 4 Velocity vector diagram of the whole flow field in KYF-0. 2 flotation cell

(Impeller speed 195r/min)

Fig. 5 shows velocity vector of the region between the impeller and tank bottom of KYF-0.2 flotation cell. It can be seen clearly that flow turns into two branches when it comes out, and the upward flow's velocity is larger than the downward one. The upward flow is promoted by impeller, while the downwards flow, not as fierce as the upwards one, is dragged by impeller's bottom blades. The closer fluid flow approaches to the impeller, the larger upward velocity is. Just under the impeller there is an apparent upward flow at the tank bottom. However, fluid at bottom area away from the impeller has a low flow velocity. Especially at left corner of the tank, which is called "dead area", the flow velocity is less than 0.2m/s. In large commercial flotation cells, conical bottom is designed to prevent mineral particles from sanding at "dead area". Therefore, PIV test results prove that the reason of "dead area" is fluid speed at this area is too slow to suspend mineral particles. Bad influence of "dead area" can be alleviated by enhancing lower circulation.

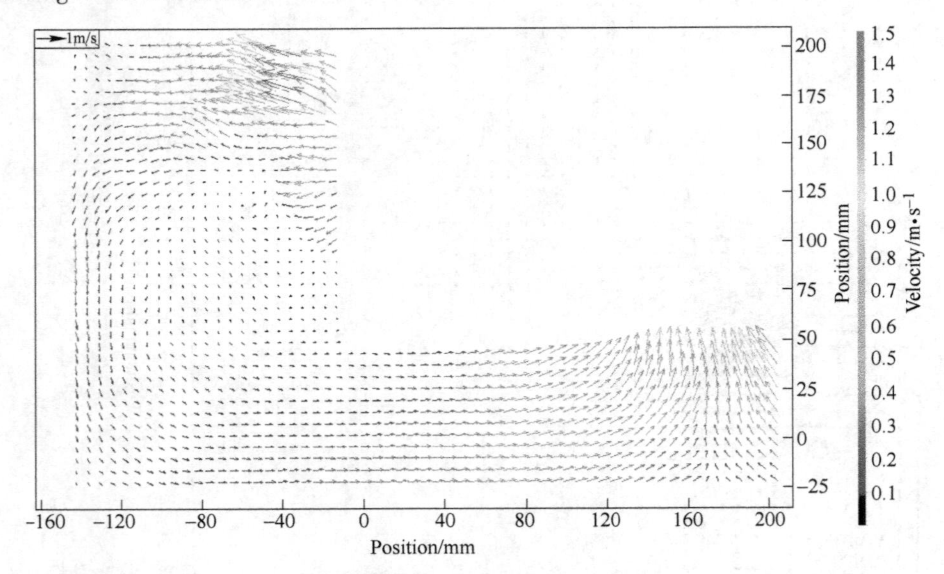

Fig. 5 Velocity vector diagram of the region between the impeller and tank bottom

Fig. 6 shows velocity vector of flow field in the region in space of stator blades measured by PIV system. It could be told that after being thrown out of impeller the fluid flow enters into the space between stator blades. High velocity flow becomes smooth and steady after coming out from stator blades, which means those stator blades have pronounced effect on flow diversion and stabilization.

Through the comparison and analysis, it could be known that flow field of impeller's outlet in Fig. 4 is not significantly different from that in Fig. 5 (Fig. 4 shows the whole

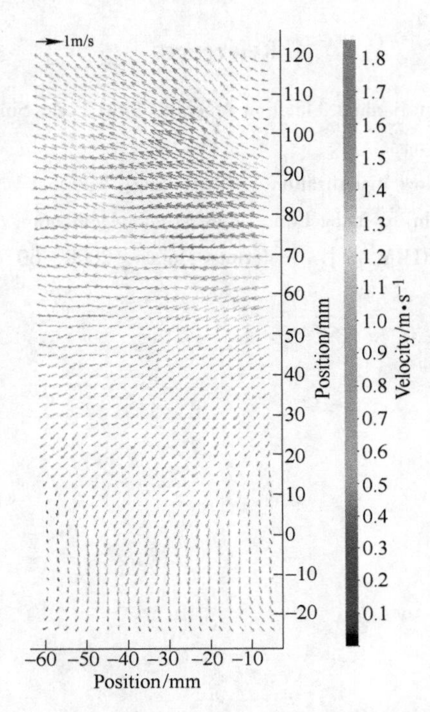

Fig. 6 The velocity vector diagram of the flow field between stator blades

internal flow field, Fig. 5 shows only the flow field in the region between the impeller and tank bottom). The maximal velocity in Fig. 4 and Fig. 5 are both 1. 5m/s. Besides, under the condition that the impeller has diameter of 240mm and rotates in speed of 195r/min, the maximal linear vectors is about 2. 45m/s by calculation, that is agree with the maximal vector 1. 8m/s in Fig. 6. In conclusion, PIV measurement system has high reliability.

4 Conclusions

PIV test system is set up to investigate the flow field in KYF flotation cell. The flow field in three regions of KYF-0. 2 flotation cell was tested under water condition.

By velocity vector diagram, upper and lower circulations in flotation cell arenumeralized, dead area is determined distinctly at the corner of tank bottom. The smooth and steady flow in space between stator blades observed by PIV proves reasonable structure design of KYF-0. 2 flotation cell stator.

All studies above strongly support the optimum design for large scale KYF flotation cell and further research on two-phase flow field needs to be carried out.

References

[1] Shen Zhengchang, Chen Jianhua. Flotation Machine Flow Field Simulation and Its Applications [M]. Beijing: Science Press.

[2] Fan Jiechuan. Modern Flow Visualization [M]. Beijing: National Defence Industry Press.

[3] Shen Zhengchang, Lu Shijie, Yang Lijun. R & D and Application of KYF Large Scale Flotation Cells Developed by BGRIMM [J]. Nonferrous Metals, 2008, 60 (4): 115-119.

Analysis of Flow Field in the KYF Flotation Cell by CFD

Dong Ganguo Zhang Ming Yang Lijun Wu Feng

(Beijing General Research Institute of Mining and Metallurgy, Beijing, 100160)

Abstract: The characteristics of flow field in the KYF-0.2 flotation cell are studied by CFD, and PIV test is also carried out to verify CFD simulation results.

CFD simulation results show that there is a vortex near the slurry-ward surface of impeller blades in the direction against the rotation direction, there appears the maximum velocity which is higher than the speed at blade tips.

Both PIV measuring results and CFD simulation results indicate that high velocity region appears near the exterior of stator blades, where the velocity value is about 1.5 m/s. Comparison between CFD and PIV show that there are good consistency in velocity change trend and velocity value.

Keywords: flotation cell; flow field analysis; CFD; PIV

1 Introduction

A flotation cell is the main equipment for ore dressing. According to statistics, 90% non-ferrous metals and 50% ferrous metals are processed by flotation in the world [1]. As the key equipment of flotation process, flotation cells have been widely used. At present, the main problem of optimizing large flotation cell is high cost and long design cycle. Therefore, top research institutions including CSIRO, Autotec and FLSmdith regard the application of CFD in flotation cell as a new technology breakthrough.

KYF flotation cell developed by Beijing General Research Institute of Mining and Metallurgy (BGRIMM) is the most widely-used flotation cell in China[2]. According to statistics, thousands of such machines are used in mine sites. The flow field characteristics in KYF-0.2 flotation cell are investigated by CFD in this paper. The simulation results are contrasted with PIV measurement results in the same flotation cell.

2 Simulation Method

2.1 Numerical model

It is a challenge to simulate flow field in flotation cell by CFD for the special impeller-stator structure. At present, MRF method and SG method are often used to solve impeller rotation in turbomachinery[3]. The calculation time consumption of SG method belonging to transient calculation is ten times longer than that of MRF method belonging to steady calculation. Some studies show that MRF method has the similar effect to SG method [4]. Standard K-ε model is a common choice in CFD simulation in flotation cell. And some scholars have tried to use standard K-W model, RSM model and so on to predict flow field characteristics in flotation cell. Therefore, standard K-ε model and MRF method is chosen in this paper and calculation residual based on second order upwind is less than 10^{-3}.

2.2 Numerical grid generation

Considering the advantages of hexahedral mesh in calculation consumption and stability[5], the whole flotation cell is meshed with hexahedral grid. Fig. 1 shows the hexahedral mesh of tank and stator. Fig. 2 shows the hexahedral mesh of impeller.

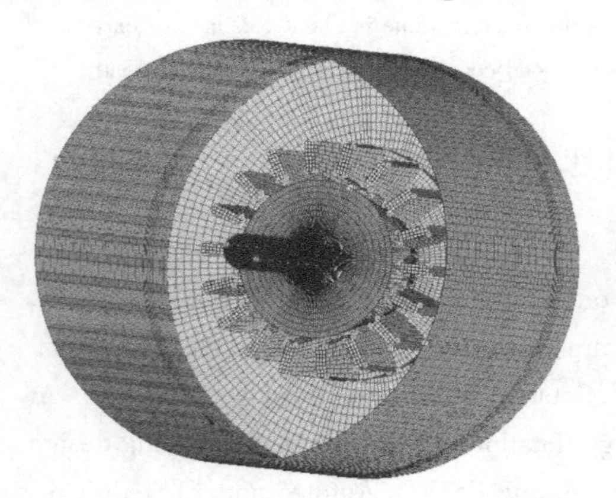

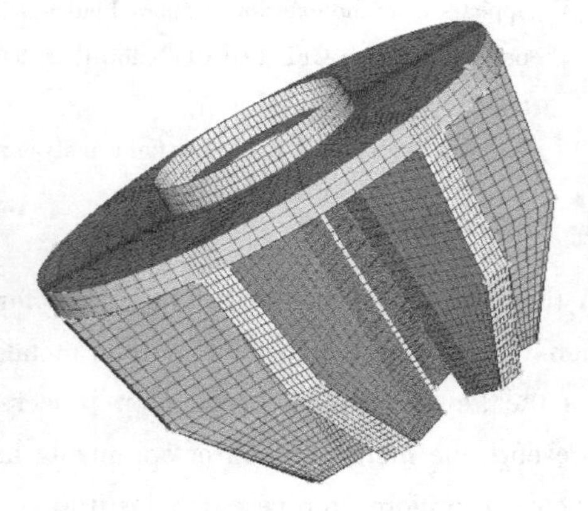

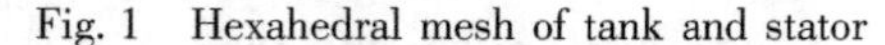

Fig. 1　Hexahedral mesh of tank and stator

Fig. 2　Hexahedral mesh of impeller

It is well known that fine mesh quality and suitable mesh size are beneficial to accuracy, stability and calculation consumption in CFD simulation. As mentioned above, the hexahedral mesh is adopted and mesh quality of "Determinant 2×2×2"is up to 0.65. To determine the suitable mesh size, the simulation results at mesh numbers from 80 thousands to 1500 thousands were contrasted. Table 1 shows the effect of mesh on power and power number calculation by CFD. The results fluctuate with mesh numbers change. When mesh numbers increase from 500 thousands to 1500 thousands, the results fluctuate slightly, less than 5%. Fig. 3 and Fig. 4 show the effect of mesh number on calculation of radial velocity and axial velocity at $r/R=0.74$ in longitudinal section, where R represents tank radius and r represents radial distance from tank axis to the measuring point. It is easy to see from Figs. 3 and 4 that radial velocity and axial velocity change in the same trend, where it has the greatest deviation in mesh numbers with 80 thousands. Considering the simulation accuracy and calculation consumption, mesh numbers with 500 thousands are suitable.

Table 1 Effect of mesh on power and power number calculation by CFD

Case	Mesh Number [10^3]	Mesh Region [10^3]	Power Number Ratio [N_p/N_{p1}]
1	1330	100	1.03
2	380	100	1.01
3	170	100	1.00
4	170	37	1.08
5	40	37	1.20

Notes: $N_p = P/(\rho N^3 Dr^3)$, where, P represents power. ρ represents density. N represents speed. Dr represents impeller diameter.

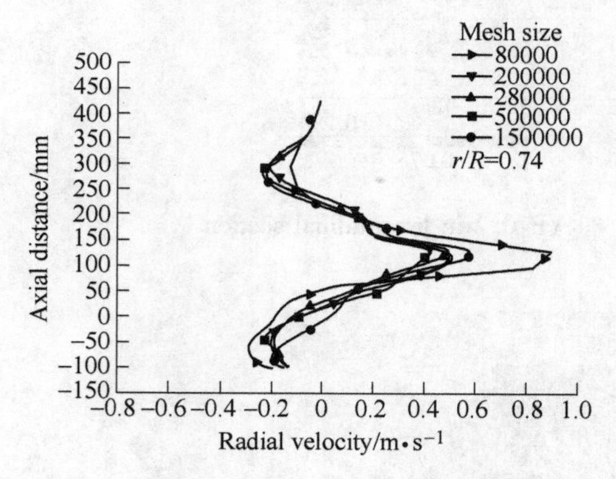

Fig. 3 Effect of mesh number on calculation of radial velocity at $r/R = 0.74$

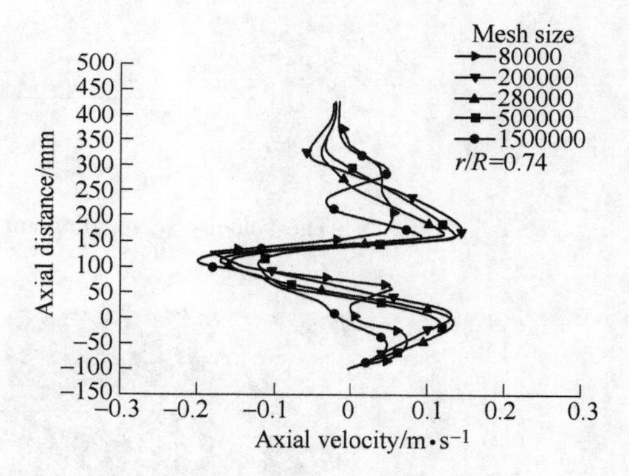

Fig. 4 Effect of mesh number on calculation of axial velocity at $r/R = 0.74$

3 Simulation Result and Analysis

3.1 Simulation results

Fig. 5 shows the velocity vector diagram of flow field in KYF-0.2 flotation cell in longitudinal section. As can be seen from Fig. 5, the upper and lower circulations appear in flotation cell after fluid being thrown from impeller, which is helpful for mineral particle suspension, according to the design principle of flotation cell.

Fig. 6 shows the velocity cloud picture below the impeller disk in cross section. Under the action of centrifugal force, fluid is thrown from rotating impeller, it attacks to the

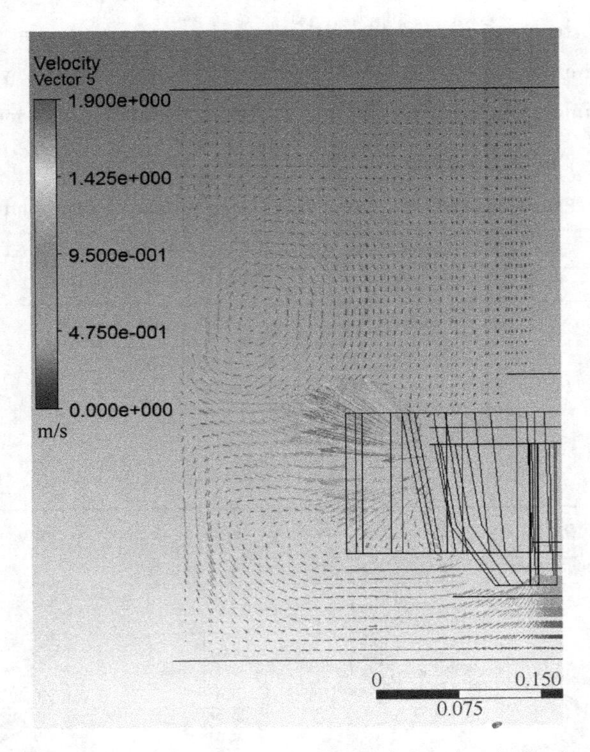

Fig. 5 The velocity vector diagram of KYF-0. 2 in longitudinal section

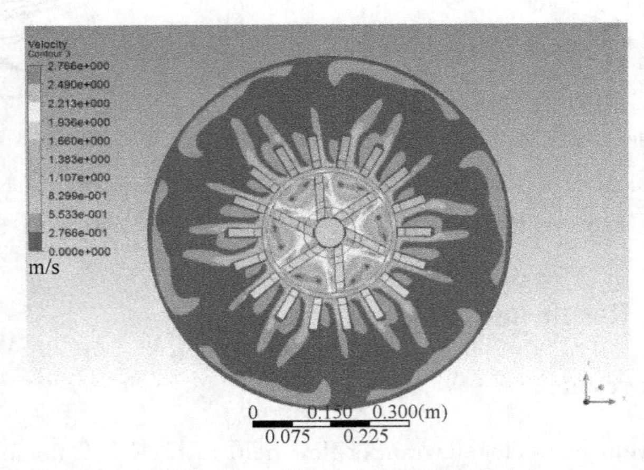

Fig. 6 Velocity cloud picture below the impeller disk in cross section

slurry-ward surface of stator blades and fluid flow direction turns from rotating to radial, which exhibits the function of stator in fluid stabilization and diversion. Fig. 7 shows the local velocity vector diagram between impeller blades blow the impeller disk in cross section. It is interesting that there is a vortex near the slurry-ward surface of impeller blades in the direction against the rotation direction, and there appears the maximum of the velocity, which is higher than the speed at blade tips. It is noted that this phenomenon has been observed in experiments by Grau[6].

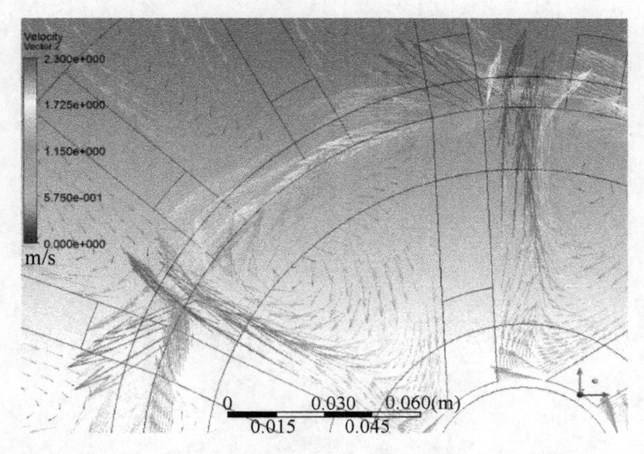

Fig. 7 Local velocity vector diagram between impeller blades below the impeller disk in cross section

3.2 Comparison between PIV and CFD analysis results

Particle Image Velocimetry (PIV) is one of advanced measurement methods for transient flow field[7]. The velocity vector tested by PIV in longitudinal section of KYF-0.2 is shown in Fig. 10, the upper and lower circulations can also be observed by PIV.

Comparing Fig. 5 and Fig. 8, it is easy to note that the flow field in the same position of flotation cell are of good consistency, and also we can know high velocity region appears near the exterior of stator blades, where the velocity value is about 1.5m/s.

Fig. 9 and Fig. 10 show the radial and axial velocity comparison between CFD simulation and PIV measurement at $r/R=0.56$. The change trends and values of radial velocity and axial velocity have good agreement between CFD and PIV, it demonstrates that simulation results actually reflect the flow field in flotation cell. The radial velocity and axial velocity is low at the bottom of tank and appear peak value at the position 220 ~ 240mm from the bottom. Considering that the position of $r/R=0.56$ is at the exterior of stator blades, that result is believable.

Fig. 11 and Fig. 12 show the radial and axial velocity comparison between CFD simulation results and PIV measurement results at $r/R=0.72$. The change trends and values of radial velocity and axial velocity have good agreement between CFD and PIV.

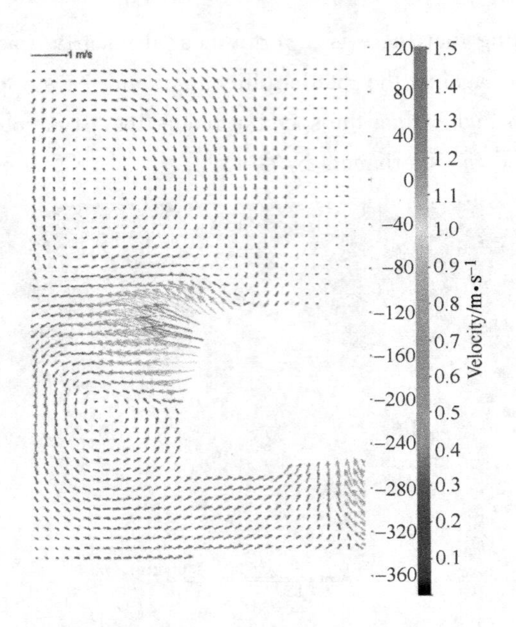

Fig. 8　Velocity vector diagram of KYF-0. 2 in longitudinal section by PIV

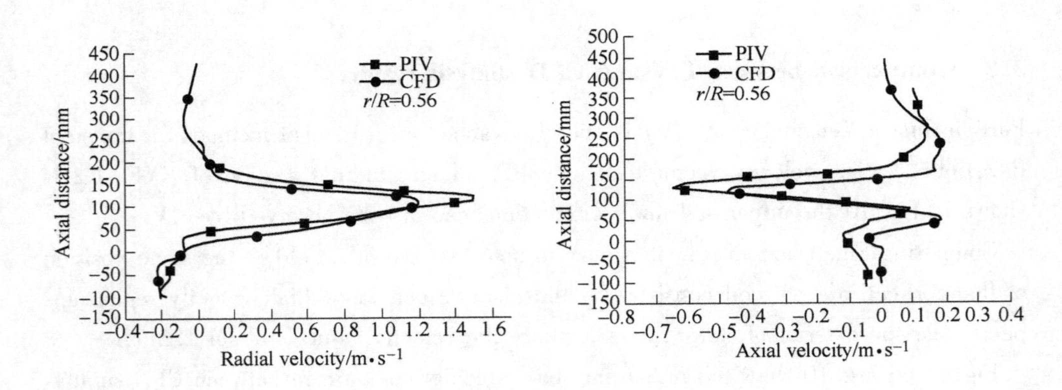

Fig. 9　Radial velocity comparison between CFD and PIV at $r/R=0.56$

Fig. 10　Axial velocity comparison between CFD and PIV at $r/R=0.56$

As can be seen from Figs. 11 and 12, the radial velocity and axial velocity curves are in wave shape. That phenomina is related to the vortex structure of upper and lower circlations in the flotation cell, considering the special position of $r/R=0.72$.

Fig. 13 shows the comparison of power consumption between CFD and experiment. The CFD prediction results are in agreement with experiment measurement results in power consumption. It is demonstrated that CFD simulation could reflect macro operation condition of flotation cell and it is valuable for energy saving design of large flotation cell.

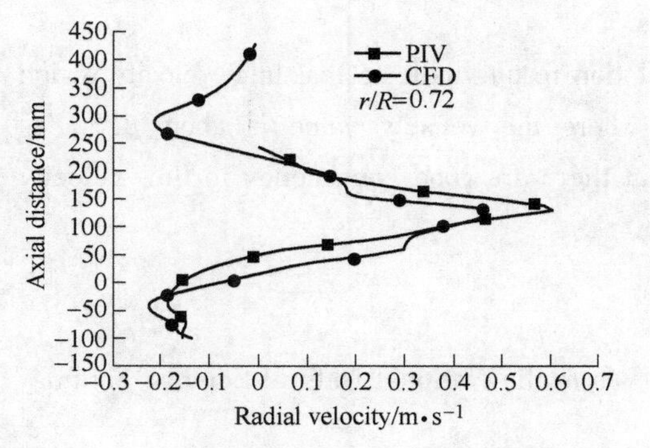

Fig. 11 Radial velocity comparison between CFD and PIV at $r/R = 0.72$

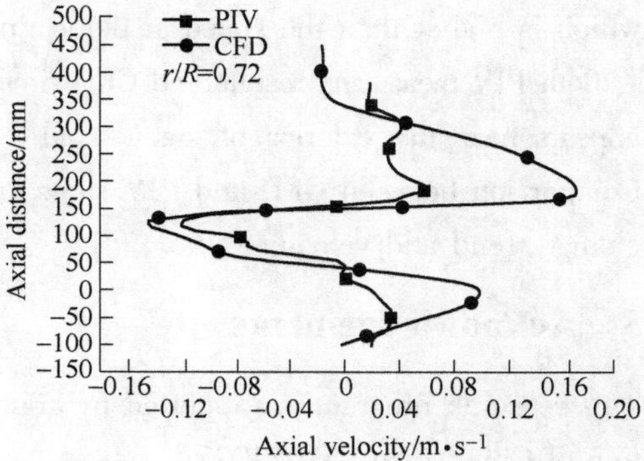

Fig. 12 Axial velocity comparison between CFD and PIV at $r/R = 0.72$

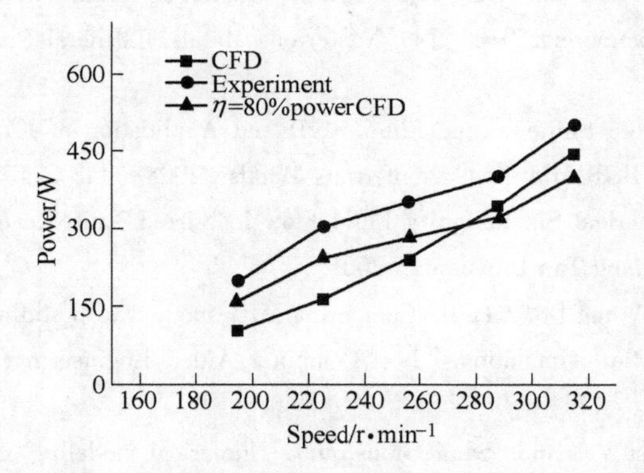

Fig. 13 Comparison of power consumption between CFD and experimental measurements

Comparing CFD simulation and PIV measurement, the results are fundamentally consistent, but the position of upper and lower circulation and velocity value still exist slight differences, therefore it is necessary to correct CFD simulation strategy and increase accuracy in PIV measurements.

4 Conclusions

The flow field characteristics of experimental KYF-0.2 flotation cell are investigated with CFD in this paper. The CFD prediction results agree with PIV measurement results well.

CFD simulation and PIV measurements can be used for revealing flow flied characteristics in flotation cell.

CFD simulation results show that there is a vortex near the slurry- ward of impeller blades in the direction against the rotation direction, there appears the maximum velocity which is higher than the speed at blade tips.

Both PIV measuring results and CFD simulation results indicate that high velocity region appears near the exterior of stator blade, where the velocity value is about 1.5m/s. Comparison between CFD and PIV show that there are good consistency in flow velocity change trend and velocity value.

5 Acknowledgements

This research program is supported by grants from the National Natural Science Foundation of China (No. 51074027).

References

[1] Zhang Jianyi, Yang Xiaofeng, Yang Lijun, et al. Research on $320m^3$ Air-forced Mechanical Flotation Cell through Commercial Test [J]. Nonferrous Metals (Mineral Processing Section), 2011 (Z1): 181-183.

[2] Shen Zhengchang, Lu Shijie, Yang Lijun. R&D and Application of KYF Large Scale Flotation Cells Developed by BGRIMM [J]. Nonferrous Metals, 2008 (11), 60 (4): 115-119.

[3] Han Luchang. Numerical Simulation of Fluid Flow in Stirred Tank Reactors Using CFD Method [D]. Xiang Tan: Xiang Tan University, 2005.

[4] He Wei, Ma Jing, Wang Dong, et al. Comparing MRF method with sliding mesh method for automotive front end airflow simulation [J]. Computer Aided Engineering, 2007 (9), 16 (3): 96-100.

[5] JuHa Tiininen, Jussi Vaarnno, Sami Gronstrand. Numerical modeling of an outokumpu flotation device [C] // Third International Conference on CFD in the Minerals and Process Industries, Melbourne, Australia, 2003, 12: 10-12.

[6] Grau R. An Investigation of the Effect of Physical and Chemical Variables on Bubble Generation and Coalescence in Laboratory Scale Flotation [D]. Espoo: Helsinki University of Technology, TKK-ME-DT-4, 2006.

[7] Feng Wangcong, Zheng Shiqin. The Development of Particle Image Velocimetry [J]. Electronics Instrumentation Customer, 2003, 10 (6): 1-3.

闪速浮选的理论与实践

夏晓鸥

（北京矿冶研究总院，北京，100160）

摘　要：对闪速浮选的意义、基本原理作了阐述，介绍了闪速浮选的效果、工艺流程、国内外采用的闪速浮选设备，以及这种浮选方式的实践情况。

关键词：闪速浮选；浮选机；理论；实践

Priciple and Practice of Flash Flotation Cell

Xia Xiaoou

（Beijing General Research Institute of Mining and Metallurgy，Beijing，100160）

Abstract：The significance and basic principle to develop flash flotation is discussed in this paper. The technical performance，process flowsheet and application of domestic and foreigh flash flotation cell are also introduced.

Keywords：flash flotation；flotation cell；principle；industrial practice

自 1985 年，国外报道了芬兰奥托昆普公司采用闪速浮选技术在工业上获得成功的消息以来，闪速浮选的概念被越来越多的专家学者所接受，并在国内外得到广泛的重视和应用。本文拟就理论与实践两方面来论述闪速浮选这一新的技术，促进闪速浮选在我国的普遍应用，为我国有色金属工业的发展作出贡献。该技术符合早拿多收的选矿原则，提高有价矿物特别是金、银等贵重金属的回收率。

1　闪速浮选的意义

在磨矿分级回路中，由于分级效率不高，许多已经达到产品粒度要求的物料或已单体解离的有价矿物不能及时分离出来，并且由于分级设备或多或少存在“反富集”作用，如金、银等贵重金属虽已单体解离但因其比重大而易进入沉砂之中，这就导致了循环负荷增加，磨矿机处理能力下降。有价矿物特别是金、银矿物的过粉碎，集存在磨矿分级回路中，其中一部分最后进入细泥而损失掉。而且磨矿分级回路中存在的上述这些问题，还会对后续选别作业和脱水作业产生不良影响。采用闪速浮选技术，在磨矿分级回路中处理分级机的返砂，提前拿出部分已单体解离的粗粒有价矿物或含有价矿物较多的连生体，直接获得最终精矿产品或粗精矿进入下段再选。既可降低循环负荷，改善磨矿分级条件，提高磨矿机处理能力，又可减少矿物过磨，避免有价矿物细化和中间环节的损失，符合早拿多收的选矿原则，提高有价矿物特别是金、银等贵重金属的回收率。

2　闪速浮选的基本原理

闪速浮选因其浮选时间短而得名，它符合快速浮选动力学理论。

闪速浮选是在高浓度（65%~75%）粗颗粒状态下的浮选，高浓度粗颗粒矿浆中极细矿泥的含量相对较少，其中一些相对较细的已单体解离的有价矿物和含有价矿物的连生体由于浓度大而相对较易被捕收浮出。

闪速浮选处理的物料是磨矿分级回路中的分级机沉砂，由于分级设备存在的“反富集”作用，金属矿物由于其比重大而易进入沉砂，这就造成闪速浮选的给矿品位相对较高，可得到较高的精矿品位和作业回收率。

分级设备的溢流已将大部分细泥带走，减少了闪速浮选的给矿中极细矿泥对浮选的有害影响。

闪速浮选的浮选时间很短，使得一些大粒脉石没有足够的时间上浮，这就保证了闪速浮选可获得合格的精矿品位。

闪速浮选的精矿品位可通过调整药剂制度、矿浆 pH 值、泡沫层厚度、浮选空气量和补加水量来实现。

3　闪速浮选的效果

国内外的实践表明，采用闪速浮选技术可获得如下效果：

（1）由于减少了有价矿物的过粉碎，从而减少了有价矿物在矿泥中的损失，提高了有价矿物特别是金、银等贵重金属的回收率；

（2）由于增加了浮选的选择性，从而提高了精矿的质量；

（3）由于浮选给矿的粒度分布范围变窄，提高了整体的浮选速率；

（4）由于在磨矿分级回路中已将一部分有价矿物选出，因而降低了浮选负荷，减少了后续浮选槽的容积，降低了能耗；

（5）由于减小了给矿品位和给矿粒度的波动，放宽了对浮选机性能的要求，改善了浮选作业的操作条件；

（6）由于精矿中粗粒增加，细泥含量减少，使精矿脱水较容易，过滤后的精矿含水量下降，降低了脱水成本；

（7）由于闪速浮选机起着“均质器”的作用，把高品位的矿石预先浮选出来，使后续常规浮选的给矿品位趋于稳定，工艺流程中的各参数更容易测定和调整，使整个操作系统处于稳定的良性循环之中。

4 闪速浮选工艺流程

闪速浮选在一段磨矿分级回路中的标准工艺流程如图 1 所示。

旋流器溢流去常规浮选
旋流器给矿
旋流器
粗精矿或最终精矿
闪速浮选机
新给矿
磨矿机
泵

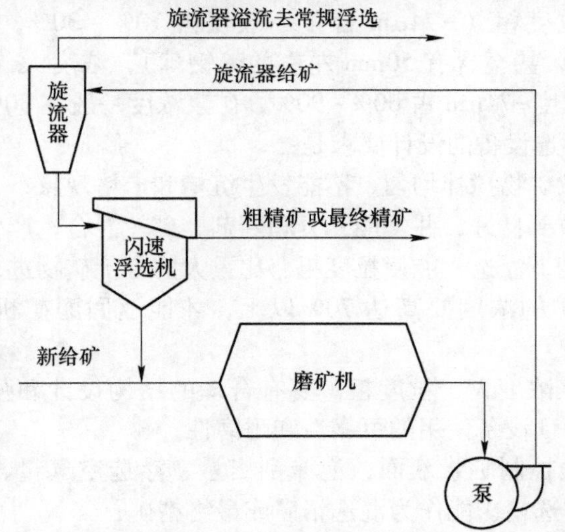

图 1 闪速浮选在一段磨矿分级回路中的标准工艺流程

Fig. 1 Standard process flowsheet of flash flotation cell in the first stage grinding circuit

闪速浮选在二段磨矿分级回路中的标准工艺流程如图 2 所示。

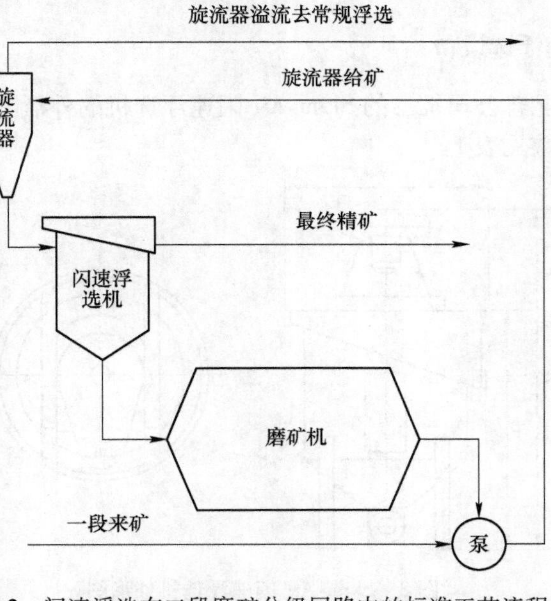

旋流器溢流去常规浮选
旋流器给矿
旋流器
最终精矿
闪速浮选机
磨矿机
一段来矿
泵

图 2 闪速浮选在二段磨矿分级回路中的标准工艺流程

Fig. 2 Standard process flowsheet of flash flotation cell in the second stage grinding circuit

5　闪速浮选设备的设计要求

闪速浮选设备是用于磨矿分级回路中的设备，处理对象是分级机的沉砂产品，其特点是，粒度粗（-74μm 含量一般仅占 10%~30%，同时还夹杂 10~20mm 粒径的矿石，甚至含有 50mm 左右的碎钢球），浓度大（65%~75%），而常规浮选的给矿粒度-74μm 占 60%~90%，矿浆浓度一般在 30%左右。

因此，闪速浮选设备的设计要求是：

（1）要把粗粒矿物搅拌均匀，不能发生沉槽和卡堵现象；

（2）空气分散要良好，并且能充分和药剂、矿粒混合，产生矿化气泡；

（3）在高浓度下浮选，能使粒度粗、比重大的有价矿物进入泡沫产品；

（4）浮选尾矿的浓度要高达 70%以上，才能返回磨矿机，以免影响磨矿条件；

（5）由于矿浆浓度大、粒度粗，要有合理的结构设计和强度设计，并且要合理选用材料，保证设备使用的可靠性和耐磨性；

（6）要有效地控制矿浆液面、泡沫刮出量、浮选空气量、精矿产率，保证闪速浮选设备的浮选精矿能作为混选精矿或最终精矿；

（7）要有合适的外形和尺寸，能安装在现有的实际磨矿分级回路中（主要是高差、场地、管道限制），以确保流程畅通。

6　闪速浮选的设备

6.1　国外的闪速浮选设备

芬兰的奥托昆普公司推出的 Skim-Air 闪速浮选机的外形图如图 3 所示，其外形尺寸和基本参数见表 1。

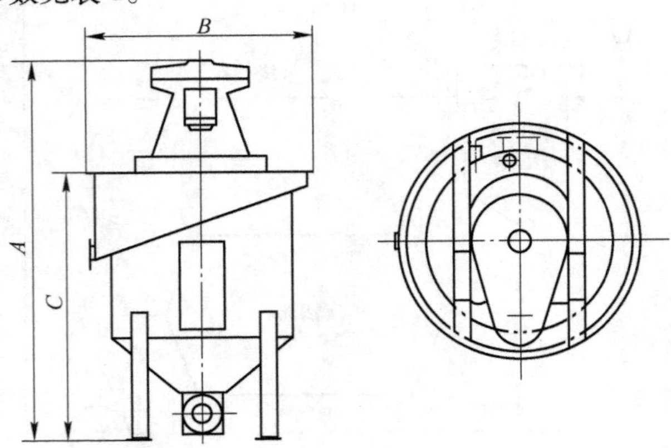

图 3　Skim-Air 闪速浮选机外形图

Fig. 3　The outside view of Skim-Air flash flotation cell

表 1 Skim-Air 闪速浮选机的外形尺寸与基本参数

Table 1 The outside dimensions and basic parameters of Skim-Air flash flotation cell

项目	*A* /mm	*B* /mm	*C* /mm	质量 /kg	浮选机容积 /m^3	电动机 /kW	充气量 /$m^3 \cdot min^{-1}$
SK240	4520	2760	3120	3700	8	22	1~3
SK80	3390	1900	2400	1800	2.2	11	0.5~1
SK15	1950	1290	1315	350	0.3	2.2	0.2

3 种规格的 Skim-Air 闪速浮选机的设计处理能力分别为 240t/h、80t/h、15t/h。

6.2 国内的闪速浮选设备

北京矿冶研究总院研制的 YX 型实验室用预选浮选机[❶]的基本结构如图 4 所示，工业用预选浮选机的基本结构如图 5 所示，其基本参数见表 2。

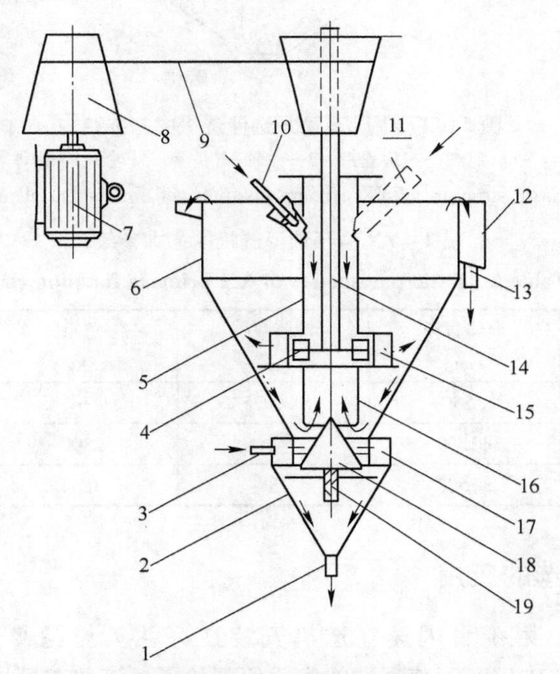

图 4 实验室用小型预选浮选机的基本结构

1—尾矿排出口；2—下锥体；3—进水管；4—叶轮；5—中心给矿管；6—上壳体；7—电机；8—四锥皮带轮；9—皮带；10—进气管；11—给矿管；12—泡沫槽；13—精矿排出口；14—主轴；15—稳定器；16—循环管；17—喷水环；18—小锥体；19—调节螺钉

Fig. 4 Basic structure of small-scale primary flotation cell in laboratory

❶ 因该机是用于磨矿分级回路中，在常规浮选之前预先浮选出一部分有价矿物，故取名预选浮选机。

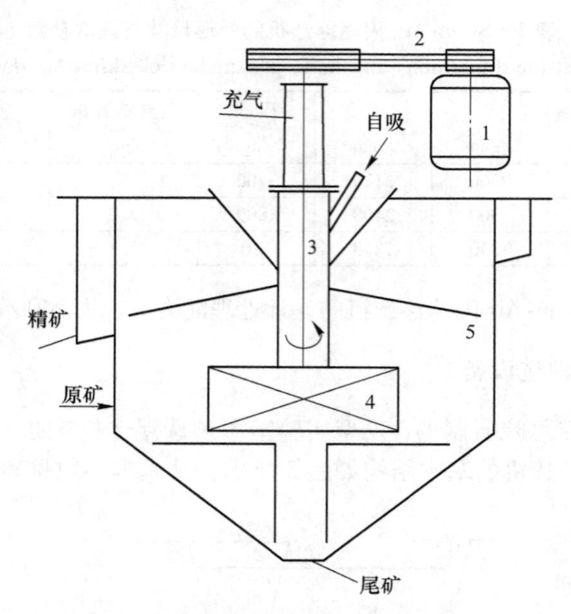

图5　工业用YX型预选浮选机的基本结构

1—电机；2—三角皮带；3—主轴部件；4—叶轮；5—槽体

Fig. 5　Basic structure of YX primary flotation cell for industrial production

表2　YX型预选浮选机的基本参数

Table 2　Basic parameters of YX primary flotation cell

规格 型号	筒体直径/mm	槽体容积/m^3	总重/kg	电机功率/kW
实验室型	φ250	0.0075	—	0.25
YX-2	φ1500	2	2300	15
YX-8	φ2500	8	4664	22

7　国外闪速浮选的应用

1982年6月，第1台闪速浮选机安装在芬兰奥托昆普公司哈玛斯拉蒂（Hammilsah-ti）选矿厂，闪速浮选的实践便开始了。该选矿厂处理量为40万吨/年，主要矿物为黄铜矿，并伴生有金、银和锌，用SK-80闪速浮选机处理砾磨机水力旋流器的底流，给矿品位为铜1.1%、锌0.8%、金0.5g/t、银8g/t，浮选矿浆浓度为60%~70%，浮选药剂为黄药、起泡剂、石灰，得到的闪速浮选精矿含铜21%、锌1%、银240g/t，作业回收率为30%~60%，精矿粒度为-74μm占45%；常规生产的精矿（包括闪速浮选）含铜20%、锌1.3%、银200g/t，精矿粒度为-74μm占80%。试验结果表明，采用闪速浮选技术后，在铜精矿中铜品位与以前相同的条件下，锌含量减少，金品位从3.8g/t提高到4.8g/t；处理高品位矿石，提高铜回收率约3%；过滤后的最终精矿水分下降1%；浮选槽容积减少了一半，由此每处理1t矿石节约电耗2kW·h。

芬兰的诺特瓦拉（Rautuvaara）选矿厂处理铁磁选尾矿，从中回收铜和金。该厂的处理量为40万吨/年，1983年6月安装闪速浮选系统后，金的回收率从64%提高到76.4%。

芬兰奥托昆普公司的瓦玛拉（Vammala）选矿厂，年处理量为40万吨，采用一台SK-80闪速浮选机处理球磨机水力旋流器的底流，给矿品位为镍0.6%、铜0.4%，矿浆浓度为60%~65%，浮选药剂为黄药和起泡剂。闪速浮选精矿的品位为含镍14.37%、铜7.75%、硫28%、氧化镁5%；对磨矿回路给矿而言，作业回收率为镍29%、铜32%，精矿粒度为-74μm占52%；而常规浮选的精矿含镍9%、铜6%、硫22%、氧化镁9%；精矿粒度为-74μm占80%~90%。由于粗粒浮选的选择性较高，使精矿中氧化镁的含量下降了约1%。经闪速浮选的精矿产品脱水后含水量下降了1%。由于减少了扫选作业的浮选槽容积，处理每吨矿石可节电1.5~2kW·h。

奥托昆普公司的威哈蒂（Vihanti）选矿厂处理铜铅锌矿石，采用闪速浮选提高了贵重金属的回收率。

芬兰的沃诺斯（Vuonos）选矿厂通过闪速浮选来减少过磨现象，从而提高了云母的回收率。

瑞典的威士卡利亚（Viscaria）选矿厂，每小时处理约170t铜矿石，安装了一台SK-24闪速浮选机，用来处理水力旋流器底流，原矿品位为铜2.3%、金0.07g/t，给矿浓度为70%~75%，浮选药剂为黄药、起泡剂，闪速浮选的精矿含铜22%~24%，闪速浮选的铜作业回收率约25%，总的回收率为90%~94%；而不用闪速浮选的铜精矿品位为24%，总回收率为88%~89%，采用闪速浮选技术后，铜回收率提高了约2%，精矿脱水较为容易，过滤后的精矿的含水量比以前下降了2%。

瑞典的加奔贝里选矿厂选别铜铅锌矿石，采用SK-80闪速浮选机处理第三段球磨机水力旋流器的底流，浓度为65%~70%，浮选药剂为AC3418、黄药、起泡剂，闪速浮选的精矿（去铅铜分离）含铜1.5%、铅44%、银8000g/t，而常规生产的精矿（去铅铜分离）含铜2%、铅44%、银6500g/t；由于铅铜混合精矿的粒度变粗，在最终铜精矿中的铅含量从8%降到2%，银回收率的增加足以满足租用设备的费用。某选矿厂处理铜熔炼渣，含铜6.5%，处理量每小时40~45t，用SK-80闪速浮选机处理一段自磨机水力旋流器的底流，给矿浓度为60%~65%，浮选药剂黄药和起泡剂加入一段自磨机中，闪速浮选的精矿含铜50%~60%，铜作业回收率对新给矿而言为50%，精矿粒度-74μm占60%~65%、

-53μm 占45%~50%；而常规生产的精矿含铜 30%~40%，铜回收率为 92%~94%，粒度为-74μm 占 95%，采用闪速浮选技术后，铜的总回收率提高 1%~1.5%，由于精矿粒度变粗而易于过滤，精矿水分从 15%降到 14%，所需要的浮选机容积从 150m^{3}降到 108m^3。

某金矿试验厂采用 SK-15 闪速浮选机来提高金的回收率，闪速浮选机的精矿中含金通常为 100~200g/t，最高达 400g/t（常规浮选的精矿中金含量小于 100g/t）。

FreePort 公司印度尼西亚分公司选矿厂 1986 年 10 月在第一系列的球磨系统中安装了两台 SK-240 闪速浮选机，两台闪速浮选机并联操作，给矿浓度为 50%。与半个初磨系统中安装闪速浮选机前的 9 月份相比，金的总回收率提高 5%以上。于是，1987 年 7 月，又在第二系列的球磨系统中安装了两台 SK-240 闪速浮选机，至此全厂都采用了闪速浮选技术。闪速浮选机处理旋流器的沉砂，其浓度为 78%~82%，为达到最佳的闪速浮选指标，旋流器沉砂浓度应降到 65%~70%。加到旋流器中的药剂量为：甲基异丁基甲醇（4.2g/t）和异丁基黄原酸钠（0.25g/t）。使用闪速浮选之后，全厂的生产指标为：日处理矿石量 16982t，原矿的品位为铜 2.05%、金 0.64g/t、银 11.7g/t，最终精矿的品位为铜 41.3%、金 11.9g/t、银 182g/t，总回收率为铜 91.76%、金 84.19%、银 70.78%；而在没有使用闪速浮选技术之前，全厂的生产指标为：原矿品位为铜 1.96%、金 0.69g/t、银 10.5g/t，最终精矿中含铜 39.54%、金 10.7g/t、银 159g/t，全厂总回收率为铜 92.11%、金 71.24%、银 69.11%，生产结果表明，采用闪速浮选后，在铜和银的回收率几乎相同的情况下，最终精矿的铜品位提高了 0.5%~1%，金的回收率提高了 13%。而这些结果都是在选矿厂的处理能力提高（从 1500t/d 提高到 1700t/d）将近 14%（由于磨矿粒度变粗了一些）的情况下得到的，而以往的经验表明，选矿厂的处理能力提高时，铜的回收率要降低一些。

美国的莱德赛尔（Leadsille）选矿厂，采用 SK 闪速浮选机处理旋流器底流，成功地选出了金银含量高的最终铅精矿；总回收率金提高了 3%、银提高了 6.7%，而且使更多的银随铅一起浮出，这就减少了锌精矿中的含银量，因为铅精矿的银价一般高于锌精矿，铅精矿中的金银品位都得到了明显地提高，金提高了 15g/t、银提高了 150~1400g/t；采用闪速浮选后，常规浮选的给矿粒度变窄，减少了浮选时间，总计闪速浮选机能产出约 1/3 的铅精矿；随着磨矿能力的增加，有效地提高了浮选能力，这样有可能使处理量提高 10%，闪速浮选产出的精矿比常规浮选的精矿粗，常规浮选的精矿中-74μm 占 80%，而闪速浮选的精矿中只占 30%，精矿过滤后的水分下降了 2%，水分降低使精矿至冶炼厂的运费节省很多；在操作与维修方面，操作工熟悉一段时间后发现，闪速浮选机几乎不用看管，给矿品位变化时也不需经常改变充气量和药剂量，浮选的生产费用不高，大概为 0.04 美元/吨，维修费用也相当低，在一年里仅更换了矿浆液位控制阀上的两个橡胶套；闪速浮选机的搅拌机构经久耐用，超过一年，衬有环氧树脂的槽体的磨损程度很小。

墨西哥的圣弗朗西斯科德尔奥罗/弗里斯科（SanFranisco del Oro/Frisco）银铅矿选矿厂根据实验室试验结果，1988 年夏季安装了一台 SK-240 闪速浮选机，当时预计银和铅总回收率可提高 2%~3%。

墨西哥的萨比纳斯（Sabins）银铅选矿厂 1988 年秋季安装了一台 SK-80 闪速浮选机，当时预计银和铅总回收率可提高 2%~3%。

8 国内闪速浮选的实践

北京矿冶研究总院设备研究所 1988 年开始探索闪速浮选在国内应用的可行性，制作了一台实验室用的 ϕ250mm、容积为 7.5L 的小型预选浮选机[1]，对大冶有色金属公司铜山口铜矿选矿车间一段磨矿螺旋分级机的溢流矿样进行了闪速浮选试验，试验流程如图 6 所示，浮选药剂为丁基黄药（浓度 1%）7.5mL/min、

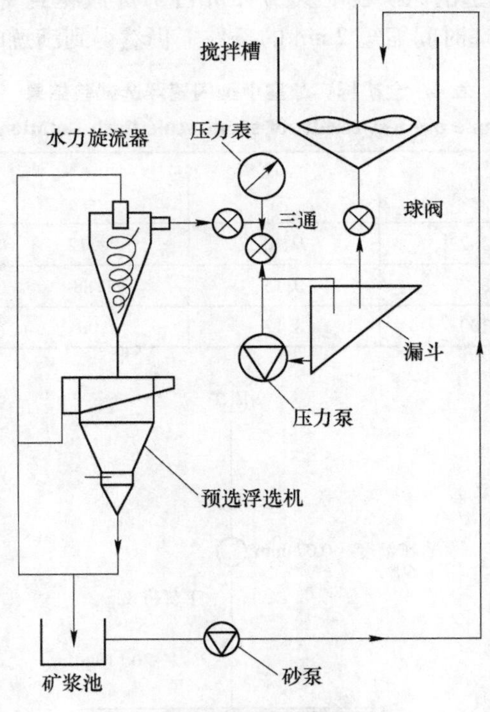

图 6 铜矿样试验流程

Fig. 6 Copper sample ore test flow sheet

[1] 因该机是用于磨矿分级回路中，在常规浮选之前预先浮选出一部分有价矿物，故取名预选浮选机。

氢氧化钙（浓度 5%）15mL/min、松醇油 35mL/min，共进行了两组试验，试验结果见表 3。

表 3 铜矿样实验室小型闪速浮选试验结果

Table 3 Copper sample ore test results of small-scale flash flotation cell in laboratory

试验号	-0.075mm（-200 目）含量/%			铜品位/%			精矿产率/%	铜回收率/%
	给矿	精矿	尾矿	给矿	精矿	尾矿		
1	34.48	62.71	13.76	0.58	10.40	0.32	2.58	46.26
2	36.43	46.15	18.77	0.48	12.55	0.35	1.07	27.99

1990 年，北京矿冶研究总院又用 ϕ250mm 的小型预选浮选机在实验室对福山占疃金矿的矿样进行了试验，试验流程及条件如图 7 所示，试验结果见表 4。与常规浮选相比，入选的原矿粒度从-74μm 占 70%放粗到-74μm 占 50%，药剂用量降低 1/2，在浮选时间缩短 2min 的条件下仍然得到满意的选别指标。

表 4 金矿样实验室小型闪速浮选试验结果

Table 4 Gold sample ore test results of small-scale flash flotation cell in laboratory

产品名称	产率/%	金品位/$g \cdot t^{-1}$	回收率/%	浮选时间/min
精矿	11.22	71.45	98.12	3
尾矿	88.78	0.15	1.88	
原矿	100	8.17	100	

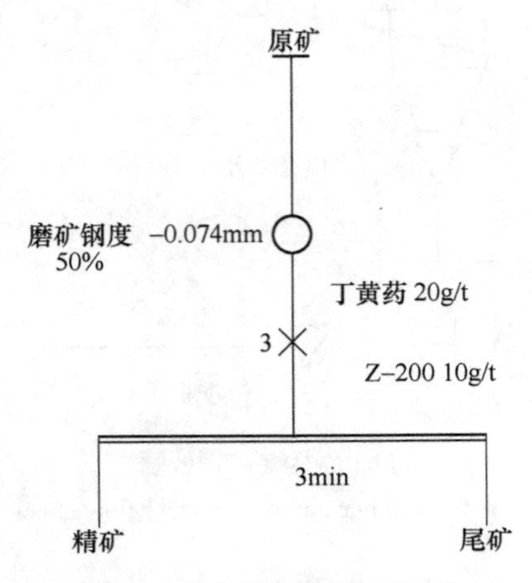

图 7 金矿样试验工艺流程

Fig. 7 Industrial test flowsheet for gold sample ore

北京矿冶研究总院设备研究所1990年开始研制用于工业上的预选浮选机❶，第一台YX-2预选浮选机于该年9月加工制造完成，10月份运抵江西铜业公司德兴铜矿，11月份在现场完成清水试验，1991年在现场安装调试完毕后，开始矿浆试验。半工业试验❷由北京矿冶研究总院、北京有色冶金设计研究总院、江西铜业公司德兴铜矿共同承担，矿浆试验持续50多天，试验流程配置如图8所示，预选浮选机安装在泗洲选矿厂二选厂，处理一段球磨机旋流器的沉砂，其粒度为-74μm占10%左右，预选浮选机的给矿浓度为65%~70%，试验条件和试验结果见表5~表9。

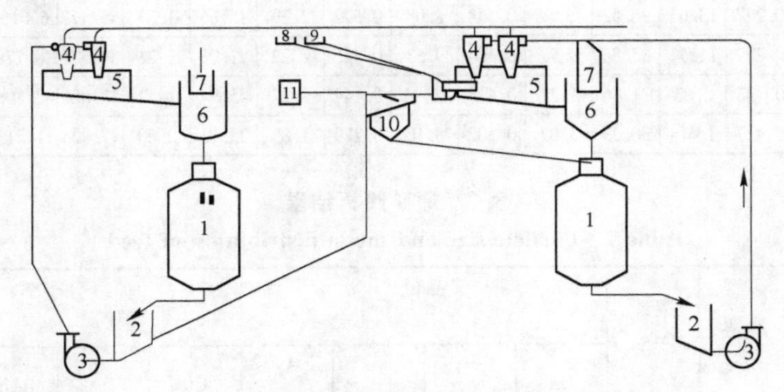

图8　YX-2m³预选浮选机试验流程配置

1—ϕ3.2×4.5球磨机；2—泵池；3—砂泵；4—ϕ500旋流器；5—溜槽；
6—给矿斗；7—原矿皮带；8，9—药箱；10—预选浮选机；11—风机

Fig. 8　Flow sheet of YX-2m³ primary flotation cell

表5　13个班次的浮选指标加权平均值

Table 5　The weighted average of flotation index for 13 shifts

品位/%									
Cu			S			Au/g·t⁻¹		Ag/g·t⁻¹	
原	精	尾	原	精	尾	原	精	原	精
0.512	14.854	0.422	3.376	31.561	2.889	0.356	8.384	1.334	22.145

回收率/%				浓度/%	处理量/$t \cdot h^{-1}$	药剂用量/$g \cdot t^{-1}$			pH
Cu	S	Au	Ag			XF-3	201	石灰	
18.111	15.879	14.696	10.359	66.4	40.530	55.206	18.304	加少量	11.5

---

❶ 因该机是用于磨矿分级回路中，在常规浮选之前预先浮选出一部分有价矿物，故取名预选浮选机。

❷ 因德兴铜矿选矿厂浮选系统处理量大，YX-2m³预选浮选机相对处理量较小，无法进行系统指标对比，故称半工业实验。

表 6 铜、硫、金、银回收率情况

Table 6 Recovery of copper, sulfur, gold and silver

品位/%												作业回收率/%			
Cu			S			Au/g · t^{-1}			Ag/g · t^{-1}			Cu	S	Au	Ag
原	精	尾	原	精	尾	原	精	尾	原	精	尾				
0.499	13.15	0.460	1.85	27.95	1.86	0.246	4.36	0.260	1.74	20.26	2.59	8.099	4.643	5.447	3.578
0.472	11.47	0.204	7.96	30.97	6.86	0.432	5.65	0.347	2.30	21.48	3.04	38.704	17.751	20.803	14.874
0.509	11.22	0.599	12.44	35.03	11.93	0.679	6.43	0.493	2.50	19.28	3.19	48.667	6.217	29.668	17.026
0.541	12.14	0.247	13.61	36.42	13.98	0.548	8.08	0.572	2.29	18.66	1.83	55.472	6.615	36.449	20.143
0.681	16.71	0.289	11.51	35.86	9.77	0.464	9.53	0.425	2.22	21.03	3.21	58.575	20.778	49.030	22.614
0.720	24.42	0.338	2.03	21.46	1.21	0.425	16.11	0.144	2.27	45.94	1.62	53.800	42.808	60.128	32.102
0.517	14.81	0.427	3.414	30.29	3.07	0.302	8.10	0.279	1.89	25.03	2.60	17.925	11.213	16.783	8.287

表 7 原矿筛析结果

Table 7 Particle size and metal distribution of feed

粒级/网目	产率/%	累计产率/%	品位/%				分布率/%			
			Cu	S	Au/g · t^{-1}	Ag/g · t^{-1}	Cu	S	Au	Ag
+35	31.79	31.79	0.536	1.20	0.217	1.58	32.96	11.17	22.81	26.65
-35+60	21.61	53.40	0.491	1.82	0.245	1.52	20.53	11.52	17.51	17.43
-60+80	21.00	74.40	0.452	2.87	0.291	2.22	18.46	17.65	20.21	24.73
-80+120	11.73	85.71	0.472	7.96	0.432	2.30	10.38	26.51	16.24	13.89
-120+160	1.87	87.64	0.509	12.44	0.679	2.50	1.85	6.82	4.20	2.48
-160+200	3.13	90.77	0.541	13.61	0.548	2.29	3.28	12.48	5.67	3.80
-200+400	3.01	93.78	0.681	11.51	0.464	2.22	3.97	10.15	4.62	3.55
-400	6.22	100.00	0.720	2.03	0.425	2.27	8.67	3.70	8.74	7.49
合计	100						100.00	100.00	100.00	100.00
加权平均			0.517	3.414	0.302	1.89				

表 8 精矿筛析结果

Table 8 Particle size and metal distribution of concentrate

粒级/网目	产率/%	累计产率/%	品位/%				分布率/%			
			Cu	S	Au/g · t^{-1}	Ag/g · t^{-1}	Cu	S	Au	Ag
+80	18.08	18.08	13.15	27.95	4.36	20.26	16.05	16.68	9.73	14.64
-80+120	33.10	51.18	11.47	30.97	5.65	21.48	25.63	33.84	23.10	28.41

续表 8

粒级/网目	产率/%	累计产率/%	品位/%				分布率/%			
			Cu	S	Au/g·t^{-1}	Ag/g·t^{-1}	Cu	S	Au	Ag
-120+160	6.72	57.90	11.22	35.03	5.43	19.28	5.09	7.77	5.34	5.18
-160+200	10.99	68.89	12.14	36.42	8.08	18.66	9.01	13.21	10.97	8.19
-200+270	9.09	77.98	14.91	36.78	8.63	18.18	9.15	11.04	9.69	6.60
-270+400	4.50	82.48	20.36	34.01	11.36	26.78	6.19	5.05	6.31	4.82
-400	17.52	100.00	24.42	21.46	16.11	45.94	28.88	12.41	34.86	32.16
合计	100.00						100.00	10.00	100.00	100.00
加权平均			14.81	30.29	8.10	25.03				

表 9 尾矿筛析结果

Table 9 Particle size and metal distribution of tailing

粒级/网目	产率/%	累计产率/%	品位/%				分布率/%			
			Cu	S	Au/g·t^{-1}	Ag/g·t^{-1}	Cu	S	Au	Ag
+35	34.61	34.61	0.512	1.25	0.219	3.46	41.54	14.09	27.17	46.14
-35+60	21.22	55.83	0.452	1.63	0.271	1.66	22.49	11.27	20.62	13.57
-60+80	20.30	76.13	0.381	3.14	0.317	2.08	18.13	20.77	23.07	16.27
-80+120	11.17	87.30	0.294	6.86	0.347	3.04	7.70	24.96	13.00	13.08
-120+160	1.75	89.05	0.559	11.93	0.493	3.19	2.29	6.80	3.09	2.15
-160+200	2.34	91.30	0.247	13.98	0.572	1.83	1.36	10.66	4.80	1.63
-200+400	2.89	94.28	0.289	9.77	0.425	3.21	1.96	9.20	4.40	3.57
-400	5.72	100.00	0.338	1.21	0.144	1.72	4.53	2.25	2.95	3.57
合计	100.00						100.00	100.00	100.00	100.00
加权平均			0.427	3.07	0.279	2.60				

试验表明，YX-2 预选浮选机设计合理，运转正常，磨损轻，设备研制是成功的；单机处理量为 40t（干矿）/h，耗电 10kW/h，浮选时间 3min，矿浆自流；能实现高浓度、粗颗粒状态下的浮选，底流浓度可达 70%～75%，满足磨矿要求；筛析结果表明，预选浮选机的精矿+74μm 占 68.89%，而该选厂常规浮选的粗选精矿+74μm 占 27.79%，可见该机精矿产品粒度明显变粗，利于脱水；预选浮选机精矿中含金 8.384g/t（超过该厂最终精矿含金 7g/t 的设计要求），回收率 14.696%，可减少中间环节的损失，有利于提高金、银等贵重金属的回收率，从

各产品的筛析结果、各粒级回收情况看，预选浮选机可用于磨矿分级回路中，预浮选出已单体解离的粗粒有价矿物或含有价矿物较多的联生体，降低循环负荷，减少有价矿物过磨，达到早拿多收有价矿物，减少中间损失，提高有价矿物回收率的目的。

金川有色金属公司于1990年在其二选厂试验室进行了闪速浮选的探索性试验，试验物料取自一段二次旋流器的沉砂，浓度为65%左右，-74um含量在30%左右，沉砂的镍品位明显高于溢流，试验在XFD-63型1.5L浮选机中进行，浮选浓度为63%，浮选时间4分钟，药剂用量为丁黄药18g/t、二号油10g/t，试验指标见表10。

表10　金川闪速浮选小型试验指标

Table 10　Small-scale test of flash flotation cell in Jinchuan

沉沙品位/%		精　矿					尾矿品位/%	
		产率/%	品位/%		回收率/%			
Ni	Cu		Ni	Cu	Ni	Cu	Ni	Cu
2.16	0.77	10.78	7.66	3.38	38.20	47.04	1.50	0.46

从试验结果可知，闪速浮选精矿产率为10%（对沉砂而言），返砂比按1.5计，目前磨矿新给矿为65t/h，那么每小时将有10t的闪速浮选精矿从沉砂中浮出，这就减少了磨矿负荷，闪速浮选的精矿-74μm含量在50%以上，可见闪速浮选起到了二次分级的作用，可间接地提高分级效率，从而可提高磨矿机的处理能力；同时还可减少旋流器的溢流量16%，这样就可减少常规浮选作业的浮选槽数，闪速浮选由于其矿浆浓度高，浮选药剂用量只占常规浮选总药剂量的1/10，而回收率接近40%，可望减少常规浮选的药耗；目前，金川有色金属公司与北京有色冶金设计研究总院合作，正在进行$4m^3$闪速浮选机的工业试验。

凡口铅锌矿从芬兰奥托昆普公司引进了一台SK-50闪速浮选机，1992年8~9月，与长沙有色冶金设计院合作，共同进行了闪速浮选工业试验，历时57天，共进行了闪速浮选机单机性能、闪速浮选作业直接获得合格铅精矿、闪速浮选粗精矿与常规浮选快粗泡沫产品合并进入快精作业等3项工业试验。闪速浮选的入选干矿量为65t/h、矿浆量$45m^3/h$，矿浆比重为2、浮选时间3min，矿浆浓度65%~70%、粒度为-74um占55%，试验工艺流程如图9所示，部分数质量流程如图10所示；试验入选原矿铅品位为3.23%，精矿品位为铅50.47%、锌2.43%，作业产率为0.9%、铅精矿产率为0.6%，作业回收率13.98%、铅精矿回收率为9.58%；闪速浮选精矿粒度较粗，-4μm占58.4%，总铅精矿粒度由-4μm占95%降到-4μm占91.2%，有利于铅精矿脱水及减少损耗。

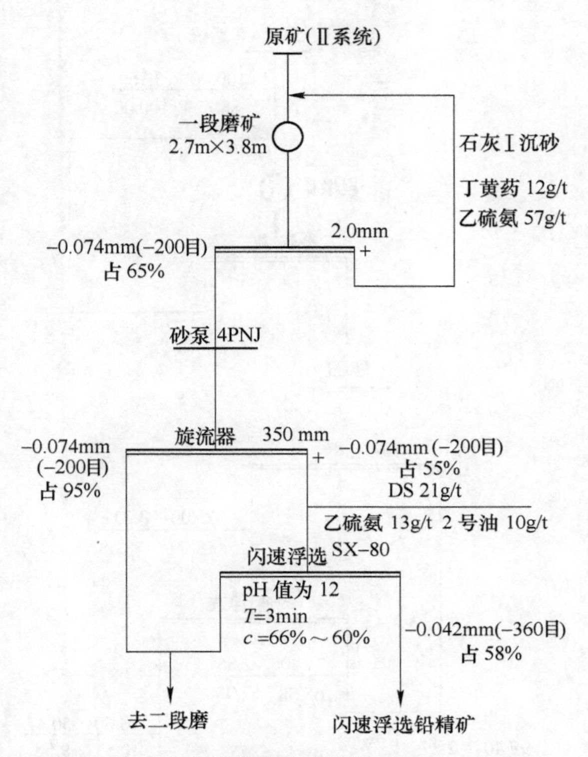

图 9 闪速浮选直接获得合格铅精矿试验工艺流程

Fig. 9 Process flowsheet of flash flotation cell in test to get final lead concentrate directly

湖北鸡笼山金矿选矿厂为改变目前黄金回收率低的现状，目前已从芬兰奥托昆普公司引进一台 SK-15 闪速浮选机，该矿与北京有色冶金设计研究总院、北京有色金属研究总院合作，正在进行工艺流程改造和设备安装，预计整个工艺改造（包括增加闪速浮选）完成后，该矿黄金回收率可提高 10%左右、其中成品金回收率可提高 3%左右、铜回收率提高 2%左右，每年可净增经济效益约为 70.3 万元。

铜陵有色金属公司狮子山铜矿为采用闪速浮选技术，于 1990 年 12 月在实验室进行了小型探索性试验，试验物料取自螺旋分级机返砂，其品位为金 1.11g/t、银 14.66g/t、铜 0.8%、硫 1.97%，将其大于 0.9mm 的粒级筛去，试验物料粒度为 0.9mm 的筛下产品，其品位为金 1.2g/t、银 15.24g/t、铜 0.83%、硫 2.36%，浮选浓度为 50%，浮选药剂及用量为丁铵黑药 15g/t、二号油 5g/t、矿浆 pH 值 11.6；浮选时间分别为 2min、4min，试验的数质量流程见图 11。

试验结果表明，闪速浮选作业的精矿产率为 0.81%，精矿中含金 78.35%，金的作业回收率为 52.89%，由于 −0.9mm 粒级含量占分级机返砂取样的

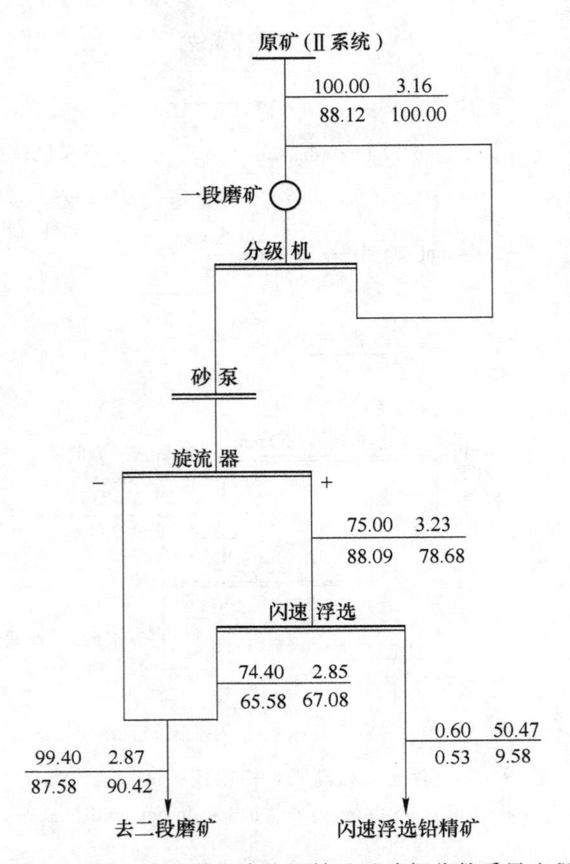

图10 闪速浮选直接获得合格铅精矿试验部分数质量流程图

Fig. 10 Quantity and quality flowsheet of flash flotation cell in test to get final lead concentrate directly

83.54%，对沉砂而言，闪速浮选的精矿产率应为0.677%，精矿含金65.45g/t，金的回收率为36.92%，1991年，铜陵有色金属公司设计研究院在狮子山铜矿也进行了闪速浮选小型试验，对现场金的赋存情况考察表明，球磨机排矿中0.15~0.074mm粒级的金含量占30%，螺旋分级机返砂中的这一级别的金含量占50%，而溢流中这一级别的金含量仅占20%，经小型闪速浮选试验选金回收率可提高27.7%，在不影响铜精矿含铜品位和含金品位的情况下，金的作业回收率明显提高，为70.62%。目前，在中国有色金属工业总公司和铜陵有色金属公司的组织和领导下，北京矿冶研究总院、铜陵有色金属公司设计研究院、狮子山铜矿共同承担YX-8预选浮选机的工业试验和生产应用项目，合同要求在最终精矿铜品位下降幅度不超过0.5%的条件下，金的总回收率提高5%以上，当前，该试验工作正在按计划进行之中。

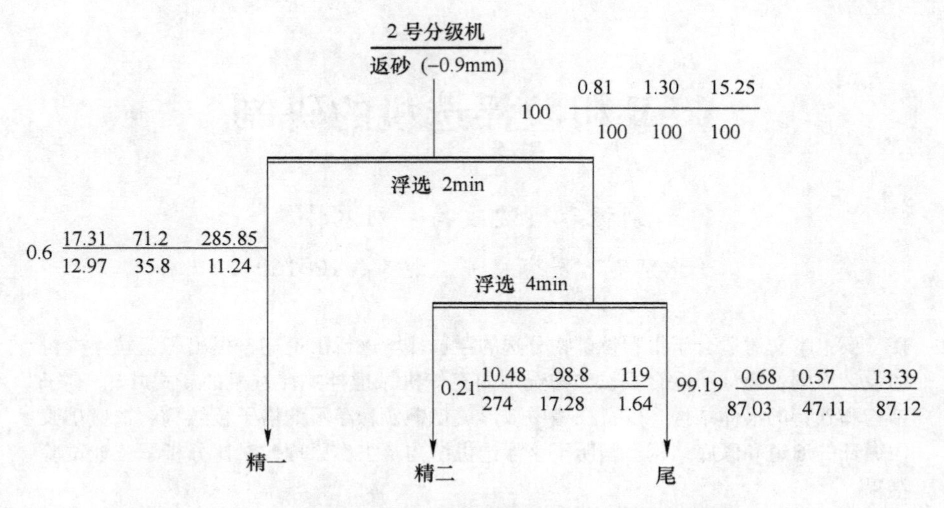

图 11 狮子山矿小型闪速浮选试验数质量流程图

Fig. 11 Quantity and quality flowsheet of flash flotation cell in Shizishan mine

综上所述，闪速浮选用于磨矿分级回路，理论上是可行的，实践应用也是成功的，这一新的技术定能改善磨矿分级回路的性能，减少有价矿物过磨，增加磨矿机处理能力，提高有价矿物特别是金、银的回收率，节约大量能源，对选别作业、脱水作业以及其他作业产生良好的影响，给选矿厂带来显著的经济效益，具有非常广泛的推广应用价值。

参考文献

[1] “Flash flotation”. IM., May, 1986.

[2] “FIash flotation pulls coarse sizes from grinding circuit”. E&MJ., April, 1985.

[3] Risto Lindaberg. “Flotation in grinding circuit by Skim-Air flotation maehine-operational experience from present installations”. Flotation: 459-468.

[4] Outokumpu. Modern Flotation Techniques by Outokumpu.

[5] Walter E. Freeport 公司印度尼西亚分公司用闪速浮选法提高金的回收率[J]. Minerals&Metallurgical Processing. 1990, No. 3.

[6] R. J. Lindsberg. Flash Flotation in silver recovery [C]//. 银矿勘探、开采与加工国际会议文集, 1988, 1: 261-266.

[7] 冯国杰，王绍林．金川二选厂应用闪速浮选的可行性探讨 [J]. 有色矿山，1990，5.

[8] 凡口铅锌矿 [N]. 闪速浮选工业试验简报，1992. 10. 5.

[9] 北京有色冶金设计研究总院，湖北省鸡笼山金矿．鸡笼山金矿选矿厂增加闪速浮选工艺项门建议书，1991，3.

[10] 夏晓鸥．YX 型预选浮选机的研制 [J]. 金银工业，1993，3.

CLF 粗粒浮选机的研制

刘振春　沈政昌　刘惠林
（北京矿冶研究总院，北京，100160）

摘　要：本文对适合于粗颗粒矿物分选的浮选环境进行了论述，提出了粗粒浮选机的设计原则，设计了适合粗粒矿物选别的充气机械搅拌式浮选机的新式叶轮-定子结构和独特的槽体结构，以及在槽中部形成粗颗粒悬浮层的格子板结构、造成矿浆大循环的通道和假底结构。阐明了该浮选机结构及工作原理，对比分析了工业试验结果。

关键词：粗颗粒；浮选机；叶轮定子

Development of Flotation Cell for Coarse Mineral Particle

Liu Zhenchun　Shen Zhengchang　Liu Huilin
(Beijing General Research Institute of Mining and Metallurgy, Beijing, 100160)

Abstract: Design principle of coarse mineral particles flotation cell is set forth base on the anaysis of flotation environment suitable for coarse mineral particles processing. A new type of impeller and a special tank with gride plate, barrier plate and false bottom to form large slurry circulation and coarse mineral particles suspension layer are designed. The key structure and work principle of that special flotation cell is demonstrated and the comparative analysis of industrial test result is made.

Keywords: coarse mineral particles; flotation cell; impeller and stator

用浮选法处理物料较理想的粒度范围是 0.01~0.15mm，处理这种粒级的浮选机国内种类较多。但有的矿物嵌布粒度较粗，为节省动力和防止矿物过粉碎造成损失，以及为了特殊的目的需在较粗粒度下浮选，因此需要有处理较粗粒级物料的浮选机。到目前为止，我国还没有适于选别粗粒矿物的浮选机。对选别密度大、粗粒级矿物的浮选机的研制在国外也是一个难题。虽然国外近些年对粗粒浮选理论进行了一些研究，也作过一些小型试验和单机工业试验，但成功的经验并不多。

大厂矿务局下属一各选矿厂处理含锡多金属硫化矿石，为保证锡的重选回收率，采用粗磨矿、硫化矿物浮选使用改进的6A浮选机，槽内矿浆严重分层，矿液面旋转，药耗量大、叶轮和盖板等使用周期短，选别指标不理想。

因此，在“七五”期间研制了一种能适于大厂矿务局下属各选矿厂使用的粗粒浮选机。

1 设计原则

粗粒浮选对浮选机的要求有别于常规浮选机。

（1）要求较大的充气量，形成相对大一点的气泡，利于背负大颗粒矿物上浮。

（2）低的输入功率，较弱的搅拌力，较低的矿浆湍流强度，以利于粗粒矿物上浮。

（3）在低搅拌力情况下，保证气泡在槽内分布均匀。

（4）在低搅拌力情况下，保证沉降速度比在常规浮选机中大3~4倍的粗粒重矿物的悬浮。

（5）要使背负粗粒矿物的气泡上浮距离短，尽量降低干扰力。

（6）分离区和矿浆表面更要平稳。

粗粒浮选对浮选机的要求条件之间有矛盾。如：低搅拌力与保证粗粒悬浮之间；要求矿化气泡上升距离短与建立稳定的分离区和平稳的矿浆表面之间（浅槽浮选机矿化气泡上升距离短，但难以建立稳定的分离区和平稳的矿浆表面）；搅拌力弱与保证气泡在槽内均匀分散之间等。

我们研制的浮选机虽然是粗粒浮选机，但处理的矿物粒度为-0.4mm，属全粒级浮选。如果浮选机只适宜于选别粗粒矿物，则细粒矿物回收率就受到不良影响，因此在浮选机设计中要适于粗粒级的选别也要兼顾细粒级的选别。根据以上原则，对粗粒浮选机的工作原理，结构形式进行充分的分析研究，并通过小型样机清水和矿浆试验来确定最佳的形式和参数，以此为基础设计了工业样机。

2 粗拉浮选机结构、工作原理和技术特性

CLF型粗颗粒浮选机结构如图1所示。这种浮选机梁用新式叶轮-定子系统和全新的矿浆循环方式，在较低的叶轮周速下，保证了矿浆沿着规定的通道进行内部大循环。这种矿浆循环方式造成了矿化气泡上升和输送到泡沫层去的良好流体动力学条件，使得矿化气泡的负载能力和被浮矿粒的粒度都有提高，而返回到叶轮的矿浆浓度低，粒度细，使叶轮、定子的磨损大大减轻，充气性能大大提高，功耗也相应地降低。工作原理是：当浮选机叶轮旋转时，来自鼓风机的低压空气通过空心轴准入叶轮中心的空气分配器中，通过分配器周边的孔进入叶轮叶片间，与此同时假底下面的矿浆由叶轮下边吸入到叶轮叶片向，矿浆和空气在叶

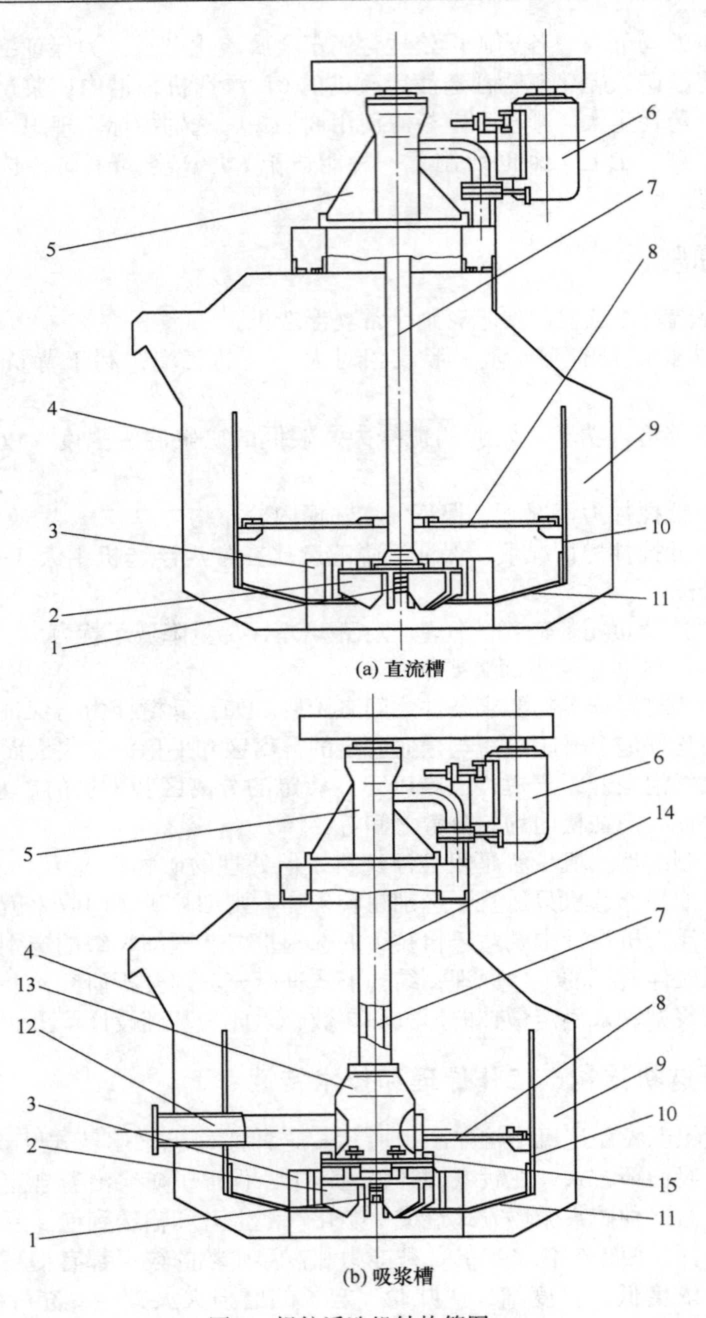

图 1　粗粒浮选机结构简图

1—空气分配器；2—转子；3—定子；4—槽体；5—轴承体；6—电机；7—空心主轴；8—格子板；9—循环通道；10—隔板；11—假底；12—中矿返回管；13—中心筒；14—接管；15—盖板

Fig. 1　Structure sketch of coarse particle flotation cell

轮叶片间充分混合后，从叶轮周边排出，排出的矿浆空气混合物由定子稳流后进入槽内部区。此时浮选机内部区矿浆中含有大量气泡，而外部循环矿浆中在理想状态下不含气泡（实际由于结构限制含有少量气泡），于是内外矿浆就形成压差，在此压差及叶轮抽吸力的作用下，内部区矿浆和气泡在要求的流速下一起上升并通过格子板，将粗颗粒矿物带到格子板上方，形成粗颗粒矿物悬浮层，而气泡和含有较多细粒矿物的矿浆则继续上升，矿化气泡上升到液面形成泡沫层，含有较多细粒矿物的矿浆则越过格板经循环通道进入叶轮区参加再循环。该机技术条件见下表。该机正常运转时，给入浮选机风压为 15. 7kPa，风源风压大于 19. 6kPa。

3 粗拉浮选机的设计

根据浮选机的设计原则，设计了适合粗颗粒的充气机械搅拌式浮选机的叶轮和空气分配器，同时设计了与新叶轮相适应的定子和槽体，以及产生粗颗粒悬浮层的格子板和造成大循环量的循环通道和假底。

3.1 外加充气

根据以往研制浮选机的经验，自吸气浮选机叶轮转速和叶轮周速大，清水中自吸气量一般都在 $1m^3/(m^2 \cdot min)$ 左右，分散的气泡较细。而外加充气式浮选机可以适当地降低叶轮转速和周速，清水充气量可达 $2m^3/(m^2 \cdot min)$ 以上，在矿浆中运转充气量一般可达 $1.5m^3/(m^2 \cdot min)$，分散的气泡直径比自吸气式浮选机的大。

我们认为采用外加充气式容易解决在叶轮低转速下充入较大量空气这一问题，同时又具有适合携带粗粒矿物的相对大一点的气泡。

3.2 槽体

3.2.1 槽体形成

为适应粗粒浮选要求，设计了一种独特的浮选机槽体。该槽结构显著特点有两个：(1) 槽内分成充气区和不充气区，这可在较低的叶轮转速下，利用充气区与不充气区矿浆之间所产生的压差，来增加槽内矿浆循环量，以保证粗粒矿物的悬浮，解决了粗粒所需要的弱搅拌力与粗粒易沉淀之间的矛盾；(2) 槽内部区产生较大的与矿化气泡上升方向一致的上升矿流，减少了附着在气泡上的粗粒脱离力，缩短了矿化气泡的上升时间，保证了矿化气泡快速排出。

3.2.2 槽体尺寸

采用外加充气式机械搅拌浮选机不需由叶轮造成较大负压来吸气，因此可采用深槽式，这不仅易于实现大型化，也有利于分离区与液面的稳定。在同一容积下采用深槽意味着槽横断面减小，和同容积浅槽比较可减少叶轮直径，提高空气有效利用率，降低功耗。

CLF 浮选机设计中槽深 1500mm，槽水平断面尺寸为 1600mm×2100mm。

3.3 叶轮

充气机械搅拌式浮选机的叶轮只起到搅拌矿浆、分散空气和保证矿粒悬浮的作用。对于处理粗粒物料（-74μm 少于 40%），我们要求叶轮结构合理、空气分散良好、功耗低、有一定搅拌力。为了保证粗粒悬浮采用了叶轮和特殊结构槽体以及格子板的联合作用，在槽内形成矿浆大循环及粗颗粒悬浮层。在叶轮设计中仅考虑下列问题。

3.3.1 叶轮形状

直流槽采用了单一叶片叶轮，见图 2（a），它与槽体相配合可产生槽内矿浆大循环，分散空气效果良好。吸浆槽采用了双向叶片叶轮，见图 2（b），该叶轮是在直流槽叶轮的基础上增加了起吸浆作用的上叶片。两种叶轮的叶片都后倾一定角度，但吸浆式叶轮的下叶片高度比直流式的小。实践证明这种结构叶轮搅拌力弱，但矿浆循环量较大，功耗低，与槽体和格子板联合作用，充分保证了粗粒矿物的悬浮及空气分散。

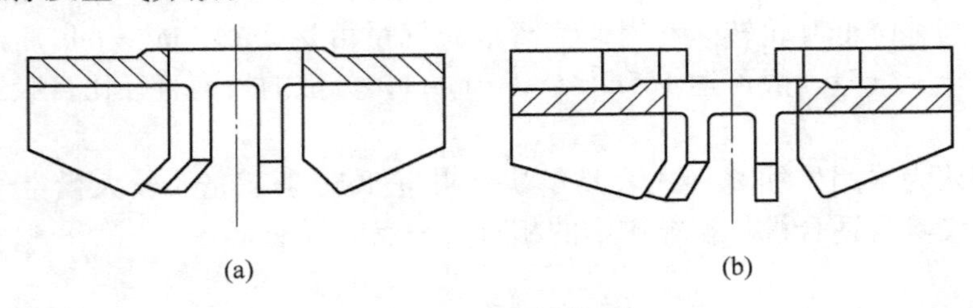

图 2 叶轮结构

（a）直流式叶轮；（b）吸浆式叶轮

Fig. 2 Impellers tructure

3.3.2 叶轮直径

为保证吸浆式叶轮能达到吸浆作用，叶轮直径不允许设计得太小。吸浆式叶轮直径与槽宽比为 0.39。为了使两种浮选机其他零件能共用，直流式叶轮直径也采用了较大值，其比值为 0.36。在搅拌力较弱的情况下采用较大的叶轮直径，也有利于气泡均匀地分布于槽内各处。

3.3.3 下叶片形状

下叶片形状设计成与矿浆通过叶轮叶片间的流向相一致，见图 3。由于去掉了对扬送矿浆不起作用的部分，使叶轮重量轻，磨损均匀。

3.3.4 空气分配器

在叶轮中心设有空气分配器。分配器为一壁上带小孔的圆筒，起到了空气进入叶轮叶片间之前的预分散作用，有助于细化气泡。

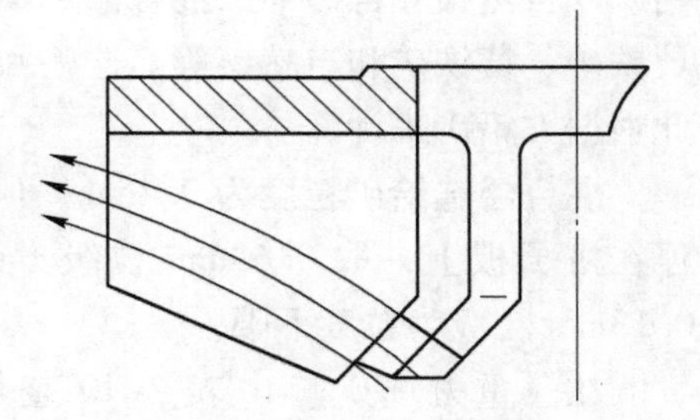

图 3 叶轮形状与矿浆流向
Fig. 3 Impller shape and slurry flow direction

3.4 定子

搅拌区矿浆运动的比较激烈，而在分选区和矿浆表面又需相对稳定，这个由不稳定到稳定的过程需由定子来完成，定子的作用就是减少矿浆水平旋转，帮助空气分散和在槽上部区形成稳定区。CLF-4 粗粒浮选机采用了径向短叶片定子，安装在叶轮的斜上方，固定在假底上。它的优点是小而轻，稳定矿浆性能好。

3.5 格子板

为防止可能发生矿浆中杂物堵塞格子板，采用了 33~35mm 的格子板缝隙。

我们设计的格子板是用角钢制成可卸式的。上升矿流流经格子板处其速度加大，即格子板处矿浆上升速度大于所规定的最大颗粒沉降速度，以保证在格子板上面形成粗颗粒矿物悬浮层。气泡连续通过粗粒悬浮层时，粗粒矿物与气泡间产生多次碰撞作用，增加了粗粒矿物向气泡附着的机会，当矿化气泡上升到悬浮层上面时已快接近矿液面，因此附着有粗粒矿物的矿化气泡上升距离短，使粗粒矿物处在浅槽浮选状态下。

格子板另一个重要作用是减少槽内上部区的紊流，建立一个稳定的分离区和泡沫层。又由于粗粒矿物多悬浮在格子板上面，因此返回到叶轮区的矿浆浓度小，粒度细，这不仅可减轻叶轮和定子的磨损，而且提高叶轮的充气性能（在高浓度矿浆中空气难以分散），降低了功耗，并为细粒浮选创造了良好的条件。

由于格子板造成悬浮层，因此对槽内矿浆上升速度及有关结构参数需初步给定和计算，并通过工业试验，分层取样的粒度筛析来确定格子板缝隙的总面积和矿浆循环量。矿浆和空气混合物通过格子板缝隙的流速 v_1 要大于所处理的矿物最大颗粒的沉降速度 v_1'（按欲浮矿物的沉降速度选取），矿浆和空气混合物通过格子板后其流通断面加大，上升速度减慢，该处上升速度 v_2 不得大于 0.15mm 粒级的沉降速度 v_2'（小于 0.15mm 粒级在浮选中属易浮粒级，不需停留在格子板上的悬浮层中）。下面仅根据大厂矿务局长坡矿所处理的矿石进行粗略计算。长坡矿处理的矿石含有锡石、铁闪锌矿、脆硫锑铅矿、磁黄铁矿、黄铁矿、黄锡矿、方铅矿、自然银和毒砂等。混合浮选预浮的有铁闪锌矿、脆硫锑铅矿、方铅矿、磁黄铁矿、黄铁矿和自然银等。这些预浮矿物除自然银外，以方铅矿密度最大，因此根据方铅矿来计算。

混合浮选给矿粒度为 0.4mm，但有时还有更粗的颗粒出现，为使粗颗粒能悬浮在格子板上，取 0.63mm 粒级方铅矿为粒度上限，为照顾其他预浮矿物取 0.13mm 粒级为粒度下限。

在《重力选矿》中表 2-10 查得 0.63mm 粒级方铅矿平均沉降速度 $v_1'=0.193\text{m/s}$，0.13mm 粒级方铅矿平均沉降速度 $v_2'=0.063\text{m/s}$。通过格子板缝隙上升的矿浆和空气混合物上升总量为

$$Q_{矿+气}=Q_{矿}+Q_{气}=A_1v_1=A_2v_2 \tag{1}$$

式中 $Q_{矿+气}$——上升的矿浆和空气混合物总量，m^3/min；

$Q_{矿}$——上升的矿浆量，即矿浆循环量，m^3/min；

$Q_{气}$——上升的空气量，即单位时间给气量，m^3/min；

A_1——格子板缝隙总面积，设 $A_1=\alpha A_2$，m^2；

A_2——槽内部区横断面积，$A_2=LM$，m；

v_1——矿浆和空气混合物通过格子板缝隙时的上升速度，m/s；

v_2——矿浆和空气混合物通过格通过上部区的上升速度，m/s；

L——槽内部区长度，m；

M——槽内部区宽度，m。

根据 $v_1>v_1'$，给定 $v_1=0.2\text{m/s}$，则根据（1）求得 $Q_{矿+气}=A_1v_1=\alpha\times1.6^2\times0.2\times60=30.72\alpha\text{m/min}$，在此流量下又根据方程（1）求得

$$v_2=Q_{矿+气}/A_2=30.72\alpha/1.6^2\times60=0.2\alpha\ \text{m/s}$$

又根据 v_2 应小于 0.13mm 粒级方铅矿沉降速度即有：$0.2\alpha<0.062$，$\alpha<0.31$，则 $A_1<0.31A_2$ 通过计算格子板开孔面积 A_1 应小于 0.31 倍槽内部区横断面。在设计中取其 $A_1=0.31A_2$。工业试验时，在粗颗粒浮选机槽内分层取样测定其矿浆浓度和粒度组成。结果表明，在格子板上面的悬浮层中矿浆浓度大、粒度粗，而叶轮区的矿浆浓度低、粒度细，这与我们预想结果完全一样。

循环量计算

由（1）式已知矿浆上升量

$$Q_{矿}=Q_{矿+气}-Q_{气}$$

当充气量 $q=1.5\text{m}^3/(\text{m}^2\cdot\text{min})$ 时，则 $Q_{气}=qA_2=1.5\times1.6^2=3.84\text{m}^3/\text{min}$，则

$$Q_{矿}=30.72\alpha-3.84$$

根据浮选机本身的要求以及我们以往研究浮选机的经验，充气机械搅拌浮选机叶轮每分钟扬送矿浆量不低于本浮选机容积的体积量，我们所设计的浮选机容

积为 $4m^3$，因此，

$$30.72\alpha-3.84>4$$

$$\alpha>0.255$$

由格子板缝隙计算 $\alpha<0.31$，所以

$$0.255<\alpha<0.31$$

当 $\alpha=0.256$ 时，$Q_{矿}=4.02m^3/min$

当 $\alpha=0.30$ 时，$Q_{矿}=5.38m^2/min$

通过上述计算粗略得出矿浆循环量在 $4.02\sim5.38m^2/min$ 之间。根据工业实践最好取其较大值。

3.6 循环通道和假底

试验初期我们采用了自循环的结构型式，靠充气区与不充气区矿浆所造成的压差使槽内矿浆产生循环。由于大厂长坡矿磨矿产品粒度不稳定，分级效率低，不能保证规定的 0.4mm 给矿粒度，经常出现 2mm 或更粗的给矿。当给矿粒度粗时，循环通道发生堵塞现象，造成液面翻花，指标下降。为消除堵塞现象，我们设计了适合大厂应用的带有假底结构的浮选机。将自循环结构改为强制循环结构。该结构的特点是利用充气区与不充气区矿浆的压差和叶轮的抽吸力，促使槽内矿浆大面积循环，这就保证了固体颗粒处于良好的悬浮状态，并使矿浆多次通过叶轮搅拌区，增加了可浮矿物与新鲜空气的接触机会。强制循环还可同时保证叶轮区矿浆中的固体含量和粒度大幅度降低，有利于细粒浮选。

3.7 浮选机型式

该机设计成两种型式：一种为吸浆式充气机械搅拌浮选机；另一种为直流式充气机械搅拌浮选机。两种浮选机组成联合机组，作业间水平配置，去掉了中矿返回用的泡沫泵。

以上对粗粒浮选机的原理及结构进行分析讨论，但如果在全粒级给矿的粗粒浮选机研究中忽略了细粒级浮选问题，总浮选指标也不会好。细粒级浮选要考虑两个问题：一是要增加气泡与矿粒接触的动能；二是要增加气泡与矿粒之间的碰撞几率。在我们设计的粗粒浮选机中有以下两方面对细粒浮选有利：一是槽内有矿浆大循环，在浮选机中部有一个粗颗粒悬浮层，而在返回叶轮区的矿浆中则含有较多的细粒矿物，叶轮搅拌区矿浆紊流度高，使得细粒矿物与新鲜气泡之间的碰撞功能和几率增加，从而保证了细粒矿物的选别效果；二是吸浆式浮选机为保证吸入矿浆，叶轮周速高于直流式浮选机。吸浆式浮选机除了具有吸浆能力外，还兼有选别细粒矿物的作用。

4　工业试验

CLF-4 浮选机样机制造完成后，在制造厂进行了清水试验。清水最大充气量为 $2m^3/(m^2 \cdot min)$，液面平稳。1988 年 7 月至 1989 年 1 月在大厂矿务局长坡选矿厂完成了工业对比试验。

长坡选矿厂规定浮选给矿粒度为 0.4mm，但一般保证不了，经常出现 2mm 或更粗的给矿，在此条件下工作，6A 浮选机常出现沉槽现象，而新研制的浮选机则没有。

通过工业对比试验，CLF 型浮选机与改进的 6A 浮选机相比，在矿石性质、给矿粒度和药剂用量相同，处理量高 31%的情况下，硫、铅、锌回收率分别提高 3.34%、3.79%、7.54%，精矿中硫、铅、锌品位都高于 6A 浮选机，锡品位相近。在降低药剂用量试验中，与 6A 浮选机相比，CLF 型粗粒浮选机在处理量高 30%，硫酸、硫酸铜和黄药用量都降低 20%的情况下，硫、铅、锌回收率分别提高 0.43%、2.27%、1.06%，锡损失率降低 2.26%，精矿中硫、铅、锌品位都高，精矿中锡品位略低。试验期间对 6A 浮选机和 CLF 浮选机进行了分层取样，通过浓度测定和粒度筛析可看出：6A 浮选机随着槽深，浓度逐渐增高，粒度逐渐变粗；而粗粒浮选机在格子板上方有一明显的粗颗粒悬浮带，此处矿浆浓度也大于下部叶轮区的矿浆浓度，而叶轮区矿浆中的颗粒粒度比悬浮带细得多。另外与 6A 浮选机相比，CLF 浮选机节电 12.4%，叶轮和定子寿命，吸浆槽可延长 1 倍以上，直流槽可延长 3 倍以上。该机研制成功为粗粒硫化矿物浮选提供了一种新型高效的分选设备。

5　结语

CLF-4 粗粒浮选机是我国自己研制成功的一种新型浮选设备。该机的特点是：

（1）采用了新式的叶轮一定子系统和全新的矿浆循环方式，在较低叶轮周速下，粗粒矿物可悬浮在槽子中部区，而返回叶轮的循环矿浆浓度低，矿粒粒度细，这不仅有利于粗粒浮选，也有利于细粒浮选；

（2）槽内建立了上升矿流，有助于附着有粗粒矿物的矿化气泡上浮，减少了粗粒矿物与气泡之间的脱离力；

（3）叶轮周速低，返回叶轮的循环矿浆浓度低，粒度细，因此叶轮和定子磨损大大减轻，功耗低；

（4）叶轮与定子间的间隙大，随叶轮和定子的磨损，充气和空气分散，情况变化不大，可保证选别指标的稳定性；

（5）格子板造成粗颗粒悬浮层，并可减少槽上部区紊流，有利于粗粒浮选；

（6）采用外加充气，充气量大，气泡分散均匀，矿液面稳定，有利于粗粒上浮；

（7）设计了吸浆式充气机械搅拌浮机，不仅方便现场流程配置，也兼顾了细粒矿物的选别。

CLF-4 浮选机研制成功，不仅解决了大厂粗粒硫化矿物的浮选问题，也为我国其他较粗粒度给矿选矿厂提供了一种理想的选别设备。

粗粒浮选机设计原则

沈政昌　刘振春　吴亦瑞
（北京矿冶研究总院，北京，100160）

摘　要：研究了充气量、叶轮转速和槽深等参数对不同粒级矿物回收率的影响，并对浮选中矿粒与气泡附着、脱落，特别是浮选动力学理论对其影响进行分析，得出了设计粗粒浮选机的一般原则和关键技术。
关键词：粗颗粒；浮选机；设计

Design Principle of Flotation Cell for Coarse Mineral Particles

Shen Zhengchang　Liu Zhenchun　Wu Yirui
（Beijing General Research Institute of Mining and Metallurgy，Beijing，100160）

Abstract：The general principles and key technology in design of flotation cell for coarse mineral particles are discussed by studying influence of filling rate，impeller speed and groove depth on the recovery of different size fractions of minerals and analyzing influence of flotation kinetic theory on attechment and detachment between particles and bubbles.
Keywords：coarse mineral particles；flotation cell；design

扩大浮选适宜的粒度范围，特别是提高浮选粒度上限有着极其重要的意义。提高入选粒度上限的有效途径之一是研制既能保证常规粒级选别指标，又能提高粗粒级选别指标的粗粒浮选机。但是，要设计一种性能好的粗粒浮选机，就需使浮选机槽内的流体动力学状态满足各粒级矿物浮选过程的要求，使它的结构和工作参数确实能增加气泡与各粒级矿粒接触，促进气泡与各粒级矿粒黏着，避免目的矿物从气泡上脱落等。因此，要成功地研制出粗粒浮选机，首先必须有正确的粗粒浮选机设计原则作指导。本文将根据已有的经验和相关理论，进行工艺条件析因试验，找出浮选机参数对不同粒级矿物选别的影响，运用浮选过程动力学理论对其进行分析，制定出能提高粗粒级选别指标的浮选机设计原则。

1 析因试验

1.1 试验参数及条件

在一个给定的浮选机内，影响矿粒-气泡集合体形成和目的矿物从矿粒-气泡集合体上脱落的因素很多，在这些因素中，充气量、叶轮转速和浮选机本身的结构参数是最重要的因素。因此必须认真考察这三个因素对矿物回收率的影响。由于浮选机本身的结构参数很多，要逐一考察非常困难，试验中选定浮选槽深度这一重要构参数进行考察。因此，析因试验中选定充气量、叶轮转速和槽体深度这三个因素为变量。

试验在8L（槽深为320mm）的充气机械搅拌式浮选机上进行测定。表1是该机在清水条件下测得的有关性能参数。

表1 析因试验用浮选机性能

Table 1 Performance of flotation cell in factorial experiment

槽深/mm	测定项目	测定数据				
	叶轮转速/$r \cdot min^{-1}$	1000	1100	1200	1300	1400
	叶轮周速/$m \cdot s^{-1}$	3.14	3.46	3.77	4.08	4.40
270	最大充气量/$m^3 \cdot (m^2 \cdot min)^{-1}$	1.40	1.48	1.70	1.86	1.82
270	空气分散度	3.20	3.70	4.18	3.90	4.06
320	最大充气量/$m^3 \cdot (m^2 \cdot min)^{-1}$	1.47	1.50	1.74	1.90	1.95
320	空气分散度	4.27	4.01	3.96	4.21	4.50

图1是试验装置简图。在试验装置中浮选机叶轮转速由无级调速器进行调节，数字式转速表检测。空气由压风机供给，充气量大小由转子流量计进行检测。浮选槽深度用溢流口的插板来调整，补加水主要是使浮选槽液面保持恒定。

试验物料为硫化铅锌矿，试料粒级组成及各粒级铅、锌品位见表2。浮选给矿的矿浆浓度为40%，药剂搅拌时间为5min，浮选时间为8min，药剂用量为(kg/t)：Na_2CO_3 7.98，$ZnSO_4$ 1.3，黄药0.12，松醇油0.06。

表2 粒级组成及各粒级铅锌品位（%）

Table 2 Particle size distribution and lead grade（%）

粒级/mm	+0.45	-0.45+0.15	-0.15+0.074	-0.074	平均
铅品位	0.50	0.91	1.80	2.30	1.816
锌品位	1.87	3.90	5.78	5.20	4.986
产率	1.25	24.30	24.70	49.75	

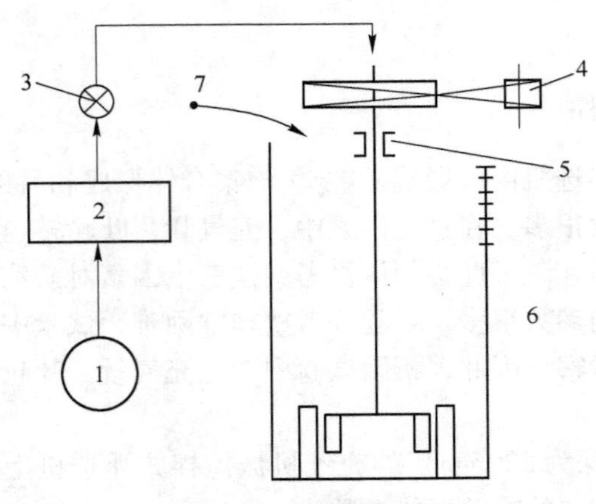

图 1 析因试验装置简图

1—气泵；2—稳压传感器；3—流量调节及检测仪表；4—电机和调速装置；
5—转速检测装置；6—浮选槽；7—液位控制补加水

Fig. 1 Factorial experiment device sketch

1.2 试验设计及结果

根据表 1 把试验条件变化规定为：充气量 0.8～1.4m^3/(m^2 · min)；叶轮转速 1000～14000r/min；浮选槽深度 270～320mm。采用正交试验法进行试验。表 3 为正交试验的因素和水平，根据三因素水平正交试验表 $L(3^4)$，安排了表 4 所示的析因试验，试验结果见表 5。

表 3 析因试验因素水平

Table 3 Factors and levels of factorial experiment

因素	水平		
	1	2	3
充气量/m^3 · (m^2 · min)$^{-1}$	0.8	1.1	1.4
叶轮转速/r · min^{-1}	1050	1200	1350
浮选槽深度/mm	270	295	320

表 4 析因试验条件安排

Table 4 Factorial experiment conditions

序号	条件		
	槽深/mm	充气量/m^3 · (m^2 · min)$^{-1}$	叶轮转速/r · min^{-1}
1	270	0.8	1050
2	270	1.1	1200

续表4

序号	条件		
	槽深/mm	充气量/$m^3 \cdot (m^2 \cdot min)^{-1}$	叶轮转速/$r \cdot min^{-1}$
3	270	1.4	1350
4	295	0.8	1200
5	295	1.1	1350
6	295	1.4	1050
7	320	0.8	1350
8	320	1.1	1050
9	320	1.4	1200

表5 析因试验结果与因素分析

Table 5 Factorial experiment results and influence factors analysis

条件		槽深/mm	充气量/$m^3 \cdot (m^2 \cdot min)^{-1}$	叶轮转速/$r \cdot min^{-1}$	粒级回收率/%			
					+0.15mm	-0.15+0.074mm	-0.074+0.043mm	-0.043mm
1		1 (270)	1 (0.8)	1 (1050)	50.11	59.08	72.97	73.92
2		1	2 (1.1)	2 (1200)	69.06	90.14	97.06	97.01
3		1	3 (1.4)	3 (1350)	63.86	88.55	97.46	96.32
4		2 (295)	1	2	40.69	55.89	87.58	74.47
5		2	2	3	60.22	90.09	96.55	97.81
6		2	3	1	63.91	83.77	80.54	95.80
7		3 (320)	1	3	39.60	50.64	74.33	83.03
8		3	2	1	62.80	84.83	84.11	90.49
9		3	3	2	61.58	85.36	95.07	85.32
+0.15	I1	183.03	130.4	176.82				
	I2	164.82	192.08	171.33				
	I3	163.98	189.35	163.68				
	R	19.05	58.95	13.14				
-0.15+0.074	I1	237.77	165.61	227.68				
	I2	229.745	265.06	231.39				
	I3	220.83	257.98	229.28				
	R	16.94	99.45	3.71				
-0.074+0.043	I1	267.49	234.88	247.62				
	I2	264.67	287.72	279.71				
	I3	253.51	273.07	268.34				
	R	3.98	52.84	32.09				

续表 5

条件		槽深/mm	充气量/$m^3\cdot(m^2\cdot min)^{-1}$	叶轮转速/$r\cdot min^{-1}$	粒级回收率/%			
					+0.15mm	-0.15+0.074mm	-0.074+0.043mm	-0.043mm
-0.043	I1	267.25	231.42	260.21				
	I2	268.08	285.31	257.85				
	I3	258.89	278.49	277.16				
	R	8.36	54.89	18.31				

2　试验结果分析

2.1　对不同粒级矿粒与气泡碰撞概率的影响

从析因试验可以看出，当矿浆中矿粒数量一定时，加大浮选机的充气量可提高矿粒的浮选效率；提高叶轮转速，也可以提高一般矿粒的浮选效率，但是当叶轮转速提高后，对于粗粒而言，脱落的作用会超过碰撞的作用，浮选效率呈下降趋势。上述情况表明，当充气量在小于最大充气量范围内，随着充气量的增加，矿浆中的气泡数量和气泡表面积均增加，矿浆中各粒级矿物与气泡接触的概率随之提高；提高叶轮转速，矿浆中矿粒与气泡在叶轮腔中增加了接触机会，使碰撞概率得到提高。增加搅拌强度，等于加大了矿浆的雷诺数，也就提高了紊流强度，细粒从紊流中吸收能量，提高了矿粒的惯性力，使矿粒易于克服介质粘滞力而产生的弯曲流线，从而提高气泡与矿粒的接触概率。对于大颗粒，由于在低雷诺数情况下已具有克服气泡周围弯曲流线的惯性力，所以增加搅拌雷诺数时，矿粒与气泡碰撞概率的增加就没有小颗粒明显。

通过以上分析，可以发现，适当提高充气量和叶轮转速可以增加矿粒与气泡的碰撞概率，对于大颗粒，由于其本身的质量较大，惯性力亦大，可以用提高充气量为主的方法来提高碰撞概率，而对于较小颗粒，提高叶轮转速增加碰撞概率将更加明显。

2.2　对不同粒级的矿粒-气泡集合体形成的影响

从试验结果可以看到，随着叶轮转速的提高，+0.15mm 粒级的回收率呈下降趋势，随着粒度的减小，在相同叶轮转速下，浮选效率有提高的趋势。对于-0.15+0.043mm 粒级，当转速在一定范围内增加时，粒级回收率相应提高，但-0.15+0.074mm 粒级不如-0.074+0.043mm 粒级提高得快，而当叶轮转速继续增加时，粒级回收率下降。对于以上现象，有必要进行深入的分析。由于在矿粒-气泡集合体形成过程中，黏性接触概率极低，一般不大于 0.2%，因此下面只分析矿粒与气泡惯性接触而直接黏着形成的矿粒-气泡集合体。

矿粒-气泡集合体的形成过程包括：

（1）矿粒向气泡接近；（2）矿粒和气泡之间的水化膜变薄到即将破裂的程度；（3）残余水膜收缩产生气-固界面。而第二阶段基本上取决于特定性质矿物表面的感应时间。为了实现黏着，形成矿粒-气泡集合体，所需感应时间必须小于矿粒与气泡碰撞时实际接触时间，只有在这种情况下，矿粒才有可能黏附在气泡上，否则就来不及附着。因此，除矿粒与气泡在矿浆中碰撞应具有一定的能量，以克服破坏水化层所出现的能峰阻碍外，还应使接触时间大于感应时间。

从矿粒与气泡水化膜接触到水化膜变薄、破裂，最终形成的三相润湿周边的感应时间与矿粒大小之间的关系见式（1）。

$$t = kd^n \tag{1}$$

式中 t——感应时间；

k——感应时间系数；

d——矿粒当量粒度直径；

n——由矿粒的运动状态决定的指数，一般介于 0~1.5，层流时 $n=0$，湍流时 $n=1.5$。

从式（1）可以看出，随着矿浆运动状态由层流向湍流变化，感应时间相应增大，同样，随着矿粒粒度的增大，感应时间也增加。因此从感应时间的观点出发，就不难理解在析因试验中，较细矿粒随着叶轮转速的适当提高，浮选效率有提高的趋势，而对于较粗颗粒随着叶轮转速提高，浮选效率有下降的趋势。根据析因试验结果，以感应时间为依据，对矿粒-气泡集合体的形成及粒度大小影响的分析，可以得出：细粒矿物质量小，惯性小，与气泡接触的时间一般较长，但有可能受水化层所出现的能峰阻碍，因此可以适当增加叶轮转速来提高矿浆的湍流度，增加小颗粒的能量，提高实现黏着的概率。而对于粗粒矿物，由于粒度大，惯性大，一般与气泡的接触时间较短，而所需的感应时间长，尤其在湍流状态时，矿粒与气泡的接触时间远远小于感应时间，因此就必须减小叶轮的转速使粗粒能在平稳的环境中与气泡接触，实现黏着。

2.3 对不同粒级矿粒从气泡上脱落的影响

在浮选槽内，由于叶轮搅拌，使矿粒与矿粒、矿粒与槽壁、矿粒与气泡、气泡与气泡之间产生摩擦力，与此同时，矿浆的剧烈运动本身又使得矿化气泡的运动极不规则，运动速度不断改变，结果促使矿粒在气泡表面滑动，并产生力图脱落的作用力。很显然，在滑动过程中矿粒本身的重力以及矿粒沿气泡表面滑动产生的离心力，均有促使矿粒从气泡表面脱落的倾向，只有矿粒的粘着力大于各种脱落力，矿粒才能比较牢固地黏附在气泡上，否则将从气泡表面脱落重新掉入矿浆中。

根据资料，位于相界面上的矿粒从界面上脱落，其外力所做的功可用式（2）表示：

$$A = \int_{h_1}^{h_2} [F_1(h) + F_2(h) + F_3(h) + F_4(h) + F_g(h)] dh \tag{2}$$

式中 A——脱落功；

h_1，h_2——分别为初始状态时和将要脱落时矿粒的沉入深度；

F_1，F_2，F_3，F_4，F_g——分别为粘着力、浮力、水静压力、毛细压力和重力。

在湍流场中矿粒脱落功是由流体赋予矿粒的动能提供，其动能用式（3）表示

$$E = \frac{1}{2} mv^2 \tag{3}$$

式中 E——流体赋予矿粒的动能；

m——矿粒质量；

v——湍流中平均脉动速度。

当 $E>A$ 时，矿粒脱落；$E<A$ 时，矿粒—气泡集合体稳定。合并式（2）和式（3）得到矿粒—气泡集合体稳定条件为：

$$\frac{1}{2} mv^2 \leqslant \int_{h_1}^{h_2} (F_1 + F_2 + F_3 + F_4) dh \tag{4}$$

从式（4）可得，当 m 较小时，即矿粒粒度小，脱落功就较小，脱落概率也小，同时当湍流度增加时，脱落功增加，使得脱落的可能性增大。因此，当矿粒-气泡集合体形成后，浮选机应能提供一个平稳区，使矿粒不易从气泡上脱落，特别对于粗颗粒矿物更是如此。

在析因试验中，当叶轮转速提高时，粗粒的回收率下降得较快，表明较粗颗粒在湍流度高的情况下，脱落的可能性就大，而当槽加深时，粗颗粒的回收率也相应下降，表明由于升浮距离的加大，粗颗粒的脱落概率也随之增大。另外从叶轮转速和槽深的变化与不同粒级的回收率变化趋势看，细粒从气泡上脱落的可能性小于粗粒。

通过以上分析可以看出，要使矿粒-气泡集合体稳定，减小矿粒的脱落概率，必须使流体赋予矿粒的动能小于脱落功。在浮选槽内，特别是对较粗颗粒，需较低的叶轮转速和适当短的升浮距离，以此来降低较粗颗粒的脱落概率。

2.4 对不同大小粒级输送的影响

在泡沫浮选过程中，气泡是矿物选择性黏附的边界面，因此希望能得到较多的液-气界面，同时，气泡又是疏水性矿物的载体和运载工具，气泡过小，就不能携带较大的矿粒升浮，所以对于一般粒级而言，气泡的大小应适中，对于细粒矿物来说，小的气泡应当对回收率的提高有好处，对于大颗粒，应有大气泡来为它提供运输。式（5）为在重力场中直径为 d 的气泡能运载的最大矿粒直径 d_{max}

$$d_{max} = \sqrt{\frac{\rho_1}{\rho_s - \rho_1}} d \quad (5)$$

式中 ρ_1——液相密度；

ρ_s——固相密度。

从析因试验结果可以看出，充气量适当提高，粒级回收率随之提高，特别是对粗颗粒的影响更加明显。选别+0.15mm 粒级的最优组合是，大充气量、浅槽和低转速，而选别-0.043mm 粒级最优组合是较高充气量、高的叶轮转速和适中的槽深，中间粒级的最优组合处于上述两种组合当中。

3 粗粒浮选机设计原则

根据析因试验结果，结合有关浮选动力学理论，对矿粒和气泡在浮选槽内运动，特别是对不同粒级矿粒与气泡碰撞、黏着和脱落等过程与浮选机槽深、叶轮转速和充气量等设计参数的关系进行分析可以看到：就槽深、叶轮转速和充气量这 3 个参数而言，它们对不同矿粒在浮选的各个阶段所产生的影响是不同的，不同粒级在浮选的不同阶段及同一阶段内对流体动力学状态的要求也不尽相同。因此，为了使不同粒级矿物都能满意地回收，就要求浮选机流体动力学状态能满足各粒级矿物浮选的要求。首先，可以得出浮选常规粒级时浮选机应遵守的原则为：

（1）保证浮选槽内能充入足量的空气，并能使空气在矿浆中充分地分散成大小适中的气泡，使槽内有足够的气-液分选界面，增加矿粒与气泡碰撞、接触和黏附的机会。

（2）要有较强的搅拌区，通过叶轮的矿浆量要适当大，以利于物料的悬浮和增加气泡与矿粒的接触机会。

（3）建立一个相对稳定的分离区和平稳的泡沫层，减小矿粒的脱落机会。

选别较粗颗粒矿物浮选机应遵守的原则是：

（1）要求较大的充气量，以形成部分相对大一点的气泡，利于背负较大的矿粒上浮，且能提高矿粒与气泡的接触机会。

（2）输入功率要低，叶轮对矿浆的搅拌力相对要弱，矿浆的湍流强度低，以利于粗粒矿物与气泡集合体的形成和顺利上浮。在低搅拌力下，要保证气泡能均匀地分散在矿浆中，同时要保证较粗矿粒能充分悬浮。

（3）浮选槽要尽量浅，使背负粗粒矿物气泡升浮距离短，同时分离区和泡沫层要更加平稳，以缩短受干扰的距离和降低干扰力。通过对处理常规粒级和较粗粒级时浮选机设计应遵循原则的讨论，可以得到粗粒浮选机设计应遵循的原则，这就是要同时满足上述设计原则。这些要求有的是相同的，有的是相互矛盾的，因此设计的关键就在于如何解决这些矛盾，创造在同一个浮选槽内既能处理常规粒级又能处理较粗粒级的浮选机流体动力学条件。

适用于粗颗粒选别的浮选机叶轮动力学研究

史帅星　赖茂河　冯天然　周宏喜

（北京矿冶研究总院，北京，100160）

摘　要：粗颗粒矿物的浮选既要满足使矿物充分悬浮的强搅拌力要求，又要满足附着在矿化气泡上的矿物颗粒在强搅拌力作用下不至于脱落的要求。本文搭建了实验室动力学测试系统，研究了适用于粗颗粒矿物浮选的叶轮所需的流体动力学条件，在清水状态下测定了新型叶轮在浮选槽内各个流体动力学区域的流速，并与普通KYF叶轮进行对比分析，最后对新型叶轮在浮选槽内的浮选动力学进行了测试。研究表明新型叶轮和普通KYF叶轮在同一转速条件下都能有效提高粗颗粒的输送高度，而前者能耗增幅较小。新型叶轮的空气分散度在1.5~2.5。

关键词：粗颗粒；流场；动力学

Fluid Dynamics Study of Flotation Cell Impeller Suitable for Coarse Particle Processing

Shi Shuaixing　Lai Maohe　Feng Tianran　Zhou Hongxi

（Beijing General Research Institute of Mining and Metallurgy，Beijing，100160）

Abstract：Coarse mineral particles flotation demands not only strong mixing for suspension，but also the stable froth layer to prevent the particles from droping off the bubbles. This article studies the fluid dynamics produced by a new type impeller specially design for coarse mineral particle in the laboratory. The flow velocities of different fluid dynamics zones in water are measured and compared with common KYF impeller. It is found that with no remarkable higher power consumption than common KYF impeller under the same rotate speed，the new type impeller can increase the transfer distance of coarse article effectively. The impeller's fluid dynamics in flotation cell is also tested. The air dispersion of new type impeller is between 1.5~2.5.

Keywords：coarse mineral particle；flow field；fluid dynamics

随着矿产资源不断开采，有用矿物越来越贫乏，嵌布粒度越来越复杂，矿物粒度粗细不均，这对矿物浮选工艺和设备提出了更高的要求。为提高贫杂矿物的回收率，传统工艺一般通过提高磨矿细度来实现。对于嵌布粒度较粗的矿粒，在粗磨条件下已经实现单体解离，进一步细磨会导致有用矿物过磨，不仅会造成有价金属流失，资源浪费，而且会加大磨矿成本，造成能源浪费。如果能在粗磨条件下及时回收已单体解离的有用矿物，可有效防止矿石因过粉碎而造成的金属流失，大大降低磨矿成本，不仅可以提高资源的利用率，同时还可以降低能源消耗，节省选矿成本。在粗磨条件下回收有用矿物就要求浮选设备要在一定的矿浆条件下回收已单体解离的粗颗粒矿物，因此研究适用于粗颗粒浮选的设备有着重大的社会和经济意义[1]。粗颗粒矿物的浮选要求既要满足使粗颗粒矿物充分悬浮的强搅拌力要求，又要使已矿化矿物在上升过程中不至于脱落。国内外一般通过改变槽体来改善槽内的流体动力学状态，解决了这对矛盾的要求，取得了很大的成功，如闪速浮选机、粗颗粒浮选机，还有针对某些特殊矿物的浮选机——冶炼炉渣浮选机等。但由于此类设备的槽体结构复杂，加工制造工艺复杂、成本高、维护不方便，而大量研究资料表明，改变叶轮定子的结构同样可以改变流体动力学状态，且加工制造简单、成本低、维护方便。因此，本文对适用于粗颗粒浮选的新型叶轮系统进行研究，为简化现有浮选设备的槽体结构、进一步提高选别效果提供依据[2]。

1 适用于粗颗粒矿物选别的流体动力学条件

一般情况下，浮选槽的流体动力学区域（见图 1），可分为强紊流区、运输区、分离区和泡沫区四个区域[3]。

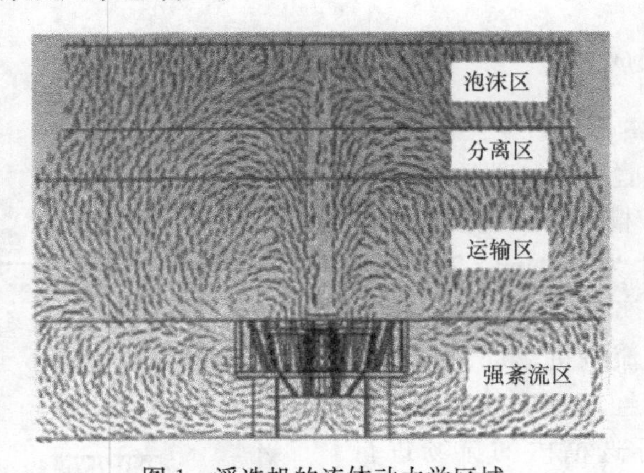

图 1 浮选机的流体动力学区域

Fig. 1 Fluid dynamics area of flotation cell

（1）强紊流区：本区是浮选机中非常重要的区域，气泡的分散、药剂的扩散、矿粒与气泡的碰撞和附着等过程大部分均发生于此区。在浮选机中，气泡能最大限度地充满该区，提高该区容积的有效利用系数，保证粗重颗粒在该区域能充分悬浮，使矿物颗粒与气泡在该区具有较高的碰撞概率和黏附概率。

(2) 运输区：在该区中捕集了大量矿物颗粒的气泡由这里上升到分离区。在常规浮选机中由于矿化气泡上浮距离较长，大多数粗颗粒矿化气泡往往在分离区甚至在运输区就已经脱落，导致粗颗粒矿物回收率较低。因此，在粗颗粒的选别过程中，应在该区创造一个上升流，将粗颗粒矿物扬送至更高的高度，缩短矿化气泡到泡沫区的上升距离，降低粗粒级矿物从气泡上脱落的概率。

(3) 分离区：本区矿浆流相对稳定，脉石颗粒与矿化气泡可进行充分分离，同时可减少已附着的粗粒矿物的脱落，达到在保证回收率的同时提高精矿质量的要求。

(4) 泡沫区：使矿物进一步得到富集，保证泡沫层中的有用矿物不致脱落，泡沫能顺利快速地流入泡沫槽内。

综上所述，提高输送区高度有利于粗颗粒的选别，但同时要保证分离区和泡沫区的稳定。根据上面的理论分析，文中尝试设计了一种适用于粗颗粒矿物选别的新型叶轮，与 KYF 型槽体组成一种新的浮选机系统。

2　清水试验研究

为了分析新型叶轮是否满足粗颗粒矿物所需的动力学条件，笔者建立了一套试验系统，在清水状态下测定新型叶轮和普通 KYF 叶轮所在浮选槽内各流体动力学区域的流速分布，并将两种叶轮形式在浮选槽内的流态进行对比，探索新型叶轮对粗颗粒的输送能力。

2.1　试验系统组成

本试验系统由槽体、搅拌机构、S 形皮托管测速装置、变频器和电机等组成（见图 2）。槽体由有机玻璃制作而成，外形尺寸为 280mm × 280mm × 350mm，槽体底部有一个定子。搅拌机构通过三相交流电机驱动，分别安装新型叶轮和普通 KYF 叶轮，并在这两种条件下对浮选槽内的流场进行测定。

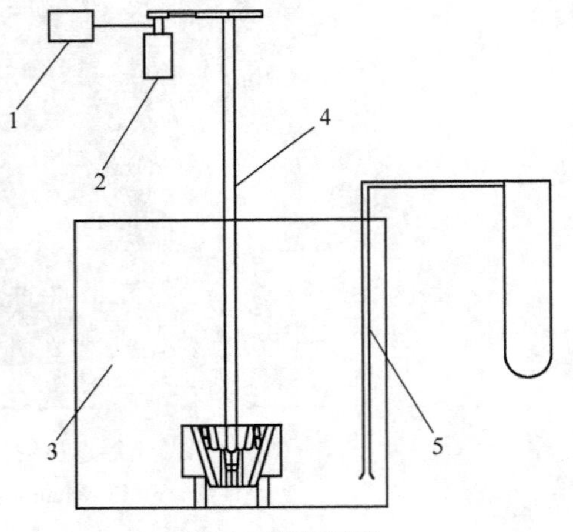

图 2　试验系统

1—变频器；2—电动机；3—槽体；4—搅拌机构；5—S 形皮托管

Fig. 2　Test system

新型叶轮为独特的半封闭式叶轮，与高叶片定子系统组成搅拌机构，可有效扩大槽体内运输区的高度，新型叶轮的端板呈一定的锥角，端板直径为 100mm，为方便试验对比，选取普通 KYF 叶轮的端板直径也为 100mm，其端板为平面。

2.2 试验方法

试验采用S形皮托管作为主要测量工具，对新型叶轮定子系统进行清水条件下流场流速的测定。S形皮托管测头上只有两个方向相反的开口，截面互相平行，测量时正对来流的开口称为总压测口，背向来流的开口称为静压测口，图3为S形皮管的结构示意图[4]。

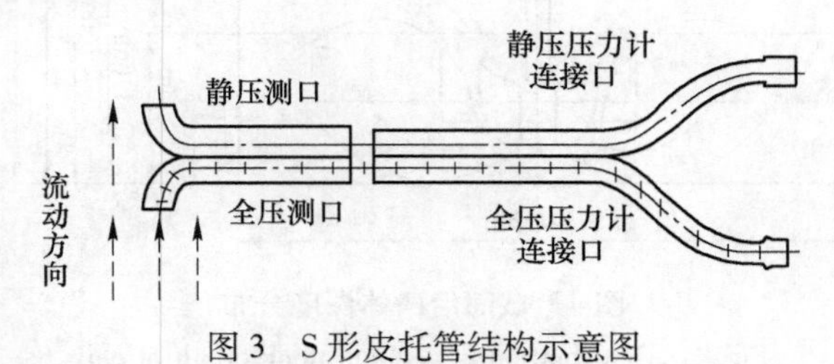

图3 S形皮托管结构示意图

Fig. 3 Structure schematic of S type pitot tube

只要测出流体的差压就可以计算出流速 v：

$$v=\sqrt{\frac{2(P_{\lambda}-P)\xi}{\rho}} \tag{1}$$

式中，P_{λ}为流体的总压；P 为流体的静压；v 为流体的速度；ξ 为皮托管的校正系数；ρ 为流体的密度。

受试验条件所限，S形皮托管对浮选槽内流速的测量会产生一定程度的误差，但在相同的试验条件下，系统误差相同，可采用此测试方法对新型叶轮和普通 KYF 叶轮的流场流速进行定量对比分析。

2.3 浮选槽内的流场测定

试验槽体内液面高度为 250mm，槽内流场分为五个截面，各截面距槽体底部分别为 40mm、75mm、110mm、160mm、205mm，如图4所示，每个截面测量五个点的流速，测量点分布如图5所示。

为减少测量误差，每个测量点测量三次，取三次测得的平均值，并根据式（1）计算出各个测量点的流速，图6和图7为新型叶轮和普通 KYF 叶轮测得的流速分布。

由图6、图7两种不同形式叶轮所在浮选槽内测得的流速数据和流速分布情况分析，新型叶轮在相同截面同一个测量点上的流速比 KYF 叶轮的流速要大，新型叶轮在浮选槽内的流速分布与 KYF 叶轮相比更为均匀，新型叶轮在槽内能

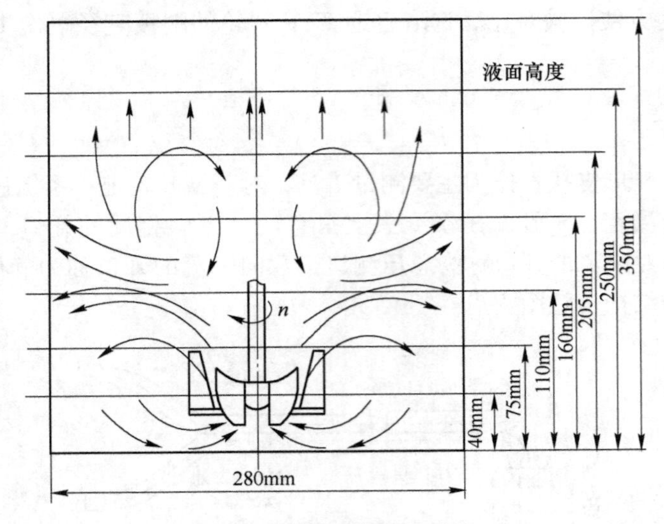

图 4　截面沿槽体深度分布

Fig. 4　Distributtion of section along depth of cell

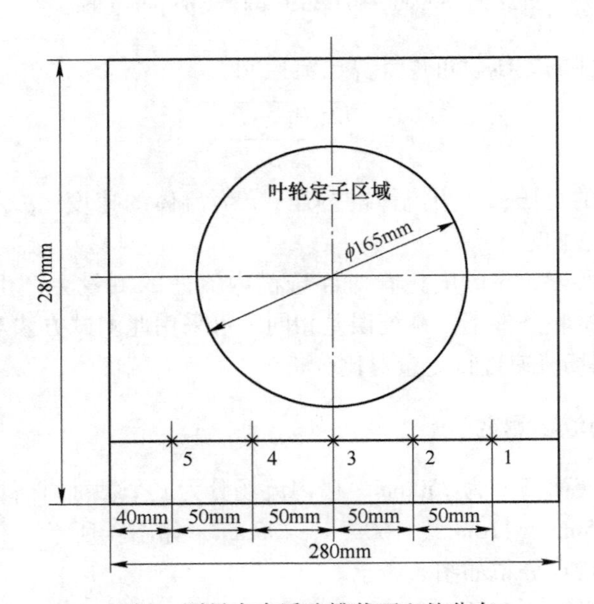

图 5　测量点在浮选槽截面上的分布

Fig. 5　Distributtion of test point in flotation tank section

形成更大循环量的同时还能保证浮选液面平稳，满足了粗颗粒选别的要求。其在运输区的流速也比 KYF 叶轮相应要大，这有助于将已矿化的粗颗粒输送到较大的高度，可有效提高粗重颗粒的回收。

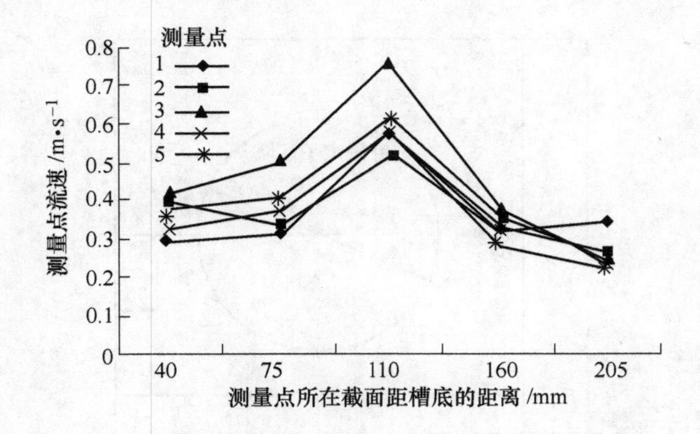

图 6　新型叶轮各截面测量点的流速分布

Fig. 6　Velocity distribution of each test point with new type impeller

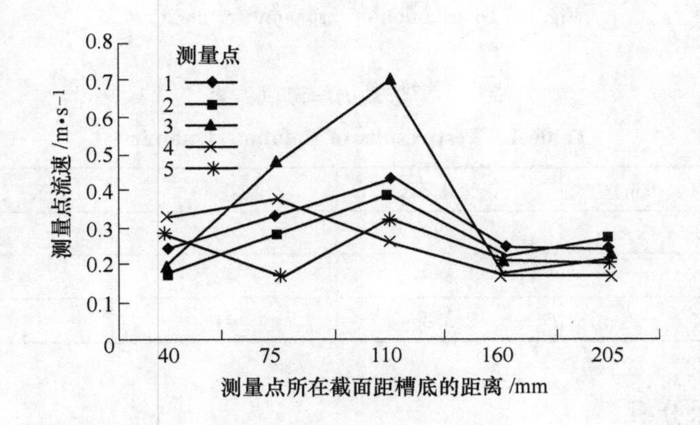

图 7　KYF 叶轮各截面测量点的流速分布

Fig. 7　Velocity distribution of each test point with KYF impeller

3　浮选动力学测试

为了验证新型叶轮定子系统的浮选动力学性能，本文以 0.8m^3/(m^2 · min)、1.0m^3/(m^2 · min) 和 1.2m^3/(m^2 · min) 三个充气量水平作为试验充气量水平进行新型叶轮定子系统的浮选动力学测试[5]。主要包括充气量、空气分散度、功率、空气保有量等有关参数的测定。图 8 是槽内充气量测量点的分布图。

3.1　试验结果

新型叶轮定子系统浮选动力学测试结果的统计数据见表 1。

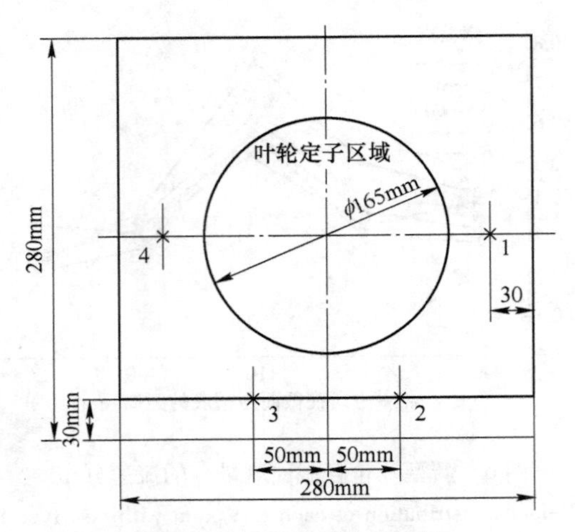

图 8 充气量测量点分布图

Fig. 8 Distribution of test point for aeration

表 1 浮选动力学测试结果

Table 1 Test results of flotation dynamics

充气量/$m^3 \cdot (m^2 \cdot min)^{-1}$	空气分散度	功耗/W	空气保有量/%
0. 771	1. 489	43	3. 2
0. 826	1. 859	42	5. 4
1. 102	2. 374	41	6. 5

3. 2 测试结果分析

通过试验，基本确定了新型叶轮定子系统清水测试的情况及有关规律。新型叶轮定子系统在三个充气量水平下的空气分散度为 1. 5~2. 5，其空气分散度较为均匀；随着充气量的增大，主轴功耗明显降低；空气保有量随充气量增大则无太大变化。

从浮选动力学测试结果来看，新型叶轮在有效提高对粗颗粒输送区高度的同时，可以实现较大充气量，并且空气分散均匀。

4 结论

本文以浮选动力学理论研究为基础，通过对粗颗粒矿物浮选所需浮选槽内流体动力学特殊规律的分析和探索，根据对适用于粗颗粒矿物浮选的新型叶轮和普通 KYF 叶轮在实验室条件下进行槽体内流场流速的测试，以及对该类型叶轮浮选动力学的测试数据可以看出，新型叶轮定子系统在浮选槽内各个流体动力学区域能形成有利于粗重矿物浮选的流态，可在槽内形成强力定向循环流，循环能力强，充气量大，而且能有效提高粗重颗粒运输区的高度，对粗颗粒矿物的回收有比较大的作用。同时新型叶轮在同种转速条件下的能耗和普通 KYF 叶轮相当，在保证粗颗粒矿物回收的同时不会增加能量消耗。

参考文献

[1] 曾克文，余永富，薛玉兰．浮选槽中颗粒的速度及对浮选的影响 [J]. IM&P 化工矿物与加工，2002 (6)：1-4.

[2] 卢世杰，曹亮，杨丽君，等．国内外粗颗粒浮选机应用现状 [J]．矿业快报，2006 (6)：86-89.

[3] 沈政昌．冶炼炉渣选矿设备研究与实践 [J]．铜业工程，2009 (4)：1-4.

[4] 李岩，王海文，郭辉．皮托管测速技术在低速水洞流场校测中的应用 [J]．实验流体力学，2009 (9)：104-112.

[5] 杨丽君，史帅星，陈东．200m³ 充气机械搅拌式浮选机动力学研究 [J]．有色金属（选矿部分），2009 (2)：29-31.

Recover Phosphorite from Coarse Particle Magnetic Ore by Flotation

Shi Shuaixing Zhang Ming Tan Ming Lai Maohe

(Beijing General Research Institute of Mining and Metallurgy, Beijing, 100160)

Abstract: Chengde area in China is rich in magnetite resources containing phosphorus. It is meaningful to comprehensively recover phosphorus from the tailings of magnetic separation by flotation. However, the phosphorite particles are severely coarse with only 25% particles in size of -0.074mm approximately and over 50% particles in size of +0.25mm. The coarse particles settlement in conventional flotation cell usually appeared when the minerals are processed by flotation. In order to solve particles settling problem, JJF flotation cell is specially optimized to strengthen suspension capacity and circulation capacity for coarse particles, and the industrial experiment was carried out to recover phosphorite from the tailings of magnetite separation with 160m^3 optimized JJF flotation cell. The industrial experiment results prove good adaptability of the optimized 160m^3 flotation cell for coarse particles. When the feed grade of P_2O_5 is 2.12%, the concentrate grade is up to 30.68%, tailings grade is 1.14%, recovery is 47.97 % and the yield of concentrate is 3.35%. Good metallurgical performances are achieved. The comprehensive utilization of phosphorus resources could be significantly improved in this area in the future.

Keywords: coarse particle; self- inspiration flotation cell; phosphorite; low grade magnetic ore

1 Introduction

Chengde area in China is rich in magnetite and phosphorite resources. It is estimated that the resources of iron ore with phosphorus are up to 10 billion tons, but ore grades are relatively low such as magnetite grade 5% ~ 6% and phosphorite grade 2% ~ 3% (Tian, 2008). The Fe_3O_4 in iron ore with phosphorus is recovered by magnetic separation and the P_2O_5 is recovered from the tailings of magnetic separation by flotation (Tang, et al., 2012). In this way, iron and phosphorus resources could be comprehensively used (Hernáinz, et al., 2004; Sis and Chander, 2003). The particles of magnetic separation tailings is too coarse to be processed by conventional flotation process of which size fraction of -0.074mm is only 20% ~ 35% and +0.25mm is up to 50%. Therefore, the problem of coarse particle settlement in flotation cell often happens and led to unpromising metallurgical performance (Houot and Chander, 1982; Shaikh, et al., 1993). It is not economical to improve flotation by reducing particle size by grinding.

There are enough evidences that the recovery of particles by flotation is the most successful in the 10~200μm size range (Ahmed and Jameson, 1985; Nguyen and Schulze, 2004; Trahar and Warren, 1976). As the particle size of floatable increases, the particle detachment force increases, and the phenomenon of insufficient suspension is liable to appear, which provides sufficient reasons for the reductions in recovery observed with coarse particles (Jameson and Graeme, 2012). Coarse particles will more easily deposit in the base of the flotation cell, or alternatively, may exist in a low-lying 'cloud' in the base of the cell (der Westhuizen and Deglon, 2007) in the region of the impeller. Therefore, it is necessary to further study flotation cell for comprehensively recovering coarse phosphorite (Liu, et al., 1998; Shen, et al., 1997). The JJF flotation cell developed by BGRIMM (Beijing General Research Institute of Mining and Metallurgy) is optimized and industrial experiment was carried out with 160m^3 flotation cells. The optimized flotation cell effectively solves the problem of coarse particle settlement and achieves good metallurgical performances.

2 Industrial Experiment System

BaoTong mining company in the Chengde area of China uses flotation to separate phosphorite from the tailings of magnetic separation. The flotation circuit is interrupted by settlement of coarse particles and the metallurgical performances are not good enough. It is significant to develop optimized large-scale flotation cell for the concentrator expansion. To effectively recover phosphorite, the industrial experiment was carried out with the optimized 160m^3 JJF flotation cell. Fig. 1 gives the flotation circuit of BaoTong mining company. Rougher and scavenger are respectively composed of 4 units of 40m^3 flotation cells in previous flotation circuit. And three-stage cleaners consist of 9 units of 8m^3 flotation cells. The flotation circuit of industrial experiment is shown in Fig. 2. Rougher and scavenger of industrial experiment system shown are separately one set of 160m^3 flotation cell instead of 40m^3 flotation cells. And the cleaner of previous flotation circuit is used for industrial experiment.

The industrial experiment with 160m^3 JJF flotation cells achieved good separation effect during the experiment. The basic technical information for flotation circuit is listed in Table 1. The particle size composition fluctuates a little in the period of industrial test. The coarse particles in size of +0.25mm are 43.37% and fine particles in size of

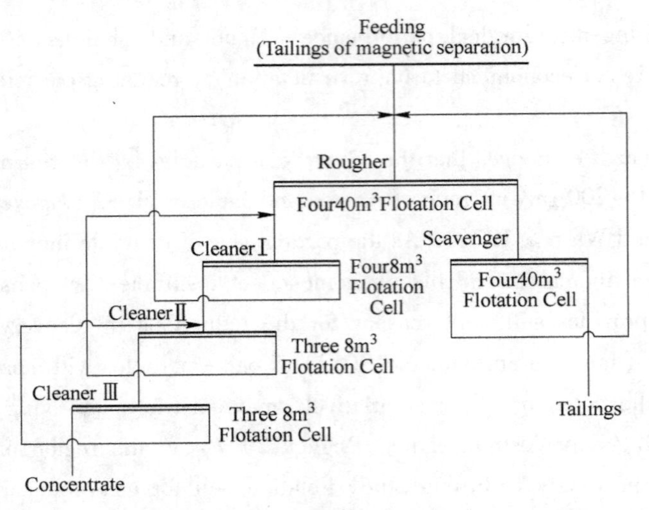

Fig. 1 Previous flotation circuit

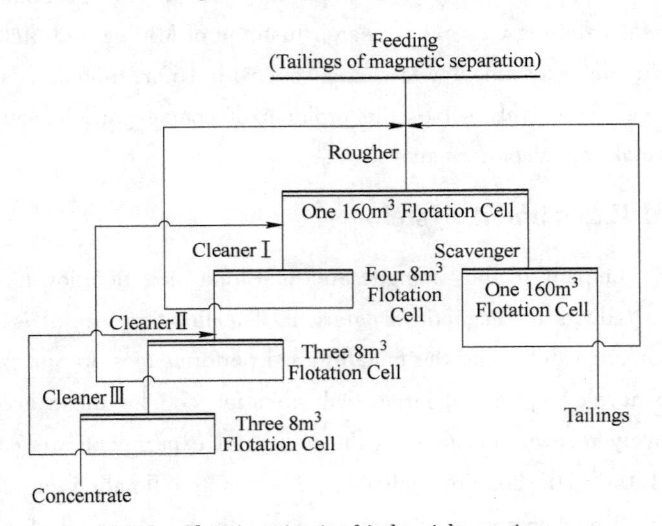

Fig. 2 Flotation circuit of industrial experiment

-0. 074mm is 29. 11% on average. The slurry concentration is about 35%~40%, the slurry specific gravity is 1. 30t/m^3 and the density of phosphorite is 2. 65t/m^3. The feed flow rate is 16m^3/min and the residence time is about 10 min for rougher.

Table 1 Basic technical information for flotation circuit of industrial experiment

Ore	Particle Size Composition	Concentration /%	Specific Gravity /t · m^{-3}	Density /t · m^{-3}	Feed /m^3 · min^{-1}	Residence time/min
Phosphorite	+0. 25mm43. 37% -0. 074mm 29. 11%	35~40	1. 30	2. 65	16	10

3. Results and Discussion

3.1 Fluid dynamics analysis

The main problem of phosphorite recovery comprehensively is the coarse particles which would interrupt the flotation circuit because of settlement in flotation cells. Table 2 shows the screening results of a feed sample. It is found that the particles in size of −0.074mm are only 36.38%. Generally speaking, the particles in size of +0.15mm are regarded as coarse particles, and it is difficult to be suspended and recovered in conventional flotation cells. For this ore, the particle size fraction between 0.25mm and 0.6mm accounts for 27.12% and the particles in size of +0.6mm are up to 17.66%. So, it is difficult to uniformly suspend all particles in the tank. In fact, it is also not reasonable to suspend all particles uniformly because there would be over turbulent if the overweight particles are circulated to upper tank. Therefore, The one of the most significant design criterion for this 160m^3 large-scale flotation cell is that the flotation cell would be a concentration gradient down the tank height. That is to say, overweight particles need to be just suspended off the tank bottom instead of being circulated to the upper tank of flotation cells. And the overweight particles should be discharged as soon as possible for avoiding settlement. The flotation cell is optimized shown in Fig. 3. The forced feeding device is designed which would guide the slurry into the false bottom directly. With small flow channel at the false bottom, the flow rate would be increased. The bottom slurry discharge device is also developed. With this smart design, the coarse particles could discharge freely. It is also necessary to increase speed to enhance suspension capacity and circulation capacity. On the other hand, the lower turbulent environment in upper tank region of flotation cell is necessary to improve coarse particles recovery, especially for the particle size between +0.15mm and −0.25mm. As we know, a lower turbulent environment could reduce detachment of coarse particles. However, it is difficult to form the low turbulent environment because the rotation speed is increased. For reducing turbulent intensity, the new stator structure is introduced shown in Fig. 4. The channels in stator are optimized and a forced guidance design is developed which changes the intense circumferential flow to radial flow more efficiently. The industrial test demonstrates that the turbulent intensity in upper tank is decreased effectively. In our opinions, the detachment of coarse particles could be decreased by shortening the transportation distance of coarse particles after being attached by bubbles. So the height of the tank (H) is reduced 500mm while the diameter would be increased. Thirdly,

Compared with common ore, the superficial gas velocity of phosphorite is lower which 0. 3～0. 6cm/s is enough. Hence, the distance between impeller and overflow lip is increased to decrease the inspiration capacity. Based on above analysis and design, the optimized flotation cell could achieve good fluid dynamics performance and is beneficial to the recovery of phosphorite.

Table 2 The screening results of a feed sample

Sample	Size/mm	Yield/%	Grade/%	Metal Distribution/%
Feeding	+0. 6	17. 66	1. 00	9. 20
	-0. 6+0. 25	27. 12	0. 50	7. 06
	-0. 25+0. 15	13. 36	2. 00	13. 92
	-0. 15+0. 125	5. 48	3. 00	8. 57
	-0. 125+0. 074	12. 80	4. 70	31. 35
	-0. 074+0. 038	14. 46	2. 55	19. 21
	-0. 038	9. 12	2. 25	10. 70
Total		100. 00	1. 92	100. 00

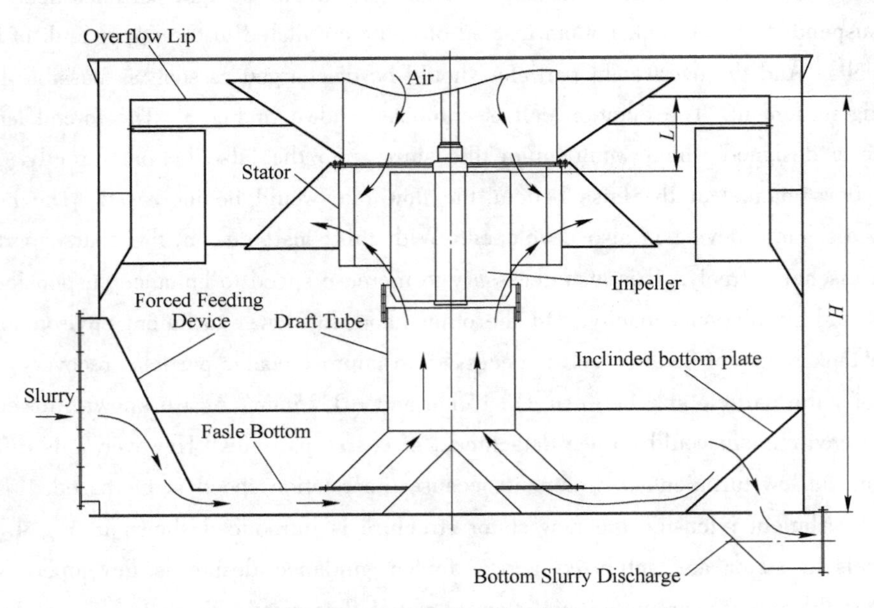

Fig. 3 The optimized design of JJF flotation cell

It is difficult to make a balance between stirred speed, impeller submersion depth, inspiration capacity and air dispersion. Fig. 5 shows the effect of impeller submersion depth and speed on inspiration capacity. With the increasing of impeller submersion depth, the inspiration capacity of $160m^3$ flotation cell decreases. The inspiration capacity increases with the speed increase at the same impeller submersion depth. Fig. 6 shows the effect of impeller submersion depth and speed on air dispersion. It is quite obvious that there is an inflection point of maximum in the graphs. At the speed of 99. 3r/min, the inflection point appears at impeller submersion depth 325mm. And when the speed is 108. 7r/min, the inflection points appear at the position of 425mm. The air dispersion degree exceeds 2. 0 in all tests. It is demonstrated that $160m^3$ flotation cell is of excellent air dispersion. Therefore, considering air dispersion and coarse particles suspension, the larger speed and impeller submersion depth are needed for industrial experiment preliminarily.

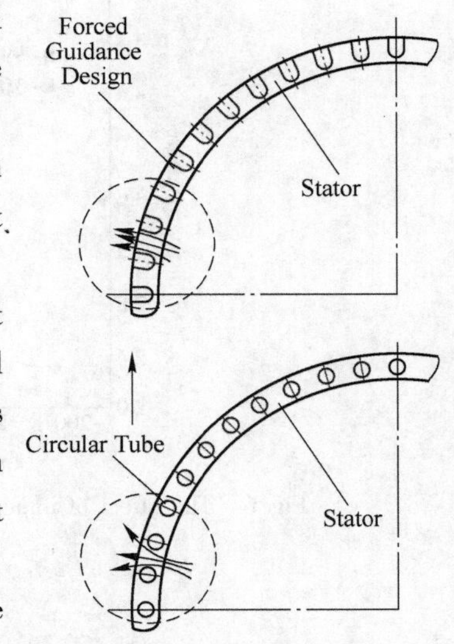

Fig. 4 The design of stator

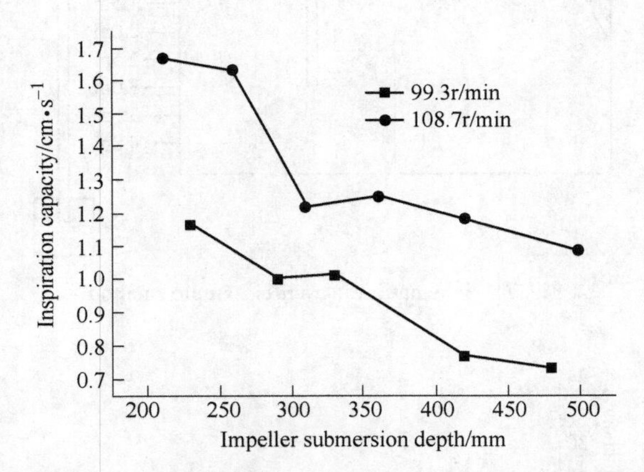

Fig. 5 The effect of impeller submersion depth and speed on inspiration capacity

3.2 Slurry suspension performance

Slurry samples at several different depths are taken to evaluate whether the flotation cell can suspend coarse particles off the tank bottom and recover valuable coarse particles or not. Fig. 7 shows the sample schematic diagram and the sampling points. Fig. 8 reflects the slurry concentration changes in the rougher $160m^3$ flotation cell at different distances from overflow lip. The slurry concentration increases with increasing of the distances from overflow lip. The variation of slurry concentration from 0. 5 m to 3. 5m is only 5%.

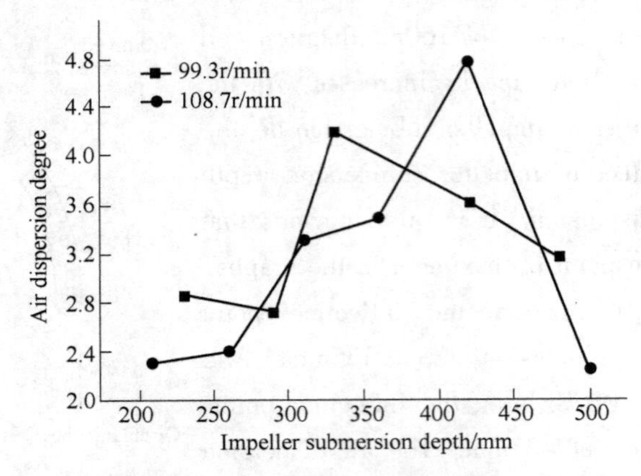

Fig. 6 The effect of impeller submersion depth and speed on air dispersion

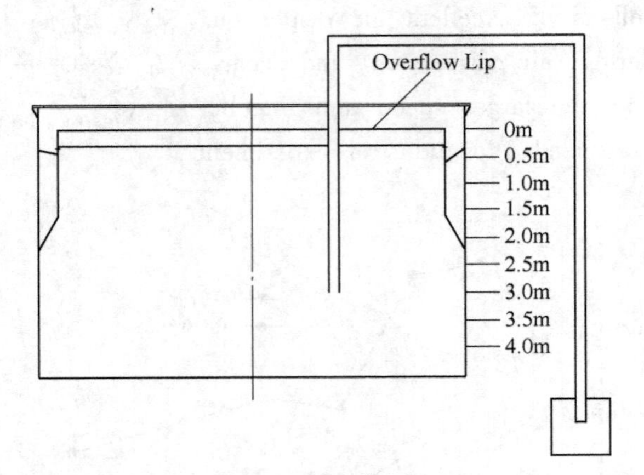

Fig. 7 Schematic diagram of sample method

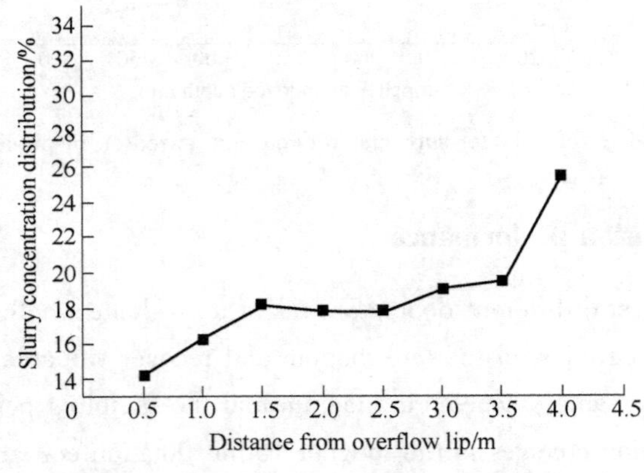

Fig. 8 Slurry concentration changes in the rougher $160m^3$ flotation cell at different distances from overflow lip

The slurry distribution is relatively uniform in the upper tank. It is found that there is a sharp variation in slurry concentration from 3. 5 m to 4m. It means that many overweight particles are not circulated to the upper tank. For a coarse particle flotation cell, the overweight particles need to be suspended and discharged directly instead of being circulated in whole tank. That is the essential difference of design concept between a coarse particle flotation cell and a conventional flotation cell. Fig. 9 shows the slurry concentration changes in the $40m^3$ flotation cell at different distances from overflow lip. It is apparent to note that a dramatic fluctuation appears at the distance of 1. 8m from overflow lip and the slurry concentration decreases from 32. 91% to 12. 83% sharply. The concentration gradient of the $40m^3$ flotation cell is quite large. It is also found that there are coarse particles settlement abnormally in $40m^3$ flotation cell.

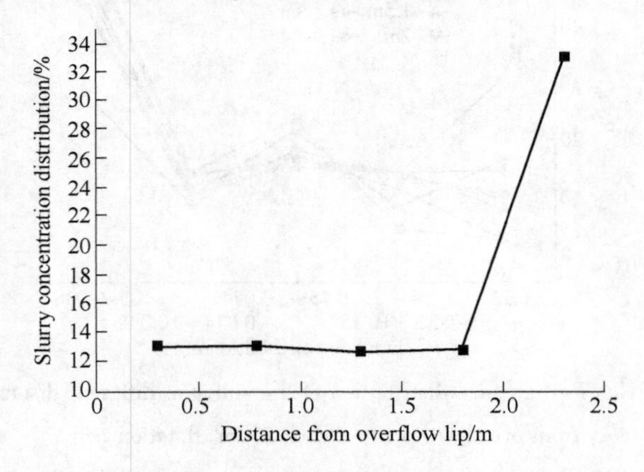

Fig. 9 Slurry concentration changes in the $40m^3$ flotation cell at different distances from overflow lip

Table 3 and Fig. 10 reflect the particle size distribution of the slurry at different distance from overflow lip in rougher $160m^3$ flotation cell. The yield variation of the same particle size is relatively large between different levels. The particles in size of +0. 25mm is up to 30. 98% at the position of 4m, while only 2. 88% at the position of 0. 5m. The particle in size of −0. 037mm is 28. 34% at the position of 4m, while up to 55. 03% at the position of 0. 5m. It is demonstrated that coarse particles concentrate in the middle and bottom regions of the tank. The fine particles mix well and are carried to the upper zone of the tank by air bubbles. The result meets the design concept of a flotation cell, that the overweight particles are not required to distribute uniformly in the upper tank.

Table 3 Particle size distribution of slurry at different distances from overflow lip in the rougher 160m³ flotation cell

Size/mm	Distance from overflow lip/%							
	0. 5m	1m	1. 5m	2m	2. 5m	3m	3. 5m	4m
+0. 25	2. 88	2. 52	7. 90	9. 42	10. 28	14. 90	16. 37	30. 98
−0. 25~+0. 15	4. 32	11. 47	14. 54	13. 81	13. 95	14. 10	8. 27	13. 92
−0. 15~+0. 074	23. 28	16. 93	16. 74	17. 11	16. 28	15. 76	21. 86	18. 10
−0. 074~+0. 037	14. 49	13. 75	13. 82	12. 14	9. 99	11. 62	10. 17	8. 66
−0. 037	55. 03	55. 33	47. 00	47. 52	49. 50	43. 63	43. 32	28. 34

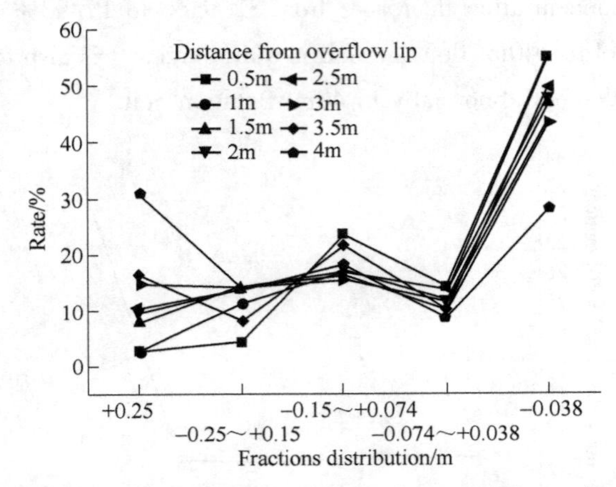

Fig. 10 Particle size distribution of the slurry at different distances from overflow lip in rougher 160m³ flotation cell

Table 4 and Fig. 11 reflect particle size distribution of the slurry at different distances from overflow lip in 40m³ flotation cells. It is apparent to see that particle size compositions change sharply between distances from overflow lip between 1. 8m and 2. 3m. The group of particles in size of+0. 25mm declined significantly when the distance from overflow lip exceeds 1. 8m. Above all, 160m³ flotation cell has evident superiority in solid suspension and would be helpful for the flotation of phosphorite.

Table 4 Particle size distribution of the Slurry at different distances from overflow lip in the rougher 40m³ flotation cells

Size/mm	Distance from overflow lip/%							
	0. 5m	1m	1. 5m	2m	2. 5m	3m	3. 5m	4m
+0. 25	4. 5	8. 73	5. 47	8. 34	39. 11	4. 5	8. 73	5. 47
−0. 25~+0. 15	12. 49	8. 43	9. 79	8. 85	23. 44	12. 49	8. 43	9. 79
−0. 15~+0. 074	23. 09	22. 41	23. 32	22. 81	18. 32	23. 09	22. 41	23. 32

continuned Table 4

Size/mm	Distance from overflow lip/%							
	0. 5m	1m	1. 5m	2m	2. 5m	3m	3. 5m	4m
-0. 074~+0. 037	37. 98	31. 14	38. 16	30	12. 12	37. 98	31. 14	38. 16
-0. 037	21. 94	29. 29	23. 26	30	7. 01	21. 94	29. 29	23. 26

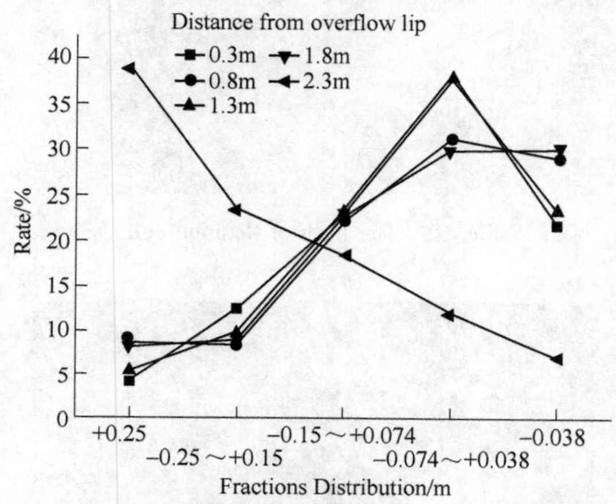

Fig. 11 Particle size distribution of the slurry at different distances from overflow lip in rougher $40m^3$ flotation cells

3. 3 Metallurgical performance

Industrial experiments achieve good metallurgical performances. The froth of flotation cell is shown in Fig. 12 and the particles after discharging the slurry is also shown in Fig. 13. When the P_2O_5 grade of feed is 2. 12% and particles in size of +0. 25mm and -0. 074mm is respectively 43. 37% and 29. 11%, the concentrate grade is up to 30. 68%, tailings grade is 1. 14%, recovery is 47. 97 % and the yield of concentrate is 3. 35%. Fig. 14 shows the index during the period of industrial experiment.

The comprehensive samples combining all experiment samples were made and particle size analysis results of $160m^3$ flotation cells are listed in Table 5. And Table 6 also gives the particle size analysis results of $40m^3$ flotation cell. The metallurgical performance of $160m^3$ flotation cell is similar with that of the $40m^3$ flotation cells. Either of them has its advantages and disadvantages in metallurgical performance. Considering the flotation circuit of $40m^3$ flotation cell interrupted by settlement, the industrial experiment flotation circuit could obtain more stable metallurgical index. It is found that the grade of coarse particles in size of +0. 15mm is high over 31%, but the recovery of that size is relatively low. Therefore, it is significant to optimize flotation cell for increasing recovery of coarse particles furthermore.

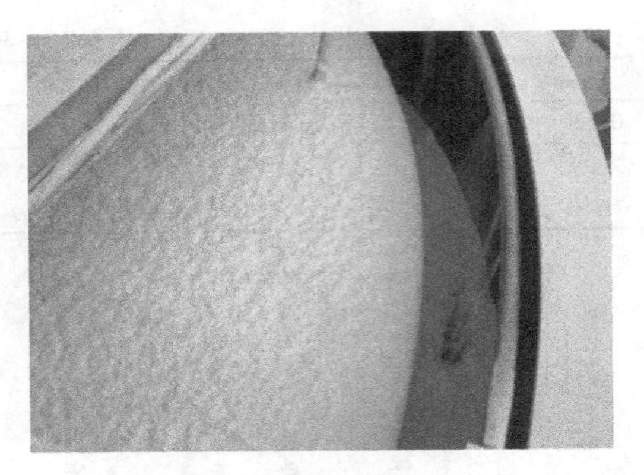

Fig. 12 The forth of flotation cell

Fig. 13 The particles after discharging the slurry

Table 5 Particle size analysis results of 160m³ flotation cell (P_2O_5)

Size/mm	Feed/%			Concentrate/%			Tailings/%			Particle Size Recovery /%	Particle Size Yield /%
	Yield	Grade	Metal Distribution	Yield	Grade	Metal Distribution	Yield	Grade	Metal Distribution		
+0. 25	34. 74	0. 94	15. 33	0. 75	32. 08	0. 35	29. 46	0. 92	23. 76	2. 19	0. 06
-0. 25~+0. 15	20. 31	1. 88	17. 92	9. 70	31. 83	11. 24	20. 72	1. 26	22. 89	34. 34	2. 03
0. 15~+0. 074	13. 42	3. 39	21. 35	26. 68	31. 25	30. 36	14. 78	1. 35	17. 49	62. 89	6. 82
-0. 074~+0. 037	8. 27	4. 16	16. 15	22. 76	30. 92	25. 62	8. 83	1. 19	9. 21	74. 25	9. 99
-0. 037	23. 25	2. 68	29. 25	40. 11	22. 21	32. 43	26. 21	1. 16	26. 65	59. 84	7. 22
Total	100. 00	2. 13		100. 00	27. 6		100. 00	1. 14		48. 48	3. 74

Table 6 Particle size analysis results of $40m^3$ flotation cell (P_2O_5)

Size/mm	Feed/%			Concentrate/%			Tailings/%			Particle Size Recovery/%	Particle Size Yield /%
	Yield	Grade	Metal Distribution	Yield	Grade	Metal Distribution	Yield	Grade	Metal Distribution		
+0. 25	31. 51	1. 40	16. 33	0. 93	38. 80	1. 21	47. 84	1. 05	32. 73	25. 70	0. 92
−0. 25 ~ +0. 15	15. 90	3. 40	17. 92	5. 96	38. 70	7. 7	15. 67	2. 00	20. 43	43. 42	3. 81
0. 15 ~ +0. 074	20. 25	3. 10	23. 50	24. 16	35. 8	29. 05	15. 33	1. 90	19. 857	40. 88	3. 54
−0. 074 ~ +0. 037	13. 74	3. 70	18. 81	27. 59	32. 4	29. 84	7. 91	1. 80	9. 28	54. 37	6. 20
−0. 037	18. 60	3. 10	21. 35	41. 34	23. 35	32. 23	13. 25	2. 05	17. 70	37. 13	4. 93
Total	100. 00	2. 70		100. 00	29. 95		100. 00	1. 53		45. 67	4. 12

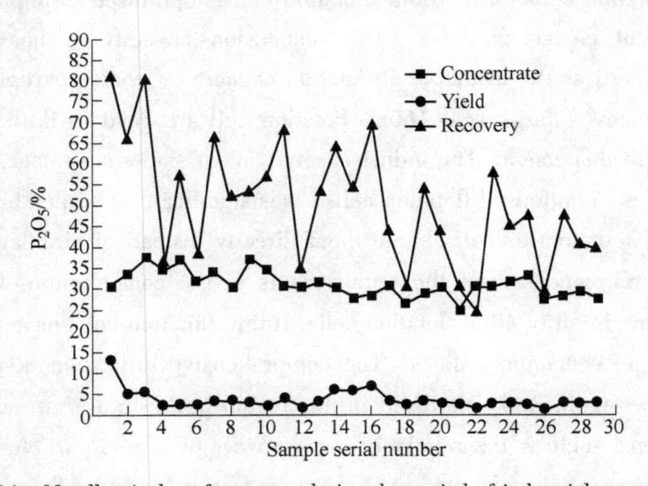

Fig. 14 Metallurgical performances during the period of industrial experiment

3. 4 Power consumption

Installed power and operation power consumption are very important for a concentrator cost, and it can intuitively reflect the technical performances of equipment (Shen, 2011 (S1)). The installed power and operation power consumption comparisons between $160m^3$ flotation cells and $40m^3$ flotation cells are listed in Table 7. The installed power is reduced by 45. 75% compared with the previous flotation circuit. And the operation consumption power is reduced by 28. 9%. It is demonstrated that power consumption of the $160m^3$ flotation cell can be controlled at a relative lower level and operation cost are reduced sharply. In addition, the previous flotation circuit can be replaced by the experimental flotation cell with half of the footprint area saving.

Table 7 Installed power and operation power consumption comparisons

Items	Industrial Experiment flotation circuit	Previous flotation circuit	Difference/%
Installation Power/kW	708	1305	-45. 75
Operation Power Consumption/kW	409	574	-28. 9

4 Conclusions

Chengde area in China is rich in low grade iron ore with phosphorus resources. It is meaningful to comprehensively recover phosphorus from the tailings of magnetic separation. However, due to a great of coarse particles, it is difficult to separate effectively by conventional flotation cells. The 160m^3 flotation cell is optimized to improve suspension and separation of coarse particles. The suspension capacity of heave particles is strengthened as well as the available circulation capacity of coarse particles.

The performances of large- scale160m^3 flotation cell are good in fluid dynamics performances and air dispersion. The industrial experiment shows advantages in suspension of coarse particles in optimized flotation cells. It is significant to suspend overweight particles off the tank bottom and discharge them directly instead of circulating them. The metallurgical performances meet the requirements of the concentrator. Compared with previous flotation circuit of 40m^3 flotation cells, 160m^3 flotation cells have obvious advantages in technique economic indices. The comprehensive utilization of phosphorus resources would be significantly improved in this region in the future. In addition, considering the problems such as the relatively low recovery of coarse particles and adjusting inspiration volumes extensively, etc. , it is also necessary to optimize flotation cell furthermore.

5 Acknowledgement

This research program is supported by grants from the National Natural Science Foundation of China (No. 51074027&No. 51474032) and the Science Foundation of BGRIMM (YJ-2012-21).

References

Ahmed N, Jameson G J, 1985. The effect of bubble size on the rate of flotation of fine particles [J]. International Journal of Mineral Processing, 14, 195-215.

der Westhuizen A P V, Deglon D A, 2007. Evaluation of solids suspension in a pilot-scale mechanical flotation cell: The critical impeller speed [J]. Minerals Engineering, 20, 233-240.

Hernáinz F, Calero M, Blázquez G, 2004. Flotation of low-grade phosphate ore [J]. Advanced Powder Technology, 15, 421-433.

Houot R, Chander S. 1982. Beneficiation of phosphatic ores through flotation: Review of industrial applications and potential developments [J]. International Journal of Mineral Processing, 9, 353-384.

Jameson G J, Graeme J. 2012. The effect of surface liberation and particle size on flotation rate constants [J]. Minerals Engineering, 36-38, 132-137.

Liu Z, Shen Z, Song X, et al. 1998. The system of phosphate flotation cell [J]. Metallic ore dressing abroad, 11-14 (in Chinese).

Nguyen A V, Schulze H J. 2004. Colloidal Science of Flotation. Marcel Dekker, New York.

Shaikh Ahamad M H, Dixit S G. 1993. Beneficiation of phosphate ores using high gradient magnetic separation [J]. International Journal of Mineral Processing, 37, 149-162.

Shen Z. 2011 (S1). Development history and trend of flotation cell [J]. Nonferrous Metals (Mineral Processing Section) 0, 34-46 (in Chinese).

Shen Z, Song X, Liu Z. 1997. The system research and design of phosphate flotation cell [J]. Nonferrous Metals (Mineral Processing Section), 22-27 (in Chinese).

Sis H, Chander S. 2003. Reagents used in the flotation of phosphate ores: a critical review [J]. Minerals Engineering, 16, 577-585.

Tang P, Wang S, Tian J. 2012. Experimental research on comprehensive recovery of a low grade iron-titanium-phosphate ore in Chengde [J]. China mining magazine, 21, 91-94 (in Chinese).

Tian S. 2008. Typical features and distribution of Chinese phosphate deposits [J]. Geology of chemical minerals, 22, 11-16 (in Chinese).

Trahar W J, Warren L J. 1976. The flotability of very fine particles-A review [J]. International Journal of Mineral Processing, 3, 103-131.

冶炼炉渣及粗颗粒浮选机的工业试验及应用研究

陈 东　杨丽君　赖茂河　张跃军

（北京矿冶研究总院，北京，100160）

摘　要：随着有色金属工业的不断发展，用选矿方法处理选冶固体废弃物对提高资源利用率和解决环境污染均具有重大意义。针对炉渣比重大、入选浓度高以及粗颗粒选矿工艺的特点，研制了具有中比转速叶轮下盘封闭式定子系统和具有多循环通道阻流栅板的槽体结构的专用浮选机，解决了炉渣及粗颗粒难选易沉槽的难题。

关键词：浮选机；冶炼炉渣；比重大；粗颗粒

Industrial Test and Application of Flotation Cell for Smelting Slag and Course Particle Mineral

Chen Dong　Yang Lijun　Lai Maohe　Zhang Yuejun

（Beijing General Research Institute of Mining and Metallurgy，Beijing，100160）

Abstract： With the continuous development of non-ferrous metal industry，it is of great significance to improve the utilization ratio of resources and solve the environmental pollution by processing beneficiation of solid waste. Aiming at the high slag proportion，the high concentration and the characteristics of the coarse grain beneficiation process，special flotation machines with Medium-speed impeller lower plate closed stator systems and a multi-cycle channel choke plates are designed，solving the hard problem that slag and coarse particles are difficult to be sort but easy to sink.

Keywords： flotation cell；smelting slag；high proportion；coarse particles

1　引言

随着工业的发展，对矿产资源的需求在不断增加，矿产资源生产中产生的固体废弃物总量也在迅猛增长，这些废弃物对厂区周边的生态环境造成了破坏和污染，同时其中的有用组分因未得到回收利用，造成了大量的资源浪费。例如炉渣废弃物的回收利用具有很高的价值，但是与一般硫化矿相比，炉渣废弃物具有密度大、入选矿浆浓度较高、嵌布粒度呈粗细两头分布等特点，一般常规的浮选机无法满足炉渣的特殊要求[1~3]。另外在很多情况下我们希望扩大入选矿物粒度范围，特别是提高入选矿物最佳粒度上限，可以降低磨矿功耗、防止矿石过粉碎，并且会对选矿工艺带来革命性的改变[4]。因此，研制此类专用浮选机对提高资源回收率和保护环境有重要意义。北京矿冶研究总院针对这些特点先后研制了2~40$m^3$6种规格的冶炼炉渣和粗颗粒专用浮选机，其中4m^3规格的浮选机在大冶新冶铜矿得到成功应用，4m^3、8m^3浮选机已在铜陵金口岭炉渣浮选厂成功应用，取得了良好的浮选效果。40m^3浮选机是目前最大型的尾矿再选和冶炼炉渣专用浮选机，首次在江西铜业集团公司贵溪冶炼厂渣选车间进行生产试验和工业运用。此外，该类型浮选机还应用于山东阳谷祥光铜业有限公司、首钢秘鲁铁矿、首钢矿业公司三赢铁矿、承德双滦建龙矿业有限公司、河北顺达矿业有限责任公司。

2 冶炼炉渣及粗颗粒专用浮选机设计原则

设计常规浮选机考虑的问题是：保证矿浆充分悬浮；保证自吸或充入足够的空气；能使空气分散成微细气泡并均匀地分散在槽内各处；有较强的搅拌区以利于细粒物附着；建立相对稳定的分离区和平稳的泡沫层。

冶炼炉渣和粗颗粒浮选对浮选机的设计要求为：（1）有较大的充气量，以形成相对大一点的气泡，有利于背负粗粒级、大比重颗粒上浮；（2）输入功率低，叶轮对矿浆的搅拌力弱，以降低矿浆的湍流强度，利于粗粒级、大比重颗粒上浮；（3）在降低搅拌力情况下保证沉降速度大的粗粒级、大比重颗粒悬浮；（4）背负粗粒矿物的气泡上升距离短，减小外力的干扰；（5）分离区和矿浆表面平稳。冶炼炉渣和粗颗粒浮选对浮选机要求的条件相互间有矛盾，如低搅拌力与保证粗颗粒悬浮；要求矿化气泡上升距离短与建立稳定的分离区和平稳的矿浆表面；搅拌力弱与需气泡均匀分散之间等。北京矿冶研究总院根据以上设计要求研制专用浮选机，解决了浮选工艺与设备之间的矛盾，通过清水和矿浆试验确定了最佳的形式和参数，设计出了工业应用设备。

3 冶炼炉渣和粗颗粒专用浮选机工作原理

冶炼炉渣和粗颗粒浮选机结构如图1所示，由定子、叶轮、阻流栅板、槽体、推泡锥、轴承体组成。浮选机的工作原理为：当浮选机叶轮旋转时，来自鼓风机的低压空气通过分配器周边的孔进入叶轮叶片间，与此同时假底下面矿浆由叶轮下部被吸入到叶轮叶片间，矿浆和空气在叶轮叶片间充分混合后，从叶轮上半部周边排出，排出的矿浆空气混合物由定子稳流后，穿过阻流栅板，进入槽内上部区。此时浮选机内部区矿浆中含有大量气泡，而外侧循环通道内矿浆中不含气泡（或含有极少量气泡），于是内外矿浆就形成压差，在此压差及叶轮抽吸力作用下，内部区矿浆和气泡在设定的流速下一起上升通过阻流栅板，将大比重矿物带到阻流栅板上方，形成大比重矿物悬浮层，而矿化气泡和含有较细矿粒的矿浆则继续上升，矿化气泡升到液面形成泡沫层，含有较细矿粒的矿浆则越过隔板经循环通道，进入叶轮区加入再循环。

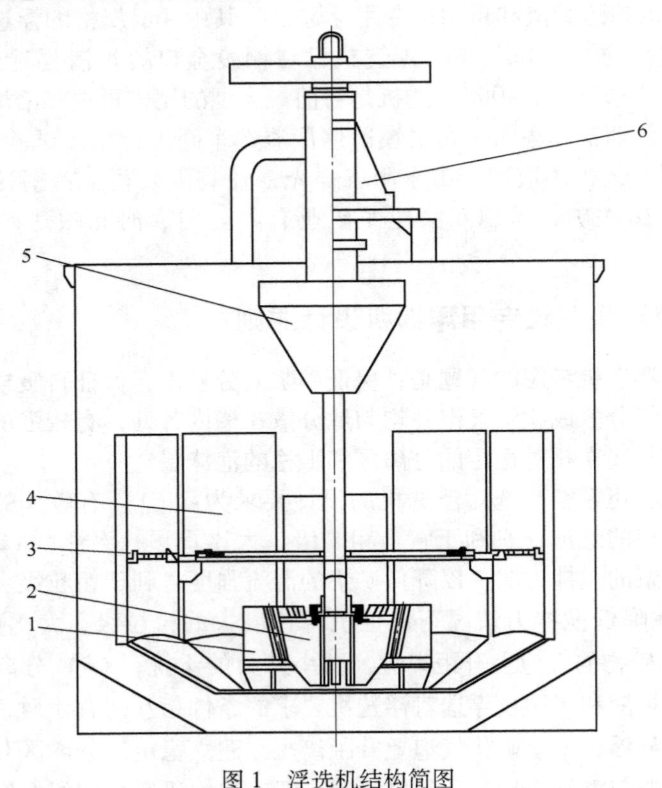

图 1 浮选机结构简图

1—定子；2—叶轮；3—阻流栅板；4—槽体；5—推泡锥；6—轴承体

Fig. 1 Flotation cell structural diagram

4 生产试验

4.1 新冶铜矿浮选

4.1.1 生产工艺流程

工业型粗颗粒浮选机已成功地用于大冶有色金属公司新冶铜矿粗磨粗选工艺流程。新冶铜矿是 1957 年投产的小型有色金属矿山，年处理矿量 12 万吨。选矿厂原设计以选铜为主，采用一次磨矿两次分级，一段分级细度-0.074mm 占35%，采用4台6A 浮选机粗选，二段分级细度-0.074mm 占75%，用浮选柱扫选，通过一次磨矿两次分级浮选，铜回收率约达90%。由于两次分级闭路磨矿，磨矿分级细度较细，钨矿物过磨现象较严重，钨回收率仅为5%，因此新冶铜矿决定改变磨矿分级条件，适当放粗磨矿分级粒度，将一次磨矿两段分级改为一次磨矿一次分级，在粗磨条件下进行浮选，浮选尾矿重选。但磨矿分级粒度放粗后，用A 型浮选机浮选铜回收率降低3%~4%，无法实现粗磨粗选工艺流程，难以提高白钨回收率。在保证不降低铜、硫回收率的条件下，提高白钨回收率的关键是寻求一种适合粗粒浮选的选矿设备，实现粗磨粗选工艺流程。

4.1.2 工业对比试验

为适应新冶铜矿粗磨粗选工艺流程，北京矿冶研究总院用两台4m³粗颗粒浮选机与4台6A 浮选机，分别与8台5A 浮选机组成试验流程，试验流程如图2所示。工业试验表明：粗颗粒浮选机运行正常可靠，液面平稳，泡沫层较厚，未发生沉槽现象，粗颗粒浮选机的作业回收率高于6A 浮选机并便于操作管理，因此，决定用6台4m³粗颗粒浮选机取代4台6A 浮选机和1台浮选柱，并进行了长期的生产考察。

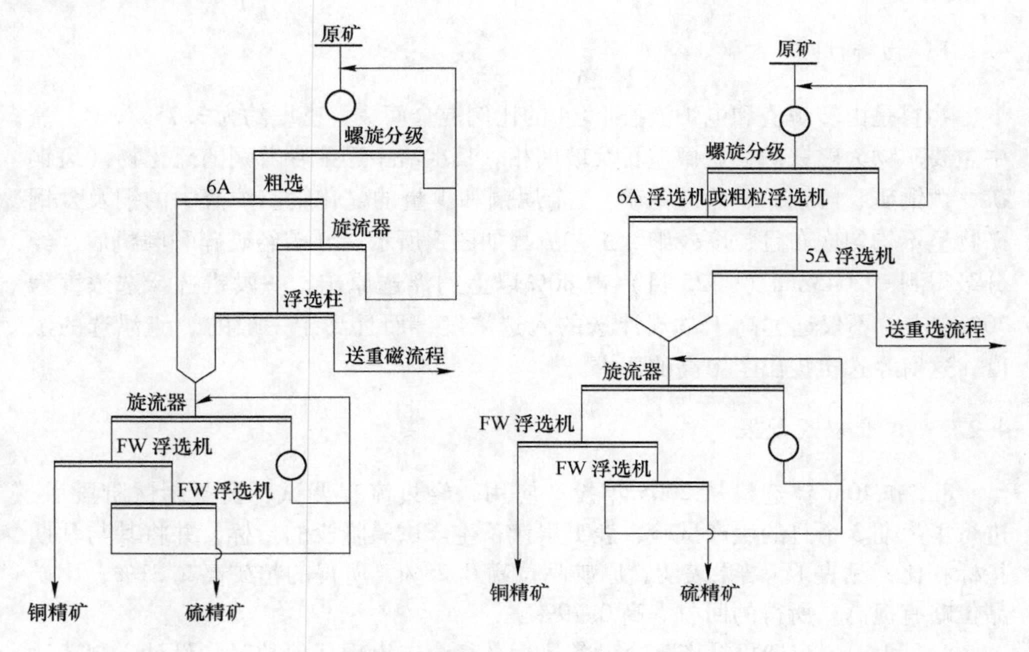

图2 生产工艺流程

Fig. 2 Process flow sheet in production

采用粗颗粒浮选机取代6A浮选机和浮选柱，铜精矿品位提高1.26%，回收率提高1.67%；硫精矿品位提高4.16%，回收率提高0.571%。原细磨生产工艺流程是以选铜、硫为主，白钨回收率只有5%。改粗磨粗选工艺流程后，给入重选的细度由-0.074mm占73%变为-0.074mm占48%，使钨金属在-40μm的粒级中含量由70%减至40%以下，显著改善了白钨矿的重选指标，使白钨回收率由5%提高到27.76%。

4.2　江西集团冶炼炉渣浮选

江西铜业集团公司是我国最大的铜采矿、选矿、冶炼、加工联合企业，贵溪冶炼厂为其下属的二级企业。为了提高企业的经济效益和满足国内市场对铜的需求，贵溪冶炼厂进行了技术改造工程，在原有设施的基础上，2002年年底，将阴极铜产量由20万吨/年提高到30万吨/年。改造后闪速炉各项生产指标都达到了设计值，唯独电炉弃渣含铜高于设计值。弃渣含铜高降低了全厂铜金属回收率，对企业的经济效益也会产生一定的影响。鉴于渣选法在铜精矿品位平均为26%的情况下，每年能从弃渣中多回收5137t金属铜，因此贵溪冶炼厂采用渣选法处理电炉渣，并决定采用北京矿冶研究总院针对冶炼炉渣特点研制的8m³和4m³浮选机。

4.2.1　物料性质

物料是由转炉渣和电炉渣按1∶4的比例混合而成，密度约为3.75g/cm³，渣中主要矿物为磁铁矿、铁橄榄石及玻璃相。其次渣中还赋存着铜的硫化物（斑铜矿、黄铜矿、辉铜矿、蓝辉铜矿）、金属铜和少量的氧化铜。炉渣中的铜及含铜矿物呈不均匀嵌布且粒度较细。工艺流程如图3所示。原矿经破碎和磨机后，经分级得到-0.043mm（-325目）占80%以上的浮选原矿。一段粗选浮选浓度为70%左右，不仅远远高于常规浮选的入选浓度，而且高于一般的炉渣浮选的浓度，这对浮选机提出了更高的要求。

4.2.2　工业应用效果

8m³和40m³浮选机从2005年投产应用，经过流程调试、设备调试阶段后，进行了为期3个月的生产试验，表1累计了生产试验阶段的指标，并将其与预期指标相比，见表1。结果表明，原矿品位高0.28%，所得的精矿高2.31%，尾矿品位略有提高，所得的回收率高0.79%。

8m³和40m³浮选机投产至今设备运行平稳，未出现任何故障，设计、制造达到生产要求，浮选机搅拌力强，在浮选机中上部形成了悬浮层，泡沫层稳定，没有翻花及沉槽现象。

表 1 指标对比

Table 1 Production index comparison

指 标	原矿品位/%	精矿品位/%	尾矿品位/%	回收率/%
生产试验累计指标	2. 32	27. 18	0. 4	83. 93
预期指标	2. 04	24. 87	0. 37	83. 14
生产试验-预期指标	0. 28	2. 31	0. 16	0. 79

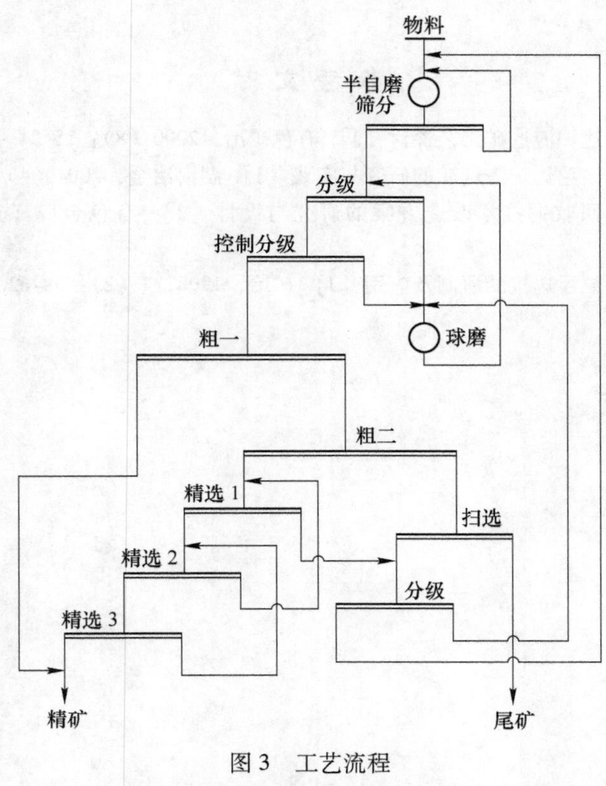

图 3 工艺流程

Fig. 3 Process flow sheet

5 结论

冶炼炉渣及粗颗粒专用浮选机是一种独创的、新型高效浮选设备，具有先进的叶轮、定子系统及独特的槽体结构，较粗矿粒悬浮在格子板上部区形成悬浮层，有利于粗粒选别。该机的研制成功填补了我国粗粒浮选设备的空白，具有国际先进水平。新冶铜矿采用粗颗粒浮选机，改细磨工艺为粗磨工艺，简化了生产工艺流程。使球磨机循环负荷下降，处理能力提高了 30%。采用粗磨粗选工艺流程后放粗了磨矿分级粒度，减少了有用矿物的过粉碎，在铜、硫回收率分别提高 1. 67%、0. 57%的情况下，白钨回收率由 5%提高到 27. 7%。浮选药剂松油和黄药消耗分别降低 42. 11%和 7. 14%，降低能耗 16. 5%。江西集团炉渣选矿采用该设备，原矿品位高 0. 28%，所得的精矿高 2. 31%，尾矿品位略有提高，所得的回收率高 0. 79%。

工业试验与生产考查表明：该类型浮选机结构简单、设备自重轻、维修方便、运转平稳、充气量易于调节。不仅标志着我国已成功攻克炉渣及粗颗粒浮选的难题，而且已经实现了设备的大型化，对提高资源利用率、解决环境污染均具有重大意义。

参 考 文 献

[1] 杨雁冰. 诺兰达炉渣选矿工艺探讨 [J]. 有色矿冶，2000 (8)：15-24.

[2] 甘宏才. 大冶诺兰达炉渣选矿的研究与实践 [J]. 湖南冶金，2004 (4)：28-34.

[3] 杨峰. 电炉渣回收铜技术改造方案的研究与设计 [J]. 有色金属 (选矿部分)，2006 (1)：14-17.

[4] 刘振春. 粗颗粒浮选机的研制及应用 [J]. 矿冶，1998，7 (2)：58-62.

Study on Flotation Technique to Recycle Copper from Tailings

Chen Dong Yu Yue

(Beijing General Research Institute of Mining and Metallurgy, Beijing, 100160)

Abstract: A copper dressing plant in Jiangxi province of China deals with raw ore in the capacity of 185, 000t/a, and its copper recovery is 86. 5% while 13. 5% copper still remained in tailings, and a considerable amount of copper is lost in coarse particles tailings. Coarse particles with large size and big mass are very easily detached from bubbles in flotation process, so it is difficult for the plant to use original flotation process and equipments to deal with copper ore. To recycle copper from tailings produced by original flotation circuit, laboratorial experiments were carried out, and then recycle system for that tailing was established and two steps beneficiation process was determined. The first step beneficiation only include one rougher bank, and two sets of CGF-40 flotation cells specially designed by BGRIMM (Beijing General Research of Mining and Metallurgy) for coarse mineral particles were used. The second step beneficiation consisted of one rougher bank, one scavenger bank and two cleaner banks, which is designed to further process froth product from step one. Based on that recycle system, the effect of the reagent and the operation parameters on flotation results was also investigated. The industrial test result shows that the copper recovery of entire recycle system is above 20% while the copper grade of 0. 3% (equivalent to copper grade of raw ore). It is estimated that 3, 000 tons of copper would be recycled per year using this flotation technique.

Keywords: CGF-40 flotation cell; copper ore; tailings; coarse particle

A copper dressing plant in Jiangxi province of China deals with raw ore in the capacity of 185, 000t/a, and its copper recovery is 86. 5% while 13. 5% copper still remained in tailings, it is estimated that about 10, 000 ton copper is abandoned in tailing because of limitation of equipments and beneficiation process. The result of grading analysis shows that majority of copper is contained in poor locked valuable mineral particles larger than 0. 125mm. Recovery abandoned copper from tailing could create economical benefits, increase rate of multipurpose utilization of tailing and upgrade technology of beneficiation. A new type of wide rang- self- inspiring flotation machine CGF- 40 is designed by BGRIMM, to meet the specific performance goals in terms of the recovery of copper particles larger than 0. 0125mm.

1 Laboratorial Experiments

In order to provide advices principle process flow sheet and the reagent condition of it for industrial test of recovery copper from tailings, laboratorial experiments are carried out firstly[1]. Result of component analysis shows that tailings are consisted of quartz, mica, corrensite and so on. The copper grade of tailings is about 0. 3%. Approximately 86. 96% copper exists in form of copper sulfide, and among them chalcopyrite accounts for 80%, and tetrahedrite accounts for less than 7%. Those chalcopyrite and tetrahedrite are leaned to or covered by gangue (quartz and mica) in form of locked valuable mineral particles and inclusion.

The result of analysis tailings by method of water sieve shows that: in tailings, copper mineral particles larger than 0. 043mm accounts for 49. 79% and its copper grade is 0. 10%; copper mineral particles smaller than 0. 043mm accounts for 22. 17% and its copper grade is 0. 028%; particles smaller than 0. 010mm accounts for 19. 40%. The data above indicate that particles size distribution is non-uniform and coarse particles are in the majority.

A lot of methods are taken in experiments for recycling copper from tailings, and flotation process is decided to be most appropriate method to concentrate useful particles. The beneficiation process is designed as following: The first step is one rougher bank to recycle useful coarse particles as much as possible. The second step beneficiation consisted of one rougher bank, one scavenger bank and two cleaner banks, which is designed to further process froth product from step one. The flotation time of industrial test is set to be 8. 5 minutes, the density of feeding pulp is about 30%, and the pH value of pulp is 8. 5. The reagent condition of the process is listed in Table 1: sodium butyl xanthogenate and Z200 are used as collection, oil 2# is used as foaming agent, and lime is used as adjust agent.

Table 1 The reagent condition

No.	Reagent	Dosage/g · t^{-1}
1	Sodium butyl xanthogenate	60
2	Oil 2#	30
3	Z200	10

The results of laboratorial experiments show that: in open-circuit test, copper grade of rough concentrate is 0. 30% (equivalent to copper grade of raw ore) while the recovery of it is 50. 40%; in close-circuit test, copper grade of rough concentrate is 0. 50% while the recovery of it is 57.33%; in close-circuitdesliming test, grade of rough concentrate copper is 6.14% while the recovery of it is 60.13%. Compared comprehensively, the beneficiation process of the industry test is suggested to be part of close-circuit desliming and then flotation, in order to minimize the detrimental effects of fine silt, and improve flotation result and lower production cost. The basic process and the reagent condition of the industry test are decided so far.

2 Introduction of CGF-40 Flotation Cell

Base on production practice, the coarse particles flotation should follow principles following[2]:

(1) High aspiratory capacity is required, so as to form bubbles in large diameters. Large bubbles are good for floating coarse particles, and have more opportunities to contact with mineral particles.

(2) Low power input is needed, and stir force of impeller should be weak to ensure less turbulent intensity of pulp. Particles are easily adhered to bubbles and floated.

(3) Large quantity of pulp through the impeller is necessary, because it is good for particles suspension and increasing the opportunities of collision of particles and bubbles.

(4) Shallow flotation cell is preferred, so that the distance of mineral bubbles travelling to the froth layer would be short. At the same time, the separation area and forth layer is more stabilized, which are good for particles floating.

(5) The froth lip loading should be proper, so that froth could flow into overflow wire in time.

Through lots of experiments, a careful analysis of how mineral particles in different sizes collide[3], adhere to bubbles and their affecting factors is carried out, besides a specific researches on how the depth of cell, the speed of impeller and the inspiratory capacity of flotation cell affect coarse particles floating are carried out. Base on the analysis results, and coupled with over 60 years experience on flotation machines design, BGRIMM (Beijing General Research of Mining and Metallurgy) successfully develops a new type of mechanical flotation cell, the CGF-40 flotation cell, which could significantly improve coarse particles flotation index while ensure the flotation index of common size particles. The CGF-40 flotation cell consists of an agitator assembly, a tank, grid plates, motor driver and so on, as it showed in Fig. 1. Fig. 2 shows the 4 dynamic regions of the flotation cell, which are circulation flow region, (mineralized bubbles) transportation region, particles dropping off region and forth layer region.

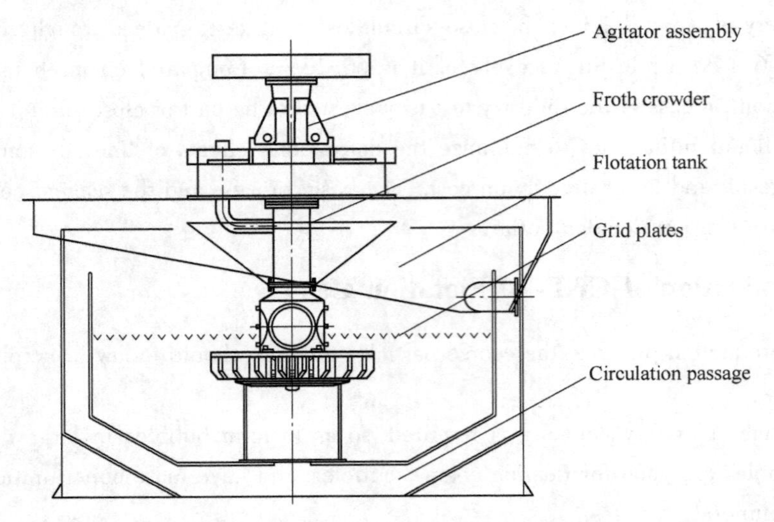

Fig. 1　Structure of the CGF-40 flotation cell

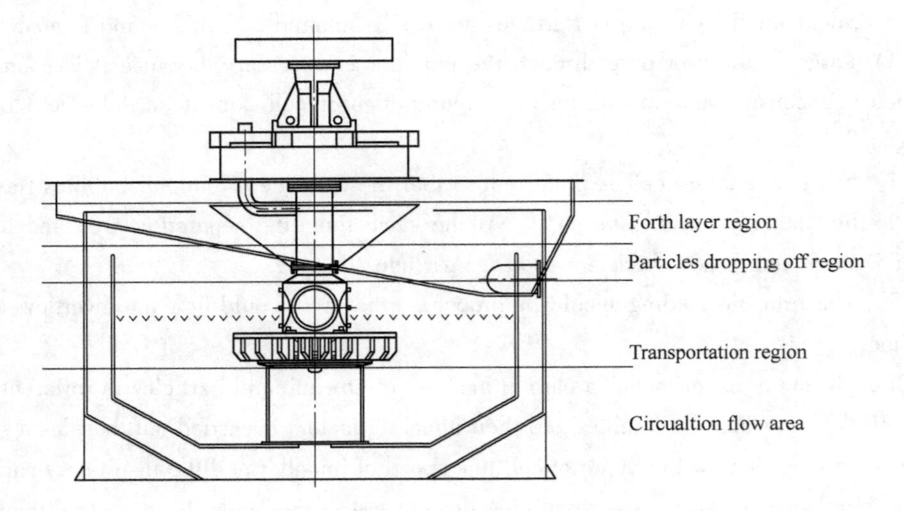

Fig. 2　Dynamic regions of the flotation cell

The CGF-40 flotation cell featured with a new way of pulp circulation, which could ensure pulp flows through a certain circulation passage in condition that low impeller speed. The pulp circulation passage creates a good condition for coarse particles suspension, and enhance capacities of mineralized bubbles to carry particles so that more coarse particles could be floated. At the same time, pulp flowing back to impeller region is in low density and carry with fine particles, so that it reduces the wear-out and the power consumption of the impeller, but improve performance of inspiration of flotation cell.

While in the meantime, pulp in the circulation flow region stirred by impeller, so it the increase chance of collision, which is good for fine particles adhere to bubbles. As far as coarse particles concerned, when they flow from the bottom to top area of the cell, they will speed up when pass through holes in grid plates. So that velocities of coarse particles below the grid plates would be faster than their terminal velocity and that is the reason why there is a suspension layer of coarse particles above the grid plates. Above the grid plates is the transport region, and within this region the relative velocity between the particles and bubbles is slow down. The transportation region of the CGF-40 flotation cell is designed to be shorter than common one, so that the distance mineralized bubbles travelling from transportation region to forth layer region is shorter. Because of that, the time for contact of particles and bubbles is prolonged, and the intensity of the flow turbulences is reduced. All the reasons above contribute a good condition for a better beneficiation of useful mineral particles in a wide size range, especially for coarse particles.

By on, the CGF-40 flotation cell is designed basic on hydrokinetics characters of pulp flow in cell and meets the requirement of flotation wide-range-size mineral particles flotation. This type of flotation machine provides advantages for recycle coarse copper particles from the tailing.

3 Industrial Test

3.1 Basic flotation process

In the previous section, basic beneficiation process and the reagent condition are determined, except that pre-desliming process is rejected because of short of hydrocyclones in testing site. In the industrial test, the first step beneficiation only included one rougher bank, and two sets of CGF-40 flotation cells specially designed by BGRIMM were used. The second step beneficiation consisted of one rougher bank, one scavenger bank and two cleaner banks, which is designed to further process froth product from step one. The feed of the rougher is actually the tailings of De Xing copper dressing plant, and the density of pulp is about 31%~33%, the flow rate of feed is about $8m^3/min$, and the flotation time is 8.5min as it decided in laboratorial experiments. The detail flotation process is shown in Fig. 3.

In order to investigate the performance of the CGF-40 flotation cell, automatic samplings of feed, concentrate and tailings of this industry test are carried out at the rate about twice an hour[3]. Those samplings are sent for laboratory test in trace of elements of Cu、S. Random samplings of concentrate of rougher bank are analysis for content of grains larger than 0.125mm and 0.074mm by method of water sieve.

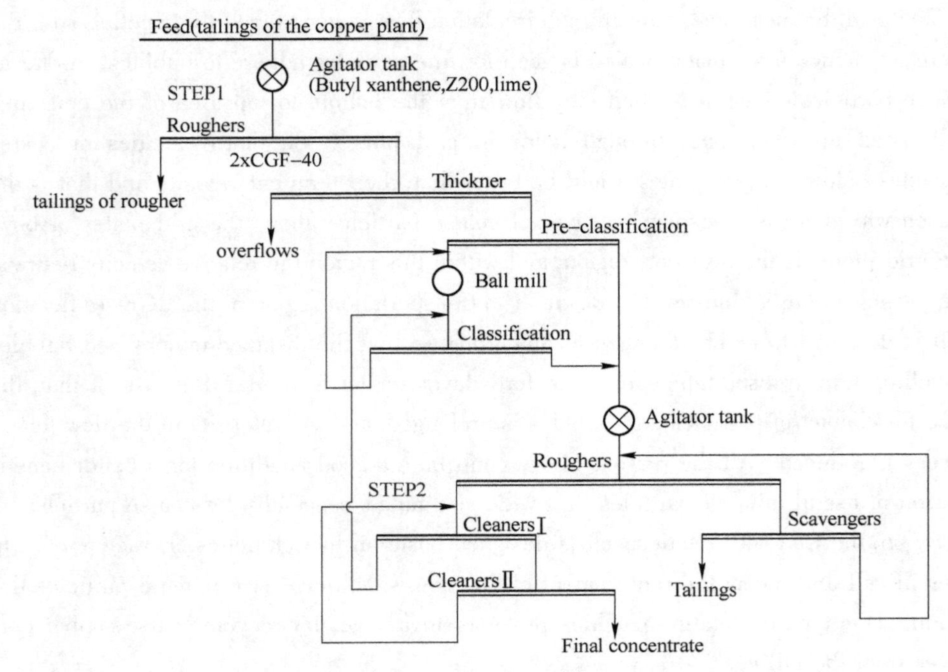

Fig. 3　Flotation flow sheet

3.2　Comparison tests

Motor frequency is an important running parameter of flotation cell, and a appropriate value of parameter would significantly improves flotation performance. Before the industrial test, a pure water test was carried out, and the result of it shows that when motor frequency is 47Hz, the flotation cell has a large inspiration rate and the water flow is smooth and steady relatively. Considering the density of pulp is larger than water, so that the proper motor frequency of industrial test would be slightly different from that of pure water test. Set the motor frequency as a variable quantity in different value of 46.3Hz, 46.8Hz, 47Hz and 47.5Hz, the comparison tests of inspiration of flotation cell are carried out, and results of tests are listed in Table 2.

Taking other flotation indexes such as inspiration rate and pulp flow rate into consideration[4], the proper motor frequency of industrial test is decided to be 47Hz, based on analysis of comparison test. Under the optimal condition that motor operate at frequency of 47Hz, the recovery of copper in rough bank is 21.13%, and its concentrate consists of 21.75% particles larger than larger than 0.74mm and 32.00% particles larger than 0.125mm.

In a word, through using the CGF-40 flotation cell, copper minerals exit in coarse particles of the tailing are effectively recycled.

Table 2 General indexes of flotation table

Stage	Motor frequency /Hz	Grade of feed/%		Grade of concentrate /%		Grade of tailings /%		Recovery /%		Grade of final concentrate Cu/%	Enrichment ratio of Cu/%	Content of particles/%	
		Cu	S	Cu	S	Cu	S	Cu	S			Size over 0. 125mm	Size over 0. 074mm
I	46. 3	0. 066	0. 722	0. 195	3. 652	0. 056	0. 492	21. 33	35. 17	7. 033	2. 982	23. 48	31. 95
	46	0. 074	0. 890	0. 227	4. 132	0. 067	0. 621	15. 964	35. 824	9. 728	3. 021	22. 07	35. 9
II	47	0. 074	0. 620	0. 253	4. 236	0. 063	0. 406	20. 873	38. 736	13. 116	3. 408	22. 11	31. 5
	47. 5	0. 074	0. 334	0. 193	1. 601	0. 065	0. 219	17. 703	38. 45	11. 59	2. 628	14. 59	22. 73
III	46. 8	0. 075	0. 481	0. 197	2. 098	0. 065	0. 297	20. 68	43. 85	14. 79	2. 63	18. 5	30. 55
	47	0. 065	0. 708	0. 158	2. 907	0. 057	0. 428	21. 505	46. 898	15. 77	2. 432	19. 59	34. 54
Best motor frequency is 47Hz		0. 0704	0. 655	0. 215	3. 704	0. 0606	0. 415	21. 13	42. 001	14. 178	3. 018	21. 75	32. 00

3. 3 Adjustment of the reagent condition

Because of the differences between laboratorial experiments and the industrial trail test, the reagent condition should be slight adjusted. In order to find the perfect reagent condition of industrial trail test, set the dosage of sodium butyl xanthogenateand pH value as variable quantities[5], the detail values of each are listed in Table 3, comparison tests are carried out under the condition that motor frequency is 47Hz and dosage of Z200 is still 10g/t constantly. Results of tests are listed in Table 4.

Table 3 Industry trail production procedure

Stage of test		Dosage of butyl xanthene $/g \cdot t^{-1}$	pH value	Flotation time /min
1		20	8~8. 5	8. 5
2		20	7	8. 5
3		0	7	8. 5
4	I	0	7	6. 5
	II	0	7	8. 5

Table 4　Index statistics of industrial trial test

Stage of test		Rougher (step Ⅰ)								Grade of final concentrate/%
		Grade of feed /%		Grade of concentrate /%		Grade of tailings /%		Recovery/%		
		Cu	S	Cu	S	Cu	S	Cu	S	
1		0. 068	0. 574	0. 167	2. 37	0. 059	0. 384	20. 46	39. 2	11. 86
2		0. 056	0. 605	0. 157	2. 523	0. 048	0. 354	20. 58	47. 7	15. 09
3		0. 058	0. 543	0. 144	1. 793	0. 05	0. 297	21. 13	51. 1	15. 67
4	Ⅰ	0. 059	0. 644	0. 181	3. 238	0. 05	0. 383	21. 08	46. 13	12. 87
	Ⅱ	0. 056	0. 534	0. 151	2. 089	0. 047	0. 346	23. 33	41. 8	
Totalize		0. 061	0. 577	0. 16	2. 342	0. 052	0. 355	21. 85	44. 593	13. 671

The date in Table 4 indicates that:

(1) During industrial trial test period, the recovery of copper could reach 21. 85%, while the ratio of copper enrichment is 2. 63.

(2) The rougher bank' s recovery has little affluence on metallurgical goal under the circumstance which pH value of 7. 0 and without butyl xanthene. The recovery of copper could reach 20. 58% and 21. 13% separately, while copper enrichment ratio were 2. 80, 2. 48.

(3) When flotation time is 6. 5min, the copper recovery of rougher bank could reach 21. 08% and copper enrichment ratio is 3. 086. When flotation time is 8. 5 minutes, the recovery of copper of rougher bank could reach 23. 33% and copper enrichment ratio is 2. 70. There is little difference between the results of flotation time of 8. 5 minutes and that of 6. 5 minutes.

(4) The copper grade of concentrate of whole process could reach 13. 672%, which is relatively high grade for recycling copper from abandoned tailings.

4　Conclusions

(1) Through carrying out the laboratorial experiments, flotation method is decided to be the proper way to recycle copper, and the recycle system for that tailing was established and two steps beneficiation process was determined. The flotation time of industrial test is set to be 8. 5 minutes, the density of feeding pulp is about 30%, and the pH value of pulp is 8. 5. The reagent condition of the process: sodium butylxanthogenateand Z200 are used as collection, oil 2# is used as foaming agent, and lime is used as adjust agent. The result of laboratorial experiments shows that within proper beneficiation process, copper grade of rough concentrate could reach 0. 30% (equivalent to copper grade of

raw ore) at least while the recovery of it is 50. 40%.

(2) A new type of wide rang-shallow-self-inspiring flotation machine CGF-40 is designed by BGRIMM, which aims at recovering the coarse copper particles.

(3) After a pure water test and a running test with pulp, proper motor frequency is investigated to be 47Hz. Under the condition of that, the adjustment of the reagent condition is made, and final the proper reagent condition is decided that pH value of 7. 0 and on butyl xanthene.

(4) The result of industrial test shows that, under the optimal conditions of beneficiation process and the reagent condition, it is estimated that 3, 000 tons of copper would be recycled from abandoned tailings per year using this flotation technique.

References

[1] Yu Yue, Dong Ganguo, Yang Lijun. Industrial test research on CGF-2——the wide-range particles selected mechanical flotation cell, J. Nonferrous Metals (Mineral Processing Section). 4 (2013) 69-73.

[2] Zhang Jianyi, Yang Xiaofeng, Yang Lijun, et al. Research on 320m^3 Air-forced Mechanical Flotation Cell through Commercial Test, J. Nonferrous Metals (Mineral Processing Section). 1 (2011) 181-183.

[3] Cao Liang, Chen Dong, Zhang Wenming, et al. Study on a kind of mechanical flotation machine for coarse particles, J. Nonferrous Metals (Mineral Processing Section), 4 (2007) 26-28.

[4] S D D Welsby, S M S M Vianna, J P Franzidis. Assigning physical significance to floatability components, J. International Journal of Mineral Processing. (2010) 59-67.

[5] R Varadi, K Runge, J P Franzidis. The Rate Variable batch test (RVBT) - A Research Method of Characterising Ore Floatability, XXV Internation Mineral Processing Congress Proceedings, Australia. (2010) 2471-2480.

CLF 浮选机对粗颗粒钛铁浮选工艺适应性研究

张跃军　韩登峰　冯天然　陈　东

（北京矿冶研究总院，北京，100160）

摘　要：本文以来自加拿大魁北克的钛铁矿为矿样，在实验室开展了25L CLF浮选机对粗颗粒钛铁矿浮选工艺适应性研究。试验的目的是利用浮选方法在不进一步降低磨矿粒度的条件下将钛铁矿产品的硫品位降低至0.08%以下。矿样比重4.3，+300μm粒级组分占76%。因矿物比重大且粒度粗，技术难点在于保证矿浆悬浮。在不同矿浆浓度条件下采用25L CLF浮选机的一次粗选一次扫选作业进行了浮选试验，在原矿硫品位0.35%左右，铁回收率约99%的条件下，最终钛铁矿产品中硫品位达到预计指标。与采用传统浮选机开展的试验相比，在浮选效果相当的条件下，CLF浮选机可将浮选浓度提高7%。

关键词：CLF型浮选机；粗颗粒；钛铁矿；除硫

Remove Sulfur from Coarse Particle Hemo-imenite Ore by CLF Flotation Cell

Zhang Yuejun　Han Dengfeng　Feng Tianran　Chen Dong

（Beijing General Research Institute of Mining and Metallurgy, Beijing, 100160）

Abstract: Coarse particle hemo-imenite ore was taken as sample to do flotation test with 25L CLF flotation cell, of which +300μm fractions accounts for 76%. The target of the test is to reduce the sulfur content in hemo-ilmenite product to less than 0.08% by flotation without any further grinding. It is difficult to keep such hemo-imenite ore in suspension due to its large and heavy particles. With CLF flotation cell, flotation tests were finished at various slurry solid contents. With one rougher and one scavenger, the S grade of final concentrate meets design requirements well, when S grade of the feed is about 0.35%, at Fe recovery not less than 99%. With similar test results, 25L CLF flotation cell is adaptable at 7% higher slurry solid content for removing sulfur from coarse particle hemo-imenite ore, compared with conventional flotation cell.

Keywords: CLF flotation cell; coarse particle; hemo-imenite; sulfur

适宜的矿物浮选粒度具有上、下限，超出最佳粒度范围的矿物，其可浮性和选择性变差[1]。早在 1932 年，Gaudin 等人提出粗细矿物颗粒具有不同的浮选特性。矿粒和气泡接触后实现黏附的必要条件是，所需感应时间必须小于矿粒与气泡碰撞时实际接触时间。粗粒矿物质量大、惯性大，与气泡的接触时间较短，尤其在紊流状态时，矿粒与气泡的接触时间远远小于感应时间，这就是粗颗粒难浮的原因之一[2]。卢寿慈依据实验室和工业实践所取得数据对矿物颗粒的粒度等级进行了划分[3]；胡熙庚等人[4]认为泡沫浮选难于对 100μm 以上的粗颗粒矿物发挥作用，常规泡沫浮选的最佳适宜粒度范围为 7~100μm。提高矿物浮选粒度上限是矿物加工领域长久以来的技术难点[5,6]。

本试验矿样为来自加拿大魁北克的钛铁矿，其解离粒度较粗，在矿物颗粒磨至 $P_{80}=0.3$mm 时解理度可达 90%以上。硫主要以黄铁矿的形式赋存于矿石中，考虑到黄铁矿具有良好的可浮性，为降低矿石处理成本，研究的目的是在不进一步降低磨矿粒度的前提下采用浮选法去除钛铁矿（硫品位约 0.35%）中 80%以上的硫。矿物比重大且粒度粗，颗粒沉槽是试验过程中的最大问题。加拿大相关研究机构采用常规浮选机在低于 18%的矿浆浓度条件下开展试验，将钛铁矿中的硫品位由 0.35%左右降低至 0.08%以下，达到了预期指标，但因浮选浓度过低，矿石处理能力受到严重限制。针对上述问题，北京矿冶研究总院采用其自主研发的 25L 实验室型 CLF 浮选机开展钛铁矿除硫试验，以期获得更好的浮选指标。

1 试验方法

1.1 原矿性质

钛铁矿原矿含硫 0.35%，95%以上存在于黄铁矿，少量存在于黄铜矿。粉碎至 -1180μm 时，硫化物基本解离。图 1 显示了硫化物在钛铁矿中的解离状态。分析结果表明，黄铁矿在粗颗粒中的解离度很高，存在少量与其他矿物的连生体。

试验样品是经粉碎、筛分后所得的钛铁矿石原矿。矿石粉碎至-1180μm（可能含有少量大于 1180μm 的颗粒），采用 300μm 筛网干筛，-300μm 粒级组分再经 75μm 筛网湿筛，粒级及金属量分布情况见表 1。

表 1 钛铁矿矿样粒级及金属量分布

Table 1 Metal distribution in sample ore

粒级/μm	质量/g	粒级产率/%	Fe 品位/%	S 品位/%	Fe 分布率/%	S 分布率/%
+300-1180	354.20	76.27	37.25	0.29	93.34	64.36
+75-300	84.80	18.26	0.03	0.53	0.02	28.16
-75	25.40	5.47	36.96	0.47	6.64	7.48
合计	464.40	100.0			100.0	100.00

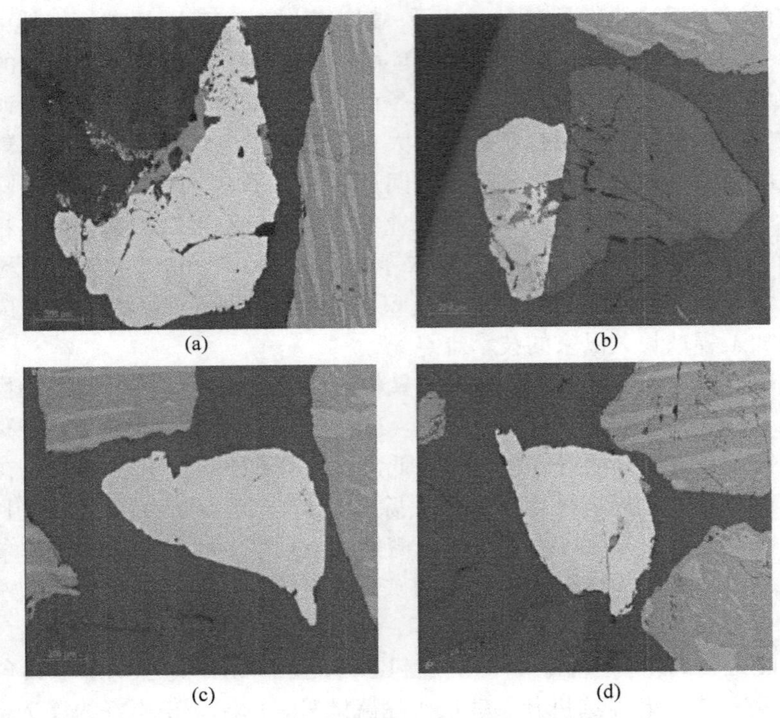

图 1　硫化物在钛铁矿中的解离状态

（a）850~1180μm 粒级中的单体黄铁矿；（b）+850μm 粒级中与硅酸盐脉石矿物连生的黄铁矿；（c），（d）600~850μm 粒级中的单体黄铁矿

Fig. 1　Sulfide liberation state in ilmenite ore

从表 1 中可以看出，75~300μm 粒级矿物硫元素品位最高，达到 0.53%，硫分布率达到 28.16%；−75μm 粒级矿物硫元素品位次之，达到 0.47%，但该粒级含量为 5.47%，硫在该粒级中的分布率仅为 7.48%；300~1180μm 的粒级矿物硫品位最低，为 0.29%，但该粒级含量达 76.27%，因此硫元素分布率高达 64.36%，能否去除粗颗粒矿物中的硫是试验成功与否的关键，这给浮选机的悬浮性能带来了巨大的挑战。

1.2　试验流程

本试验采用钛铁矿反浮选除硫工艺（见图 2）。一次粗选加一次扫选作业，将配制好的矿浆添加到浮选机槽体内，加入捕收剂丁基黄药搅拌 4min，再加入起泡剂松醇油搅拌 1min，最后用盐酸或硫酸将矿浆 pH 调节至 6~7，搅拌 1min 后开始刮泡。浮选机产品为黄铁矿产品（主要含硫矿物），浮选机底流为钛铁矿产品。

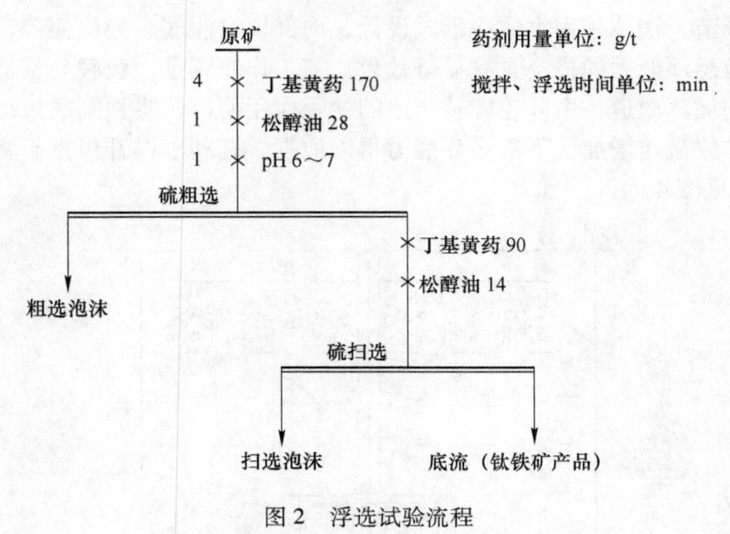

图 2 浮选试验流程

Fig. 2 Flotation circuit of test

1.3 试验系统

25L CLF 浮选机试验系统主要由电动机、变频器、搅拌机构、槽体和支架组成，如图 3 所示，电动机转速可由变频器控制。因此，搅拌机构转速可在 0～700r/min

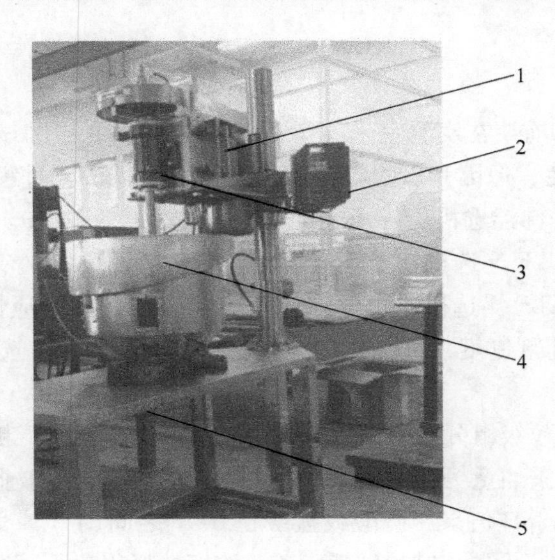

图 3 CLF 浮选机试验系统

1—电动机；2—变频器；3—搅拌机构；4—槽体；5—支架

Fig. 3 Test system of CLF flotation cell

之间任意调节。槽体采用大锥底形式设计，内部增设假底、导流筒等部件，对粗重矿物颗粒悬浮能力的提高具有显著效果。其工作原理是，假底与槽体间形成了相对狭小的循环通道，由叶轮旋转产生的抽吸作用使得矿浆强制通过循环通道和导流筒，矿浆流速增加，下部循环能力得以加强，有利于提升粗重矿物的悬浮效果[7,8]，参见图4。

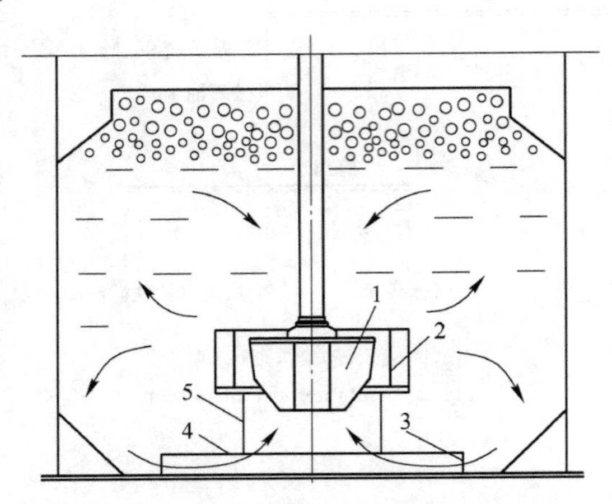

图4 CLF浮选机矿浆循环原理

1—叶轮；2—定子；3—循环通道；4—假底；5—循环筒

Fig. 4 Sketch map of slurry circulation in CLF flotation cell

1.4 试验条件

依据COREM前期在实验室采用28L丹佛浮选机开展的试验可知，黄铁矿具有较好的可浮性，但因其矿物粒度和密度都较大，试验过程中出现了严重的沉槽问题，28L丹佛浮选机能够承受的最大浮选浓度为18%。考虑到浓度对悬浮效果的影响及CLF浮选机技术性能特点，本试验设置20%、25%和30%三个浮选浓度，考察CLF浮选机对粗颗粒钛铁矿除硫工艺的适应性和技术优越性。矿物颗粒组成、药剂制度、pH值、叶轮转速及充气量等浮选工艺及设备参数设置见表2。

矿样+300mm粒级组分占76.2%，以丁基黄药为捕收剂，粗选作业添加量为170g/t，扫选作业添加量为90g/t；松醇油为起泡剂，粗选作业添加量为28g/t，扫选作业为14g/t；pH值采用硫酸或盐酸在6~7之间调节。设备参数依据CLF浮选机性能特点进行设置，叶轮转速随矿浆浓度的变化有所调整（会对浮选指标造成一定影响，影响程度需做进一步考察）。为保证试验的可重复性，每个试验条件开展两次试验。

表 2 浮选试验条件设置

Table 2 Test conditions

条件编号	工艺参数								设备参数	
	矿浆浓度/%	粒级	粒级占比/%	药剂名称与添加量				pH	叶轮转速/r·min⁻¹	充气量/m³·(m²·min)⁻¹
				药剂名称	药剂量/g·t⁻¹	药剂名称	药剂量/g·t⁻¹			
1	20	−75μm	5.47	丁基黄药	170（粗选）/90（扫选）	松醇油	28（粗选）/14（扫选）	6~7	325	0.8
		+75−300μm	18.26							
		+300−1180μm	76.27							
2	25	−75μm	5.47							
		+75−300μm	18.26							
		+300−1180μm	76.27							
3	30	−75μm	5.47						350	
		+75−300μm	18.26							
		+300−1180μm	76.27							

2 试验结果与分析

CLF 对钛铁矿除硫浮选工艺适应性研究在上述 3 个浓度条件下进行，试验结果见表 3。

表 3 浮选试验结果

Table 3 Flotation test results

矿浆浓度/%	元素	原矿品位/%	粗选泡沫品位/%	扫选泡沫品位/%	底流品位/%	回收率/%
20	S	0.36	37.91	9.99	0.056	84.97
	Fe	37.16	40.43	31.62	37.12	98.87
25	S	0.36	38.47	7.32	0.063	82.70
	Fe	37.90	41.20	31.95	37.06	99.08
30	S	0.33	38.13	12.68	0.085	76.82
	Fe	37.25	40.96	32.81	37.30	99.11

由表 3 数据可知浮选浓度对钛铁矿中硫元素的去除情况。随着浮选浓度的升高，底流硫品位（钛铁矿产品中硫元素的含量）升高，而硫的回收率降低，表明硫的去除能力降低。主要原因在于浮选机除需对粗重的钛铁矿进行悬浮之外，还要对已悬浮的颗粒进运输，使之顺利进入分离区。矿浆浓度越高，浮选机叶轮定子系统负荷越重，即使矿物颗粒已悬浮，若浮选机叶轮不能将其运输到一定高度，矿物颗粒仍然难以得到回收。在浮选浓度达到 30%时，还有部分矿物颗粒沉

槽，因此浓度越高除硫效果越差。

相比之下，浓度对 Fe 的浮选指标影响不明显，随着浮选浓度的升高，底流 Fe 品位（钛铁矿产品中 Fe 元素的含量）与原矿品位均为 37%左右，浮选前后几乎没有变化，而 Fe 回收率也始终维持在 99%左右。主要原因在于，与 Fe 元素相比原矿中硫元素品位很低，去除硫元素时，对 Fe 的品位几乎没有影响。但从总体试验结果可以判断，Fe 回收率越低，硫回收率越高，说明要想更好地去除钛铁矿中的硫元素，应适当增加各浮选作业的刮泡量。

3 结论

通过在实验室中开展 25L CLF 浮选机对钛铁矿浮选工艺适应性研究可得如下结论：

（1）黄铁矿（主要含硫矿物）在矿样中的解离粒度较粗，磨矿粒度达 1180μm 时黄铁矿基本解离。矿样密度 4.3g/cm^3，300～1180μm 粒级组分含量达 76.27%，硫元素在该粒级中的分布率高达 64.36%，试验难度大。

（2）浓度对硫浮选指标影响显著，在原矿硫品位为 0.35%左右，铁回收率 99%左右的条件下，浮选浓度不超过 25%时，硫浮选指标良好。

（3）因硫元素在原矿中品位较低，浮选浓度对除硫工艺过程中铁的浮选指标影响不大。

（4）为保证粗重钛铁矿颗粒充分悬浮，试验过程的浮选机叶轮转速依据浮选浓度而设定，会对浮选机内动力学状态产生影响，是影响浮选指标的潜在因素，具体影响规律需做进一步考察。

（5）与 28L 丹佛浮选机相比，25L CLF 浮选机对粗颗粒钛铁矿浮选工艺适应性更强，在指标相当的条件下，浮选浓度上限可提高 7%。

参 考 文 献

[1] S D D Welsby, S M S M Vianna, J P Franzidis. Assigning Physical Significance to Floatability Components [J]. International Journal of Mineral Processing, 2010, 97: 59-67.

[2] P T L Koh, L K Smith . The Effect of Stirring Speed and Induction Time on Flotation [J]. Minerals Engineering. 2011, 24: 442-448.

[3] 卢寿慈．现代浮选理论及工艺［M］．武汉：武汉钢铁学院，1983：66-67.

[4] 胡熙庚，黄和慰，毛钜凡，等．浮选理论与工艺［M］．长沙：中南工业大学出版社，1991：80-83.

[5] Bianca Newcombe, D Bradshaw, E Wightman. Flash flotation and the plight of the coarse particle [J]. Minerals Engineering 2012, 34:1-10.

[6] 曹亮，陈东，张文明，等．一种粗颗粒机械搅拌式浮选机的研究［J］．有色金属（选矿部分），2007（4）：26-28.

Numerical Simulation of Flotation Circuit for Kakoxene Ore Processing

Zhang Yuejun Tan Ming Wu Tao Feng Tianran

(Beijing General Research Institute of Mining and Metallurgy, Beijing, 100160)

Abstract: A group of data from a batch flotation tests were plug into a batch flotation model, and mineral floatability parameters (flotation rate constant, mass fraction of floatability component) were derived from model calculation. Then a flotation circuit of kakoxene ore was designed in JKSimFloat simulator, after inputting those floatability parameters to flotation circuit model, the ultimate grade and recovery of apatite was obtained by analog computation. Meanwhile, the same flotation circuit test was achieved in the laboratory. The apatite grade in concentrate is 66.61% at the recovery of 78.35% by simulation, while apatite grade in concentrate is 72.70% at the recovery of 88.14% in the laboratory tests. Compared with experiment data, the accuracy of simulation is acceptable.

Keywords: flotation rate constant; floatability component; flotation recovery model

1 Introduction

Froth flotation is a kind of high efficiency and complex separation process, which has been applied in the industry more than one hundred years. In recent decades, researchers have proposed many different flotation kinetics models in order to analysis and control flotation process better. However, majority of these flotation kinetics models are only available for laboratory batch flotation and not appropriate for flotation circuit. Now a commercial flotation process simulation software has been released by JKTech, which is used to design and optimize flotation circuit[1,2].

The objective of this paper is to set forth how to deduce ore floatability parameters on the basis of laboratory batch flotation tests and simulate a flotation circuit ofkakoxene ore by JKSimFloat.

2 Laboratory Batch Flotation Test and Material

2.1 Sample

Kakoxene raw ore from a certain mine in Hebei province was taken as sample. The main valuable mineral in sample is apatite, and the main gangue minerals are iron- bearing minerals and some other gangue minerals.

2.2 Reagent

The reagents used in test mainly include sodium carbonate, sodium silicate, starch, DF and BKY collector.

2.3 Laboratory Batch Flotation Test Methods

The batch flotation tests were performed in a self-aspirated laboratory flotation machine. Before flotation the slurry was conditioned for 3 minutes with reagents. First, sodium carbonate was added for a pH control, then sodium silicate and starch, finally DF and BKY collector. The froth was removed from the cell surface into froth launder at the same flow rate in batchs. In the test, the reagents dosage was the main changed condition. The test flowsheets are shown respectively in Fig. 1 and Fig. 2.

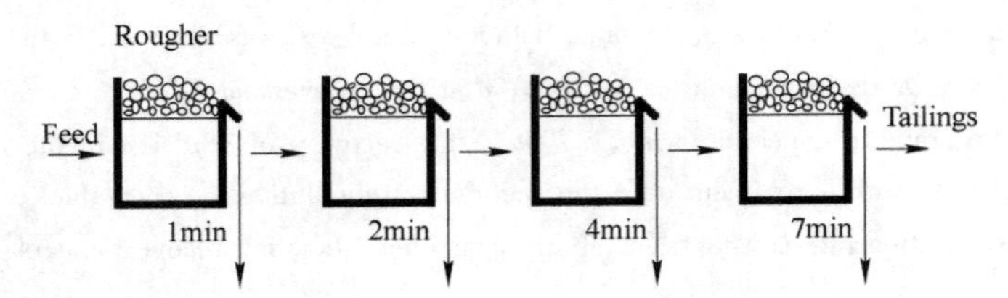

Fig. 1 Laboratory batch flotation flow sheet for tests 1-3 and cumulative flotation times

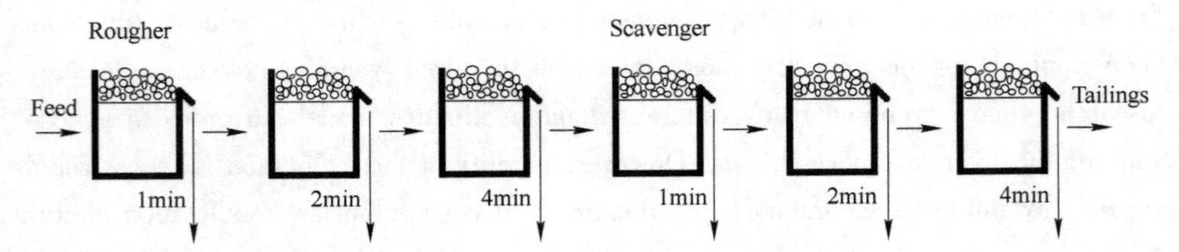

Fig. 2 Laboratory batch flotation flow sheet for test 4 and cumulative flotation times

3 Laboratory Batch Flotation Test Results

The cumulative recovery obtained in test was plotted against time for each mineral. In Fig. 3, apatite is seen to exhibit different batch test recovery rates in four rougher flotation tests, but three recovery curves of those are similar. And compared with rougher flotation, the cumulative recovery obtained in scavenger flotation is relatively low.

In Fig. 4 and Fig. 5, the differences in cumulative recovery are also observed. The possible explanation is that the inherent floatability of each mineral changes with time in the pulp. For example, fine particles would be expected to float faster than coarse particles.

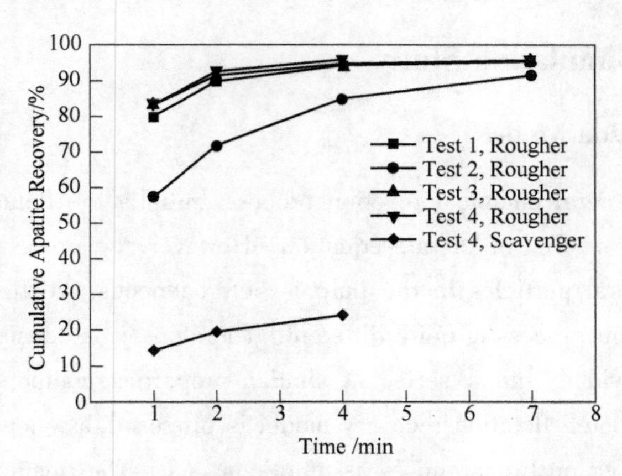

Fig. 3 Cumulative recovery of apatite versus time

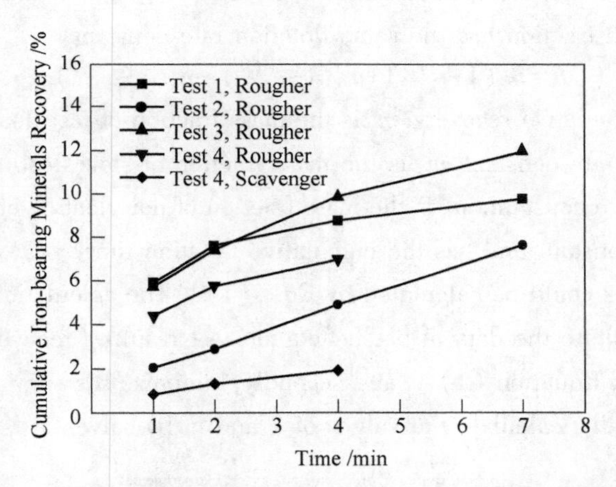

Fig. 4 Cumulative recovery of iron-bearing minerals versus time

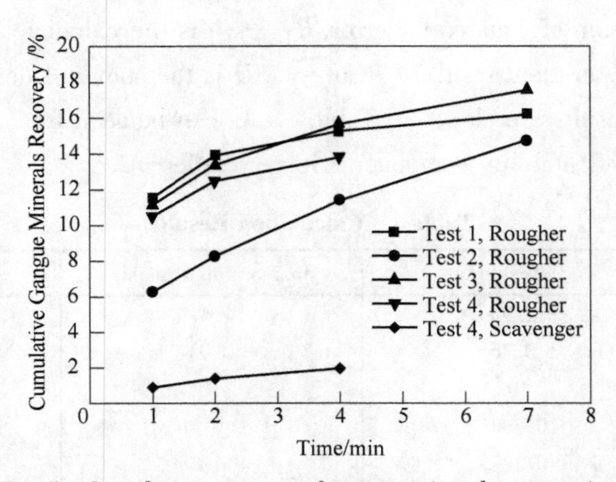

Fig. 5 Cumulative recovery of gangue minerals versus time

4 Numerical Simulation Study

4.1 Batch Flotation Model

Analogous to the general chemical reaction process, initially the flotation kinetics equations proposed are one first order rate equation. However, the properties of mineral and distribution of mineral particles in the pulp is heterogeneous, the flotation process and the chemical reaction process is quite different. Therefore, it is considered that the mineral particles is divided into a series of similar properties components[3,4]. On this basis, a laboratory batch flotation recovery model is proposed, as shown in Eq. (1).

The model is based on two premises assumptions: (1) The floatability component in feed is comprised of the fast floating fraction, the slow floating fraction and non floating fraction; (2) Each fraction has the same flotation rate constant.

$$R=m_f(1-e^{-k_f t})+m_s(1-e^{-k_s t})+m_n(1-e^{-k_n t}) \tag{1}$$

Where R is the cumulative recovery, m_f is the mass fraction of fast floating component, k_f is the fast floating rate constant, m_s is the mass fraction of slow floating component, k_s is the slow floating rate constant, m_n is the mass fraction of non floating component, k_n is the non floating rate constant and t is the cumulative flotation time.

These parameters could be calculated by Eq. (1). The calculation process is as follows. Firstly, substitute the data of batch flotation test results (recovery and cumulative flotation time) into Equation (1), and secondly, minimize the sum of squares for error by Eq. (2), finally, calculate the values of k and m by solver.

$$SSE=\sum_{i}^{n}\frac{(R_{j,\text{calculated}}-R_{j,\text{experimental}})^2}{SD_{j,\text{exprimental}}^2} \tag{2}$$

Where SSE is the sum of squares for error, $R_{j,\text{calculated}}$ is the calculate result of recovery, $R_{j,\text{experimental}}$ is the experiment result of recovery, SD is the standard deviation.

The calculated results are shown in Table 1. As can be seen from the table, the mass fraction of different floatability components is very different.

Table 1 Calculation Results

Parameters	Apatite	Iron-bearing minerals	Gangue minerals
k_f	2.90	1.42	1.89
k_s	0.76	0.03	0.22
k_n	0	0	0
m_f	0.7081	0.0728	0.1249
m_s	0.2473	0.1228	0.0467
m_n	0.0446	0.8044	0.8284

4.2 Flotation Circuit Model

Gorain et al[5] suggested that the flotation rate constant was associated with the ore floatability, bubble surface area flux and froth recovery. Accordingly, these factors should be considered together in the flotation rate constant equation, as show in Eq. (3).

$$k_i = P_i S_b R_f \tag{3}$$

Where k_i is the flotation rate constant of component i, P_i is the floatability of component i, S_b is the bubble surface area flux, R_f is the froth recovery factor.

JKSimFloat[5] is a steady-state simulator. The kinetic parameters in Table 2 were substituted into the simulator, and the calculation was based on the following flotation circuit model, such as Eq. (4) and Eq. (5).

$$R_i = \frac{P_i S_b \tau R_f (1 - R_w) + ENT_i R_w}{(1 + P_i S_b \tau R_f)(1 - R_w) + ENT_i R_w} \tag{4}$$

Where R_i is the recovery of component i, τ is the residence time of pulp, R_w is the recovery of water, ENT_i is the overall degree of entrainment.

$$R = \sum_{i}^{n} m_i R_i \tag{5}$$

Where R is the overall recovery of one mineral, m_i is the recovery of component i in one mineral.

5 Comparison of Simulation Results and Experimental Results

A graphic-based flotation loop was built up in JKSimFloat, as shown in Fig. 6.

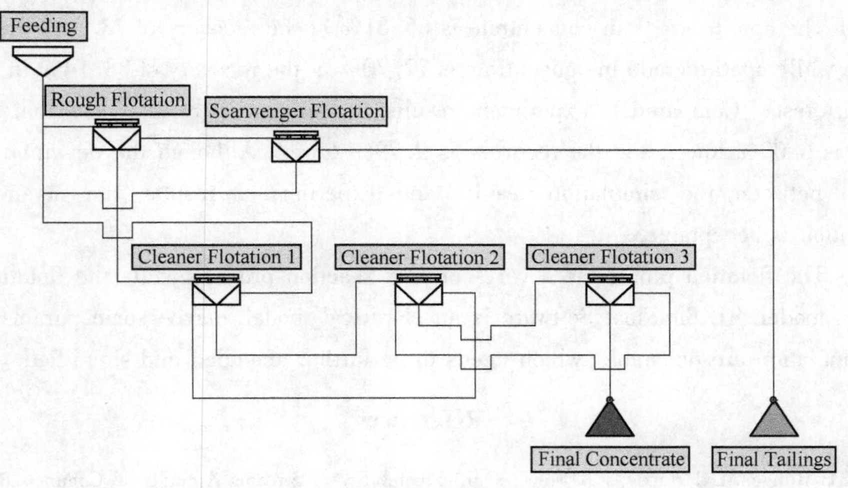

Fig. 6 A flotation loop

The flotation loop contains one rougher flotation stage, one scavenger stage and three cleaner flotation stages. Furthermore, the same locked loop flotation tests were carried out in the laboratory.

The simulation results and experimental results are shown in Table 2. As can be seen from Table 2, the apatite grade in concentrate is 66. 61% at the recovery of 78. 35% by simulation, while the apatite grade in concentrate is 72. 70% at the recovery of 88. 14% in the laboratory tests. Compared with experiment results, the simulation results show that apatite grade is 6. 09% lower; the recovery is 9. 79% lower. One possible reason for this deviation is that the magnitude of each parameter value is very different, and simulation results are very sensitive to some parameters.

Table 2 Simulation Results and Experiment Results

Sample	Apatite Grade/%		Apatite Recovery/%	
	Simulation	Experiment	Simulation	Experiment
Concentrate	66. 61	72. 70	78. 35	88. 14
Tailings	1. 12	0. 68	21. 65	11. 62
Raw Ore	4. 88	4. 88	100. 00	100. 00

6 Conclusion

A continuous flotation circuit of kakoxene ore processing was simulated by JKSimFloat software and the same locked loop flotation tests were carried out in the laboratory. Two conclusions are as follows:

(1) The apatite grade in concentrate is 66. 61% at the recovery of 78. 35% by simulation, while apatite grade in concentrate is 72. 70% at the recovery of 88. 14% in the laboratory tests. Compared to experiment results, the simulation results show that apatite grade is 6. 09% lower, and the recovery is 9. 79% lower. Although the deviation is observed between the simulation results and experimental results, the accuracy of simulation is acceptable.

(2) The flotation process is a very complex reaction process, while the flotation dynamics model inJKSimFloat Software is an empirical model, maybe some parameters in the simulation are debatable, which needs to be further amended and simplified.

References

[1] K C Runge, M C Harris, J A Frew, et al. Floatability of Streams Around the Cominco Red Dog Lead Cleaning Circuit [C]. Proceedings of the 6th Annual Mill Operators Conference, Papua New

Guinea, 1997, 157-163.

[2] S D D Welsby, S M S M Vianna, J P Franzidis. Assigning physical significance to floatability components [J]. International Journal of Mineral Processing, 2010, 59-67.

[3] K C Runge, J P Franzidis, E V Manlapig. A Study of the Flotation Characteristics of Different Imneralogical Classes in Different Streams of an Industrial Circuit [C]// XXII Internation Mineral Processing Congress Proceedings, South Africa, 2003, 962-972.

[4] R Varadi, K Runge, J P Franzidis. The Rate Variable batch test (RVBT) -A Research Method of Characterising Ore Floatability [C] //XXV Internation Mineral Processing Congress Proceedings, Australia, 2010, 2471-2480.

[5] B K Gorain, F Burgess, J P Franzidis, et al. Bubble Surface Area Flux: A new criterion for flotation scale-up [C]//Proceedings of the 6th Annual Mill Operators Conference, Papua New Guinea, 1997, 141-148.

浮选柱的研究

蒋承基　韩寿林　刘振春　邱广泰　邹介斧
（北京矿冶研究总院，北京，100160）

摘　要： 本文介绍了浮选柱工作原理和小型连续试验浮选柱的结构及控制装置，以铜矿和铁矿物为矿样开展了小型连续试验，在此试验基础上提出了工业型试验用浮选柱的设计方案。
关键词： 浮选柱；小型试验；铜矿；铁矿

Research on Flotation Column

Jiang Chengji　Han Shoulin　Liu Zhenchun　Qiu Guangtai　Zou Jiefu
（Beijing General Research Institute of Mining and Metallurgy, Beijing, 100160）

Abstract: Flotation column work principle and small-scale flotation column structure and its liquid level control system is introduced in this paper. Copper and iron ore was selected as sample to carry out continuous test. Base on that test, the designing scheme of industrial scale flotation column is set forth.
Keywords: flotation column; small-scale; copper; iorn

近年来，为了不断提高浮选的技术经济指标，除了进一步改进机械搅拌式浮选机外，还正在努力研究各种新结构的浮选设备；可是，迄今大都处于试验阶段。为了适应我国第三个五年计划的建设需要，在加拿大半工业型浮选柱的结构基础上，克服了充气器容易堵塞的主要缺陷，完成了浮选柱的小型连续试验，现在正在进行工业试验。现将试验情况介绍如下。

1　浮选柱的作用原理

加有药剂和充分搅拌后的矿浆，由浮选柱的中部给入，尾矿排出口和充气器设在柱的底部。工作时，压缩空气通过充气器上的小孔进入柱内，产生大量微泡，这样，在浮选柱内就出现了下降矿浆流和上升气泡群的逆流接触，也就为矿粒和气泡的接触、有用矿物与脉石的分离提供了较理想的工作条件（见图 1）。在试验过程中，我们发现，浮选柱内流体的运动是有规律的，矿浆缓慢地下降，气泡均匀地徐徐上升，从而为避免机械夹杂物进入泡沫、保证精矿品位和避免有用矿物的机械脱落，提供了良好条件。为了进一步提高精矿品位，可以在泡沫层上补加冲洗水，净化泡沫；另外，还可以降低矿液面的位置，增加泡沫层的厚度（有时可达数米），延长富集路程。这些都是机械搅拌式浮选机难以实现的。此外，在试验过程中，还沿浮选柱的不同高度，进行了逐点取样，化验结果如图 2 所示。可见，浮选柱中存在品位梯度，因此，应该根据选别过程的品位要求，来确定给矿管的位置，合适地分配粗、扫选区和精选区。在给矿管以下的管段，可视为粗扫选区；在给矿管以上的管段，可视为精选区。

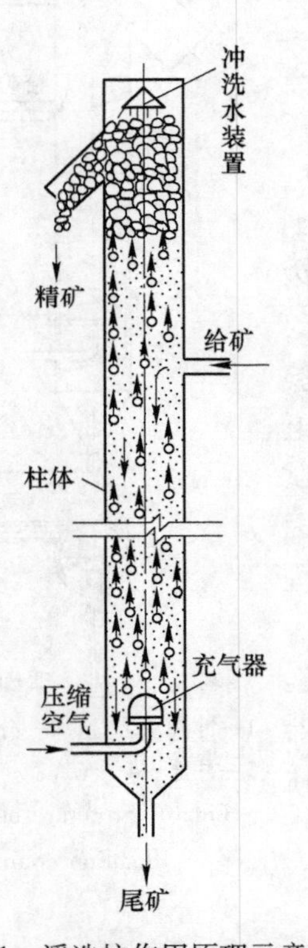

图 1　浮选柱作用原理示意图

Fig. 1　Schematic diagram of flotation column work principle

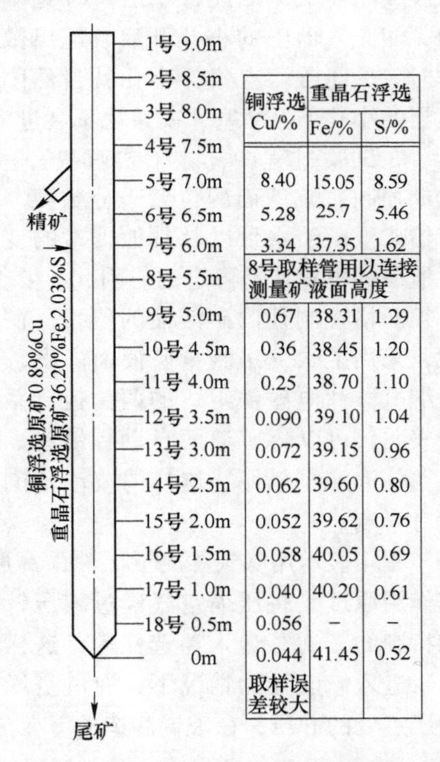

取样点	铜浮选 Cu/%	重晶石浮选 Fe/%	重晶石浮选 S/%
1号 9.0m			
2号 8.5m			
3号 8.0m			
4号 7.5m			
5号 7.0m	8.40	15.05	8.59
6号 6.5m	5.28	25.7	5.46
7号 6.0m	3.34	37.35	1.62
8号 5.5m	8号取样管用以连接测量矿液面高度		
9号 5.0m	0.67	38.31	1.29
10号 4.5m	0.36	38.45	1.20
11号 4.0m	0.25	38.70	1.10
12号 3.5m	0.090	39.10	1.04
13号 3.0m	0.072	39.15	0.96
14号 2.5m	0.062	39.60	0.80
15号 2.0m	0.052	39.62	0.76
16号 1.5m	0.058	40.05	0.69
17号 1.0m	0.040	40.20	0.61
18号 0.5m	0.056	–	–
0m	0.044	41.45	0.52
	取样误差较大		

图 2　两种矿石粗选柱的品位梯度

Fig. 2　Grade gradient of two kinds of ore in rougher flotation column

2　小型连续试验浮选柱的结构和控制装置

小型连续试验粗选柱如图 3 所示。柱的有效容积 30. 54L，内径 67. 3mm，有效高度 8580mm；用钢管制造。为了适应柱的圆形断面，充气器选用半个直径 50mm 的普通橡皮球制造，并在球上每隔 2~3mm 用缝衣针扎一个小孔。小型连续试验用的精选柱的结构基本上与粗选柱相同。柱的有效容积2.52L，内径32mm，有效高度3130mm，在顶部增设一个精矿槽，用玻璃和有机玻璃制作，由于柱的圆形断面积较小，充气器选用滴瓶橡皮头制造，并在橡皮头上每隔2mm左右用缝衣针扎一个小孔。

粗选柱和精选柱的充气器都采用了弹性较好的橡胶成品制成。因此，在工作时凭借压缩空气的压力，使充气器上的小孔开启，逸出微泡；在停止工作时，关闭压缩空气，小孔就自然闭合。这样，充气器的小孔不会堵塞，矿浆也不会进入充气器。

在试验过程中，除了要解决一些结构问题外，自动控制矿浆液面的位置十分重要。曾经发现，随着给矿量、给水量以及其他因素的变化，浮选柱内矿液面的位置是不稳定的。因此，要保证选别指标，必须严格控制柱内矿液面的位置。在小型连续试验中，采用了吹气法测量矿液面高度，并通过栅控电子继电器和电磁铁组成的两位控制系统来实现。试验表明，可以将矿液面自动控制在±15~20mm；因浮选柱泡沫层较厚，这样的波动范围，对浮选过程没有影响。

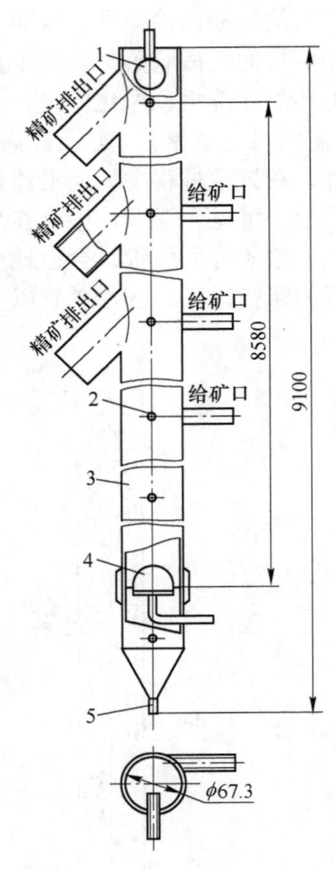

图3　粗选柱结构示意图

1—冲洗水装置；2—分层取样管；3—柱体；4—充气器；5—尾矿管

Fig. 3　Structure of rougher flotation column

图4表示用吹气法测量矿液面高度的整套装置。其作用原理是将压缩空气经过减压针阀、检查容器和特制的三通管送入浮选柱内，这样，就能在不让矿浆进入该装置的情况下，通过空气传递压力，将测压点处的静压头在玻璃制造的U形管中反映出来。它们的相互关系见式（1）：

$$H\gamma \cong H_1\gamma_1 \tag{1}$$

式中　H——浮选柱内矿液面与侧压点的距离，一般选用500~800mm；

γ——矿浆在充气状态下的密度；

H_1——U形管内水柱差，mm；

γ_1——水的密度。

因此，控制U形管内的水柱差H，也就控制了浮选柱内矿液面的位置。为了减少压缩空气动压力造成的测量误差，充入的气体应该在保证测压管不致堵塞的条件下尽量地小；同时，在设计三通管时，还必须使压缩空气入口处孔的内径小

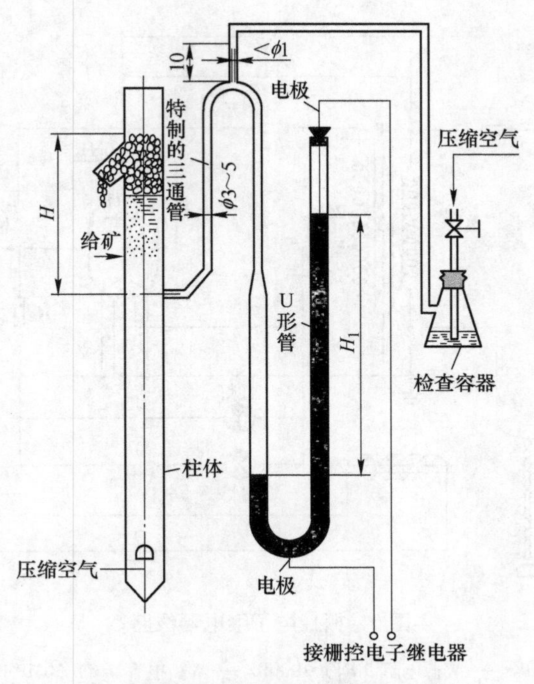

图 4 测量矿浆液面高度装置示意图

Fig. 4 Schematic diagram of liquid level measurement device

于 1mm，孔长 10mm，以利减压。此外，在三通管通向浮选柱的一端，管的内径应该接近于 3~5mm。要控制水柱差 H_1，可在 U 形管通大气的一端装设一根直径 2mm 的铜质电极，其位置可以根据要求控制的矿液面来调整，同时，U 形管的下端，还装设一根铜质短电极，两者分别接到栅控电子继电器上。继电器的线路如图 5 所示。

该继电器的输出触点控制一个用交流 380V*PB*∏型时间继电器改装成的电磁阀。电磁阀的铁芯移动，用来打开或夹紧内径 5mm 的排矿胶管，以实现两位控制。

自动控制的工作情况是：当浮选柱内矿液面高于规定值时，U 形管内的液体与电极（甲）接触，使栅控电子继电器的触点断开，电磁阀铁芯移动，打开排矿胶管，放出尾矿；当浮选柱内矿液面下降到低于规定值时，U 形管内的液体与电极（甲）脱离，使栅控电子继电器的触点闭合，电磁阀铁芯复位，夹紧排矿胶管，停止放出尾矿；矿液面又逐渐上升，这样反复实现自动控制，促使矿液面在较小的范围内波动，保证浮选过程顺利进行。除了严格控制矿液面，还要求充气量和充气压力恒定可调。因此，在小型连续试验用浮选柱上装设了自行设计的一套空气量及空气压力测定装置，其结构如图 6 所示。

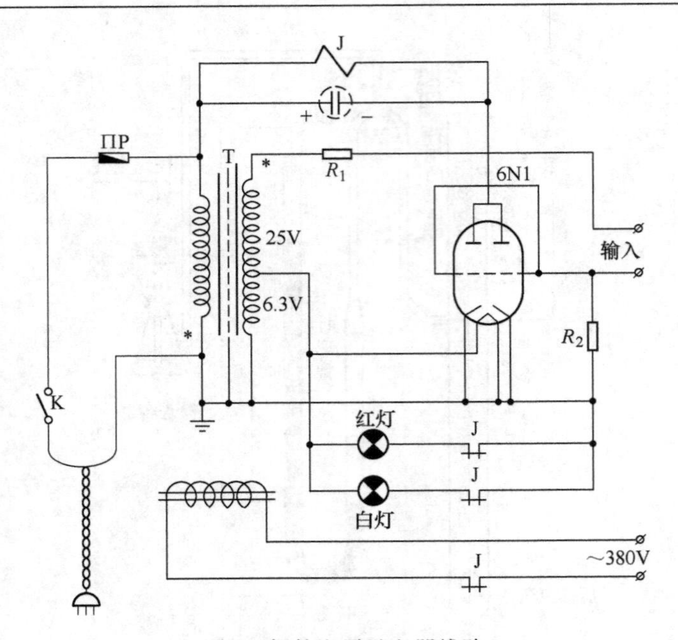

图 5　栅控电子继电器线路

（1. 电阻（R_2）250K/$\frac{1}{2}$W；电阻（R_1）1000K/$\frac{1}{2}$W；电容（C）30Mf/150V；直流继电器（J）512 型；变压器（T）；电子管 6N1；2. 栅控电子继电器原名为栅控式恒温控制器；3. 接电源时，一定注意火、地线，否则不安全；4. 变压器绕组相位按图中 * 号接线，否则不能正常工作）

Fig. 5　Grid-controlled electronic relay circuit

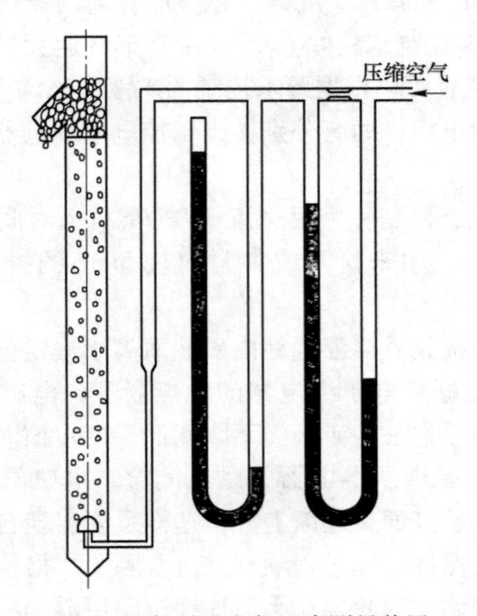

图 6　空气量及空气压力测量装置

Fig. 6　Measurement device of aeration and air pressure

3 浮选柱小型连续试验

采用内径 67. 3mm、高 8580mm、容积 30. 54L 的粗选柱（实用容积 23. 4L），和直径 32mm、高 3130mm、容积 2. 52L 的精选柱，对铜矿石和铁矿石进行了小型连续试验。

3. 1 铜矿石试验

于 1965 年 10 月下旬，对细脉浸染硫化矿石进行了 15 天小型连选试验。其目的是探索对铜矿选别的可能性。矿石的主要金属矿物为石英及碳质页岩。矿石可选性较好。试验流程如图 7 所示，其设备联系如图 8 所示。

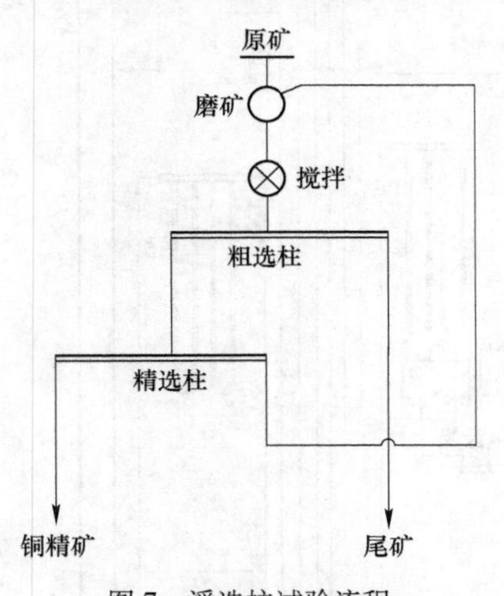

图 7 浮选柱试验流程

Fig. 7 Column flotation circuit of test

浮选条件是：处理量 17. 5kg/h；磨矿粒度 - 0. 075mm （ - 200 目） 占 80%，溢流浓度约 30% （固体）；pH 值 10 ~ 10. 5；丁基黄药 65 ~ 70g/t，重吡啶 70 ~ 80g/t。

现场生产流程如图 9 所示。浮选条件是：处理量 30t/h；磨矿粒度 0. 106mm （ - 150 目） 占 80%，溢流浓度约 30% （固体）；pH 值 10 ~ 10. 5；丁基黄药 57. 0g/t，重吡啶 75. 7g/t。

试验所得到的初步指标与采取试样当班的现场生产指标比较列入表 1。由表 1 可见，浮选柱小型连续试验的回收率与采样当班的现场生产指标接近，精矿品位比现场生产指标低，估计主要原因是精选柱容积过小、精选时间过短等（现场实验室的试验结果也低于生产指标）。如工艺流程进一步改进和完善，操作逐步积累经验，则浮选指标尚能提高。

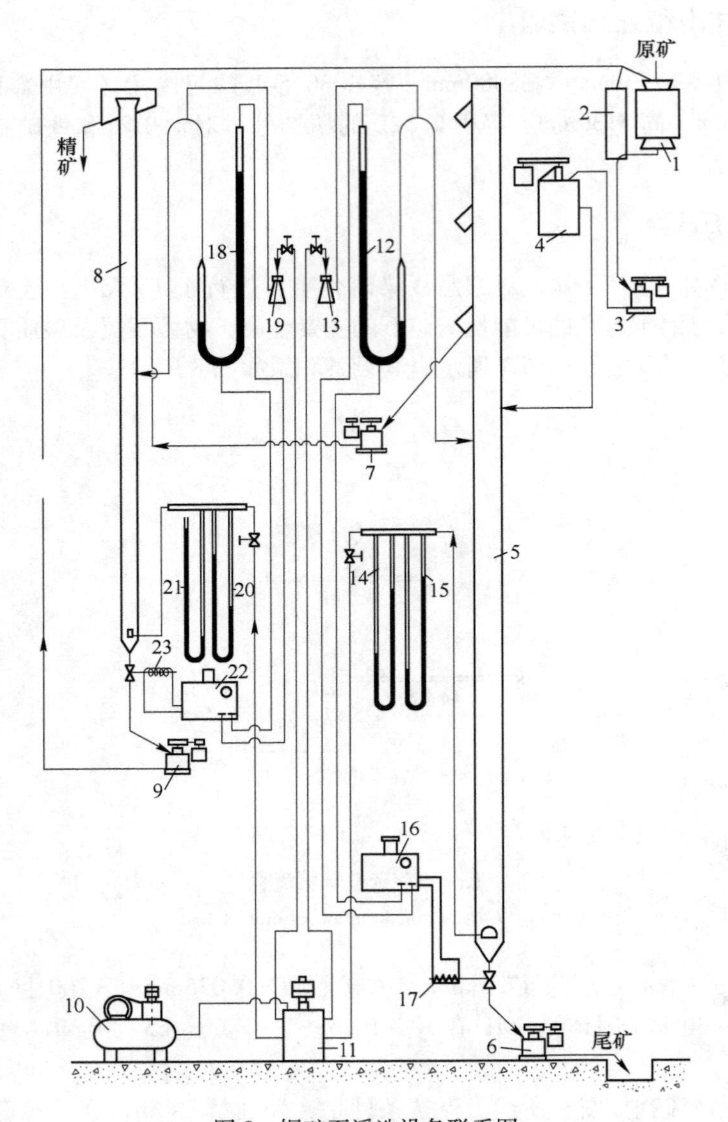

图 8 铜矿石浮选设备联系图

1—球磨机；2—分级机；3，6，7，9—砂泵；4—搅拌槽；5—粗选柱；8—精选柱；
10—空压机；11—稳压器；12—粗选柱测量矿液面 U 形管；13—粗选柱检查容器；
14—粗选柱气量计；15—粗选柱压力计；16—粗选柱栅控电子继电器；17—粗选柱电磁阀；
18—精选柱测量矿液面 U 形管；19—精选柱检查容器；20—精选柱气量计；21—精选柱压力计；
22—精选柱栅控电子继电器；23—精选柱电磁阀

Fig. 8 The visual relating image of flotation equipment to process copper ore

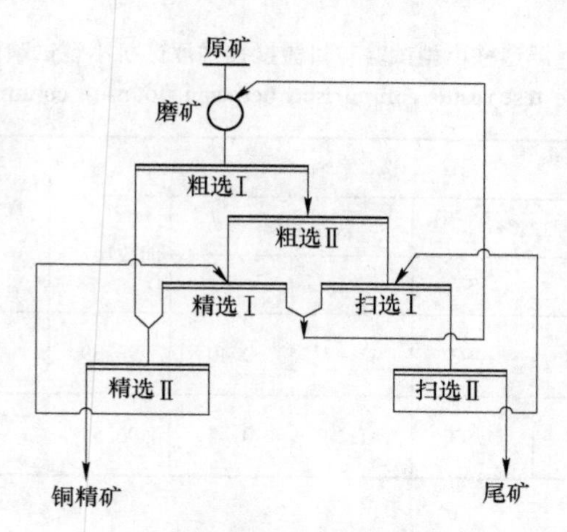

图 9　现场生产流程

Fig. 9　Flotation circuit in production

表 1　浮选柱小型试验与采样当班现场生产指标的比较

Table 1　Flotation index comparison between flotation column test and production

设备名称		选别指标/%				药剂制度/g · t^{-1}		单位容积处理量（按原矿计）/t ·（m^3 · h）$^{-1}$	
		原矿铜品位	精矿铜品位	尾矿铜品位	回收率	丁基黄药	重吡啶	粗扫选	精选
米哈诺布尔浮选机		0.988	26.509	0.028	97.27	57	75.7	0.67	0.46
浮选柱	试验 1	1.10	22.00	0.046	96.02	65	70.5	0.75	6.94
	试验 2	1.02	14.36	0.031	97.12	70	80		

3.2　重晶石浮选试验

继铜矿石浮选试验后，于 1966 年 1 月，又对贫铁矿进行重晶石浮选（即铁矿石反浮选）。浮选条件：处理量 40kg/h；磨矿粒度 −0.075mm（−200 目）占 70%，溢流浓度约 33%；脂肪醇硫酸钠 800~1000g/t，硅酸钠 400g/t。由于矿量的限制，共进行了 14 天试验，最后得到较稳定的指标，与机械搅拌式浮选机小型连续试验指标的比较列入表 2。

由表 2 可见，浮选柱所得到的选矿指标与用机械搅拌式浮选机小型连续试验所得到的选矿指标基本一致（硅酸钠用量节省一半）。

表 2　浮选柱小型试验与机械搅拌式浮选机小型试验比较

Table 2　Small scale test result comparison between flotation column and flotation cell

设备名称	选矿指标					浮选时间 /min	矿浆温度 /℃
	原矿/%		铁粗精矿/%		回收率/%		
	Fe	S	Fe	S			
法连瓦尔德浮选机	36.08	1.93	41.47	0.40	96.39	24	30~40
浮选柱	36.14	1.93	41.54	0.44	96.55	15	20

4　工业型浮选柱

在小型连续试验的基础上，进行了多方案的分析和比较，设计了工业型试验用浮选柱。

为便于制造，浮选柱柱体采用厚 4.5mm 的钢板焊成方形断面。柱体上部安装有中心给矿装置，供分层取样用的取样管；在下部安装“炉篦”式充气器和检测孔（供检修充气器和观测空气泡的细化和分散程度）。柱下端安装两个排尾矿管，一个主排尾矿管，另一个供自动控制矿液面用的排尾矿管。

为了保证浮选柱的正常工作，装置了矿液面和充气量的自动控制和调节系统。

将浮选柱的几个主要部分的自动控制和调节装置介绍如下。

4.1　充气器

充气器是浮选柱的主要部分之一，经过小型连续试验证明，橡胶充气器是可行的，具有不堵塞、气泡细化分散得好、极限充气量可以加大等优点。因此，工业型试验用浮选柱采用内径 20~30mm，弹性好，比较耐酸、耐碱、耐油、耐磨损的橡皮管，其表面用针均匀地（孔距小于 3mm）扎孔，两端连接在风包上组成“炉篦”式充气器，如图 10 所示。尾矿经两橡胶管之间的间隙由尾矿管排出。

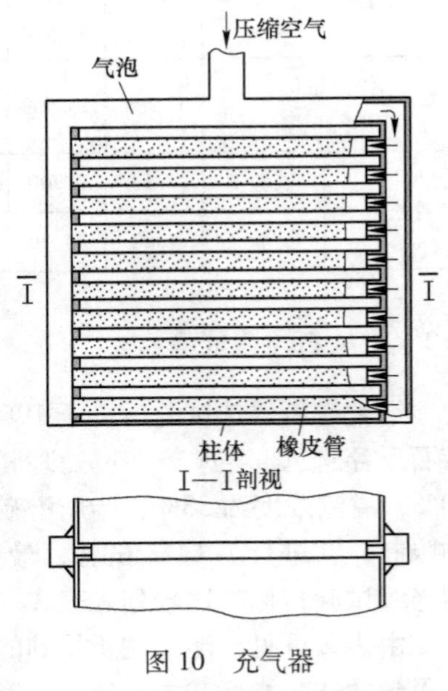

图 10　充气器

Fig. 10　Bubble generator

4.2 给矿装置

小型浮选柱采用集中给矿，因其断面小，此种给矿方法尚能满足试验要求。但是工业型试验用浮选柱的断面比较大，所以设计时采用中心环分散给矿装置，如图 11 所示。矿浆借助于高差或用砂泵经给矿装置可较均匀地给入浮选柱中，有利于矿浆同气泡的充分接触。

4.3 精矿排出装置

因工业型试验用浮选柱的断面比较大，为了使矿化好的泡沫产品能迅速地排出，采用周边溢出泡沫产品的方法，必要时在浮选柱的顶端装置四角泡沫挡锥，如图 12 所示，可以加快泡沫的溢出速度。

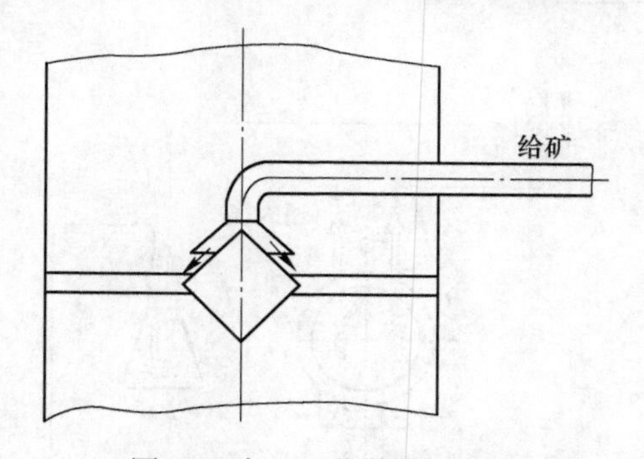

图 11 中心环分散给矿装置

Fig. 11 Center ring feed distributor

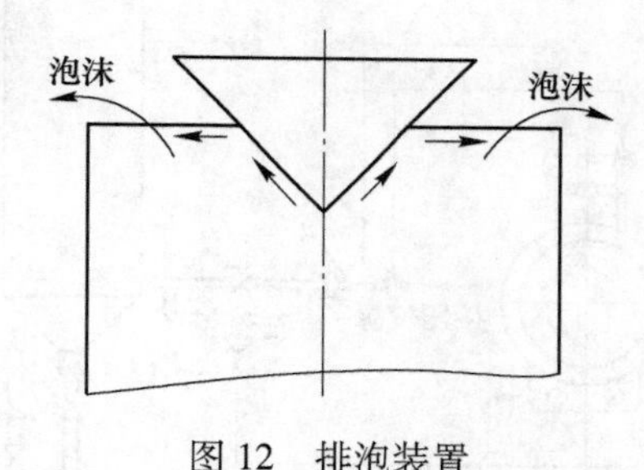

图 12 排泡装置

Fig. 12 Froth discharging device

要得到高质量的精矿，可在柱的顶端加细而均匀的冲洗水。

4.4 矿液面的自动控制

工业型试验用浮选柱矿液面的自动控制可以采用两种方案，一是按小型试验的第 1 方案；二是采用国产自动控制仪表组成的第 2 方案。现分别介绍如下：

第 1 方案：基本是按小型浮选柱的矿液面自动控制设计的，其原理与工作情况在前面已叙述。值得提出的是，由于工业型试验用浮选柱尾矿管的直径大了，若利用电磁铁夹胶管的方法需要选用过大的电磁铁。因此，建议采用两个尾矿排出管，一个专用于自动控制，其流量占总流量的 30%~40%，另一个由人工调整好，可不动。

此方案简单易行，便于快速进行工业试验。可在难以解决工业仪表的情况下采用。

第 2 方案：它是利用国产工业仪表组装成的，如图 13 所示。测量方法仍然采用吹气法测反压力，仪表采用上海和平热工仪表厂的带 04 气动调节装置的自动记录式压差计（型号04-CF610，测量范围选用0~63mm汞柱）。浮选柱测压点到矿液面距离为500mm。这样，如矿浆在充气状态下的比重按1.2考虑，则此时仪表接受的反压力为46mm汞柱，约占全量程的73%。在这种压差计上可以由操作人员给定矿液面的高度并自动调节，也可以自动记录矿液面高度的变化情况。调节阀采用气动薄膜调节阀（无锡阀门厂、鞍山热工仪表厂等都有生产）。为了既能自动控制也能人工远距离操作，设计上还采用了远距离操纵旁路控制板（上海仪表厂制）。

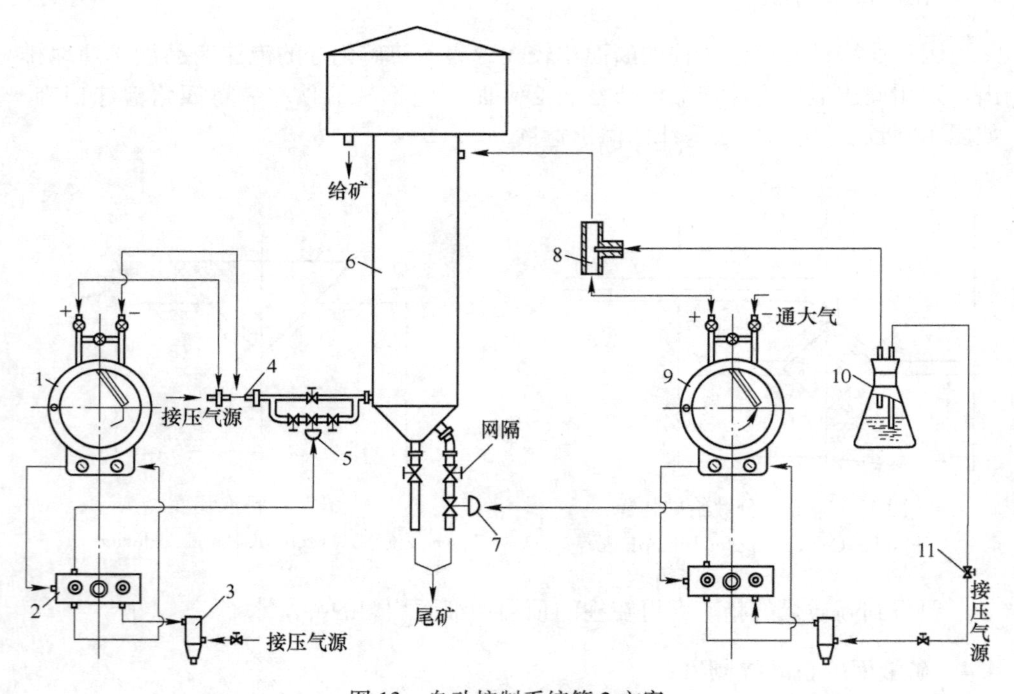

图13　自动控制系统第2方案

1，9—带气动调节装置的浮子压差计；2—远距离操纵旁路控制板；3—过滤器；4—文丘里管；5，7—气动薄膜调节阀；6—浮选柱；8—特制三通管；10—检查容器；11—针型阀

Fig. 13　The second solution for automatic control

现将其动作过程扼要说明如下：当浮选柱的矿液面高度超过规定值时，则仪表接受的反压力也将大于仪表的给定值，由04调节器控制的压气调节阀的压力就减少，使阀门打开一些，直到矿液面达到要求为止。反之，则给入调节阀的气体压力增加，使阀门关闭一些，直到合于规定值为止。实现连续的自动控制。在有条件的情况下，可以考虑用γ射线继电器来控制矿液面的高度，它的准确度不受矿浆比重、充气程度等因素的影响。在小型试验装置上做过试验，证明是可行的。

4.5 充气量的自动控制

控制系统采用标准文丘里管（或流量孔板），将空气流量替换为压力差进行测量，仪表也用04-CF610型带调节装置的压差计和气动薄膜调节阀。仪表量程可选用0~40mm汞柱。文丘里管和孔板的尺寸根据所需充气量和压力按热工测量仪表常用的计算方法计算。自动控制的动作过程和矿液面的自动控制相似，不再重述。

采用气动控制是比较合适的，因为浮选柱的生产过程提供了方便的压气源，而气动控制需要的压气量是极微小的，压力在2×10^5Pa以上就够用了。

5 结语

经过三个多月的小型连续试验，过了充气器关、自动控制关和操作关，对浮选柱有了一定的认识。仍认为，可以代替部分浮选机。

（1）选别细脉浸染型硫化铜矿石和黄铁矿（选重晶石）获得比较满意的结果。如对浮选柱、流程和操作条件进一步完善，指标可以提高。

（2）通过小型试验，估计工业型浮选柱（包括空压设备）与米哈诺布尔浮选机相比，占地面积少50%左右，功率省30%左右，设备质量轻55%左右；另外，结构简单，无磨损件，因此，建厂快，投资省，维修费用低。

（3）浮选柱的缺点是当流程复杂时，需配置较多台砂泵。

因浮选柱实践时间还较短，对其高度及其他结构等方面尚待进一步的实践和探讨。

浮选柱旋流式充气器工业试验

韩寿林　曾永华　张鸿甲

（北京矿冶研究总院，北京，100160）

摘　要：针对德兴铜矿选矿厂浮选过程中加入了大量石灰导致浮选柱充气器易被堵塞的问题，开展了旋流式充气器研究。与塑料瓶充气器的对比工业试验表明，旋流式充气器较好地克服了高碱度矿浆中气孔的结垢堵塞问题，同时还提高了选矿指标。

关键词：浮选柱；旋流式；充气器；堵塞

Industrial Test of Spiral-flow Type Flotation Column Bubble Generator

Han Shoulin　Zeng Yonghua　Zhang Hongjia

(Beijing General Research Institute of Mining and Metallurgy, Beijing, 100160)

Abstract: To solve the problem that serious congestion to the flotation column bubble generator caused by heavy addition of lime in copper flotation process, spiral-flow type flotation column bubble generator was developed. Industrial test demonstrates that: compared with plastic bottle type bubble generator, the spiral-flow type bubble generator could effectively eliminate congestion phenomenon in high-alkalinity environment and improve flotation performance.

Keywords: flotation column; spiral-flow type; bubble generator; congestion

德兴铜矿选矿厂处理细脉浸染型斑岩铜矿石。矿石以易选原生硫化矿为主，铜矿物主要有黄铜矿，其次为辉铜矿、斑铜矿、铜蓝、孔雀石等。其他有回收价值的矿物有黄铁矿、辉铜矿、金、银等。脉石矿物主要有石英、绢云母等。

目前选矿厂规模为日处理原矿 10000t。用 8 台 ϕ3200mm×3100mm 格子型球磨机进行磨矿，并组成 8 个各自独立的浮选系统。其中 1 号、2 号为全浮选机系统，1 号系统采用带有包胶水轮盖板的 32 槽 6A 浮选机；2 号系统采用带有铸铁水轮盖板的 32 槽 6A 浮选机；3~8 号为浮选柱与浮选机联用系统，粗选各用容积为51m³的浮选柱1台，扫选各用带有铸铁水轮盖板的14槽6A浮选机（流程见图1）。由于在浮选过程中加入了大量石灰，浮选柱充气器的气孔结垢堵塞，严重影响矿浆的充气。结垢后的充气器为了保证充气量，必须升高供气压力，这样就容易引起充气器爆裂，造成矿浆翻腾，液面难以稳定的现象。这种情况，不仅增加了药剂用量，而且也降低选矿指标。为解决这个问题，德兴铜矿几年来做了大量试验研究工作，先后使用过帆布管、尼龙布管、扎孔橡胶管、微孔塑料管、扎孔丁腈胶管以及扎孔塑料瓶充气器。其指标逐年改善，伴随着矿石可选性的好转、磨矿细度的改善和操作的加强，柱机联用系统与单用浮选机系统的生产指标日趋接近（近年生产指标见表1）。虽然如此，但充气器的结垢问题仍未解决。

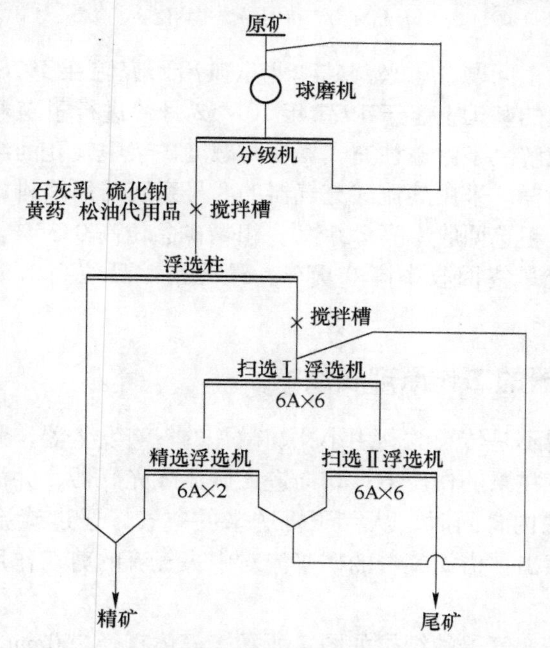

图1 浮选柱与浮选机联合使用系统的流程

Fig. 1 Combined circuit of flotation column and flotation cell

表1 近年选矿生产指标

Table 1 Production index in recent years

时间	系统	原矿品位 /%	最终精矿品位 /%	尾矿品位 /%	最终回收率 /%
1975年	浮选柱	0.496	13.08	0.088	82.78
	柱-机	0.515	11.14	0.102	80.87
1976年	浮选柱	0.531	11.63	0.092	83.36
	柱-机	0.559	11.15	0.103	82.24

续表 1

时间	系统	原矿品位/%	最终精矿品位/%	尾矿品位/%	最终回收率/%
1977 年一季度	浮选柱	0. 528	11. 81	0. 083	84. 87
	柱-机	0. 538	12. 26	0. 091	83. 70
1977 年二季度	浮选柱	0. 581	13. 79	0. 093	84. 39
	柱-机	0. 580	13. 02	0. 090	85. 09

注：浮选机系统流程为一粗（6A×10 槽）二扫（6A×16 槽）三精（6A×6 槽），指标为 1 号、2 号系统平均值。柱-机系统流程为：粗选浮选柱（51m^3）出精矿，扫选浮选机（二扫一精，也出精矿，配置为 6-6-2 共 14 槽 6A）指标为 3~8 号系统平均值。

为彻底解决这个问题，德兴铜矿和北京矿冶研究院在 1976 年浮选柱旋流式充气器半工业试验的基础上，于 1977 年 10~12 月，进行了工业试验。试验结果表明该方法较好地解决了浮选柱充气器在高碱度矿浆中气孔的结垢堵塞问题，同时还提高了选矿指标。采用旋流式充气器的 8 号系统与用塑料瓶充气器的先进机台 6 号系统相比，粗选回收率高 2. 56%，粗精矿品位高 0. 35%。由于提高了粗选选别效率，使系统最终回收率高 0. 93%，最终精矿品位高 1. 99%（详见表 2）。现将概况介绍如下。

1　旋流式充气器的工作原理和结构

旋流式充气器不是传统的利用小孔、微孔的气泡发生器，而是属于另一范畴的充气装置。矿浆在泵的作用下，切向进入旋流式充气器，并沿其内壁涡旋，通过喷嘴进入浮选柱内，同时，从空压机送来的空气，通过旋流式充气器中央气管，也从喷嘴孔喷出。借涡旋着的矿浆流对中央气流的剪切作用，造成大量微小而均匀的气泡。

工业型旋流式充气器的结构如图 2 所示。筒体直径 260mm，切向进浆管直径 50mm，中央气管直径 25mm，喷嘴孔直径 60mm。为了方便试验，外壳用普通钢板制造，内衬除部分喷嘴用九五陶瓷外，其他均用环氧树脂黏结白刚玉粉，作为耐磨衬里。

浮选柱呈长方形断面，尺寸为 3. 20×2. 35m^3，高 6. 8m，容积 51m^3。柱体用钢筋水泥浇注，柱的底锥用钢板制造。试验初期，在底锥上方共装 8 个旋流式充气器，即沿 3. 20m 长度方向，两面各安装三个，沿 2. 35m 宽度方向，一面安装两个，另一面因受相邻两柱间距限制无法安装。两个相邻充气器的中心距是 750mm（充气器安装情况见图 3）。为了考察 6 个充气器的选别效果，后来又把沿 2. 35m 宽度方向的两个充气器拆除。

充气器所用循环矿浆，取自浮选柱本身部分尾矿矿浆，用 6 英寸胶泵加压。

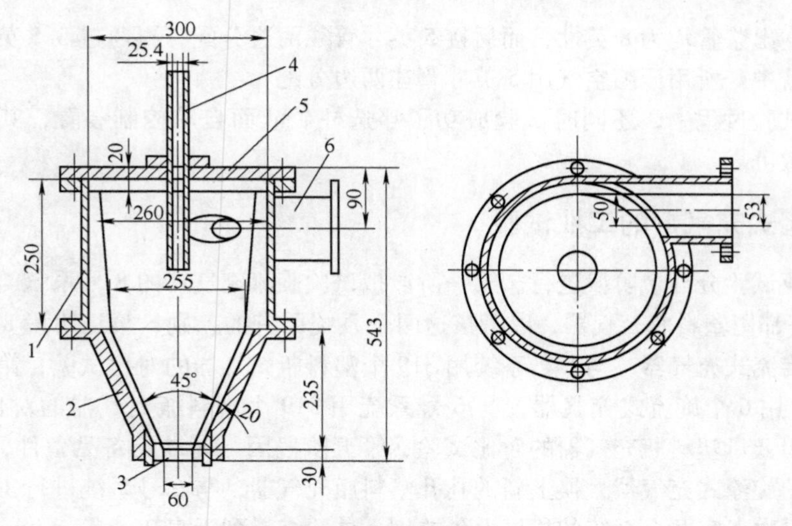

图 2 旋流充气器结构

1—柱体；2—锥体；3—喷嘴；4—进气管；

5—环氧树脂黏结白刚玉内衬；6—进浆管

Fig. 2 Structure of spiral-flow type bubble generator

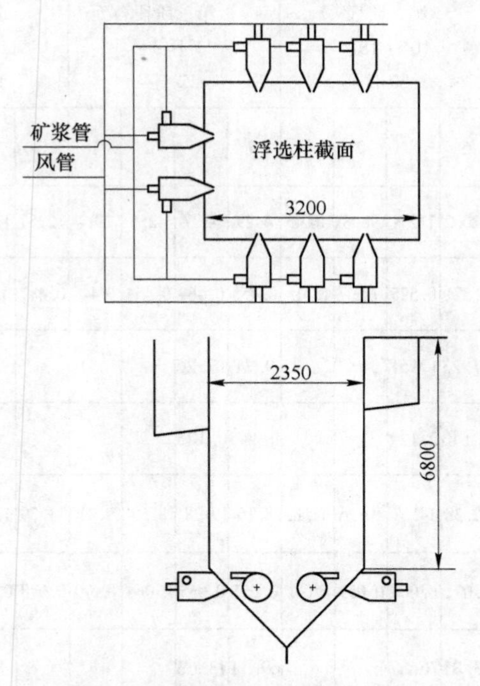

图 3 旋流式充气器安装位置示意图

Fig. 3 Installation location schematic diagram of spiral-flow type bubble generator

泵的进、出浆管均为 8 英寸，而后接 5 英寸管往两边分配，再通过 3.5 英寸管进入充气器中。所用压缩空气用 5 英寸管往两边分配。

在试验过程中，还同时试验成功了浮选柱矿液面自动控制装置，其结构简单，灵敏可靠。

2　旋流式充气器的工业试验

工业试验分五个阶段进行。第一阶段拟试验旋流充气器的 8 号系统与对比的 6 号系统都用塑料瓶充气器，以考核这两个系统原有的差别；第二阶段 8 号系统用 8 个旋流式充气器，与 6 号系统用 319 个塑料瓶充气器的对比试验；第三阶段 8 号系统用 6 个旋流式充气器，与 6 号系统用 319 个塑料瓶充气器的对比试验，处理含绢云母塑料瓶充气器的对比试验；第五阶段因一时缺乏备品备件，拆除 8 号系统的旋流式充气器，换上新的扎孔塑料瓶充气器，与 6 号系统进行工业生产对比，再次考察两个系统的机械设备差别。试验结果列于表 2。

表 2　试验指标对比

Table 2　Test results contrast

试验阶段 / 系统		第一阶段 9月9日~10月18日		第二阶段 10月18~30日				第三阶段 11月3~12日				第四阶段 11月13日~12月4日				第四阶段 12月9~15日	
项目指标	单位	6	8	6	8	2	1	6	8	2	1	6	8	2	1	6	8
原矿处理量	t	18470	14089	12002	11271	9833	10045	4429	4307	4256	2914	12257	17868	20198	19258	5250	5420
原矿品位	%	0.483	0.454	0.521	0.525	0.507	0.515	0.455	0.460	0.454	0.446	0.487	0.476	0.477	0.472	0.514	0.521
柱精品位	%			17.23	17.58			9.71	12.26								
柱尾品位	%			0.140	0.127			0.145	0.125								
最终精矿品位	%	11.95	13.98	12.38	14.37	10.26	11.16	8.16	9.78	8.59	9.41	11.39	13.68	12.03	11.65	18.36	17.68
最终尾矿品位	%	0.072	0.086	0.071	0.066	0.059	0.061	0.065	0.065	0.064	0.070	0.078	0.075	0.073	0.079	0.075	0.089
浮选柱回收率	%			73.81	76.37			69.11	73.63								
系统总回收率	%	84.10	81.63	86.91	87.94	88.97	88.24	86.33	86.45	86.54	85.03	84.63	84.80	85.12	83.76	85.71	83.41

续表 2

试验阶段 / 系统		第一阶段 9月9日~10月18日		第二阶段 10月18~30日				第三阶段 11月3~12日				第四阶段 11月13日~12月4日				第四阶段 12月9~15日	
项目指标	单位	6	8	6	8	2	1	6	8	2	1	6	8	2	1	6	8
系统电耗	度			197	250	255		197	250	255							
松油耗量	g/t			239. 5	218. 7			215. 4	197. 8								
硫化钠耗量	g/t			177. 3	114. 4			321. 3	191. 8								

从表 2 可知，8 号系统不用旋流式充气器时选矿指标低于 6 号系统，使用旋流式充气器后指标高于 6 号系统。同时还降低了松油代用品和硫化钠用量。然而，旋流式充气器需要增加胶泵，造成功耗增加（仍低于浮选机系统）。经核算，降低药剂消耗量和增加功率消耗的费用，两者可以互相抵消。试验时，1 号和 2 号全浮选机系统的生产指标也列于表 2。1 号系统的橡胶水轮盖板是 1977 年 6 月下旬更换的，2 号系统的铸铁水轮盖板是 1977 年 10 月初更换的，两个系统浮选机的性能是正常的。从表 2 可知，全浮选机系统的生产指标，有低于用旋流式充气器时 8 号系统的趋向。鉴于本试验旨在提高浮选柱性能，捎带统计了全浮选机系统的指标，发现试验效果较好，拟进一步开展细致的浮选柱与浮选机对比，全面考核它们的指标。

通过清水和矿浆试验表明，旋流式充气器比塑料瓶充气器的风压低，弥散出的气泡细小，多而均匀。

为了考核 8 号和 6 号系统浮选柱的尾矿损失和粒级回收情况，我们对第二阶段试验总样进行了筛分分析，结果表明，用旋流式充气器比用塑料瓶充气器各粒级的回收率均高。同时又进行了镜下观察，发现两系统浮选柱尾矿中的铜矿物主要是连生体，且与脉石连生为主，两系统不同在于+0. 075mm（+200 目）的粒级中，8 号系统连生体中铜矿物的粒径较为细小。-0. 075mm（-200 目）铜矿物的损失以单体为主，且黄铜矿居多，其损失 8 号系统要少些。从筛分分析和镜下观察可知：目前生产中磨矿细度较粗，要进一步提高选别指标，需改善磨矿细度。经一个半月运转，旋流式充气器各部位的磨损轻重不一，由重至轻的顺序是：喷嘴、锥体、风管根部、柱体。从喷嘴的磨损情况看，九五陶瓷比环氧树脂黏结白刚玉的耐磨性强，运转一个半月，磨损轻微。

3 结论

（1）用旋流式充气器的 8 号系统与用扎孔塑料瓶充气器生产指标较好的 6 号

系统相比，在原矿氧化率和磨矿细度相同时，粗选回收率高2.56%，粗选精矿品位高0.35%。由于提高了粗选柱选别效率，系统最终指标回收率高0.93%，精矿品位高1.99%。

（2）旋流式充气器不存在破裂、结垢问题，因而运转正常。它造成的气泡细小，与微孔塑料充气器相似，液面平稳，易于操作。

（3）使用旋流式充气器，停车不放矿，也不能淤死。

（4）8号系统比6号系统的松油代用品耗量低17.6~20.8g/t，硫化钠耗量低63.9~129.5g/t。

（5）使用旋流式充气器，每台浮选柱需要增设一台6英寸胶泵，其实际电耗增加60kW，但全系统实际电耗仍低于全用浮选机系统的实际电耗。

（6）必须采用耐磨材料，如橡胶、刚玉、陶瓷等，作为旋流式充气器的内衬。

水气喷射充气器的研究及应用

张鸿甲

（北京矿冶研究总院，北京，100160）

摘　要：本文介绍了水气喷射充气器的结构及工作原理。通过开展实验室和工业试验，对比了水气喷射充气器与帆布充气器工作性能。结果表明，水气喷射充气器对选别指标的提高起到了很大的作用，能够克服帆布袋充气器的结垢、堵塞、充气量逐渐下降和气泡破裂等缺点，使用周期可达半年以上。

关键词：浮选柱；水气喷射；充气器；研究；应用

Research and Application of Water-air Jet Bubble Generator

Zhang Hongjia

(Beijing General Research Institute of Mining and Metallurgy, Beijing, 100160)

Abstract: In this paper, the structure and work principle of water-air jet bubble generator is introduced. The working performance comparison between water-air jet and canvas bubble generator was made base on laboratory and industial test. The test results show that water-air jet bubble generator could eliminate phenomenon of deposit, congestion, aeration rate reducing and bubble breakage which always happens to canvas bubble generator, with longer than half a year service life.

Keywords: flotation column; water-air jet; bubble generator; research; application

浮选柱在一些矿山已使用多年，在使用中暴露的主要问题是在碱性矿浆中充气器结垢，气孔堵塞，充气效果变坏，影响浮选指标。近年来，不少单位都在研制新的不结垢的充气器。本文介绍的就是其中的一种。

1　结构和工作原理

水气喷射充气器是由气水分配头和喷射室两部分组成，其结构如图 1 所示。气水分配头为一圆筒，在其底的中心处开一圆孔与喷射室相通。分配头上盖与圆筒用螺纹连接。在圆筒壁上均布一排 $\phi 1.5$mm 的水气喷嘴，其在圆周上的距离为

20mm。喷射室是由进气管、进水管和喷管组成。工业水气喷射充气器的主要尺寸如图 2 所示。

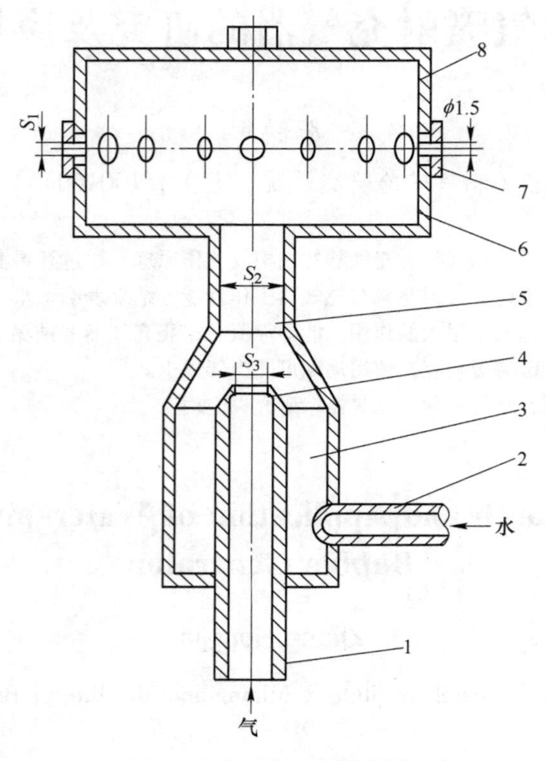

图 1　水气喷射充气器结构

1—进气管；2—进水管；3—喷射室；4—气管喷嘴；5—喷管；6—分配头；7—水气喷嘴；8—上盖

Fig. 1　Structure of water-air jet bubble generator

试验表明，影响空气分散效果的主要参数是水气喷嘴、喷管、气管喷嘴的直径大小和给入的气、水压力。用模拟试验确定的上述参数最佳条件是：水气喷嘴、喷管和气管喷嘴断面积之比，即 $S_1 : S_2 : S_3 = 1 : 4.5 : 1.9$；水气喷嘴直径为 1. 5mm；水气的给入压力为 2. 5~4. 0kg/cm^2。其主要尺寸如图 2 所示。充气器基本上采用钢管制成。分配头的上盖用螺丝固定在分配头上，可以打开清洗。分配头壁上均布 16 个 MS 的螺孔，并有内径为 2mm 的水气喷嘴，固定在 MS 的螺孔中。为防止水中杂质堵塞水气喷嘴，充气器内设有 0. 42mm（40 目）筛网和直径为 115mm 框架做成的水筛。水筛上顶为橡胶板，下底为筛网。另外，在进浮选之前的管道上，空气分散是靠两相流体的高速流进行两次喷射形成的。具有 2. 5~4. 0kg/cm^{2}压力的水和空气，分别由进气管和进水管进入。气水在喷管中进行一次喷射进入到分配头内，再由气水喷嘴喷出。气水流高速通过喷管时，气体受到水的剪切应力的作用，被切割成极微小的气泡进入到分配头内。在分配头内

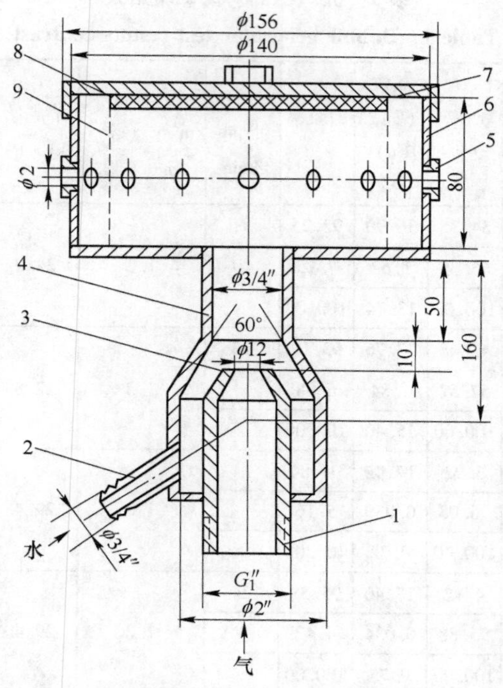

图 2　生产用的水气喷射充气器示意图

1—进气管；2—进水管；3—气管喷嘴；4—喷管；5—水气喷嘴；
6—分配头；7—上盖；8—橡胶板；9—筛子

Fig. 2　Schematic diagram of water-air jet bubble generator in production

的气泡直径一般为 1~2mm。这部分气泡再经水气喷嘴喷入到浮选柱中。不加起泡剂，喷入浮选柱中的气泡直径为 4~6mm。

水气喷射充气器与微孔材质充气器（如帆布、微孔塑料充气器）的根本区别，在于空气分散不是靠空气通过微孔产生气泡，而是靠水气两相流体的喷射产生气泡而形成的。由于气水同时喷出，就决定水气喷射充气器具有不结垢的特点。

2　对比试验

试验室的对比试验是用 ϕ155×1980mm 的有机玻璃浮选柱进行的，充气器为帆布袋充气器。两种充气器的工艺条件相同。两种矿石的试验结果和充气器控制参数见表 1。硫铁矿的选别指标为一次粗选的结果。铜矿的选别指标为一次粗选一次扫选的结果。从表 1 可以看出，在其他条件相同的情况下，水气喷射充气器可以获得与新帆布充气器相同或稍好的选别指标。

表 1　充气器的对比试验结果

Table 1　Bubble generator test results contrast

矿石种类	充气器种类	产品名称	产率/%	品位（S或Cu）/%	回收率/%	浮选时间/min	充气量/$m^3\cdot(m^2\cdot min)^{-1}$	给矿量/$kg\cdot h^{-1}$	水气比/%	其他
硫铁矿（向山硫铁矿）	水气喷射充气器	精矿	34.35	36.90	92.25	19	1.2	24.0	5	磨矿细度 -0.147mm（-100目）占76%；2号油80g/t；乙黄药180g/t；石灰4.7kg/t
		尾矿	65.65	1.62	7.75					
		给矿	100.00	13.74	100.00					
	帆布袋充气器	精矿	42.48	33.76	93.12	20	1.2	22.8	0	
		尾矿	57.52	1.84	6.88					
		给矿	100.00	15.40	100.00					
铜矿（谷里铜矿）	水气喷射充气器	精矿	3.92	17.42	94.84	24	1.0	29.4	4	磨矿细度 -0.075mm（-200目）占60%；2号油80g/t；丁黄药100g/t；石灰9.5kg/t
		尾矿	96.08	0.039	5.16					
		给矿	100.00	0.72	100.00					
	帆布袋充气器	精矿	4.12	17.40	95.58	24	1.0	29.4	0	
		尾矿	95.88	0.034	4.42					
		给矿	100.00	0.75	100.00					

3　水气喷射充气器的应用

谷里铜矿矿石中的主要铜矿物为黄铜矿、辉铜矿、斑铜矿等，其他金属矿物有黄铁矿、镜铁矿、赤铁矿；脉矿矿物有石英、方解石、绿泥石等。铜矿物的嵌布粒度一般为 0.065±2.0mm。浮选采用一粗、一扫、一精的简单流程。粗选、扫选采用 ϕ1400×8000mm 和 ϕ1600×6000mm 的浮选柱各一台。精选采用 4 槽 4A 浮选机。

原来的浮选柱采用竖管式帆布充气器。由于浮选作业要求加入大量的石灰 5kg/t 作矿浆 pH 值调整剂，其 pH 值高达 12~13。帆布袋充气器结垢严重，用期只能达到一周左右。据 1972 年一年的统计，平均每天损坏帆布充气器 7 只。频繁更换，破坏了生产的正常进行，造成了金属的大量流失。

1974 年之后，该矿成功地使用了水气喷射充气器。四年多的生产实践证明，效果良好，浮选指标有所改善，减少了维修工作量和帆布消耗问题，解决了帆布袋充气器对生产的不良影响。

3.1　工业用水气喷射充气器

设置了滤水器（见图 3），防止杂物进入充气器中。布袋充气器的结垢、堵塞、充气量逐渐下降和破裂等缺点，使用周期可达半年以上。

3.2 充气器在浮选柱中的布置

在粗选、扫选柱中，各装设6个和8个水气喷射充气器。扫选柱的充气器的布置如图4所示。

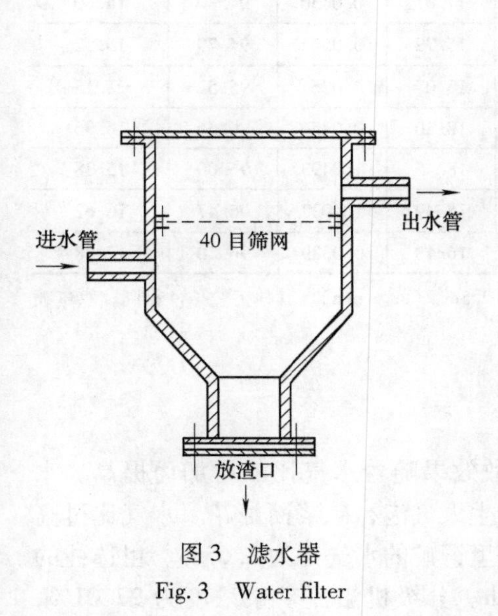

图3 滤水器

Fig. 3 Water filter

图4 水气充气器的布置

1—充气器；2—分配水箱；3—进水管；4—环形风室；5—风管；6—支风管；7—橡胶管；8—闷头；9—浮选柱

Fig. 4 Arrangement of water-air jet bubble generator

充气器的安装是在原帆布袋充气器的基础上进行的。原帆布袋充气器用螺纹固定在支风管的竖管头上。改装时，拆出帆布充气器，除保留一部分竖管头供装水气喷射充气器外，其余的全部堵死，水气喷射充气器的进气管就固定在竖管头上。分配水箱的位置要低于水气喷嘴的水平位置，以防影响水气喷射流的分散。进水管与分配水箱用胶管连接。安装胶管时，必须考虑使分配水箱到充气器的管路损失相等，以保证进入各个充气器的水量基本相等。

3.3 两种充气器的生产指标比较

由表2结果可知，使用水气喷射充气器的浮选指标比帆布袋充气器有所提高，精矿品位提高 0.76%，回收率提高 1.41%，富矿比提高 1.56%。除矿石性质，工人技术熟练程度提高外，水气喷射充气器对选别指标的提高起到了很大的作用。水气喷射充气器克服了帆布袋充气器的结垢、堵塞、充气量逐渐下降和破裂等缺点，使用周期可达半年以上。

表 2 两种充气器生产指标比较

Table 2 Production index comparison between two kinds of bubble generator

充气器类型	生产时间	原矿品位/%	精矿品位/%	尾矿品位/%	铜回收率/%	富矿比
帆布袋充气器	1972	0.785	14.75	0.0514	94.46	16.62
	1973	1.165	17.01	0.0630	94.30	14.60
	合计	1.013	15.72	0.0561	94.79	15.52
水气喷射充气器	1974 年（7~12 月）	0.168	13.07	0.0264	95.52	21.15
	1975	1.073	18.20	0.0456	96.56	16.96
	1976	1.200	18.45	1.0493	96.00	15.38
	1977	0.933	15.49	10.037	96.47	16.62
	合计	0.965	16.48	0.0389	96.20	17.08

注：帆布袋、水气喷射充气器的充气量分别为 2.2 和 2.5$m^3/(m^2 \cdot min)$，其他工艺条件相同；水气喷射充气器的平均水气比为 1.65%。

3.4 应该注意的几个问题

（1）水气比。压力一定时，空气的分散效果随着水气比的增加而提高。水气比过高会降低矿浆浓度；水气比过低会产生大气泡、矿浆面翻花。水气比过高或过低，对选别过程都会产生不良影响。谷里铜矿的水气比为 1.65%。粗选柱的充气器用水量为 3.45t/h，扫选的为 5.32t/h。分级机溢流矿浆浓度为 27.01%，粗扫选的给矿浓度分别降至 24.66% 和 20.65%，对选别效果影响不显著。

（2）水气压力。水气喷射充气器的喷射效果与给入压力有关。其压力控制在 3.5~4.5kg/cm^2 较为适合。压力过大将使气水喷嘴磨损加快，压力小于 2.5（4.5kg/cm^2 会影响空气分散效果）。

（3）防止堵塞。为防止水气喷嘴堵塞，要用水清洗。在充气器和供水节路中设置筛网，隔除大于 0.5mm 杂物是必要的。停车后，充气器内要充满水，防止矿浆进入，堵塞气孔。

KYZ-B 浮选柱气液两相流数值模拟与试验研究

沈政昌　卢世杰　张跃军

（北京矿冶研究总院，北京，100160）

摘　要：为了研究浮选柱柱体高度的有效使用情况，采用计算流体力学（CFD）数值模拟软件 CFX 对充气后浮选柱不同高度截面上气相在液相中的分散情况进行了数值模拟。设计了浮选柱试验系统进行气液两相流试验对数值模拟结果进行验证，通过对比数值模拟与试验结果可知，两者基本吻合。

关键词：浮选柱；气液两相流；分散高度；数值模拟

Numerical Simulation and Experimentation Study of Gas-liquid Two-phase Flow in KYZ-B Flotation Column

Shen Zhengchang　Lu Shijie　Zhang Yuejun

(Beijing General Research Institute of Mining and Metallurgy, Beijing, 100160)

Abstract: To study the effectiveness of flotation column height, computational fluid dynamics software CFX has been adopted to simulate the gas dispersion state in the liquid phase of the inflatable flotation column sections at different heights. A flotation column experimental system was designed specially to validate the results of simulation. Results contrast shows that the results got from numerical simulation meet well with that from experimental.

Keywords: flotation column; gas-liquid two-phase flow; dispersion height; numerical simulation

从近年来对浮选柱内流体流动规律的研究取得的一系列研究成果来看，应用较多的还是 Dobby 和 Finch[1] 的计算方法，他们将化学反应器理论中的 Levenspiel's 轴向扩散模型引入浮选柱，把整个浮选柱内分成捕集区和精选区两部分，分别计算两区的混合状态和动力学问题，然后再把两区的模型结合成整个浮选区的模型，并以此为据提出了按比例放大的数学模型；智利的 L. G. 伯格等人[2]应用模糊逻辑对浮选柱中的分布式基本控制系统的管理进行了研究；L. G. 贝尔等人[3]通过动力学模拟，对浮选柱的动力学进行了试验研究；J. B. 依安纳托斯等人[4]用放射性示踪气体氪-85，通过脉冲响应法试验研究了浮选柱内气相停留时间的分布特性；朱友益等人[5,6]给出了一种利用光电原理测试浮选柱中气泡尺寸及含气率的方法。计算流体力学（CFD）技术的发展，使得准确计算浮选柱内气液流动状态成为可能，但我国在浮选柱的这方面研究还处于起步阶段，目前研究很少，中国矿业大学杨彩云[7]根据浮选柱内气液流动的特点，在气速与气含率的径向分布一致的基础上，建立了通用的计算浮选柱内流体流动模型，简便且较准确地对浮选柱内的回流区气液两相流体状态进行了数值模拟，为浮选柱内气体发生器设计以及柱内返混的研究提供了依据和方法。本文结合目前国内外对浮选柱内流体流动状态的研究方法，将计算流体力学（CFD）数值模拟软件 CFX 应用于 KYZ-B 浮选柱内气相在液相中分散状态的研究。

1　浮选柱气液两相流数值模拟

1.1　计算域及边界条件

计算所用的浮选柱几何模型与 KYZ-B 浮选柱[8,9]试验模型尺寸一致，柱体为圆柱形，直径 2000mm，高 2500mm。浮选柱发泡器入口压力与试验条件一致，壁面与流体接触的所有界面上均采用无滑移壁面条件。

1.2　网格划分

考虑到浮选柱几何模型的不规则性以及浮选柱部件最大尺寸和最小尺寸比例太大的原因，在整个模拟过程中均采用非结构化网格把浮选柱柱体与气泡发生器分成两个区域分别单独进行网格划分。整个区域最小网格尺寸为 0.13mm，最大网格尺寸为 130mm，网格总数 425453 个，网格总体划分效果如图 1 所示。

图 1　网格划分后的浮选柱几何模型

Fig. 1　The geometric model of flotation column after meshing

1.3　模拟方法

采用 CFD 数值模拟软件中的 Eulerian 多相流模型，将浮选柱气液两相流视为互相渗透的连续介质，在计算时假设整个模拟过程为等温流动，无热量的传递，两相流体遵循各自的控制方程，在同一空间位置，有各自的速度和体积分数。对近壁区域流动计算的处理采用标准壁面函数法，湍流模型选用 $k\text{-}\varepsilon$ 双方程模型，两相流中，分散相与连续相之间存在着动量交换，其中包括相间拖曳力、升力、虚拟质量力、湍流耗散力等体积力，临界面上液相对气相的作用力与气相对液相的作用力大小相等方向相反，即临界面上的合力为零。

相间拖曳力：

$$F_{\alpha\beta} = \frac{3}{4}\frac{C_D}{d}\rho_\alpha\rho_\beta\left|\vec{U}_\beta - \vec{U}_\alpha\right|(\vec{U}_\beta - \vec{U}_\alpha) \tag{1}$$

式中 $F_{\alpha\beta}$ ——两相相对速度；

C_D ——拖曳力系数；

ρ_α，ρ_β ——α，β 相密度；

d——分散相微粒平均直径

$$F_{\alpha\beta} = - F_{\beta\alpha}$$

根据 Schiller Naumann 模型[10]，其中拖曳力系数

$$C_D = \begin{cases} \dfrac{24}{Re_d}(1 + 0.15\,Re_d^{0.687}), & Re_d < 1000 \\ 0.44, & Re_d \geqslant 1000 \end{cases} \tag{2}$$

经计算，得到如下可视化结果（部分图片）如图 2~图 7 所示，数据轴上的数据表示气体体积分数大小，颜色变化表示气体体积分数的变化规律，从图 3~图 6 可以看出，浮选柱截面的高度越高，气相在液相中扩散出的区域越大，图 6 中的截面颜色接近一致表明，在该截面上，气相在液相中的分散接近均匀，图 7 所示的截面颜色完全一致表明，在该截面上，气相在液相中的分散已均匀，模拟所得定量数据见表 1。

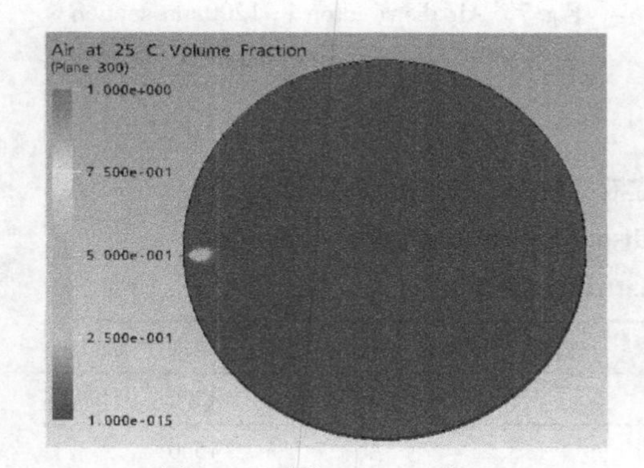

图 2 浮选柱 300mm 截面

Fig. 2 Air distribution in 300mm section of flotation column

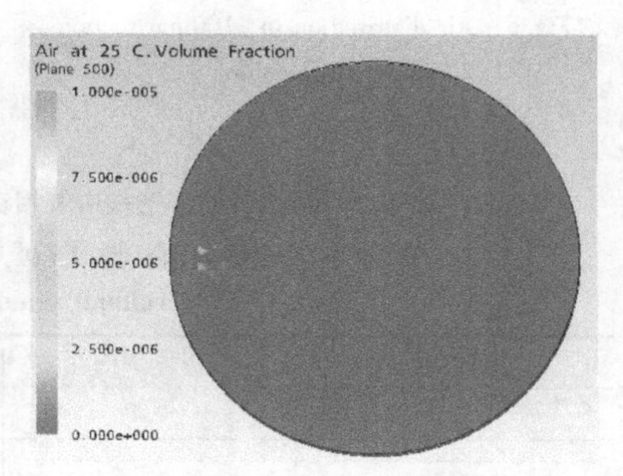

图 3 浮选柱 500mm 截面

Fig. 3 Air distribution in 500mm section of flotation column

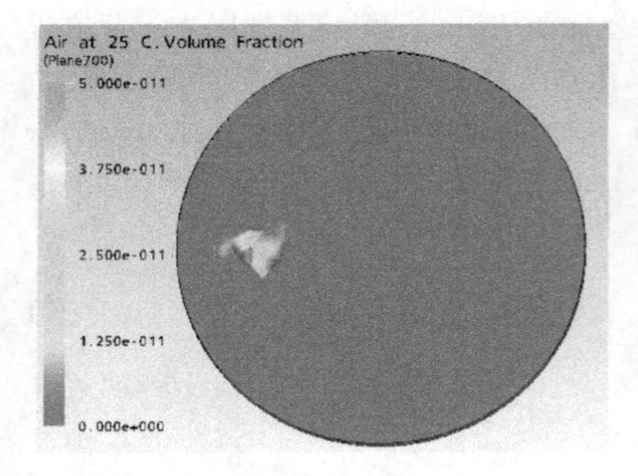

图 4　浮选柱 700mm 截面

Fig. 4　Air distribution in 700mm section of flotation column

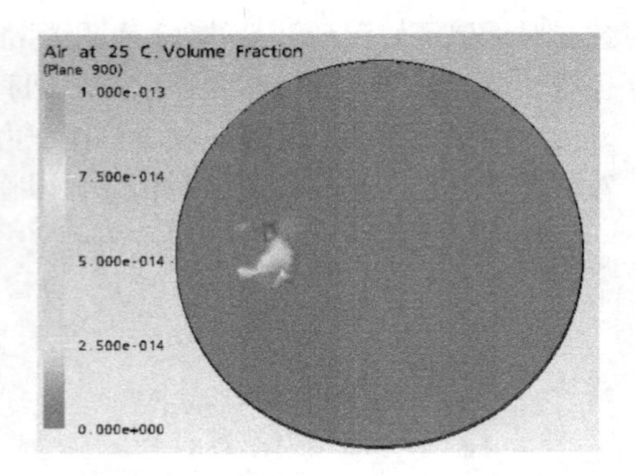

图 5　浮选柱 900mm 截面

Fig. 5　Air distribution in 900mm section of flotation column

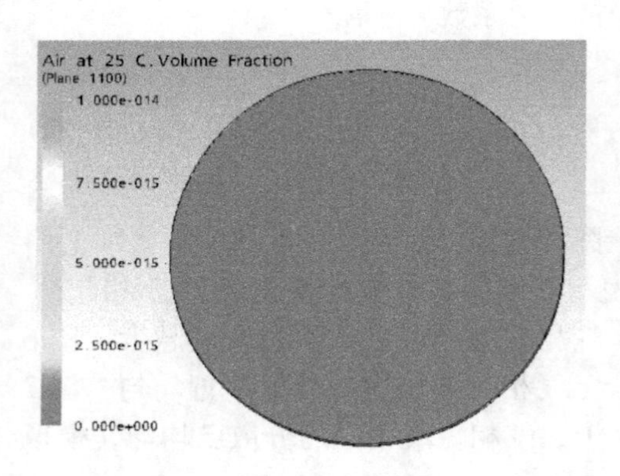

图 6　浮选柱 1100mm 截面

Fig. 6　Air distribution in 1100mm section of flotation column

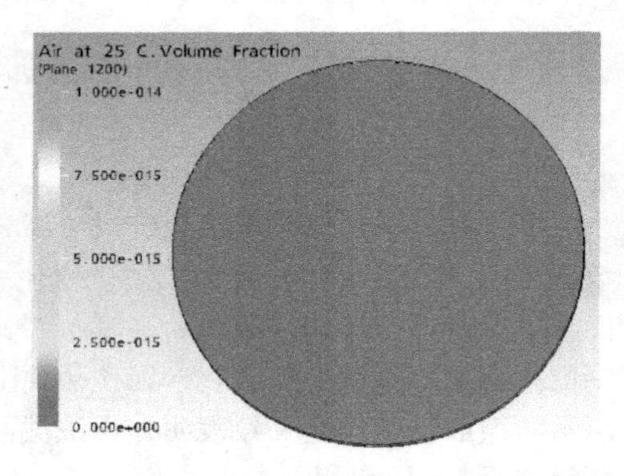

图 7　浮选柱 1200mm 截面

Fig. 7　Air distribution in 1200mm section of flotation column

表 1　CFD 软件对浮选柱内气相在液相中分散状态的模拟定量结果

Table 1　Fix quantify results of dispersion state of gas in flotation column simulated by CFD

试验号	压力/MPa	喷嘴孔径/mm	分散均匀高度/mm
1	0.4	2.0	1200
2	0.4	3.5	1500
3	0.55	2.0	1400
4	0.55	3.5	1500

2 浮选柱气液两相流数值模拟的试验验证

试验的重点内容是对浮选柱内气相在液相中的分散情况进行考察，包括对不同充气压力与发泡器喷嘴孔径条件下充气后浮选柱内气相在液相中分散情况的考察，气液两相流试验系统如图 8 所示，充气现象如图 9 所示。

图 8 浮选柱试验系统

Fig. 8 Flotation column experiment system

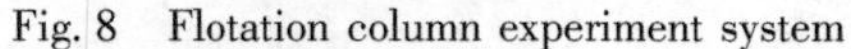

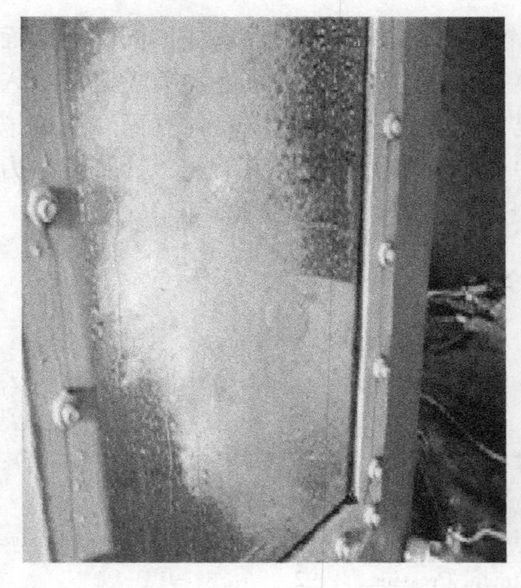

图 9 浮选柱充气现象

Fig. 9 Aeration phenomena of flotation column

浮选柱充气性能测试方案采用 2 因素 2 水平常规试验设计，共有 4 组试验，浮选柱发泡器喷嘴孔径分别为 2.0mm、3.5mm，入口压力分别取 0.4MPa、0.55MPa，按此方案进行试验，利用卷尺测量充气后浮选柱内气相在液相中分散均匀时的截面高度，得出试验数据见表 2。

表 2　浮选柱气液两相流试验数据

Table 2　Gas-liquid two-phase test results of flotation column

试验号	压力/MPa	喷嘴孔径/mm	分散均匀高度/mm
1	0.4	2.0	1350
2	0.4	3.5	1450
3	0.55	2.0	1400
4	0.55	3.5	1450

对比表 1、2 中显示的数据可知，利用 CFX 软件模拟所得的浮选柱内气相在液相中分散均匀时的截面高度与试验值基本吻合，两者数据均表明：

（1）在给入气体压力一定的情况下，孔径大的发泡器喷嘴喷出气流在液相中分散均匀时的浮选柱截面高度比孔径小的高。

（2）在喷嘴孔径一定的情况下，给入气体压力大的发泡器喷嘴喷出的气流在液相中分散均匀时所在浮选柱截面高度比给入气体压力小的高。

3　结论

利用计算流体力学（CFD）数值模拟软件 CFX 对充气后浮选柱不同高度截面上气相在液相中的分布状态进行了数值模拟，分别在浮选柱发泡器喷嘴定压给入气体与浮选柱发泡器喷嘴孔径一定的情况下对比数值模拟与试验数据可知，模拟与试验所反应的浮选柱内气相在液相中的分散规律吻合较好，因此，计算流体力学（CFD）数值模拟研究能够为浮选柱合理高度的设计提供依据。

参考文献

[1] Finch J A，Dobby G S. Column Flotation [M]. Pergamon Press，1989.

[2] Bergh L G，Yianatos J B. Control alternatives for flotation columns [J]. Minerals Enginerring，1993，6（6）：642-731.

[3] 贝尔 L G，耿健心．浮选柱的动力学实验与研究 [J]. 国外金属矿选矿，1997（12）：17-24.

[4] Yianatos J B，Bergh L G. RTD studies in an industrial flotation column：Use of the radioactive tracer techniqe [J]. International Journal of Mineral Pressing，1992，36：81-91.

[5] 朱友益，张强，赵耿，等．一种测试浮选柱中气泡尺寸及含气率的方法 [J]. 国外金属矿选矿，1996（11）：30-34.

[6] 朱友益，张强，王化军，等 . PDA 测试浮选柱液- 气两相流中气泡的流速分布 [J]. 北京科技大学学报，1999 (2)：114-118.

[7] 杨彩云，曾爱武，刘振 . 运用 CFD 模拟浮选柱内的流体流动 [J]. 煤化工，2006 (1)：46-49.

[8] 北京矿冶研究总院 . KYZ-B 型浮选柱研究报告 [R]. 2005.

[9] Von L Schiller，Naumann A. Uber die Grundlegenden Berechnungen bei der Schwerkraftaufbereitung [J]. VDIZeits，1993，77 (12)：318-320.

[10] Lopez de Bertodano M. Two fluid model for two-phase turbulent jet [J]. Nucl. Eng. Des，1998，179：65-74.

KYZ-B 型浮选柱系统的设计研究

沈政昌　史帅星　卢世杰
（北京矿冶研究总院，北京，100160）

摘　要：从 KYZ-B 型浮选柱的工作性能出发，详细分析了 KYZ-B 型浮选柱系统中主要组成部分：柱体、推泡器、给矿系统、气泡发生系统、液位控制系统、泡沫喷淋水系统等的设计原理。依据以上理论设计了 KYZ-B1065 浮选柱，工业试验取得了较好指标。设计的 KYZ-B0912 和 KYZ-B1212 浮选柱在某选矿厂成功进行工业应用。

关键词：浮选柱；浮选动力学；工业试验

The Design of KYZ-B Flotation Column

Shen Zhengchang　Shi Shuaixing　Lu Shijie
（Beijing General Research Institute of Mining and Metallurgy，Beijing，100160）

Abstract：Proceeding from KYZ -B flotation column work performance，the design principles was set forth for the main components of KYZ-B flotation column including cylinder，froth-pushing device，feeding system，bubble generator，level control system，froth spray water system，and etc.，then KYZ-B1065 flotation column was designed and put into commercial test which obtained good result. Base on that design principle，KYZ-B0912 and KYZ-B1212 flotation column were also successfully developed and put into application in ore dressing plant in Henan.

Keywords：flotation column；flotation kinetics；commercial test

随着矿物加工工业的发展，品位低、嵌布粒度细、矿物组成复杂的难选矿石所占的比例日益增大，矿物加工行业面临着前所未有的挑战，对选矿工艺方法、选矿设备的研究提出了更高的要求[1]。为提高浮选经济技术指标，许多矿业发达国家，如加拿大、美国、澳大利亚等纷纷将研究目光再度投向具有富集比大、处理量大、投资小、运行费用低等优点的浮选柱。

1　KYZ-B 型浮选柱的结构和工作原理

浮选柱主要由柱体、给矿系统、气泡发生系统、液位控制系统、泡沫喷淋水系统等构成，如图 1 所示。浮选柱的工作原理是：空气压缩机作为气源，气体经总风管到各个充气器产生微泡，从柱体底部缓缓上升；矿浆由距顶部柱体约 1/3 处给入，经给矿器分配后，缓慢向下流动，矿粒与气泡在柱体中逆流碰撞，被附着到气泡上的有用矿物，上浮到泡沫区，经过二次富集后产品从泡沫槽流出。未矿化的矿物颗粒随矿流下降经尾矿管排出。液位的高低和泡沫层厚度由液位控制系统进行调节。

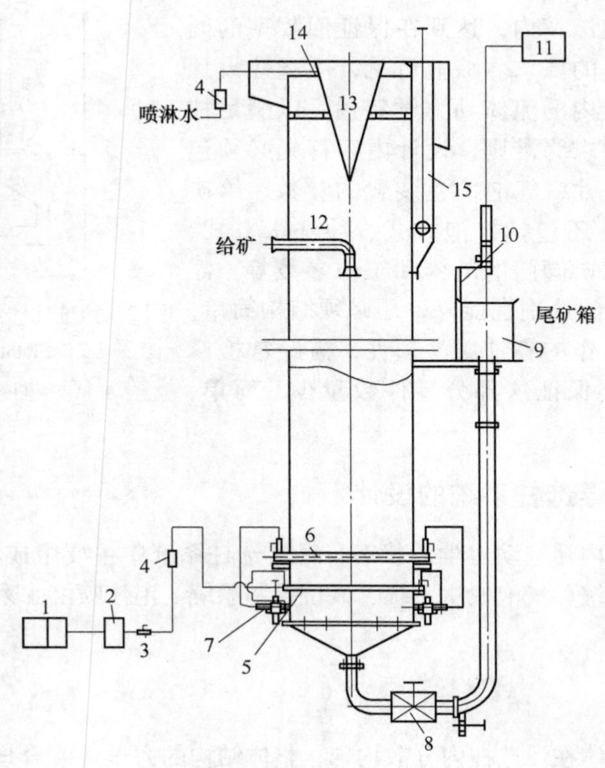

图 1　浮选柱系统结构示意图

1—风机；2—风包；3—减压阀；4—转子流量计；5—总水管；6—总风管；7—充气器；8—排矿阀；9—尾矿箱；10—气动调节阀；11—仪表箱；12—给矿管；13—推泡器；14—喷水管；15—测量筒

Fig. 1　Structure of flotation column system

2　浮选柱的浮选动力学分析

浮选柱的浮选动力学区域如图 2 所示，可分为捕收区和分离区。

捕收区：本区是浮选柱中非常重要的区域，气泡的分散、矿粒与气泡的碰撞和附着等过程大部分均发生于此区。设计的浮选柱必须保证气泡能最大限度地充满该区，提高该区容积的有效利用系数，使矿物颗粒与气泡在本区具有较高的碰撞概率和黏附概率。捕集了大量矿物颗粒的气泡由这里上升到分离区。

分离区：本区主要是泡沫层，脉石颗粒与矿化气泡可通过冲洗水的作用进行充分分离，同时增强脱落的矿物颗粒二次富集作用，通过进一步富集作用，保证泡沫层中的矿物不致脱落，泡沫能顺利地流入泡沫槽内，达到在保证回收率的同时提高精矿质量的要求。综上可见，浮选柱设计必须首要考虑柱内的流体动力学特性，以满足柱内流体动力学要求为准则，设计内容首先必须包括柱体形状和尺寸、气泡发生装置的参数、给矿器结构形式等，还包括排泡方式、冲洗水方式、冲洗水流量和尾矿阀门的结构和工作参数等。浮选柱除具有良好的选别性能外，还必须结构简单，尤其是矿浆中工作的零件属易损件，需经常检修更换，设计中要保证这部分零件数量少、简单、容易更换。

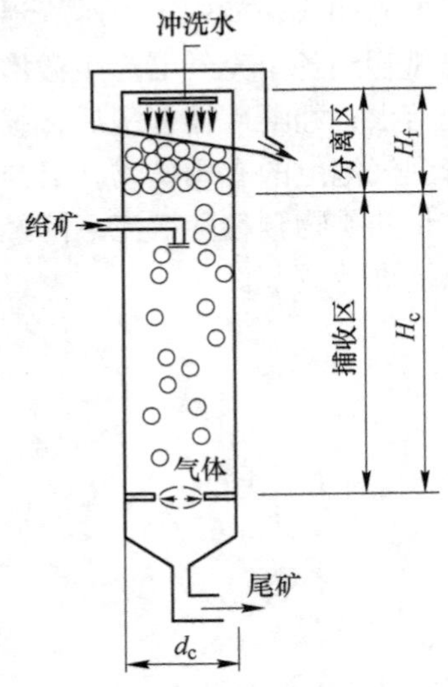

图 2 浮选柱的浮选动力学区域

Fig. 2 Flotation dynamics area in flotation column

3 KYZ-B 型浮选柱系统的设计

依据浮选柱内浮选动力学的状态，对浮选柱系统中主要组成部分——柱体、推泡器、给矿系统、气泡发生系统、液位控制系统、泡沫喷淋水系统等设计原理进行了分析研究。

3.1 柱体设计

为了保证气体在浮选柱内分散均匀，整体结构的力学性能合理，浮选柱柱体截面形状采用圆形；为了便于尾矿的排放，柱体底部采用锥形。浮选柱的高度确定是一个比较复杂的问题，矿物颗粒、气泡的大小与分布、充气速率、待浮矿物颗粒表面的疏水性、矿浆与气泡流动及混合方式对其都有重要影响。生产能力是任何一种类型的浮选设备的主要技术参数之一。矿浆在浮选柱中的滞留时间可以通过浮选柱直径和高度的不同组合来实现。所要求的生产能力决定了设备直径的选择。矿浆在柱体内的平均滞留时间通过式（1）估算：

$$t = \frac{H_m}{U_i + U_p} = \frac{H_m}{4Q_p/d_c^2 C_p + U_p} \tag{1}$$

式中 H_m——捕收带的高度，cm；

U_i，U_p——液相流动速度和颗粒沉降速度，cm/s；

Q_p——固体的给料流量，g/s；

d_c——设备直径，cm；

C_p——固体含量，g/cm^3。

一个给定的给料流量，可以通过调整浮选柱的尺寸、充气量和矿浆密度来得到必要的滞留时间。一方面，如果给料流量恒定，柱直径决定了液相截面流速 U_i，液相流速增大使得相应的浮选时间缩短；另一方面，如果浮选柱高度恒定，对流中给料流速增大会降低设备内泡沫的上升速度并使矿浆内气泡滞留时间和泡沫的负荷变大。因此应根据试验作业流程和待浮矿物颗粒的难浮程度以及颗粒的大小，确定浮选柱高度，在距柱体底部均匀布置气泡发生装置，并由在距柱体顶部约 1/3 处给入矿浆。

3.2 推泡器设计

在浮选柱的设计过程中，要考虑到泡沫的特性，怎样设计一个良好的泡沫溢流设备，直接关系到浮选目的矿物的工艺经济指标。因此，要考虑到泡沫输送距离和泡沫水平方向的流动速度，以及泡沫整体的均匀运动。考虑到颗粒在泡沫相中在垂直和水平方向上都有速度，所以通常认为泡沫驻留时间 t 为：

$$t_r = \frac{H_f \varepsilon_f}{J_g} + \frac{2h_f \varepsilon_f}{J_g}\ln\left(\frac{2l}{L}\right) \tag{2}$$

式中 H_f——泡沫层高度（气液界面到溢流口的距离）；

h_f——溢流口到泡沫顶部的距离；

J_g——泡沫相的表面气体速率；

L——浮选柱直径；

l——矿化气泡进入泡沫相的位置；

ε_f——泡沫相中的气体保有量。

从式（2）可以看出，泡沫驻留时间与浮选设备的操作条件（泡沫层高度和泡沫相的表面气体速率）、泡沫运动的距离（浮选柱半径）以及矿化气泡进入泡沫相中的位置有关。提高泡沫层高度和增加泡沫中的气体保有量会增加泡沫驻留时间，提高泡沫相的表面气体速率会减少泡沫驻留时间，离溢流堰越远，也就是矿化气泡进入泡沫相的位置 l 越大，因此远离泡沫槽的泡沫驻留时间就越大，因此泡沫层在浮选柱设计中要充分考虑这些条件，采取适当的方法降低泡沫驻留时间。局部泡沫停滞也是设计过程要考虑到的一个问题。如果中部泡沫停滞，靠近泡沫槽边缘的泡沫就易于流动，并且溢流出去的泡沫都是新生的白色泡沫，没有经过二次富集，因此会降低目的矿物的工艺指标；而且如果泡沫在输送过程中距离过长，会导致输送过程中黏附在泡沫上的颗粒脱落。本次设计充分考虑了这个问题，以俄罗斯的气升浮选柱为基础，采用锥形推泡器加速泡沫的流动。矿浆流在向上流动过程中，碰到锥形推泡器后会改变流向，向上流变成了水平流，加速了泡沫的水平流动，缩短了泡沫的驻留时间。推泡器的安装位置和结构见图 1 中部件 13。

3.3 给矿器的设计

给矿器的设计既要保证给入柱内的矿浆在浮选柱的截面内均匀分布，又要保证给入速度不能太大，避免破坏泡沫层的稳定状态和正处于上升状态的矿粒-气泡的集合体。给矿器的出矿口设计了一个折流板，一方面减少了给矿速度，另一方面增加了矿物颗粒在柱体内的滞留时间。给矿器的结构如图 3 所示。

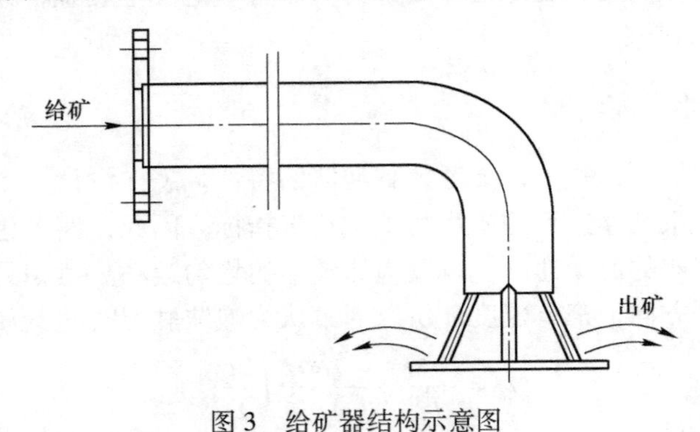

图 3 给矿器结构示意图
Fig. 3 Structure of feed device

3.4 冲洗水系统的设计

浮选柱泡沫冲洗水对于排除泡沫夹带的亲水颗粒，提高泡沫相泡沫的稳定是至关重要的，增加冲洗水能提高精矿品位。冲洗水速率是浮选柱的重要变化参数，一般来说，在冲洗水速率未超过某一极限时，随着冲洗水速率增加，二次富集作用增强；但当其超过极限值后，由于泡沫区向上运动的泡沫与向下运动的冲洗水强烈的逆流拦截混合，导致矿浆环流和再循环，返混程度增加，黏性接触概率上升，会使精矿品位下降。泡沫也可能在管道沉淀。冲洗水分配器的浸没深度也是一个重要的参数。分配器浸没的越深，冲洗水中向下偏流的越多，这将会降低冲洗水速率，导致溢流量增加，可能会导致整体用水量的增加。大部分的研究表明，在溢流线下 7.5~10cm 的深度寻找一个最佳的位置。水从上面的分配器自由流下，优点是能防止微粒脱落，也能在线检查分配的效果，而且冲洗水应该喷洒而不要喷溅以便气泡能顺利溢出溢流口。基于以上的原因，浮选柱的冲洗水系统被设计成上下两个分配器：上面的分配器距离溢流线 3~5cm，水流喷洒而下；下面的分配器在溢流线以下 8cm 左右。同时冲洗水由流量计和阀门进行控制，根据不同的选矿条件进行方便调节。冲洗水系统安装位置如图 4 所示。

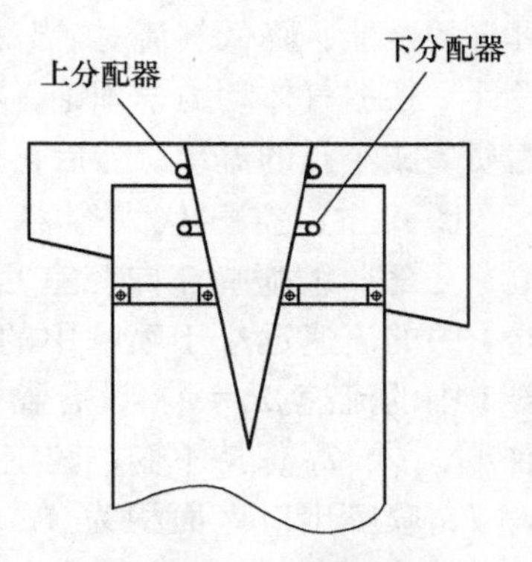

图 4 冲洗水系统示意图

Fig. 4 Diagram of fiush water system

3.5 浮选柱气源系统的设计

浮选柱根据不同的选矿条件需要不同的充气量和充气工作压力。气源的供气压力和流量必须稳定，一般采取独立气源才能保证浮选柱泡沫层厚度和液位的稳定，有利于提高浮选柱精矿的技术经济指标，而且由于浮选环境对油类物质有严格要求，所以必须保证气源的清洁无污染。空气压缩机根据浮选柱的匹配计算选用两台（其中一台备用），并采用合适的气罐保证气源压力的稳定，另外匹配一台滤清器保证气源的清洁。

3.6 气泡发生器的设计

气泡的大小对浮选效果至关重要，由气泡与颗粒的碰撞几率公式 $E_c \propto (1/d_b)n$ 得知减少气泡直径（d_b），增加气泡的比表面，不仅能增加细颗粒的捕集，对粗颗粒也同样有利。当颗粒直径大于 5μm 时，气泡尺寸这种作用尤为明显。浮选柱的气泡大小由发泡器、充气速率以及起泡剂的性质和添加量等因素决定。发泡器是浮选柱最为关键的部件，其结构特点和性能直接影响浮选柱的浮选效率，这里仅对空气直接喷射式气泡发生器进行了分析。结构示意图如图 5 所示。

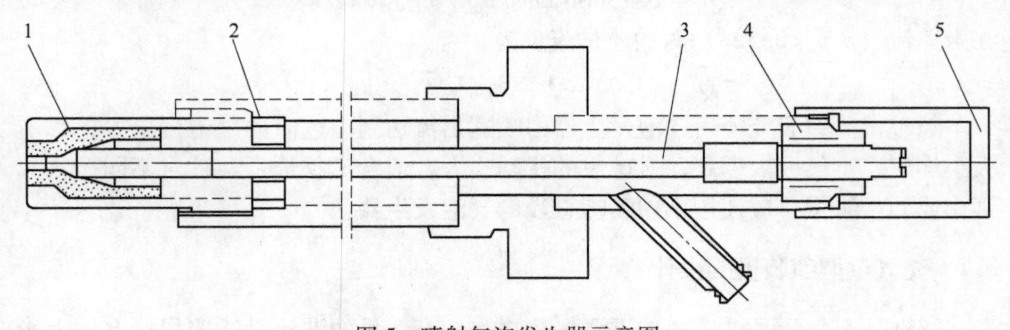

图 5 喷射气泡发生器示意图

1—喷嘴；2—定位器；3—针阀；4—调整器；5—密封盖

Fig. 5 Structure of air bubble sparger

喷射气泡发生器的工作原理是高压气体从喷嘴的喉径内高速冲出，经过矿浆的剪切作用，形成大量的小直径的气泡。喷射气泡发生器的设计既要保证产生大量的小气泡又要保证气泡在柱体内分散均匀，同时还要能够尽量消除高速气流所具有的余能，降低气流对矿浆的紊流扰动。喷嘴的参数设计非常关键，为了方便设计，根据气体动力学理论，将气泡发生器这种气体出流状态抽象为气体通过收缩喷嘴或小孔的流动，然后再作修正。模型如图6所示。

图6中，空气从大容器（或大截面管道）Ⅰ经收缩喷嘴流向腔室Ⅱ。相比之下容器Ⅰ中的流速远小于喷嘴中的流速，可视容器Ⅰ中的流速 $\mu_0=0$。设容器Ⅰ中的滞止参数 p_0、ρ_0、T_0 保持不变，腔室Ⅱ中参数为 p、ρ、T，喷嘴出口截面积为 A，出口截面的气体参数为 p_e、ρ_e、T_e。改变 p 时，喷嘴中的流动状态将发生变化[3]。当 $p=p_0$ 时，喷嘴中的气体不流动。当 $p/p_0>0.528$ 时，喷嘴中的气流为亚声速流，这种流动状态称为亚临界状态。这时室Ⅱ中的压力扰动波将以声速传到喷嘴出口，使出口的截面压力 $p_e=p$，这时改变压力 p 即改变了 p_e，影响整个喷嘴中的流动。在这种情况下，由能量方程式（3）得出出口截面流速为：

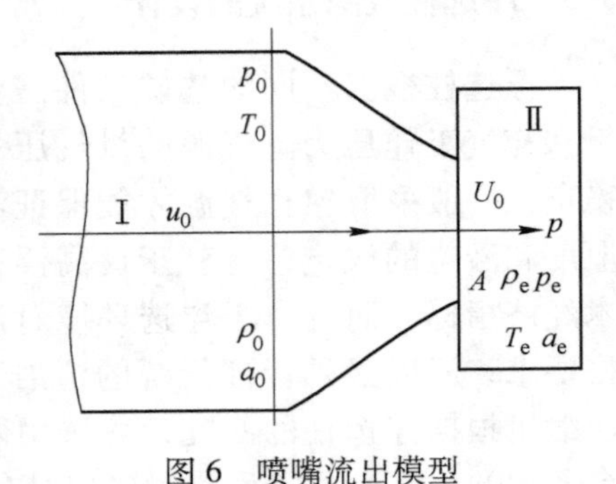

图6 喷嘴流出模型

Fig. 6 Nozzle efflux model

$$u_c=\sqrt{\frac{2\gamma}{\gamma-1}RT_0\left[1-\left(\frac{p}{p_0}\right)^{\frac{\gamma-1}{\gamma}}\right]} \tag{3}$$

若考虑空气 $\gamma=1.4$，$R=287.1\mathrm{J/(kg\cdot K)}$，则在亚声速流（$p/p_0>0.528$）时的质量流量为：

$$Q_m=0.156Sp_0(\varphi p/p_0)/\sqrt{T}\quad(\mathrm{kg/s}) \tag{4}$$

在声速流（$p/p_0<0.528$）时的质量流量为：

$$Q_m=4.04\times10^{-2}Sp_0/\sqrt{T}\quad(\mathrm{kg/s}) \tag{5}$$

经过试验室研究喷射气泡发生器的喷嘴出流达到声速时的气泡现象好，气泡大小均匀，空气分散度高，对矿浆的扰动不大，适合矿物选别。针对不同矿物选别作业和矿浆量，应使用不同喷嘴直径的气泡发生器。

3.7 充气量调节装置的设计

浮选柱充气量是浮选柱的重要参数之一。充气量的波动对浮选指标有较大影响。浮选柱对充气量有严格的要求，需要对充气量进行自动控制以满足浮选工艺要求。就不同矿物选别而言，充气量的大小是不一样的，甚至有些选别过程对充气量的变化非常敏感，所以浮选柱的空气调节装置必须能够微调。

4 KYZ-B型浮选柱的工业试验和工业应用

根据以上的研究成果设计出了 KYZ-B1065 浮选柱，进行了工业试验，获得了较好的试验效果，同时设计了 KYZ-B0912 浮选柱和 KYZ-B1212 浮选柱，在某 3000t/d 的钼选矿厂得到了成功应用。

4.1 KYZ-B1065 浮选柱的工业试验[4]

KYZ-B1065 浮选柱柱体有效容积约为 4.8m^3，直径为 1000mm，高度 6500mm。由钢板制成，下部为锥底，柱截面为圆形，柱内装有推泡锥，推泡锥上装有泡沫冲洗水管。浮选柱采用 6 个喷射式气泡发生器。KYZ-B1065 浮选柱工业试验在江铜矿山新技术有限公司钼浮选系统进行，采用原生产工艺条件，进行了两个作业的试验：

（1）用 1 台 KYZ-B1065 浮选柱代替 2 号系统一段粗选段精Ⅰ、精Ⅱ段浮选机，有效容积为 16m^3，浮选柱容积仅为浮选机容积的 1/3。试验数据见表 1。

表 1　浮选柱一段粗精矿试验期间 2 号系统与现场 1 号系统对应作业累计指标

Table 1　Cumulative production index contrast between No. 2 and No. 1 flotation system during column flotation test

作业系列	钼精矿品位/%	钼回收率/%
1 号系统	10.76	67.77
2 号系统	12.51	79.70

从表 1 可以看出，在浮选柱相对于浮选机容积较小的情况下，其作用效果与两段浮选机精选作业相当。

（2）用 1 台 KYZ-B1065 浮选柱，代替 2 号系统精选段浮选机粗Ⅰ和精Ⅰ作业，浮选机总有效容积为 2.22m^3，考虑到给入浮选机的矿量过小，因此停开 1 号系统二段作业，仅运行 2 号系统二段作业，把两个系统一段粗精矿全部给入浮选柱。试验数据见表 2。

表 2　浮选柱代替 2 号系统精选段浮选机粗Ⅰ和精Ⅰ作业的累计指标

Table 2　Cumulative production index of flotation column in rougherⅠ and cleaner Ⅰ

作业系列	钼精矿品位/%	钼回收率/%
粗Ⅰ和精Ⅰ	22.47	10.77

从表 2 可以看出，试验期间，整个精选段试验的最终精矿品位，累计平均值为 41.48%，比试验前的累计平均精矿品位 39.26%提高了近 2%。但浮选柱作业的回收率偏低。

4.2 KYZ-B 型浮选柱的工业应用

利用已有的研究成果，研制出了 KYZ-B0912 和 KYZ-B1212 浮选柱在河南某钼业公司进行了工业应用。直径分别为900mm和1200mm，高度均为12000mm。采用了喷射气泡发生器，KYZ-B0912浮选柱安装了4个气泡发生器，KYZ-B1212浮选柱采用了8个气泡发生器。河南某钼业公司日处理能力为3000t的钼选厂，浮选柱用来进行精选作业。原矿钼品位在0.01%左右，其中以氧化钼形式存在的钼品位在0.034%左右，近20天的生产结果表明，最终精矿品位大于49%，精矿中铜品位小于0.53%，整个浮选作业的回收率在80%以上（氧化钼除外），完全达到了设计的目标。

5 结论

KYZ-B型浮选柱可以在不停矿的情况下进行在线更换易损件，气泡发生器等关键部件采用了耐磨材料，可以长时间使用，不会发生堵塞问题，该浮选柱在停机的情况下可实现不放矿。KYZ-B型浮选柱的工业试验和工业应用的成功，为浮选柱的大型化和多样化提供了一定的基础。

参考文献

[1] 刘殿文，张文彬．浮选柱研究及其应用新进展［J］．国外金属矿选矿，2002(6)：14-17.
[2] Rubio J. Int J，Mineral Proccess，1996（48）：183.
[3] 成大先．机械设计手册（第5卷）［M］．北京：化学工业出版社，2002，13-19.
[4] 北京矿冶研究总院．KYZ浮选柱工业试验报告［R］．2005.

KYZ4380B 型浮选柱系统研究与应用

卢世杰　史帅星　周宏喜　刘承帅

（北京矿冶研究总院，北京，100160）

摘　要：探讨矿物分选对大型浮选柱的要求，分析大型浮选柱工业应用的结构参数，主要对 KYZ4380B 型浮选柱系统的发泡特性及浮选动力学特性进行研究，同时还对浮选柱的液位和充气量自动控制进行评价。该大型浮选柱系统在某选矿厂的工业应用，取得良好的生产指标。

关键词：浮选柱；大型；细粒；工业应用

Research and Application of Large-scale Column Flotation System-KYZ4380B

Lu Shijie　Shi Shuaixing　Zhou Hongxi　Liu Chengshuai

（Beijing General Research Institute of Mineral and Metallurgy, Beijing, 100160）

Abstract: In this paper, the demands of mineral processing for the large-scale flotation column are studied and the structure parameters of industrial applications of large-scale column flotation are analyzed. This paper mainly studies the foaming method and flotation kinetics of KYZ4380B large column flotationsystem, meanwhile, level and inflated control system of column flotation are evaluated. The large-scale column flotation system is successfully operating at an industrial scale in a processing plant and has achieveda good production target.

Keywords: column flotation; large-scale; fine-grained mineral; industrial application

随着矿物加工工业的发展，品位低、嵌布粒度细、矿物组成复杂的难选矿石所占的比例日益增大，矿物加工行业面临着前所未有的挑战，对选矿工艺方法、选矿设备的研究提出了更高的要求。我国从 20 世纪 60 年代开始先后对顺流喷射型浮选柱、机械搅拌式浮选柱和微泡浮选柱等几种类型的浮选柱进行了研究，但与国外相比在浮选柱领域存在着较大差距，仍不能满足我国矿山建设现代化、大型化的需求。因此，开展大型细粒浮选柱技术研究，提高多粒级的矿物回收率，开发出适合我国大中型矿山矿物加工特点的浮选柱已经迫在眉睫，这样不仅可以提高我国矿山装备的水平、降低能源和金属消耗、减少选矿厂的基建投资费用，而且能够提高我国矿产资源综合利用水平。北京矿冶研究总院通过对以往的浮选柱内流体动力学特殊规律的研究，同时分析浮选柱内不同粒级矿物与气泡的碰撞、黏附、脱落的过程及影响这些过程的原因，将防止浮选过程短路、提高气体分散度、优化气泡发生系统等方面作为研究重点，研制开发出了多种大型浮选柱并获得了大量工业应用，KYZ4380B 型浮选柱是其中之一。

1　系统结构和工作原理

KYZ4380B 浮选柱的结构如图 1 所示，主要由泡沫洗淋水系统、泡沫槽、液面控制系统、柱体、气泡发生系统等构成。浮选柱的工作原理是：空气压缩机作为气源，气体经总风管到各个充气器产生微泡，从柱体底部缓缓上升；矿浆距顶部柱体约 1/3 处给入，经给矿器分配后，缓慢向下流动，矿粒与气泡在柱体中逆流碰撞，被附着到气泡上的有用矿物上浮到泡沫区，经过富集后产品从泡沫槽流出。未矿化的矿物颗粒随矿流下降经尾矿管排出。液位的高低和泡沫层厚度由液位控制系统进行调节。

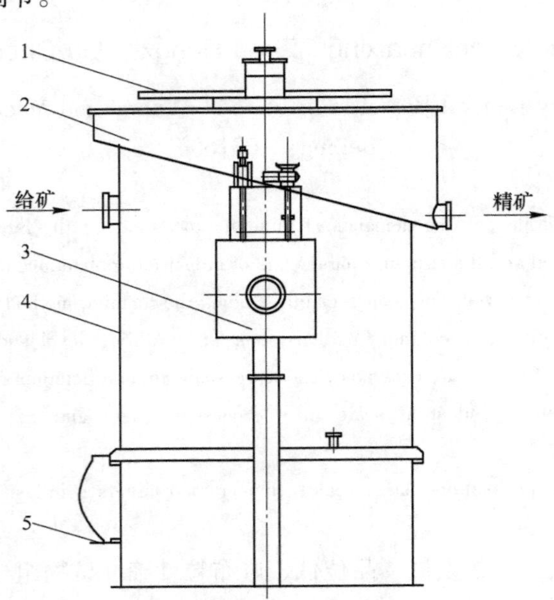

图 1　浮选柱结构示意图

1—泡沫洗淋水系统；2—泡沫槽；3—液面控制系统；

4—柱体；5—气泡发生系统

Fig. 1　Structure of flotation column

2 系统工业应用研究

KYZ4380B 大型细粒矿物分选浮选柱的工业试验及应用在河南某钼矿选矿厂进行。该选矿厂设计处理能力 3.0kt/d，随着开采的深入，钼金属入选品位由最初的 0.12%以上降到 0.09%左右，并且矿石性质越来越难选，导致整个选矿厂系统回收率很难提高。为了提高资源回收利用率，拟采用大型浮选柱对选矿厂尾矿进行再选，提高企业的技术竞争力而且增加经济收益。根据该选矿厂的尾矿处理量和所需的浮选时间，选用 ϕ4.3m 的大型浮选柱，原设计高度为 12m。由于生产空间位置受限，浮选柱的高度设计为 8m。因此采用 KYZ4380B 型浮选柱进行工业适应性应用研究，验证大型细粒矿物分选浮选柱的设计技术及浮选柱的结构及运转参数，同时为该选矿厂尾矿再选项目提供工程设计和关键设备的选型依据。

2.1 浮选柱工业结构参数的确定

2.1.1 柱体结构

KYZ4380B 型浮选柱柱体为圆柱形，直径为 4.3m，高 8m，有效容积 100m^3，高度比原有设计 12m 减少了 30%左右。柱体内部分为 6 个功能区，并在柱体下部配有稳流栅板。

2.1.2 浮选柱气泡发生器规格型号的确定

2.1.2.1 空气直接喷射式气泡发生器

喷射气泡发生器气流从喷嘴高速喷出，具有较大距离的行程，一般在 100~300mm，考虑到气泡稳流栅板的存在，喷射式气泡发生器的设计总长大于 600mm。根据辉钼矿的工艺条件，所需要的充气量在 0.8~1.5m^3/(m^2 · min)，设计采用了两种直径大小不同的喷嘴。为了保证气泡的分散均匀，不同口径气泡发生器上下两层呈交替布置。

2.1.2.2 气泡弥散系统整体参数设计

为了强化浮选柱内气泡的弥散效果，保证气泡在沿浮选柱高度方向最小的距离内分布均匀，增大浮选柱的容积利用系数，稳流栅板采用了双层设计。喷射气泡发生器亦布置为两层，下面的一层从浮选柱的大锥底斜边插入。其布置方式如图 2 所示。

2.2 浮选动力学清水测试

浮选动力学测试在清水中进行，主要包括对充气量、空气分散度、空气保有

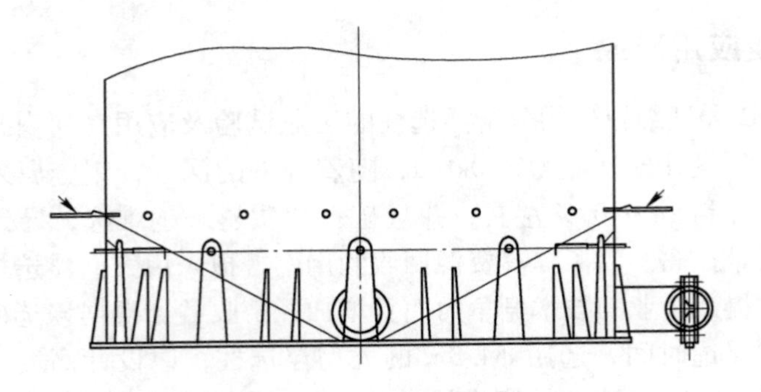

图 2 双层气泡稳流装置

Fig. 2 Double bubble steady flow device

量等有关参数的测定。

KYZ4380B 型浮选柱的最大充气量为 1.5m³/(m²·min)，充气量范围可在 0.6~1.5m³/(m²·min)之间根据需要调节。B 型气泡发生器在 0.6~1.5m³/(m²·min) 之间不同的压力条件对空气分散情况、空气保有量等的测定。在浮选柱 4.3m 直径的截面上根据对称情况布置了 47 个测点，如图 3 所示。试验数据见表 1 和表 2。

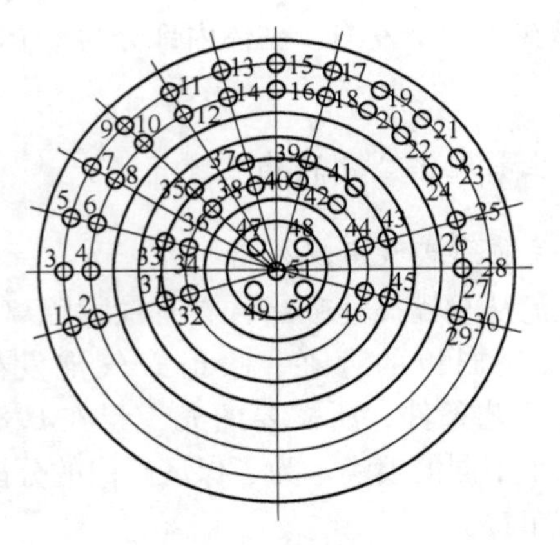

图 3 充气量测量点分布图

Fig. 3 Distribution of measuring points

此次浮选柱用在尾矿再选上，需要较大的充气量，主要考察了 1.37m³/(m²·min) 条件下的充气情况。但考虑到将来用在精选作业使用的可能性，同期考察了小充气量条件下的情况。由于内置双层泡沫槽，将浮选柱截面分为内圈、中圈和外圈三个区域。表 2 为 1.37m³/(m²·min) 情况下内外圈情况试验数据对比。

表 1 B 型喷射式气泡发生器清水条件下测试数据

Table 1 Water test data under the jetting air sparger-B type

序号	总风管压力 /bar	测量充气量 /$m^3 \cdot (m^2 \cdot min)^{-1}$	空气分散度	气体保有量 /%
1	2.3	0.79	2.2	4.72
2	2.65	1.03	1.54	5.57
3	3.0	1.37	2.15	7.61

表 2 1.37$m^3/(m^2 \cdot min)$ 情况下内外圈情况测试数据

Table 2 The test data of the inside and outside circle at 1.37$m^3/(m^2 \cdot min)$

测量位置	外圈	中圈	内圈
	1~30 测量点	31~46 测量点	47~51 测量点
充气量 /$m^3 \cdot (m^2 \cdot min)^{-1}$	1.28	1.47	1.58
空气分散度	2.77	3.35	4.82

从表 1 可以看出，1.37$m^3/(m^2 \cdot min)$ 情况下空气保有量较大，空气分散度达到了 2.15，但充气压力不高，未能达到产生激波效应的气泡弥散效果，后将大口径喷嘴全部置换为小口径喷嘴。从表 2 可以看出，由外到内充气量逐渐增大，同时可根据测量数据对稳流栅板的锥角进行调整。

3 KYZ4380B 型浮选柱的工业应用

3.1 KYZ4380B 大型浮选柱独立应用研究

KYZ4380B 大型浮选柱用于该钼选厂的尾矿再选项目中，在不改变原生产工艺条件，对该选矿厂的尾矿进行再选。在流程中的位置如图 4 所示。工业应用期间采用了喷射气泡发生器供气并进行测试，累计指标见表 3，主要考察钼金属元素回收率、选矿效率和富集比。KYZ4380B 型浮选柱泡沫层控制在 400~500mm，喷淋水根据实际情况进行开启。运行期间，设备运转平稳，液位自动控制系统、充气量控制系统工作正常，控制精度满足工艺要求，泡沫层稳定，没有翻花现象。应用结果表明，浮选柱对于难选尾矿具有较高选矿效率，选矿效率平均为 22.57%。

表 3 钼元素累计生产指标

Table 3 Mo cumulative production index (%)

项目	给矿品位	精矿品位	尾矿品位	回收率	选矿效率
指标	0.0194	0.4164	0.0154	20.72	22.57

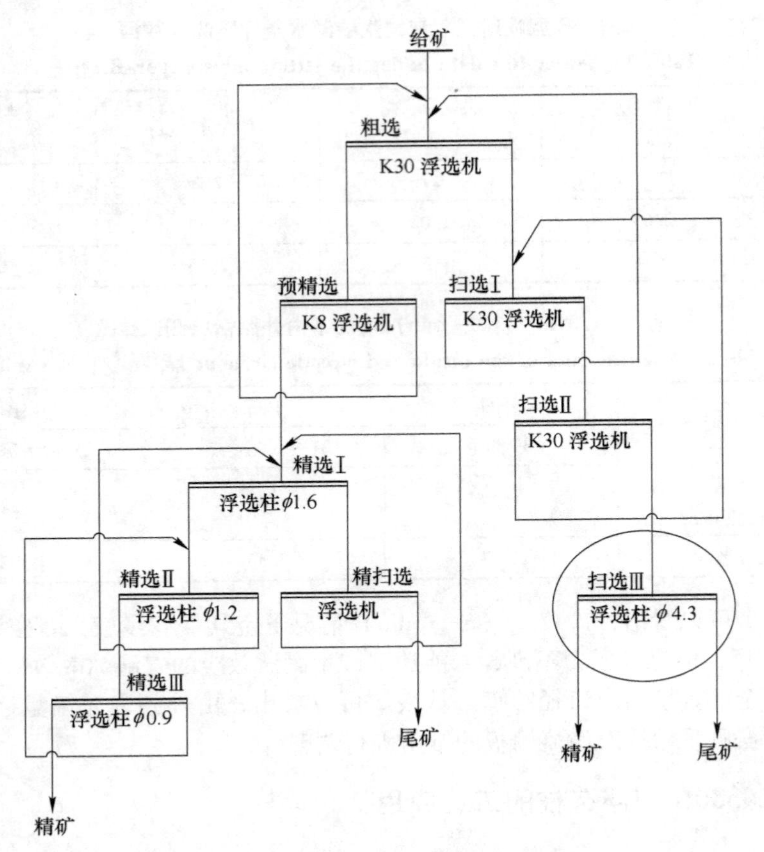

图 4　KYZ4380B 型浮选柱应用位置

Fig. 4　Application location of KYZ4380B flotation column

3.2　KYZ4380B 大型浮选柱再选系统联合应用

再选系统的给矿仍为选矿厂原有的尾矿，采用正浮选工艺，主要回收尾矿里所含的有用元素钼和有价元素硫。根据前面的分析结果和测试结果，采用了图 5 浮选—重选—浮选联合工艺配置方案：给矿为大小尾矿的混合尾矿，主要考虑到 φ4. 3m 浮选柱精矿里黄铁矿过多导致 φ0. 6m 浮选柱需要较多的药剂抑制黄铁矿，增加 4 台三螺旋的 φ0. 6m 的螺旋溜槽预选抛掉黄铁矿，再经 φ0. 6m 浮选柱直接产出精矿。螺旋溜槽的重产品为黄铁矿精矿，多回收了一种有价矿物。系统设备配置如图 5 所示。试验数据统计了 2 个月生产数据，累计平均生产指标见表 4。

通过尾矿再选技术研究，形成了总尾矿柱式浮选—重选再选技术。采用新型的 KYZ4380B 短柱型浮选柱回收尾矿里所含的有用元素钼，钼回收率为 12. 58%；采用螺旋溜槽回收有价元素硫。结果表明，黄铁矿产率 11%左右，钼元素损失

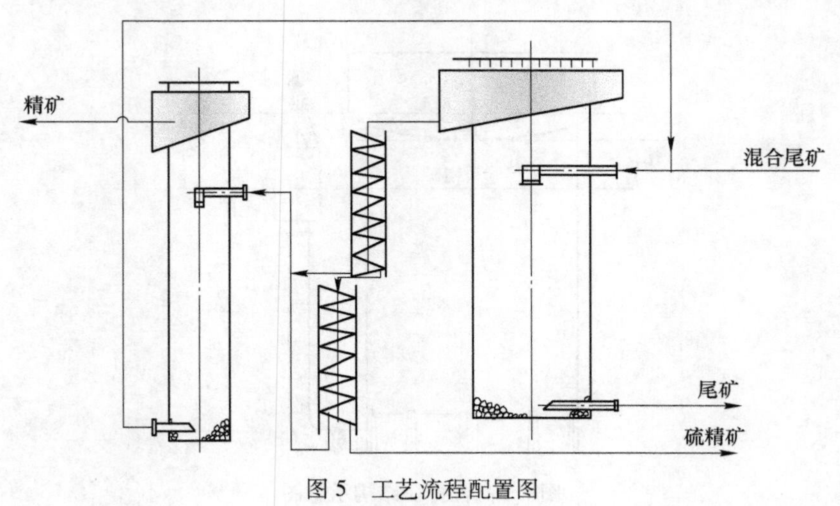

图 5 工艺流程配置图

Fig. 5 Flotation circuit layout

3. 8%，黄铁矿抛除率为 31. 34%，硫的最终产品品位为 41. 59%。

4 KYZ4380B 型浮选柱控制系统设备

KYZ4380B 型浮选柱控制系统设备的大型化要求其具有较高且稳定的自动控制水平，便于生产过程中参数的调节和生产指标的提高。浮选柱系统的液位控制重点在控制系统的硬件结构形式和软件策略两个方面。KYZ4380B 型浮选柱液位控制系统采用高位排矿及气动+电动锥阀控制方式，高位排矿即尾矿排放口较高，与浮选柱内部液面之间的落差较小，一方面保证尾矿管内有足够的矿浆流速，不至于矿浆沉降堵塞尾矿管，又能使控制阀门承受较小的压阻力；另一方面，尾矿流速较缓，则流量控制精度较高，浮选液面比较平稳，同时较慢的流速也减轻了矿浆对尾矿阀门的磨损。高位排矿结构示意图如图 6 所示。自动控制回路包含三部分：浮子传感器、UDC 控制器、执行机构气动阀。气动锥阀是液位控制的执行机构，传感器检测到的液位信号经控制器处理后将动作命令输送给执行机构，由气动锥阀的开合控制尾矿排放量，从而达到控制浮选柱液位的目的。电动锥阀则作为备用控制阀门，在必要时由操作人员直接进行控制。UDC 控制器采用 PID 控制模式，经过在线多次参数整定后，控制效果良好。液位设定值为 360mm 时，实际液位波动在 355~465mm，保证了液位的稳定。对于充气量的控制，经过现场测试，根据 KYZ4380B 型浮选柱系统动态性能，UDC 控制器采用 PI 控制模式。同时，经过在线多次整定得到了 PID 工业应用参数，充气量设定值为 $192m^3/(m^2 \cdot min)$ 时，实际波动在 $188 \sim 195m^3/(m^2 \cdot min)$，控制器控制效果良好，保证了充气量的稳定。该系统连续运行 90d，满足了浮选工艺的要求，同时，该系统操作简单，使用维护方便，可靠性高，运行期间未发生一次故障。

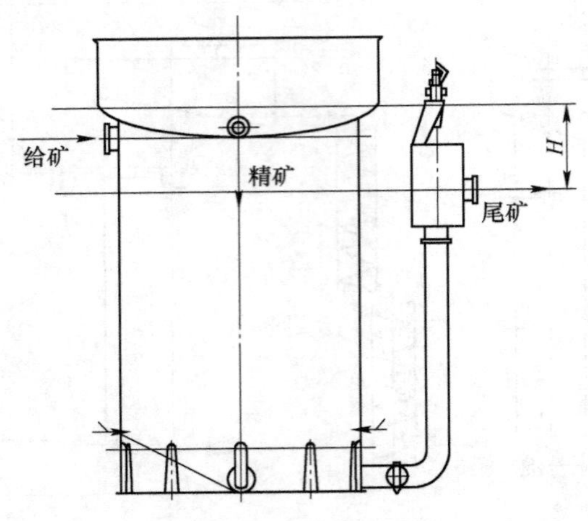

图 6　高位排矿结构示意图

Fig. 6　Schematic diagram of high positioned discharging box

5　结语

KYZ4380B 型浮选柱是北京矿冶研究总院依据多年的技术积累，结合当代的新材料和新技术，研究开发适合我国矿山矿物加工特点的大型细粒浮选柱。工业试验及应用表明，该设备运行平稳，控制系统工作正常，控制精度满足设计要求，实现了设计目标。该设备的研制成功提高了我国矿山装备的水平、降低能源和金属消耗、减少选矿厂的基建投资费用，提高我国矿产资源综合利用水平。

参 考 文 献

[1] 沈政昌，史帅星，卢世杰 . KYZ-B 型浮选柱系统的设计研究 [J]. 有色金属（选矿部分），2006（4）：20-24.

[2] 北京矿冶研究总院 . KYZ4380B 浮选柱工业试验报告 [R]. 2010.

[3] 卢世杰，史帅星，陈刚刚，等. 大型浮选柱在钼矿扫选作业的工业试验研究 [C]//有色金属设备发展论坛，2010：49-54.

KYZE 型浮选柱的发展和应用

赖茂河　史帅星　武 涛　周宏喜　付和生

（北京矿冶研究总院，北京，100160）

摘　要：本文介绍了 KYZE 型浮选柱的系统组成、充气器特性和适用范围，分析 KYZE 型浮选柱适合微细粒选别的特点，KYZE 浮选柱表观充气速率范围从 0.1m/min 扩展到了 1.8m/min，满足了从氧化矿到硫化矿等不同矿物性质选别的充气量要求。在国内外多个工业项目的应用，表明了 KYZE 型浮选柱具有较好的选别性能。KYZE 型浮选柱不仅可以单独使用，也可以和 KYZB 型浮选柱配套使用，用在浮选流程的精选作业上，并可达到能耗分配对比技术经济指标的最优化。

关键词：浮选柱；微细粒选别；应用

Development and Application of KYZE Type Flotation Column

Lai Maohe　Shi Shuaixing　Wu Tao
Zhou Hongxi　Fu Hesheng

（Beijing General Research Institute of Mining and Metallurgy，Beijing，100160）

Abstract：This article introduces the system components and the characteristics and applicable range of the aerator for KYZE type flotation column. It also analysis the characteristics of KYZE type flotation column which is suitable for flotation of subtle grain. The inflatable rate range of KYZE type flotation column is from $0.1m^3/(m^2 \cdot min)$ extended to $1.8m^3/(m^2 \cdot min)$，which can meets the aeration requirements of flotation for different mineral properties such as oxide minerals and sulfide ore. It shows that KYZE type flotation column has good flotation performance from its application in several domestic and foreign industrial projects. KYZE type flotation column not only can be used alone，also can be supporting the use of KYZB type flotation column in the cleaning flotation process. And it can achieve the optimization of energy distribution contrast technical and economic indexes.

Keywords：flotation column；flotation of fine particle；application

1 引言

随着世界矿产资源的日益枯竭，贫、细、杂、难选矿石也逐渐增多，因此开发出更加经济有效的适合低品位和难选矿物选别的微细粒浮选设备显得尤为重要。而浮选柱由于其在微细粒选别方面的优势，取得了较大的发展，国外有Eriez公司开发的CPT空腔谐振浮选柱，Metso公司开发的CISA浮选柱；国内有中国矿业大学研究开发的旋流静态微泡浮选柱等[1]。北京矿冶研究总院根据微细粒矿物的选别特点，结合国内外浮选柱的特点开发了适合于微细粒选别的KYZB型和KYZE型浮选柱，并在国内外多个矿山得到了成功应用[2]。

2 KYZE型浮选柱的特点

2.1 KYZE型浮选柱的系统组成和工作原理

KYZE型浮选柱的结构主要由柱体、气泡发生系统、液位控制系统、泡沫喷淋水系统等构成，如图1所示。其工作原理是：空气压缩机产生的高压气体经总风管到各个充气器的空气入口，中矿循环泵从浮选柱底部抽吸矿浆经由循环泵出口到浮选柱的矿浆分配总管，再从上至下通过沿浮选柱周身均布的多个充气器的矿浆入口（循环矿浆量约为给矿量的1~3倍），矿浆和空气在混合器内部高速通

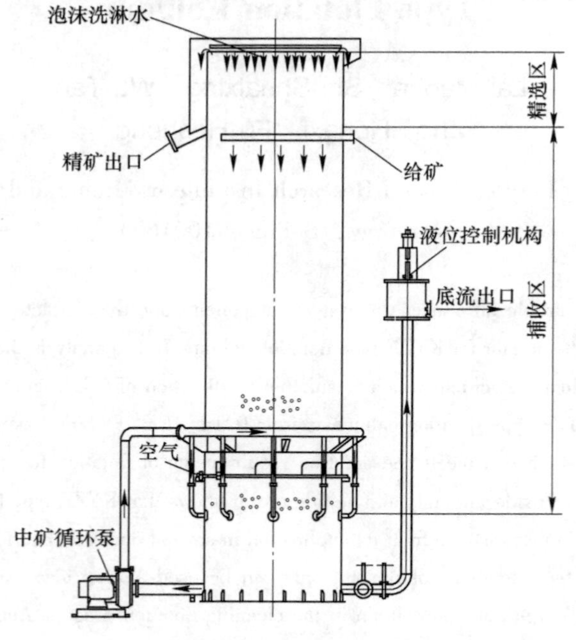

图1 KYZE型浮选柱结构示意图

Fig. 1 Structure of KYZE type flotation column

过，产生紊流和碰撞并混合均匀。少部分气泡与矿物颗粒碰撞黏附，矿化体和大部分的新鲜气泡从柱体底部缓缓上升；而矿浆由距顶部柱体约 2m 处给入，经给矿器分配后，缓慢向下流动，矿粒与气泡在柱体中逆流碰撞，被附着到气泡上的有用矿物，上浮到泡沫区，经过二次富集后产品从泡沫槽流出。未矿化的矿物颗粒随矿流下降经尾矿管排出。浮选柱液位的高低和泡沫层厚度由液位控制系统进行调节[3]。

2.2 KYZE 型浮选柱的技术特点

气泡发生器是浮选柱的“心脏”，KYZE 型浮选柱的气泡发生系统由充气器、离心矿浆泵和空压机组成，该气泡发生系统能产生直径为 0.4~12mm 的气泡，部分微小气泡可以直接从微细粒矿物中析出，避免了常规状态下微细粒矿物与气泡碰撞概率偏低的问题[4]。KYZE 型浮选柱同时具有气泡发生器内部的高速紊流矿化和浮选柱内部的逆流碰撞两种矿化方式，多种矿化方式的并存，强化了更高的微细粒选矿效率。由于采用了高压空气压入的方式，浮选柱的表观充气速率范围可以从 0.1m/min 扩展到了 1.8m/min，满足了从氧化矿到硫化矿等多种不同矿物性质选别的充气量要求。KYZE 型浮选柱内部设计有分区板，强制浮选柱内部形成柱塞三相流，可有效提高有用矿物的回收率。KYZE 型浮选柱具有如下技术特点：

（1）气泡发生器前后有刀型闸阀与浮选柱柱体隔离，可以在生产过程中关闭前后阀门进行在线检修和更换，不至于影响流程作业的正常生产；

（2）采用中矿循环泵与 KYZE 型充气器配套使用可增加微细粒矿物与气泡的碰撞概率；

（3）底流高位排出，下游作业减少泵输送高差；

（4）紊流矿化与逆流矿化两种矿化方式共存，保证微细粒矿物的高效回收；

（5）强化细泥的分散，大幅减少药剂和空气消耗量；

（6）配备了先进的液位和充气量自动控制系统和冲洗水调节系统；

（7）液位控制系统精度高，液位调节阀门使用寿命长。

2.3 KYZE 型浮选柱技术性能参数

KYZE 型浮选柱具有较高的选别性能，适用于有色金属矿山、非金属矿山和废油污水处理等行业。尤其适合选矿工艺流程中的精选作业；对于磨矿细度不大于 0.023mm（600 目），充气量消耗较小的场合更能突出其优越性。其技术性能参数见表 1。

表 1 KYZE 型浮选柱的技术参数

Table 1 Technology parameter table of KYZE type flotation column

型号	直径 /mm	高度 /mm	生产能力 /$m^3 \cdot h^{-1}$	气源压力 /kPa	循环泵流量 /$m^3 \cdot h^{-1}$	循环泵扬程 /m	泵功率 /kW
KYZE-0150	150	3000	1~2	200~400	10	25	2.2
KYZE-0450	450	5000	3~7	200~400	20	30	11

续表 1

型　号	直径 /mm	高度 /mm	生产能力 /$m^3 \cdot h^{-1}$	气源压力 /kPa	循环泵流量 /$m^3 \cdot h^{-1}$	循环泵扬程 /m	泵功率 /kW
KYZE-0610	600	10000	4~8	200~400	30	30	11
KYZE-1010	1000	10000	10~22	200~400	80	30	18.5
KYZE-2010	2000	10000	40~90	200~400	100	30	22
KYZE-3013	3000	13000	90~200	200~400	230	30	55
KYZE-4380	4300	8000	180~420	200~400	445	30	110

3　KYZE 型浮选柱的应用进展

由于 KYZE 型浮选柱具有较好的操控性能和选别性能，其在细粒选矿尤其泥化较严重的选矿环境上得到了推广应用。KYZE 型浮选柱目前在非洲某铜矿的精选作业和国内某金矿全泥氰化尾渣再选金方面得到了应用。

3.1　KYZE-3013 浮选柱在非洲某铜矿的应用

该矿山的处理量为 150 万吨/年，处理的矿石为硫化矿，成分主要为黄铜矿、辉铜矿、斑铜矿、硫铜钴矿、黄铁矿，少量的氧化矿物中有微量的孔雀石、假孔雀石、蓝铜矿和赤铜矿，这些矿物在矿石中呈细粒嵌布。原矿铜品位为 1.2%~1.6%，钴品位为 0.098%~0.100%。采用铜钴混合浮选工艺，分为一次粗选、二次扫选、浮选柱精选三个作业流程；中矿再选分为一次粗选、一次扫选、一次精选，中矿底流返回混合浮选扫选，中矿泡沫返回浮选柱精选。采用 KYZE-3013 浮选柱进行一次精选并得到最终精矿，选矿厂流程如图 2 所示。

该选矿厂在 2010 年年底采用以上流程进行改造后开始投产，经过 6 个月的生产实践表明，KYZE-3013 浮选柱产出的铜钴精矿品位中铜品位不小于 22%，钴品位不小于 1%，铜回收率不低于 93%，完全达到了设计指标。浮选柱中矿循环泵运行功率为 25~30kW，空压机功率消耗为 30~45kW，表观充气速率约为 1.0m/min，液位自动控制性能良好，浮选柱达到了较好的技术经济指标。如图 3 所示为 KYZE-3013 浮选柱的工业应用现场。

3.2　某氰渣再选金的浮选柱全流程应用

国内某金矿利用全泥氰化与碳吸附工艺来处理金矿，日处理矿石 1200t，大宗尾矿含金约 0.8g/t。尾渣中有少量的单体金，主要与黄铁矿伴生的褐铁矿也含有少量的伴生金，但其粒度更细。由于尾矿含金品位较高，回收价值大。北京矿冶研究总院与该金矿联合对尾矿再选进行了全流程浮选柱半工业试验研究，采用的选矿流程如图 4 所示。浮选流程采用一次粗选，一次扫选和一次精选三个作业。一次粗选采用 KYZE-0450 浮选柱，一次扫选采用 KYZE-0400 浮选柱，精选

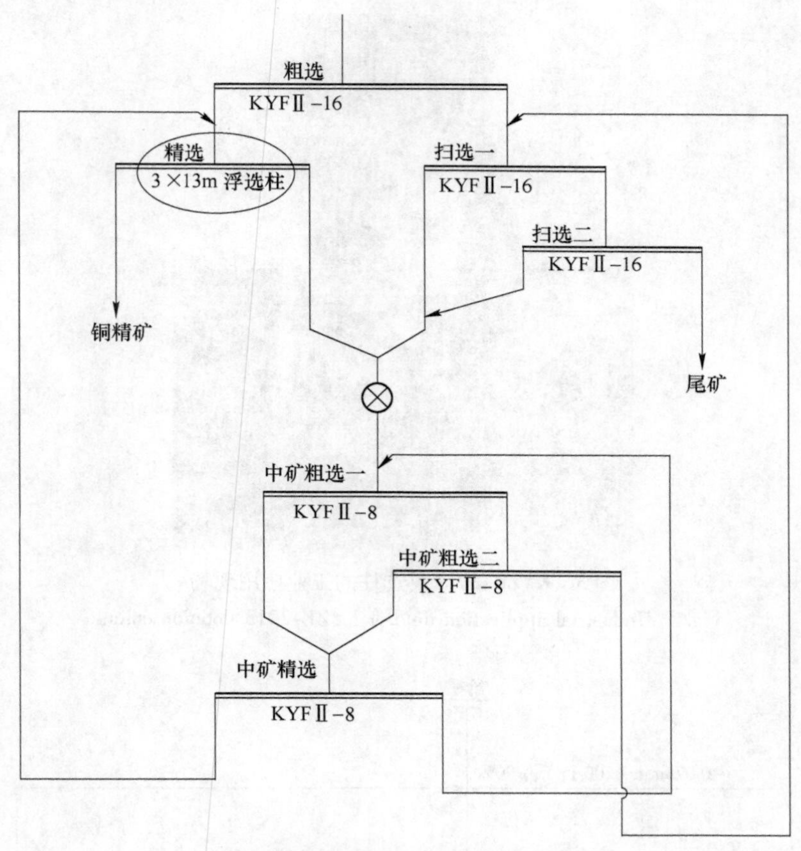

图 2　非洲某铜选厂采用的浮选流程

Fig. 2　Flotation process of a copper concentrator in Africa

采用 KYZE-0150 浮选柱[5]。

全流程试验进行了为期 3 个月的工业试验，原矿给矿品位 0. 91g/t，精矿品位达到了 31. 75g/t，金回收率达到了 27. 93%。工业试验期间采用 E 型充气器和 B 型充气器进行了对比研究发现，由于 E 型充气器的气浆剧烈混合作用，使得药剂和矿浆的作用更加充分，对比结果显示在药剂量减少后选矿效率也随之减少了 21. 19%，图 5 为 KYZE 型浮选柱全流程的使用现场。

4　结论

近几年，国内外铜矿和钼矿的精选作业普遍采用浮选柱，精选作业一般采用三段浮选柱作业进行选别，可以达到较高的富集比。目前，空气直接喷射式浮选柱在铜矿和钼矿的精选作业得到了较为广泛的应用，空气直接喷射式浮选柱只有高压空气消耗能量，从能耗方面看其比 KYZE 型浮选柱相应低一些，但空气直接

图 3　KYZE-3013 浮选柱的工业应用现场

Fig. 3　Industrial application field of KYZE-3013 flotation column

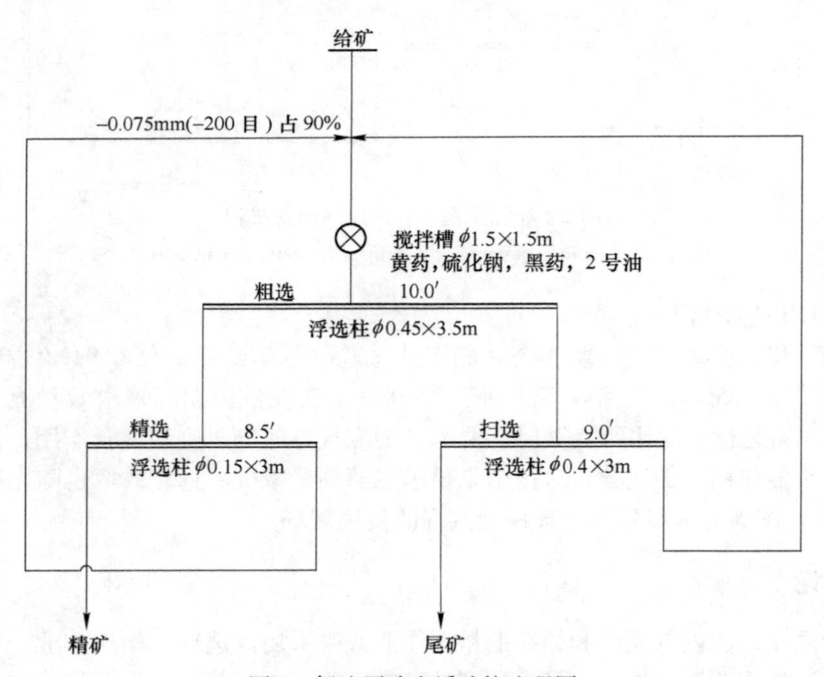

图 4　氰渣再选金浮选柱流程图

Fig. 4　Flotation column process of gold reelection from Cyanide residue

图 5　KYZE 型浮选柱全流程使用现场

Fig. 5　Industrial application field of whole process for KYZE type flotation column

喷射式浮选柱仅有的逆流碰撞矿化方式具有对存在大量水玻璃和微细粒入料条件的给矿适应能力不足的缺点，导致该类型浮选柱的下一段精选尾矿作业变得较为困难，因此很多选厂一般将精选尾矿进行单独处理，并作为小尾矿排掉。KYZE 型浮选柱由于具有独特的两种矿化方式并存的特点，可以更好的弥补空气直接喷射式浮选柱存在的不足，提高精选段的回收率和改善精选尾矿再处理的效果，这方面所产生的效益远大于能量消耗增加所产生的费用。因此 KYZE 型浮选柱不仅可以单独使用，也可以和空气直接喷射式浮选柱配套使用，达到能耗分配对比技术经济指标的最优化。

参 考 文 献

[1] 刘炯天，王永田，曹亦俊，等. 浮选柱技术的研究现状及发展趋势 [J]. 选煤技术，2006 (5)：25-29.

[2] 沈政昌，陈东，史帅星，等. BGRIMM 浮选柱技术的发展 [J]. 有色金属（选矿部分），2006 (6)：33-37.

[3] 沈政昌，史帅星，卢世杰. KYZ-B 型浮选柱系统的设计研究 [J]. 有色金属（选矿部分），2006 (4)：20-24.

[4] 陈泉源，张泾生. 浮选柱的研究与应用 [J]. 矿冶工程，2000 (9)：1-5.

[5] 北京矿冶研究总院. 全流程浮选柱氰渣再选工业试验报告 [R]. 2010.

超声波对浮选柱选钼过程中细粒尾矿再选的试验研究

杨丽君　梁殿印　韩登峰　沈政昌

（北京矿冶研究总院，北京，100160）

摘　要： 较多研究结果表明超声波对硫化矿物的选别影响显著，文中选择河南某辉钼矿作为试验对象，将原工艺流程中精扫选 I 的尾矿作为试验给矿进行超声处理，同时检验超声波的去泥效果。采用正交试验方法研究超声波各因素对选矿效率的影响及各因素间影响的显著性，并通过单因素方差分析评价了超声波有无对钼选矿效率的影响显著性。研究还表明超声波去泥效果显著，精矿中+38μm 矿物的含量比无超声时增加了 20.22%。

关键词： 超声波；浮选；硫化矿；尾矿；选矿效率；品位；去泥

Test on Influence of Ultrasonic Wave on Re-Beneficiation of Fine Grain Tailing in Flotation Column Selecting the Molybdenum Process

Yang Lijun　Liang Dianyin　Han Dengfeng　Shen Zhengchang

（Beijing General Research Institute of Mining and Metallurgy，Beijing，100160）

Abstract： A lot of Research indicates that the influence of ultrasonic wave on the sulfide minerals is significant. This test select a molybdenum ore in Henan as a test object，put ultrasonic treatment on tailings from the original process in the fine cleaning Ⅰ and check the ultrasonic de-mud effect at the same time. The influence of ultrasonic factors on the efficiency of mineral separation and the influence of various factors were studied by orthogonal test. The effect of ultrasonic on the efficiency of molybdenum beneficiation was evaluated by single factor analysis of variance. The results also showed that the effect of ultrasonic de-sludge was significant，and the content of +38μm mineral in the concentrate increased by 20.22% compared with which without ultrasound.

Keywords： ultrasound；flotation；sulfide ore；tailing；efficiency of mineral separation；grade；de-mud

辉钼矿（MoS_2）是自然界中已知的30余种含钼矿物中分布最广并具有现实工业价值的钼矿物，主要呈板状、片状、细鳞片状等嵌布于脉石矿物颗粒间、裂隙或包裹于其中产出，辉钼矿与黄铁矿、黄铜矿等硫化矿物共生关系较为密切，有时可见辉钼矿与黄铁矿、黄铜矿呈较为复杂的共生关系产出。大部分辉钼矿嵌布粒度以中、细粒为主，一部分辉钼矿呈细鳞片状、细针状包裹于石英等硬度较大的脉石矿物中，磨矿时不易单体解离，容易以贫连生体形式损失于尾矿中，这也是钼的主要损失状态。实践中，为了得到较高品位的钼精矿往往需要经过一段或两段再磨[1]。在钼浮选中，由于精选尾矿中矿物粒级较小，含泥量大，有用矿物选别效果差，尾矿返回常常会影响到原流程，因此常直接抛弃处理。近年来超声波技术得到了广泛应用，并大量用于选矿试验中。液体中当超声强度超过液体的空化阈值时，液体中会产生大量气泡。小气泡将随超声振动而逐渐生长和涨大，然后突然崩溃和分裂。小气泡迅速崩溃时在气泡内产生高温高压，并且由于气泡周围的液体高速冲入气泡而在气泡附近的液体中产生强烈的局部激波，也形成了局部高温高压，从而产生了一系列的作用，如超声清洗、乳化、分散、破碎和促进化学反应等[2]。人们通过试验研究发现超声波不仅能改变矿物表面的电位、对某些矿物颗粒有细碎作用，还能改变矿浆的pH值和矿浆的温度[3]。经超声波清洗后的黄铁矿表面，铁和硫均发生了较大的化学位移，而且金属阳离子对阴离子的相对密度也发生了变化，超声波的作用增加了金属硫化物的疏水性及硅酸盐的亲水性，硫化矿物的可浮性显著提高[4~6]。同时通过超声破碎作业处理去除矿物表面的氢氧化物，能够加速其浮选速率及增强药剂吸附能力[7]。

1 试验原料、仪器与方法

1.1 试验原料

试验选用河南某钼矿浮选车间精扫选Ⅰ的尾矿（小尾矿）作为超声浮选柱试验的矿样（见表1），通过同一柱子有无超声来探寻超声波（见图1）对细粒尾矿再选的影响。原矿中除了含有有用矿物辉钼矿外，还含有黄铁矿、黄铜矿等多种硫化矿物。

表1 矿样分析结果

Table 1 Sample ore property analysis

粒级/μm	含量/%	品位/%	
		Mo	S
+38	18.77	0.23	9.89
−38+25	6.87	0.19	12.17
−25	74.37	0.21	5.00
总样	100.0	0.21	6.41

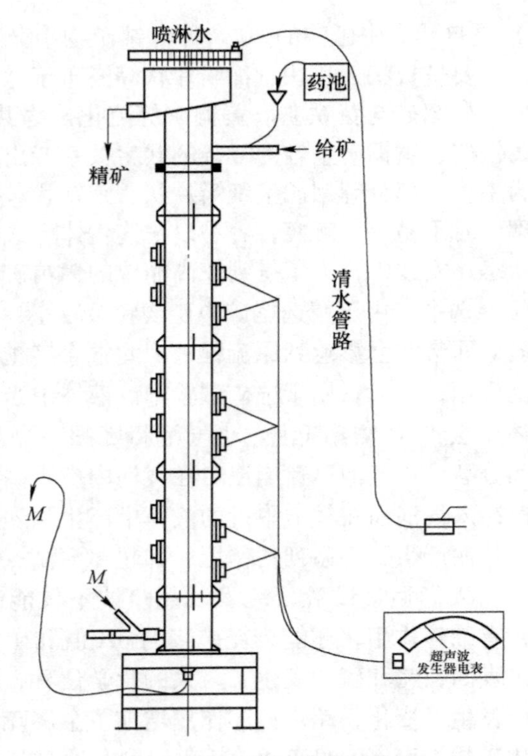

图 1　CFZ-1 型超声波浮选柱

Fig. 1　CFZ-1 flotation column with ultrasonic wave

对试验矿样进行分析得知，-25μm 以下粒级含量最多，高达 74.37%，由此推断尾矿有较严重的泥化，钼的平均品位在 0.21%左右，但由于其难选性而只能抛弃。同时对原矿中的硫元素进行了分析，以便后续结果的分析对比。

1.2　试验仪器设备

本次试验使用的浮选柱为北京矿冶研究总院设计生产的 CFZ-1 型浮选柱，浮选柱直径 250mm，有效高度 3000mm，处理能力 2.75～11L/min。浮选柱分三段加载超声波，每段可安装 8 个超声波振子，振子呈螺旋式均匀分布在柱体四周。超声波发生器为 AST90-28 型和 AST90-40 型两种不同频率的超声波发生器，超声浮选段最大使用功率为 480W。充气器使用北京矿冶研究总院设计生产的 B 型直接充气式气泡发生器。

1.3　试验方法

试验将排弃的精扫选 I 的尾矿引出一支作为本次试验的原矿进行超声浮选测试。为了考察超声波各个因素对选矿效果的影响，同时为了减少试验工作量并保证试验的可靠性，建立了一个四因素三水平的正交试验表，共需 9 组试验，见表 2。

表 2　正交试验表

Table 2　Orthogonal test design

因素	浮选段	频率/kHz	强度/A	时间/min
试验 1	上	28	1.4	2.5
试验 2	上	40	1.2	5.0
试验 3	上	28+40	1.0	10.0
试验 4	中	28	1.2	10.0
试验 5	中	40	1.0	2.5
试验 6	中	28+40	1.4	5.0
试验 7	下	28	1.0	5.0
试验 8	下	40	1.4	10.0
试验 9	下	28+40	1.2	2.5

9 组试验每组试验运行一天，每隔 3h 取一次样（包括原矿、精矿和尾矿），每次试验最后再取一次无超声加载情况下的矿样进行对比。对每次取样的钼品位进行正交分析，得出超声波最佳影响序列，检验超声波各因素显著性。然后进行有无超声条件下的单因素方差分析，检验其影响显著性。对所取样品进行合样，粒度分析，化验其中钼和硫的品位。检验超声波对矿物浮选粒度的影响，以及超声波对硫化物可浮性的影响。

2　试验结果与分析

2.1　正交试验结果分析

由于在相同选矿条件下，精矿品位与回收率作为一对矛盾体相互制约，不能单从精矿品位或回收率评价选矿效果的好坏。鉴于此，本次试验以两者的综合因素——选矿效率来对整个的选矿效果进行评价。

通过表 3 内的极差值发现，浮选段对钼的选矿效率影响最大，频率影响最小，超声作用对钼浮选选矿效率影响显著性排序为：浮选段>强度>时间>频率。

根据图 2 分析各个超声因素下不同水平对精矿中钼选矿效率的影响，得出最优影响因素水平：浮选段为中段，频率为 40kHz，强度为 1.4A，时间为 10min。

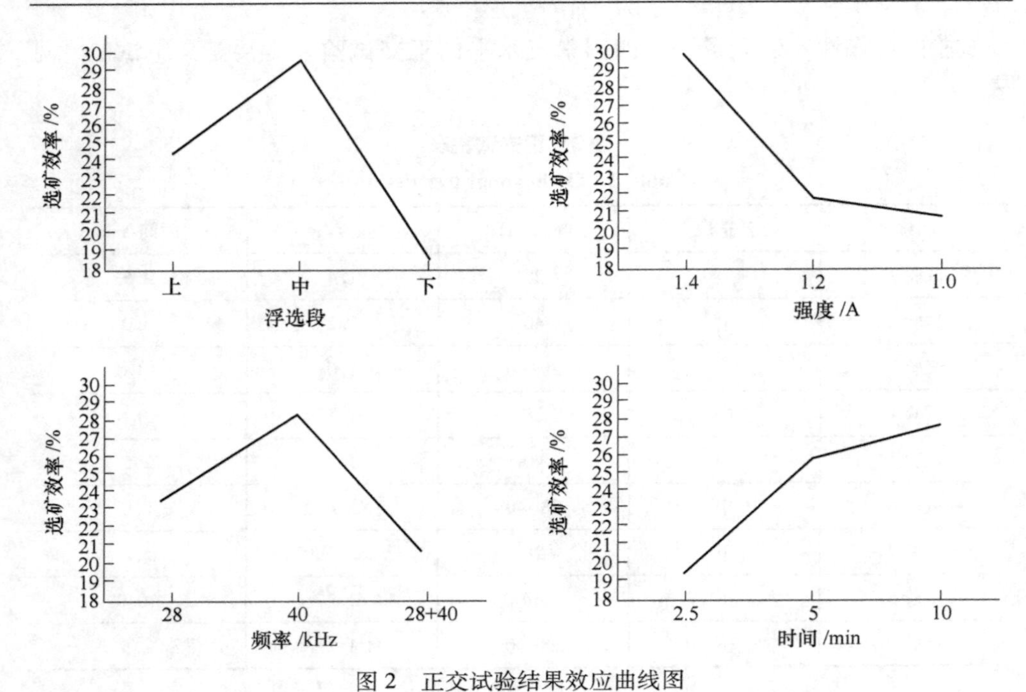

图 2 正交试验结果效应曲线图

Fig. 2 Relationship between influence factors and flotation efficiency

表 3 钼选矿效率直观分析

Table 3 Moly flotation efficiency intuitionistic analyses

因素	浮选段	频率/kHz	强度/A	时间/min	选矿效率/%
试验 1	1	1	1	1	24.80
试验 2	1	2	2	2	27.56
试验 3	1	3	3	3	20.73
试验 4	2	1	2	3	29.83
试验 5	2	2	3	1	25.55
试验 6	2	3	1	2	33.05
试验 7	3	1	3	2	15.89
试验 8	3	2	1	3	31.46
试验 9	3	3	2	1	7.65
k_1/%	24.36	23.51	29.77	19.33	
k_2/%	29.48	28.19	21.68	25.50	
k_3/%	18.33	20.48	20.72	27.34	
极差/%	11.14	7.71	9.05	8.01	

注：k_i 指各因素同一水平的平均值，i=1，2，3。

表4为正交试验结果的方差分析，通过方差分析可以看出，在超声作用条件下，四个因素对钼浮选选矿效率的影响都不具有显著性，只能说明超声作用浮选段与强度因素的影响略强于时间和频率。

表4 正交试验结果的方差分析

Table 4 Variance analysis of orthogonal test result

因素	偏差平方和	自由度	*F*比	*F*临界值	显著性
浮选段	186.681	2	1.406	4.46	
频率/kHz	90.610	2	0.683	4.46	
强度/A	148.205	2	1.116	4.46	
时间/min	105.520	2	0.795	4.46	
误差	530.02	8			

2.2 超声波有无对浮选精矿钼选矿效率的影响

为了检验超声波加载与否是否会影响到精矿中钼的选矿效率，在正交测试的同时也进行了无超声条件取样。为了使检验结果明显，根据前面分析得出的结果选取至少包括了两个最有影响力水平（中段，1.4A，10min，40kHz）的试验组，即试验2、5、6、8共11组数据与未加超声的6组数据进行分析对比。数据见表5。

对表6中的数据进行单因素方差分析，检验超声的有无是否对精矿中钼的选矿效率的影响具有显著性。

表5 有无超声钼的选矿效率

Table 5 Moly flotation efficiency with/without ultrasonic applied (%)

有超声	34.85	16.12	23.35	28.76	25.37	38.68
	30.12	25.58	32.37	36.95	29.70	
无超声	16.52	21.82	13.32	30.85	30.07	36.70

表6 方差分析表

Table 6 Variance analysis

组	观测数	求和	平均	方差
有超声	11	3.218559	0.292596	0.004261
无超声	6	1.492856	0.248809	0.008304

方差分析

差异源	*SS*	*df*	*MS*	*F*	P_{-value}	F_{crit}
组间	0.007444	1	0.007444	1.327263	0.267324	4.543077
组内	0.084124	15	0.005608			
总计	0.091567	16				

从平均值来看，有超声时选矿效率比无超声时约提高了 4. 40%，且通过方差比较发现有超声时的方差是无超声时的一半，即有超声时的波动较小，选矿效率稳定。但就单因素的方差分析可以看出 $F=1.327263$ 小于临界值 $F_{crit}=4.543077$，即本次试验所选超声参数对钼浮选的显著性较小。

2. 3　超声波对矿物中钼、硫品位的影响

本次试验的矿种为辉钼矿，原矿中同时还含有黄铁矿、黄铜矿等多种硫化物，因此分别对超声作用前后的钼、硫元素进行了总样分析。

由图 3 可以看出，有无超声作用前的原矿中钼的品位差为 0. 13%，即进行超声作用的原矿钼品位高出无超声作用的原矿 0. 13%，而精矿中的钼品位几乎一致，尾矿中钼的品位差则为 0. 04%，差距缩小。

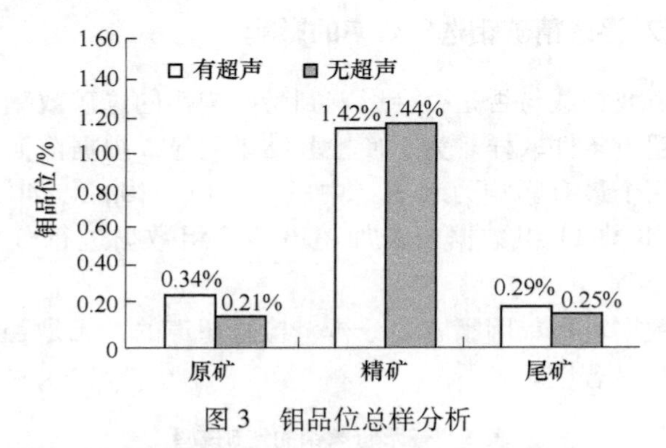

图 3　钼品位总样分析

Fig. 3　Moly grade analysis of sample

由图 4 则可以看出精矿中硫的品位在超声波作用下明显高于无超声波作用条件，差值达 8. 51%，而尾矿中硫的品位由原来原矿高出 2. 32%变为降低了 0. 70%，

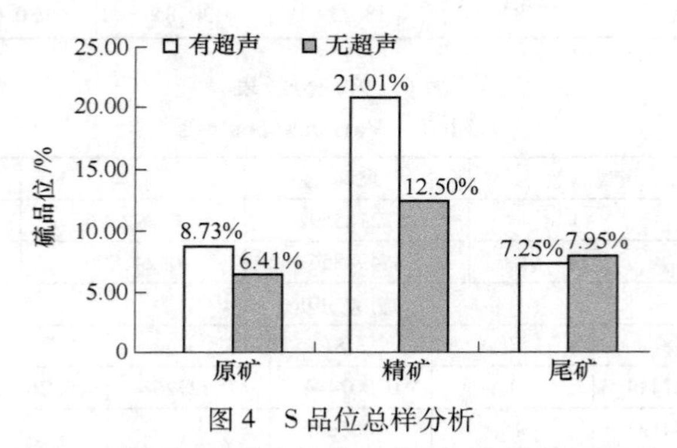

图 4　S 品位总样分析

Fig. 4　Sulfur grade analysis of sample

可见超声作用提高了硫化物的浮选特性，与前言中提到的超声波对硫化物的影响相一致。

2.4 超声波对选矿粒度的影响

为了探寻超声对不同粒级矿物的影响，对不同矿种各时段取的试样进行了合样粒度分析。分三个粒级，分别为+38μm、-38+25μm 和-25μm。

由图5、图6可以看出原矿与尾矿的各粒级粒度变化微小，而图7的精矿与其相比却有了明显改变。有超声作用时精矿中+38μm 矿物要比原矿高 20.22%，而-25μm 则减少了 19.29%。对于无超声作用下也有这种趋势，但是变化幅度明显小于有超声作用时。即无超声作用时精矿中+38μm 矿物比原矿仅高了 2.73%，-25μm 则只减少了 6.87%。-38+25μm 粒级矿物，超声波有无均影响不大。据此可知超声波作用增强了大粒矿物的可浮性，具有明显的去泥效果。

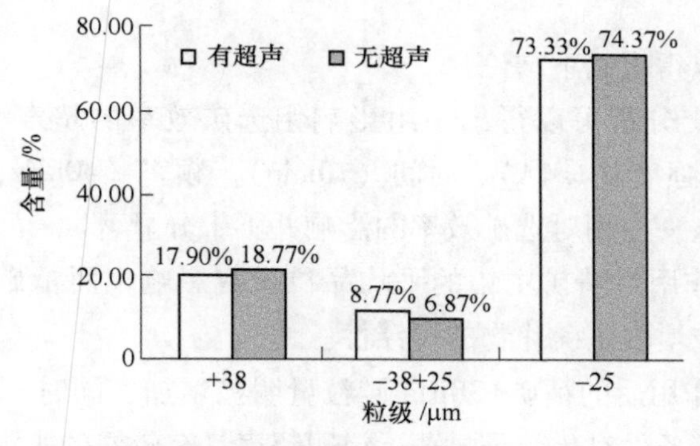

图5 有无超声作用原矿粒度分析

Fig. 5 Particle size analysis of sample with/without ultrasonic applied

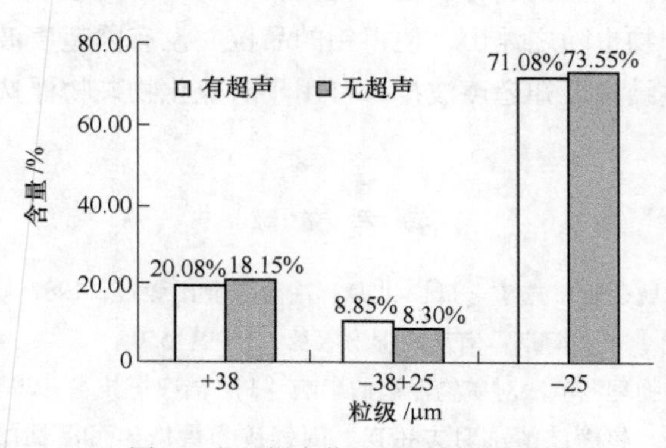

图6 有无超声作用尾矿粒度分析

Fig. 6 Particle size analysis of tailing with/without ultrasonic applied

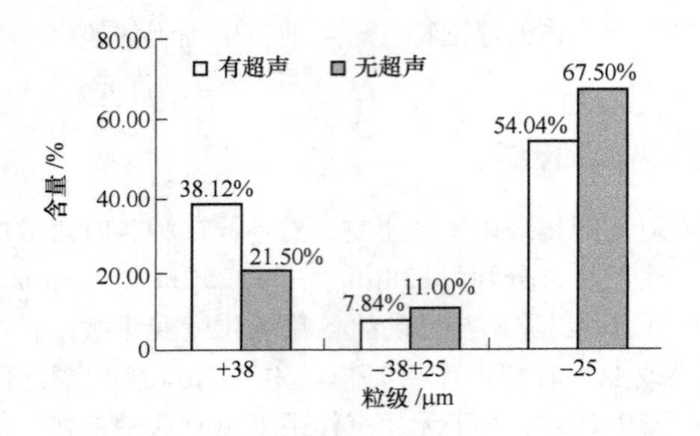

图 7　有无超声作用精矿粒度分析

Fig. 7　Particle size analysis of concentrate with/without ultrasonic applied

3　结论

由本研究可以得出以下结论：

（1）通过正交分析可以得出一组影响钼选矿效率的超声波因素最佳序列：浮选段（中段）、强度（1.4A）、时间（10min）、频率（40kHz），同时由各因素的方差分析可知这一序列对选矿效率的影响并不十分显著。

（2）超声波作用对精矿中钼的平均品位没有影响，而精矿中硫的品位明显上升，说明超声波增强了硫化物的可浮性。

（3）超声波作用后的精矿+38μm 矿粒量明显增加，同时−25μm 矿粒量明显减少，且与无超声条件对比效果显著，说明超声具有较好的去泥效果。研究发现超声波对硫化矿石的影响显著，本次试验所选的辉钼矿即属于硫化矿，然而由于矿石中还含有黄铁矿、黄铜矿等其他硫化矿物，使得浮选过程不仅辉钼矿得到了上浮，其他硫化矿物也随之浮出，使得钼的品位并没有因超声波的加载而发生明显变化。通过上述结论可知超声波技术可用于对硫化物矿物浮选过程的进一步研究与开发。

参 考 文 献

[1] 胡熙庚．有色金属硫化矿选矿［M］．北京：冶金工业出版社，1987：136-141.

[2] 冯若．超声手册［M］．南京：南京大学出版社，1999：550.

[3] 康文泽，胡军．物理调节法对矿物浮选的影响［J］．洁净煤技术，2004，10（4）：21-23.

[4] 陈经华，孙传尧．超声波清洗对方铅矿、闪锌矿和黄铁矿可浮性的影响［J］．矿冶，2005，14（4）：13-16.

[5] Safak G，Ozkan，Halit Z，et al. Investigation of mechanism of ultrasound on coal flotation［J］.

Int. J. Miner. Process, 2006, 81: 201-203.

[6] Aldrich C, Feng D. Effect of ultrasonic preconditioning of pulp on the flotation of sulphide ores [J]. Minerals Engineering, 1999, 12 (6): 706.

[7] Qi B C, Aldrich C. Effect of ultrasonic treatment on zinc removal from hydroxide precipitates by dissolved air flotation [J]. Minerals Engineering, 2002, 15: 1109-1111.

基于给矿速率的 KYZ-B 型浮选柱试验选型数学模型的建立与分析

韩登峰

（北京矿冶研究总院，北京，100160）

摘　要：首先从浮选动力学角度出发，以气泡和矿粒的相对碰撞速率与矿化率的关系为基点，研究分析了表观给矿速率与选矿指标间的关系；其次，以表观给矿速率为基础，建立起浮选柱直径计算的试验数学模型；接着，在确定浮选柱直径后，又以浮选时间为基础建立起浮选柱高度计算的试验数学模型；最后，以泡沫负载率为参照，对浮选柱直径进行校核计算。本文同时还指出了浮选柱试验选型的特点，不但要有合理的推理计算还要积累大量的生产实践数据来确定各个模型系数，以及对选型结果的处理原则。

关键词：浮选柱；选型；试验；数学模型

Establishment and Analysis of Mathematical Model of Test Selection for KYZ-B Flotation Column Based on the Feeding Rate

Han Dengfeng

（Beijing General Research Institute of Mining and Metallurgy，Beijing，100160）

Abstract： Firstly，from the perspective of the flotation dynamics，and anchored in the relationship of therelative collision rate and mineralization rate between the bubble and of mineral particles，the relationship between apparent feeding rate and beneficiation index had been studied and analyzed. Secondly，the test mathematical model to calculate the diameter of the flotation column was established，which based on the apparent feeding rate. Then，the test mathematical model to calculate the height of the flotation column was established，which based on flotationtime. Finally，a corroding to froth load rate，the diameter of flotation column had been checked. This article also points out the characteristics of the flotation column test selection，each model coefficients should be determined not only by a reasonable inference calculation but also a lot accumulation data of practice，as well as the deal principles of the selection results.

Keywords： column flotation；selection；test；mathematical model

选矿厂建设一般由工程设计单位完成，其核心是工艺的确定和设备的选型，而这两者的确定通常都依据于实验室小型试验结果和长期的生产经验积累。设备使用工艺参数确定后，设计单位会给出一个初步的选型结果然后由设备供应单位进行核验确认；有些情况下甚至是直接向设备供应单位提供使用工艺参数，由其选型并反馈具体的规格型号。

浮选柱的选型方法通常是采用容积法计算出大概的规格来，这种方法简单快捷，一般用于竞标或初步设计阶段。但是这一选型过程需要由经验丰富的工程师来完成，一般不易掌握。试验的方法可以确定准确的选型参数和设备规格，但过程比较繁琐，也不易于实现。通过理论分析建立相应的数学模型，国内外学者做了大量的研究，如扩散模型、颗粒附着速度模型、低高度浮选柱数学模型、最大输送能力模型、概率模型等[1~4]，这些模型多是一些理论推导的复杂数学模型，不便于实际生产应用，针对不同的矿种产生的误差也可能较大。而通过将试验结果归纳总结，建立起一般选型数学模型来，则可快速准确地实现浮选柱规格选型。本文以KYZ-B型浮选柱为例对试验选型数学模型的建立进行了详细分析与论述。就浮选柱本身而言，处理能力是其唯一的规格指标，而这一指标由浮选柱直径和高度决定。因此，选型就是确定浮选柱的直径和高度。KYZ-B浮选柱矿化方式采用的是逆流矿化，即气泡在浮选柱底部产生后向上运动，而初给入的矿粒则由浮选柱的上部位置向下运动，相对运动的气泡和矿物颗粒发生碰撞黏附即为矿化[5~6]。矿化率的大小会直接影响精矿品位和回收率这两项指标。矿化率的大小与气泡和矿粒的相对运动速度有关，相对速度小，矿物颗粒（特别是细微颗粒）无法突破气泡表面的液体张力而无法黏附；相对速度大，矿物颗粒（特别是粗重颗粒）往往因为动能大而在与气泡黏附后发生脱落现象[7]。因此在常规浮选工艺参数相同的情况下，存在一个最佳气泡—矿粒相对运动速度。气泡的上升速度一般不宜控制，且其上升速度在不同的浆体中变化不大，而表观给矿速率的控制则较易于实现，因而，表观给矿速率与矿化率之间存在最优值，曲线如图1所示。

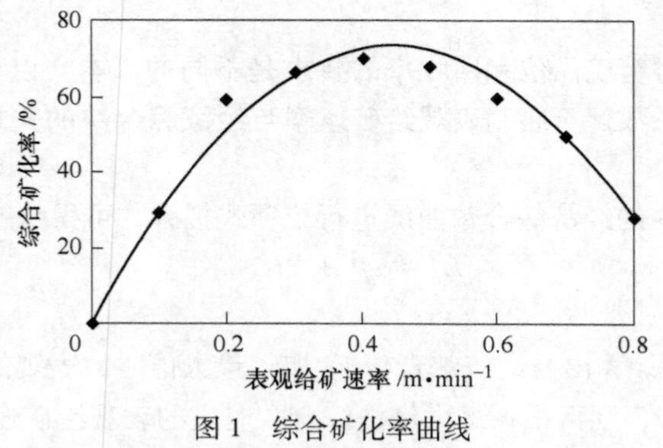

图1　综合矿化率曲线

Fig. 1　Curve of comprehensive mineralization rate

1 浮选柱直径的确定

对于不同的矿物，不同的粒级，其表观给矿速率与综合矿化率的关系曲线值是不同的，但曲线趋势是一致的，即随着表观给矿速率的增加矿物的综合矿化率也在增加，当综合矿化率达到最大值后，开始随着表观给矿速率的增大而减小。事实上，矿化率的测量，特别是带有二次碰撞黏附和脱落的综合矿化率的测量是不易实现的。对于浮选柱浮选指标的评价通常采用精矿品位 β 和回收率 ε 两个参数，这两个参数是易于测量和计算的。因此，我们需要将这两个参数和表观给矿速率 J_s 联系起来，为了便于参数的选取，精矿品位和回收率合为一个参数，在此定义为经济综合数 E_c。同时还要考虑选矿厂不同作业段对两者经济要素的要求，即考虑两者的权重，将精矿品位的权重系数设为 A，回收率的权重系数设为 B，图 2 所示为某一选矿厂典型作业段对两者权重系数的要求。经济综合数 E_c 的数学计算模型为：

$$E_c = A\beta + B\varepsilon \tag{1}$$

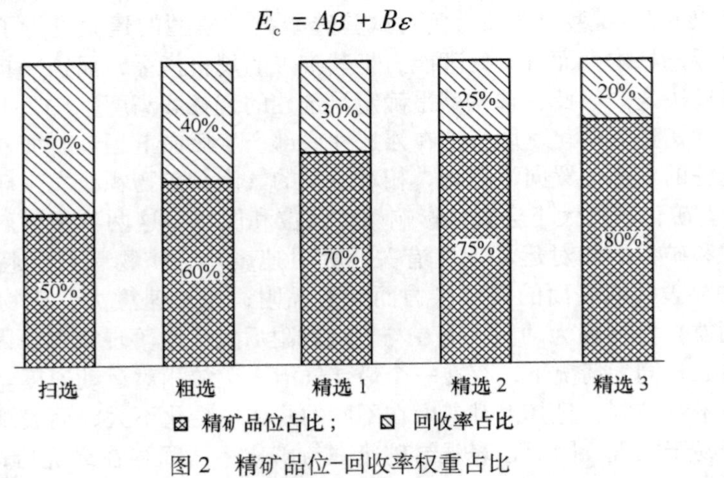

图 2 精矿品位-回收率权重占比

Fig. 2 Weight coefficient of concentrate gradeand recovery

不同作业段对精矿品位和回收率的要求是不同的，本文以精选 1 作业为例，根据所要求权重系数计算绘制表观给矿速率与经济综合数的关系曲线图，如图 3 所示。

通过对图 3 中的经济综合数曲线进行二项式拟合，可得一般方程式：

$$E_c = aJ_s^2 + bJ_s + c \tag{2}$$

式中 a，b，c——常数。

由式（2）可计算出当经济综合数 E_c 取得最大值时的表观给矿速率 J_s。已知浮选柱给矿量为 Q，则可根据最大经济综合数对应的表观给矿速率 J_s 计算浮选柱所需直径 D，数学计算模型如下：

$$D = 2\kappa_d \sqrt{\frac{Q}{J_s \pi}} \tag{3}$$

式中，κ_d 为直径比例系数。

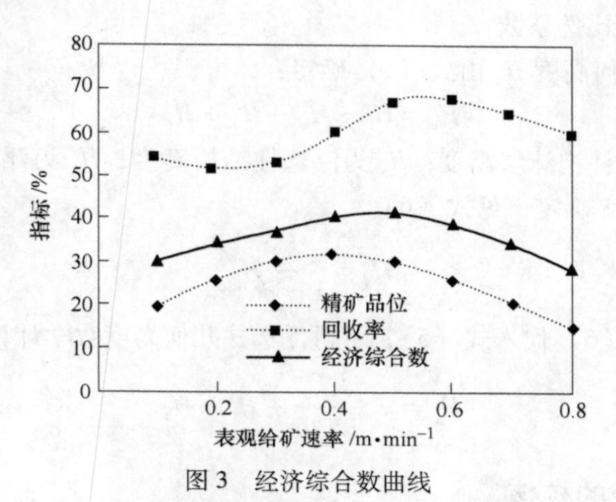

图3 经济综合数曲线

Fig. 3 Curve of comprehensive economic index

2 浮选柱高度的确定

不同矿种所需的浮选时间是不一样的，通常进行实验室小型试验，获得最优浮选时间，然后再根据生产实践进行放大，获得工业应用浮选时间 T，这一参数一般在工程设计时会给出。通常情况下，给出的浮选时间还要和浮选时间-选矿效率关系曲线进行对比，确定其值处于一个合理的范围内。浮选时间-选矿效率关系曲线一般是通过生产实践和试验积累绘制出的大致曲线图，如图4所示。

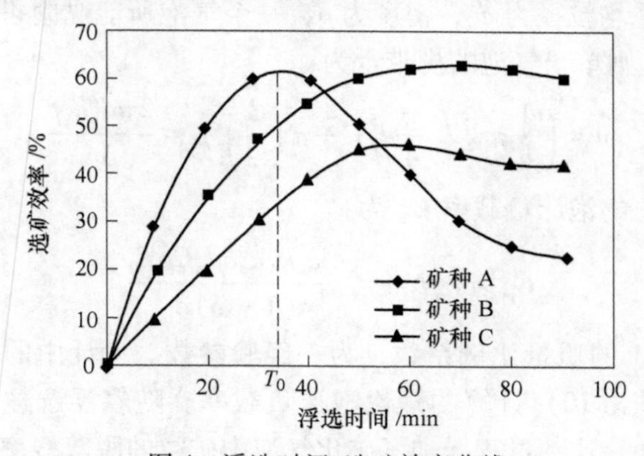

图4 浮选时间-选矿效率曲线

Fig. 4 Curve of flotation time and mineral processing efficiency

由图 4 可以找出一个最优浮选时间，对于 A 矿种来说其最优浮选时间为 T_0，此时刻的浮选效率最高。浮选柱的有效高度 H_e 可由式（4）求得：

$$H_e = \kappa_h J_s T_0 \tag{4}$$

式中，κ_h 为高度比例系数。

浮选柱的几何高度 H_c 由式（5）确定：

$$H_c = H_f + H_g + H_e + H_s \tag{5}$$

式中，H_f 为浮选柱泡沫层高度；H_s 为浮选柱结构高度；H_g 为浮选柱内气体所占高度，由气含率 δ 确定，见式（6）。

$$H_g = \frac{\delta}{1-\delta} H_e \tag{6}$$

将式（4）和式（6）代入式（5），可得浮选柱几何高度数学计算模型：

$$H_c = \kappa_h \frac{J_s T_0}{1-\delta} + H_f + H_s \tag{7}$$

3 浮选柱直径的校核

浮选柱直径和高度确定后，浮选柱的规格即已确定。浮选柱直径的大小影响着浮选泡沫的回收，必须对其进行校核，本文采用泡沫载荷进行校核。浮选柱气泡发生器的形式确定后，其在矿浆中产生的气泡尺寸也已基本确定，计 KYZ-B 型气泡发生器产生的气泡直径为 d_b、气含率为 δ 时的单位时间气泡含量个数可表示为：

$$N = \frac{3D^2 H_g}{2d_b^3} = \frac{6\kappa_h \kappa_d^2 \delta Q T_0}{\pi(1-\delta) d_b^3} \tag{8}$$

矿物颗粒的平均粒径为 d_p，密度为 ρ，一个气泡所能黏附携带颗粒的面积为其总面积的 $1/n$，则单个气泡的携带量为：

$$m = \left(\frac{1}{n}\pi d_b^2 \Big/ \frac{\pi}{4} d_p^2\right) \frac{4}{3}\pi \left(\frac{d_p}{2}\right)^3 \rho = \frac{2\pi d_b^2 d_p \rho}{3n} \tag{9}$$

则单位时间总的泡沫负载率 C_m 为：

$$C_m = \kappa_m N m = \frac{4\kappa_m \kappa_h \kappa_d^2 \delta d_p Q \rho T_0}{n(1-\delta) d_b} \tag{10}$$

式中，κ_m 为小于 1 的质量比例系数，为一经验参数。设计中的浮选柱精矿产率必须小于等于由式（10）计算的理论泡沫负载率。随着浮选柱直径的增大，泡沫的迁移距离增加，这一过程增加了矿化气泡中矿粒的脱落概率，即溢流堰溢流负载率小于实际泡沫负载率，即存在一个小于 1 的负载系数 η，η 与浮选柱直径 D 的关系如图 5 所示。

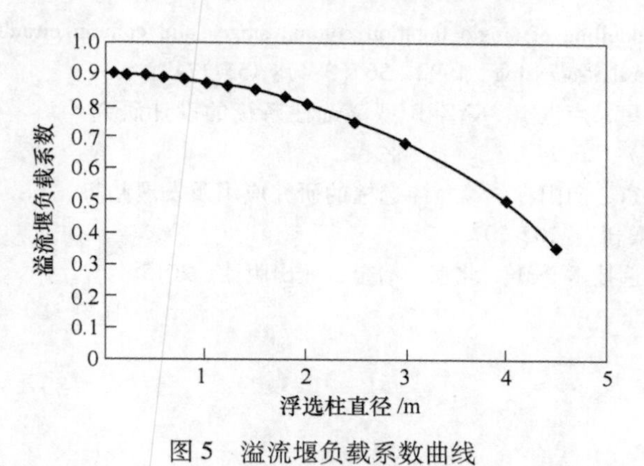

图5 溢流堰负载系数曲线

Fig. 5 Curve of load coefficient of overflow weir

溢流堰负载率 C_0 可表述为：

$$C_0 = \eta C_m = \frac{4\eta\kappa_m\kappa_h\kappa_d^2\delta d_p Q\rho T_0}{n(1-\delta)d_b} \tag{11}$$

同样地，设计中的浮选柱精矿产率必须小于等于由式（11）计算的理论溢流堰负载率。随着浮选柱直径的增大，溢流堰负载系数会显著减小，影响精矿有用矿物的回收，当溢流堰负载系数小于0.8时，就需要通过改变溢流堰结构来提高其负载系数，通常的方法是设置推泡锥和增加内置泡沫槽，或是采用径向泡沫槽。

4 结论

不同的浮选柱结构有着不同的选型方法，即使对于同一类型的浮选柱，选型的方法也有很多种，试验选型法是一个复杂繁琐的过程，本文只是从表观给矿速率这一基点出发，建立起了KYZ-B型浮选柱的试验数学选型模型及校核方法。浮选柱选型除了在理论基础上进行计算推导外，还必须积累大量的生产数据，以确定不同计算阶段的各项系数。同时考虑经济和建设要求，还需要对计算完成的不同选型结果进行规整统一。在不影响浮选柱总体性能体现和实际生产需求的情况下，计算规格与实际规格允许有一定的偏差。

参考文献

[1] 周晓华，刘炯天，李小兵．浮选柱数学模型研究现状［J］．矿冶，2006，15（1）：18-21.

[2] Tuteja R K，Spottiswood D J，Misra V N. Mathematicalmodels of the column flotation process a review［J］. Minerals Engineering，1994，7（12）：1459-1472.

[3] 伊图库巴尔 M T，路永．浮选柱浮选中决定浮选柱高度的因素［J］．国外选矿快报，1998（4）：9-12.

[4] Alford R A. Modelling of single flotation column stages and column circuits [J]. International Journal of Mineral Processing, 1992, 36 (3-4): 155-174.

[5] 沈政昌，史帅星，卢世杰. KYZ-B 型浮选柱系统的设计研究 [J]. 有色金属（选矿部分），2006 (4): 20-24.

[6] 刘惠林，杨保东，向阳春，等. 浮选柱的研究应用及发展趋势 [J]. 有色金属（选矿部分）: 2011（增刊）: 202-207.

[7] 沈政昌. 柱浮选技术 [M]. 北京: 冶金工业出版社，2015.

后　记

2017年，喜迎刘振春教授80华诞，恰逢他从事科研工作60周年，我们经梳理、归纳，精选出了40余篇浮选设备研究论文，汇编成《浮选设备研究与应用》一书以示庆祝。经过近一个甲子的摸索与发展，我国浮选设备技术已经达到世界先进水平，超大型智能浮选装备的研究已处于世界前沿，不仅为我国原材料行业的发展起到了支撑作用，也改变了我国过去选矿技术装备落后的面貌。这些成绩的取得离不开老一辈选矿设备专家学者们的辛勤工作和孜孜不倦的努力，刘振春教授正是这些专家、学者中的杰出代表之一，他一直从事浮选设备的研制和推广工作，是我国浮选设备研究领域的学术带头人和著名专家。他和他的团队先后研制成功了KYF、XCF、CLF、JJF和GF等型号近50种规格的机械搅拌式浮选机和浮选柱，并在我国的大、中型矿山选矿厂获得了广泛的推广应用，国内占有率达到70%。

1937年5月，刘振春生于辽宁省复县的一个小山庄中，有些拮据的家境及其长辈们勤劳朴实的性格成就了他勤奋善良甚至有些倔强的性格。他与那个时代的大多数中国孩子一样，在小山庄的学业受到连年战乱的影响时断时续，新中国的成立给那一代青年人上学带来了希望，勤奋好学的他，1957年9月考入东北工学院（现东北大学）机械系矿山机械专业。五年求学期间，师长严谨的治学、渊博的学识、诲人不倦的学风影响了他的一生，独立自主、坚忍不拔的科研素养就在那时深深植入他的心底。1962年7月，他被分配到冶金部北京矿山研究院（现北京矿冶研究总院）设备室，开始了他一生钟爱的选矿设备研究工作。

60年代初，我国已初具规模的工业基础受到了三年自然灾害等的严重冲击，矿山冶金行业亦未能例外。当时，我国各矿山选矿厂普遍使用苏联列宁格勒米哈诺布尔选矿研究院40年代研制的A型机械搅拌式浮选机，技术相对落后，加上与我国实际国情不甚相符，制约了我国原材料行业的发展。年轻的刘振春和他的同事们看到了这一迫切需求，通过认真调研国内矿山选矿厂实际情况，并大量参阅国外资料，毅然开启了我国自主知识产权浮选设备的研究工作。

研究过程并不一帆风顺，浮选设备自主化研究的开端经历了无数次的失败。参照国外资料，最先尝试管道浮选研究，由于没有将研究同我国矿产资源的实际结合起来，几年的研究实践处处碰壁。这些并没有打垮他，他继续大胆创新、勇于实践。在美国阿基太尔外加充气式机械搅拌浮选机的启发下，他带领团队开始了外加充气式浮选机的研究，他们充分考虑了我国矿产资源的特殊性，经过三四年的努力，充气式浮选机得到了国内矿山企业的认可，奠定了我国充气式浮选机技术发展坚实的基础。

十年“文革”对我国充气式浮选机研究造成巨大影响，而同期浮选柱的研究与应用在其他工业发达国家发展较快，面对落后局面和国家需要，刘振春和他的团队将工作重点放在浮选柱的研究上，整整十年的时间，他们潜心研究浮选柱的工作原理，追踪国外研究的最新动态，积极联系试验场地，进行现场工业试验，不断探索、改进，在当时很大程度地推动了浮选柱在我国的推广和应用。然而由于我国在自动化程度、材料性能方面与国外依然存在着很大的差距，导致浮选柱的核心技术——充气器一直未有较大的突破，浮选柱的研究未能达到预期目标。“文革”结束后，由于各种原因浮选柱研究被暂停了。虽然浮选柱没有得到大面积的推广应用，但是经过这段岁月的洗礼以及技术沉淀，为研发团队在进入21世纪重新开展浮选柱的研究做好了技术铺垫。

1978年以后，浮选设备的研究走上了快车道。进入到90年代，刘振春已过不惑之年，他依然抱着满腔的热情投入到了新浮选设备的研究开发中。1978~1982年，他作为课题主要骨干，研制的JJF-20型机械搅拌式浮选机在湖北大冶铁矿获得成功；1983~1984年间他和同事们又高效率地完成了JJF型浮选机的系列化工作，并在我国矿山选矿厂广泛推广应用；从1983年开始，他负责研制具有我国自主知识产权的KYF-16型外充气机械搅拌式浮选机，并于1985年研制成功，在云南牟定铜矿完成工业试验。1987年我国第一台大型浮选机KYF-38型浮选机在江西德兴铜矿泗洲选矿厂试验成功。KYF型浮选机获得了国家发明奖。

广西大厂矿务局是我国重点骨干矿山，其车河选矿厂浮选粒度较粗，当时的浮选设备对粗颗粒矿物回收效果较差，亟须开发有针对性的粗粒浮选设备。刘振春教授将企业的需求当成浮选设备发展的指引方向，并欣然接受了这项研发任务。与现在粗粒浮选属于热门研究领域不同，当时粗粒浮选机的应用范围很窄，而且是一个技术难度大、花费大、没有国外经验借鉴的课题。当时他通过翻阅有限的资料，在试验室认真研究粗颗粒矿物浮选行为的特殊性，进行了大量的实验探索研究，并根据粗、细颗粒矿物浮选的各自浮选环境，提出了粗颗粒浮选机的总体设计方案，于1988年完成了样机制造，在长坡选矿厂进行了工业试验。试验期间，年近半百的刘振春和年轻的技术人员、现场一线浮选工一起工作，进现场，跟班走，试验出现问题，他二话不说跳进浮选机内，肩扛手提，排除故障，身体力行影响参加试验工作的青年技术人员和工人师傅。试验过程一直持续了半年，期间他得到了老母亲病重的消息，为了不影响试验的进行，他一直坚持在现场，直至试验结束后，才匆匆赶回老家，竟没有来得及见母亲最后一面，对母亲的愧疚至今让他无法释怀。研发的新型粗颗粒浮选机提高了矿物的回收率，降低了能耗，为大厂矿务局解决了实际技术难题，增加了经济效益。之后在大冶等多家公司得到推广应用，CLF型粗颗粒浮选机同样获得了国家发明奖。刘振春教授的敬业精神、科学素养影响了一代浮选设备研究的科研工作人员。

自20世纪90年代以来，经济发展和市场供求形势发生变化。一方面，社会经济和科学技术高速发展，对原材料的需求迅速增长；另一方面，随着多年的开采，矿石品质恶化，我国大量的选矿厂浮选设备无法适应矿石性质的变化，精矿产品质量降低，生产效率低，企业效益差，甚至出现了普遍的经营困境。面对这种情况，只有提升浮选设备技术性能，开发大型浮选设备实现规模生产才能满足经济和企业发展的需求。但大型浮选设备一般采用阶梯配置，对厂房高度要求高，若采用国外的大型化设备，整个厂房就需要彻底重建，经济上是我国矿山企业难以承受的。刘振春提出了一个全新的课题，开发大型充气式自吸浆浮选机，与充气式浮选机形成联合机组水平配置，满足我国选矿厂技术升级、提升资源选别效果的要求。这一大胆的思路一方面实现了设备大型化，另一方面，吸浆功能实现水平配置则意味着节省中矿返回泵、降低厂房高度、减少基建费用、简化流程等，优势毋庸置疑。但是由于浮选机本身外加充气，而自吸矿浆需要形成负压，这一矛盾反映的是世界性的难题。刘振春带领年轻的科研人员，一次又一次地试验，一次又一次地失败，一次又一次地改进，最终通过在搅拌系统中形成两个相互独立的工作区，叶轮上、下叶片设计形成功能化分区等大胆创新，成功开发了世界上首台充气自吸浆浮选机，并在江西银山铅锌矿获得了巨大的成功。XCF型自吸浆充气式浮选机再次获得了国家发明奖。

1997年年底，到了退休年龄的刘振春坚持退而不休，仍然在科研一线培养年轻人，他为今后我国浮选设备研究培养出生力军，继续共同的事业。刘振春教授无私地将自己所了解、掌握的知识传授给年轻人，大胆使用年轻人。他曾说，对于年轻人，他的原则是放手、把关、兜底，将课题交给他们，锻炼他们独立思考、独立解决问题的能力。因此，他所在科研团队的年轻人成长很快。刘教授到退休年龄时，他的团队已经形成了以沈政昌、卢世杰、史帅星、陈东等为核心的新一代浮选研究团队。可以说，没有刘振春对年轻人的诲人不倦，就没有后来浮选设备技术的大发展。

随着我国整体科技水平的提升和经济的大发展，刘振春和他所培养的团队敏锐地察觉到我国矿业经济的繁荣即将到来，对大型浮选装备技术的需求将会呈爆发式的增长，浮选装备大型化将成为趋势，从而为研究团队定下了下一个目标。2000 年 10 月 1 日晚，金川有色金属公司党政领导为在金川公司选矿厂参加我国第一台大型浮选机工业试验的刘振春及其团队举行了国庆招待庆功会，晚 8 时许，当庆功会刚结束，刘振春一行就顶着深秋的西北戈壁滩呼啸而过的凛冽寒风，匆匆忙忙地赶往早已熟悉甚至有些亲切的试验场地了。在昏暗的试验场地上，他爬上了近 6 米高的试验平台，表情严肃认真，时而摸一下设备，时而弯下腰仔细观察设备内泡沫情况，忽然又风风火火地走向控制台调整参数，大伙都很难相信这是一位年过花甲的老人了。这样的情怀和坚毅催生了我国自行研制并具有完全自主知识产权的第一台真正意义的大型浮选机。

2002 年，刘振春因结肠癌患病入院并进行了手术治疗，手术是成功的，但毕竟他已是年近古稀的老人了，家人、同事都劝他休息，真正的退下来。可是，老专家的那种热情和执着，似乎没有什么能阻挡他对所钟爱事业的追求。手术后，刘振春再一次回到科研工作岗位，不过他确实不能像年轻时那样长期出差，奔走于祖国的矿山选矿厂了。但这些没有影响他培养年轻人，没有影响他为浮选设备技术的发展继续贡献力量。2010 年，七十多岁高龄的刘振春又一次进行了手术，手术过后他不得不离开科研一线，但他的心始终牵挂着奋斗了一辈子的科研事业，这一年离他 1997 年退休已过去了 13 个春秋。

让刘振春感到欣慰的是，他所带领的团队已经成长起来，他们共同的事业正蓬勃发展。浮选设备研究已经从原来学习欧美、苏联等国家，发展成为在全球范围内同这些工业发达国家竞争并引领发展。全球工业化最大的 320m^3 浮选机已经在国内外多家矿山应用，50m^3、100m^3、130m^3、160m^3、200m^3、320m^3 系列化的我国大型浮选装备出口 30 余个国家，我国已是浮选装备技术研发的三个主要国家之一。现在，他们正在向智能化高效大型化浮选装备技术发起冲击。

离开一线科研岗位的刘振春，心还是与他的事业、他的同事、他的团队连在一起，他们会常常聚在一起，谈谈近段时间浮选研究的困难、发展情况及其方向，这是他的寄托，也是他的关怀，也是他的科研精神的默默传承……